普通高等教育"十四五"新形态教材
国家一流本科专业建设规划教材

U0747887

机 械 设 计

JIXIE SHEJI

◎ 主 编：余江鸿　易永胜
◎ 副主编：邹培海　江湘颜　邓英剑　唐嘉昌　汤迎红　李佳豪
◎ 主 审：姚齐水

中南大学出版社
www.csupress.com.cn
·长沙·

内容提要

　　本书是根据教育部高等学校机械基础课程教学指导分委员会最新制定的《机械设计课程教学基本要求》和工程教育专业认证的要求，结合教学实践经验编写而成的。

　　本书分为四篇，共13章。第一篇为机械设计总论(第1章至第2章)，主要探讨机械设计中的一些共性问题和介绍一些共性知识；第二篇为连接件设计(第3章至第4章)，主要介绍螺纹连接、键连接、花键连接、销连接等的基本理论和设计方法；第三篇为机械传动设计(第5章至第8章)，主要介绍带传动、链传动、齿轮传动、蜗杆传动的基本理论和设计方法；第四篇为轴系零部件及弹簧设计(第9章至第13章)，主要介绍滑动轴承、滚动轴承、联轴器、离合器、轴、弹簧的基本理论和设计方法。各章后面均设有思考题和习题、自测题，便于学生课后练习与及时测验巩固。

　　本书可作为高等学校机械类专业的教学用书和参考资料，也可供近机类专业的学生和有关科研、工程设计人员参考。

总序 F◎REWORD.

　　机械工程学科作为连接自然科学与工程行为的桥梁，是支撑物质社会的重要基础，在国家经济发展与科学技术发展布局中占有重要的地位，21 世纪的机械工程学科面临诸多重大挑战，其突破将催生社会重大经济变革。当前机械工程学科进入了一个全新的发展阶段，总的发展趋势为：以提升人类生活品质为目标，发展新概念产品、高效高功能制造技术、功能极端化装备设计制造理论与技术、制造过程智能化和精准化理论与技术、人造系统与自然世界和谐发展的可持续制造技术等。这对担负机械工程人才培养任务的高等学校提出了新挑战：高等学校必须突破传统思维束缚，培养能适应国家高速发展需求的具有机械学科新知识结构和创新能力的高素质人才。

　　为了顺应机械工程学科高等教育发展的新形势，湖南省机械工程学会、湖南省机械原理教学研究会、湖南省机械设计教学研究会、湖南省工程图学教学研究会、湖南省金工教学研究会与中南大学出版社一起积极组织了高等学校机械类专业系列教材的建设规划工作，成立了规划教材编委会。编委会由各高等学校机电学院院长及具有较高理论水平和教学经验的教授、学者和专家组成。编委会组织国内近 20 所高等学校长期在教学、教改第一线工作的骨干教师召开了多次教材建设研讨会和提纲讨论会，充分交流教学成果、教改经验、教材建设经验，把教学研究成果与教材建设结合起来，并对教材编写的指导思想、特色、内容等进行了充分的论证，统一认识，明确思路。在此基础上，经编委会推荐和遴选，近百名具有丰富教学实践经验的教师参加了这套教材的编写工作。历经两年多的努力，这套教材终于与读者见面了，它凝结了全体编写者与组织者的心血，是他们集体智慧的结晶，也是他们教学教改成果的总结，体现了编写者对教育部"质量工程"精神的深刻领悟和对本学科教育规律的把握。

　　这套教材包括了高等学校机械类专业的基础课和部分专业基础课教材。整体看来，这套教材具有以下特色。

（1）根据教育部高等学校教学指导委员会相关课程的教学基本要求编写，遵循"厚基础、宽口径、强能力、重应用"的原则，注重科学性、系统性、实践性。

（2）注重创新。本套教材不但反映了机械工程学科新知识、新技术、新方法的发展趋势和研究成果，还反映了其他相关学科在与机械工程学科的融合与渗透中产生的新前沿，体现了学科交叉对本学科的促进；教材与工程实践联系密切，应用实例丰富，体现了机械工程学科应用领域在不断扩大。

（3）注重质量。本套教材编写组对教材内容进行了严格的审定与把关，教材力求概念准确、叙述精练、案例典型、深入浅出、用词规范，采用最新国家标准及技术规范，确保了教材的高质量与权威性。

（4）教材体系立体化。为了方便教师教学与学生学习，本套教材还提供了电子课件、教学指导、教学大纲、考试大纲、题库、案例素材等教学资源支持服务平台。大部分教材采用"互联网+"的形式出版，读者扫描书中的二维码即可阅读丰富的工程图片、演示动画、操作视频、三维模型、工程案例；部分教材采用了增强现实 AR 技术，扫描二维码可查看360°任意旋转、无限放大、缩小的三维模型。

教材要出精品，但精品不是一蹴而就的，我将这套教材推荐给大家，请广大读者对它提出意见与建议，以便进一步提高。也希望教材编委会及出版社能做到与时俱进，根据高等教育改革发展形势、机械工程学科发展趋势和使用中的新体验，不断对教材进行修改、创新、完善，精益求精，使之更好地适应高等教育人才培养的需要。

衷心祝愿这套教材能在我国机械工程学科高等教育中充分发挥作用，也期待这套教材能哺育新一代学子，使其茁壮成长。

中国工程院院士　钟　掘

前　言 PREFACE.

　　本书是根据教育部高等学校机械基础课程教学指导分委员会最新制定的《机械设计课程教学基本要求》和工程教育专业认证的要求，在现代工程教育理念的指导下，结合机械设计课程思政示范课建设、机械设计课程教学改革、教学研究和教学实践成果编写而成的。本书以培养学生的综合设计能力为主线，以通用机械零部件结构设计为主要内容，注重培养学生的工程实践能力和创新能力。

　　本书在保持湖南工业大学机械设计教材基本特色的基础上，分为四篇，共13章。第一篇为机械设计总论（第1章至第2章），主要探讨机械设计中的一些共性问题和介绍一些共性知识；第二篇为连接件设计（第3章至第4章），主要介绍螺纹连接、键连接、花键连接、销连接等的基本理论和设计方法；第三篇为机械传动设计（第5章至第8章），主要介绍带传动、链传动、齿轮传动、蜗杆传动的基本理论和设计方法；第四篇为轴系零部件及弹簧设计（第9章至第13章），主要介绍滑动轴承、滚动轴承、联轴器、离合器、轴、弹簧的基本理论和设计方法。各章后面均设有思考题和习题、自测题，便于学生课后练习与及时测验巩固。

　　本书的特点主要体现在以下几个方面：

　　（1）体系结构科学合理。全书分为四篇，以通用机械零部件结构设计为主要内容，符合新工科和新世纪人才培养要求，具有很强的逻辑性和系统性。

　　（2）内容合适新颖。充分吸取了近几年机械设计课程教学改革的成功经验，对该课程教学内容进行了必要的补充和更新，引入了机械设计的一些新发展，减少过专、过深、使用较少、典型意义不大或后续课程中可以学到的内容。

　　（3）突出实用性。本书突出重点、强调应用，符合现代工程教育理念，注重培养学生实际应用能力和创新设计能力。每章后均设有思考题和习题以及自测题，便于学生课后练习与及时测验巩固。

　　（4）采用最新的标准和规范。本书采用的工程符号、专业术语、单位等均为国家最新标准或国际标准，力求使用成熟的、简便易行的设计规范。

　　（5）全面融入课程思政理念。本书基于机械设计课程思政示范课建设成果，自然地融入社会主义核心价值观和深厚的家国情怀，培养学生严谨务实、细致规范的工程意识、创新意识和精益求精的工匠精神，增强民族文化自信心。

（6）配套资源丰富。本书配有思维导图和二维码数字资源，提供全套宽屏的精美实用电子教案，与之配套的课程设计教材及学习指南辅助教材会陆续出版。

本书按48~72学时编写，教师使用时可根据各学校的具体情况对讲授内容进行取舍。

全书由余江鸿统稿，由余江鸿、易永胜任主编，邹培海、江湘颜、邓英剑、唐嘉昌、汤迎红、李佳豪任副主编。其中第1章、第10章、第12章由余江鸿编写；第2章、第3章、第7章由易永胜编写；第5章、第6章由邹培海编写；第4章、第13章由江湘颜编写；第8章由邓英剑编写；第11章由唐嘉昌编写；第9章由汤迎红和李佳豪编写。由姚齐水教授主审，在审稿过程中，姚齐水教授对本书提出了许多宝贵意见和建议，编者在此表示衷心的感谢。

本书编著过程中，参考了大量湖南工业大学机械基础课教学部教师长期积累的素材和资料。在此，对为本教材编写提供了大量帮助的银金光教授和刘扬教授表示衷心的感谢。

在编写本书的过程中，参阅了大量国内外的相关同类教材、相关的技术标准和其他的文献资料，并得到多位专家的指导和帮助，在此对各位编著者和专家表示衷心的感谢。

本书是湖南工业大学"机械设计制造及其自动化"国家一流本科专业建设的成果之一，并得到了湖南工业大学机械工程学院和中南大学出版社的大力支持，编辑也提出了很多富有建设性的意见和建议，在此，编者表示衷心的感谢。

由于编者水平和能力有限，书中误漏之处在所难免。恳请广大教师和读者批评指正。

编　者

2024 年 8 月

CONTENTS. 目录

第二篇　连接件设计

第三篇　机械传动设计

第四篇　轴系零部件及弹簧设计

绪　论

1. 本课程的研究对象

机械设计是为了满足机器的某些特定功能要求而进行的创造过程，或者说是根据使用要求对机械的工作原理、结构、运动方式、力和能量的传递方式、各个零件的材料和形状尺寸、工作能力等进行构思、分析和计算，并将其转化为具体的描述以作为制造依据的工作过程。机械设计是机械工程的重要组成部分，是机器生产的第一步，是决定机器性能的最主要的因素。

在日常生活和生产中，我们接触过许多机器，如运输机、提升机、包装机、轧钢机、汽车、缝纫机、自行车等。很显然，这些机器在功能和结构上有着显著的差异，但对于任意一台机器来说，不管其功能和内部结构如何，其基本组成部分只有 3 个：原动机、工作机构、传动机构。

原动机是指将其他形式的能量变换成机械能的一切装置，它是驱动整部机器完成预定功能的动力源。通常一台机器只有一个原动机，复杂的机器也可能有几个原动机。从历史发展来说，最早被用来作为原动机的是人力或畜力。此后，水力机及风力机相继出现。工业革命以后，主要是利用蒸汽机(包括汽轮机)及内燃机作为原动机。电动机的出现，使得到电力供给的地方几乎全部使用了电动机作为原动机。现代机器中使用的原动机大致是以各式各样的电动机和热力机为主。原动机的动力输出绝大多数呈旋转运动的状态，输出一定的转矩；在少数情况下，也有用直线运动的电动机输出一定的推力或拉力的情况。

工作机构是用来完成机器预定功能的组成部分。一台机器可以有一个工作机构(例如压路机的压辊)，也可以依机器的功能分解成好几个工作机构(例如，桥式起重机的卷筒、吊钩部分执行上下吊放重物的功能，小车行走部分执行横向运送重物的功能，大车行走部分执行纵向运送重物的功能)。

由于机器的功能是各式各样的，所以对工作机构的运动与动力的要求也不尽相同。如金属切削机床要求的是转动与直线运动；汽车、自行车要求的是回转运动；起重机要求的是直线运动。原动机主要提供回转运动。即使工作机构要求的是回转运动，但是在要求的转速范围或扭矩大小方面也可能与原动机提供的有所不同。这就要求机器中必须具有传动机构，它的功能是改变原动机输出的运动和动力，从运动形式与动力参数上完全满足机器工作机构的要求。传动机构是绝大多数机器中不可缺少的一部分，如金属切削机床的主轴箱、汽车的变速箱和差速器、自行车的链传动等都是机器的传动机构。

上述原动机、工作机构和传动机构构成了机器的核心。但随着机器的功能越来越复杂，对机器的精确度要求也就越来越高，如机器只有以上 3 个部分，使用起来就会遇到很大的困难。所以机器除了以上 3 个部分外，还会不同程度地增加一些其他辅助部分，如显示系统、检测系统、润滑系统和控制系统等。以汽车为例，方向盘和转向系统、刹车及其踏板、离合器及其踏板、油门等组成控制系统；油量表、速度表、里程表、水压表等组成显示系统；前灯、后灯及仪表灯等组成照明系统；转向灯及车尾红灯组成信号系统；等等。尤其是计算机技术和数控技术的广泛应用，显著地提升了机器的性能。如数控车床中主轴的回转运动和刀架的直线运动的数字控制，实现了加工自动化，提高了加工质量和生产效率。现代机械产品基本上实现了机、电、液、检测、控制等的有机结合。

在工程上，我们遇到的机器都是由许许多多机械零件组成的，如自行车是由链轮、链条、飞轮、踏板、座杆、车座、车架等零件组成的。因此，构成机器的基本要素是机械零件。要研究机器，必须首先了解下述 2 个基本概念：

(1)零件。它是制造的最小单元，如齿轮、螺钉、螺母、轴、凸轮等。一般来说，机械零件可分为两大类：通用零件和专用零件。通用零件是指在各种机器中经常用到的零件，如螺栓、螺母、齿轮、轴等；专用零件只出现在某一些特定类型的机械中，如水泵的叶轮、飞机的螺旋桨、内燃机的曲轴等。

(2)部件。把若干零件组合起来为实现某一功能而形成的独立装配体称为部件，它是装配的单元，如联轴器、离合器、滚动轴承、减速器等。

本课程的研究对象就是通用零部件。

2. 本课程的研究内容

本课程重点讨论一般尺寸和常用工作参数下的通用零部件的设计。概括地说，本课程的主要内容包括以下几个方面：

(1)机械设计总论，包括机械设计的基本要求、机械设计的一般程序、机械零件的主要失效形式和设计准则、机械零件的设计方法与基本原则、机械零部件设计中的强度与耐磨性等。

(2)连接件设计，包括螺纹连接、螺旋传动、键连接、花键连接、销连接、无键连接等的设计。

(3)机械传动设计，包括带传动、链传动、齿轮传动、蜗杆传动等的设计。

(4)轴系零部件及弹簧设计，包括滑动轴承、滚动轴承、联轴器、离合器、轴、弹簧等的设计。

3. 本课程的性质与任务

由上可知，本课程是高等院校机械类专业必修的一门设计性质的技术基础课程。学习本课程不但可以使学生掌握机械设计的基本理论、基本知识和基本技能，而且可以为以后有关专业课程的学习打下必要的理论基础。因此，它是一门在教学中起着承上启下作用的课程。

本课程的主要任务是从以下几个方面培养学生：

(1)具有正确的设计思想和勇于创新探索的精神；

(2)掌握通用零部件的设计原理、方法和机械设计的一般规律，进而具有综合运用所学的知识，研究改进或开发新的基础件及设计简单的机械的能力；

(3)具有运用标准、规范、手册、图册和查阅有关技术资料的能力；

(4)掌握典型机械零件及机械系统的试验方法，进行获得试验技能的基本训练；

(5)了解国家当前的有关技术经济政策，并对机械设计的新发展有所了解。

4. 本课程的学习方法

机械设计课程涉及的内容广泛，具有系统性、综合性和工程性等特点，因此，有的学生在学习本课程时往往难以适应这一变化。为使学生尽快适应本课程，本课程的学习方法为：

（1）着重基本概念的理解和基本设计方法的掌握，不强调系统的理论分析；

（2）着重理解公式建立的前提、意义和应用，不强调对理论公式的具体推导；

拓展资料

（3）密切联系生产实际，努力培养解决工程实际问题的能力；

（4）机械零部件的参数设计中，其分析问题的大致思路是根据零部件的工作状况、运动特点进行受力分析→确定该零部件工作时可能出现的主要失效形式→建立该工况下零部件不产生失效的设计准则→导出设计（或校核）公式→计算（或校核）该零部件的主要几何尺寸（或许用应力）→进行该零部件结构设计→绘制零部件工作图；

（5）重视公式的应用和具体设计方法的掌握，不要把主要精力放在公式的数学推导和公式的记忆上。

第一篇

机械设计总论

第 1 章
机械设计概论

✐ 本章思维导图

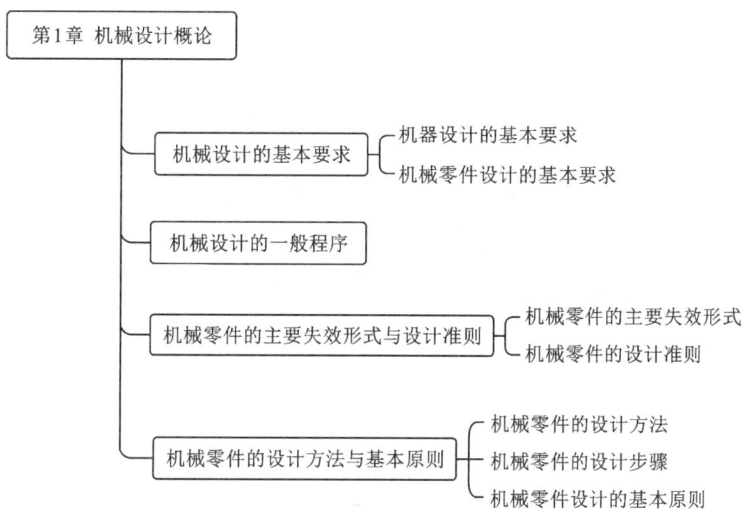

```
┌─────────────────┐
│ 第1章 机械设计概论 │
└─────────────────┘
        │
        ├──┤ 机械设计的基本要求 ├──┤ 机器设计的基本要求
        │                      └─ 机械零件设计的基本要求
        │
        ├──┤ 机械设计的一般程序 │
        │
        ├──┤ 机械零件的主要失效形式与设计准则 ├──┤ 机械零件的主要失效形式
        │                                      └─ 机械零件的设计准则
        │
        └──┤ 机械零件的设计方法与基本原则 ├──┤ 机械零件的设计方法
                                            ├─ 机械零件的设计步骤
                                            └─ 机械零件设计的基本原则
```

1.1　机械设计的基本要求

1.1.1　机器设计的基本要求

在工程上，尽管机器的类型很多，性能差异很大，但机器设计的基本要求大体是相同的，主要有以下几个方面。

1. 使用功能的要求

人们是为了满足生产和生活上的需要才设计和制造各种各样机器的，因此，机器必须具有预定的使用功能。这主要靠正确地选择机器的工作原理，正确地设计或选用原动机、工作机构和传动机构，以及合理配置辅助系统来保证。

2. 可靠性和安全性的要求

机器的可靠性是指机器在规定的使用条件下、在规定的时间内完成规定功能的能力。安全可靠是机械的必备条件，必须从机械系统的整体设计、零部件的结构设计、材料及热处理的选择、加工工艺的制定等方面来满足这一要求。

7

3. 市场需要和经济性的要求

在产品设计中，自始至终都应把产品设计、销售及制造三方面作为一个整体考虑。只有设计与市场信息密切配合，找到市场、设计、生产的最佳关系，才能以最快的速度回收投资，获得满意的经济效益。

4. 机械零部件结构设计的要求

机器设计的最终结果都是以一定的结构形式表现出来的，且各种计算都要以一定的结构为基础。所以，设计机器时，往往要事先选定某种结构形式，再通过各种计算得出结构尺寸，将这些结构尺寸和确定的几何形状绘制成零件工作图，最后按设计的工作图制造、装配成部件乃至整台机器，以满足机器的使用要求。

5. 操作使用方便的要求

机器的工作和人的操作密切相关。在设计机器时必须注意操作要轻便省力，操作机构要适应人的生理条件，机器的噪声要小、有害介质的泄漏要少等。

6. 工艺性及标准化、系列化、通用化的要求

机器及其零部件应具有良好的工艺性，即考虑零件的制造方便，加工精度及表面粗糙度适当，易于装拆。设计时，零件、部件和机器参数应尽可能标准化、系列化、通用化，以提高设计质量，降低制造成本，并且使设计者将主要精力用在关键零件的设计上。

7. 其他特殊要求

对不同的用户，设计的机械产品还应满足一些特殊的要求。如对飞机有重量轻、飞行阻力小而运载能力大的要求；对流动使用的机器(如钻探机械)有便于安装和拆卸的要求；对大型机器有便于运输的要求；对食品、纺织机器有不得污染产品的要求等。

1.1.2 机械零件设计的基本要求

应用案例

1. 强度要求

机械零件应满足强度要求，即防止它在工作中发生整体断裂或产生过大的塑性变形或出现疲劳点蚀。机械零件的强度要求是最基本的要求。

提高机械零件的强度是机械零件设计的核心之一，为此可以采用以下几项措施：

(1)采用强度高的材料；

(2)使零件的危险截面具有足够大的尺寸；

(3)用合理的热处理方法提高材料的力学性能；

(4)提高运动零件的制造精度，以降低工作时的动载荷；

(5)合理布置各零件在机器中的位置，减小作用在零件上的载荷等。

2. 刚度要求

机械零件应满足刚度要求，即防止它在工作中产生的弹性变形超过允许的限度。通常只有当零件过大的弹性变形会影响机器的工作性能时，才需要满足刚度要求。一般对机床主轴、导轨等零件需作刚度计算。

提高机械零件的刚度可以采用以下几项措施：

(1)增大零件的截面尺寸；

(2)缩短零件的支承跨距；

(3)采用多点支承结构等。

3. 结构工艺性要求

机械零件应有良好的结构工艺性,即在一定的生产条件下,以最小劳动量、花最少加工费用制成能满足使用要求的零件,并能以最简单的方法在机器中进行装拆与维修。因此,零件的结构工艺性应从毛坯制造、机械加工过程及装配等几个环节综合考虑。

4. 经济性要求

经济性是机械产品的重要指标之一。从产品设计到产品制造,应始终贯彻经济原则。在设计满足零件使用要求的前提下,可以从以下几个方面考虑零件的经济性:

(1)先进的设计理论和方法,采用现代化设计手段,提高设计质量和效率,缩短设计周期,降低设计费用;

(2)尽可能选用一般材料,以减少材料费用,同时应降低材料消耗,例如多用无切削或少切削加工,减少加工余量等;

(3)零件结构应简单,尽量采用标准零件,选用允许的最大公差和最低精度;

(4)提高机器效率,节约能源,例如尽可能减少运动零件、创造优良润滑条件等,包装与运输费用也应注意考虑。

5. 减轻重量的要求

在机械零件设计时,应力求减轻重量,这样可以节约材料,对运动零件来说可以减小惯性,改善机器的动力性能,减小作用于构件上的惯性载荷。减轻机械零件重量的措施有:

(1)从零件上应力较小处挖去部分材料,以改善零件受力的均匀性,提高材料的利用率;

(2)采用轻型薄壁的冲压件或焊接件来代替铸、锻零件;

(3)采用与工作载荷相反方向的预载荷;

(4)减小零件上的工作载荷等。

机械零件的强度、刚度是从设计上保证它能够可靠工作的基础,而零件可靠地工作是保证机器正常工作的基础。零件具有良好的结构工艺性和较轻的重量是机器具有良好经济性的基础。在实际设计中,经常会遇到基本要求不能同时得到满足的情况,这时应根据具体情况,合理地作出选择,保证主要的要求能够得到满足。

1.2 机械设计的一般程序

机械设计绝不能只视为计算和绘图,我国设计人员早在20世纪60年代就总结出全面考虑试验、研究、设计、制造、安装、使用、维护的"七事一贯制"设计方法。机械设计不可能有固定不变的程序,因为设计本身就是一项富有创造性的工作,同时也是一项尽可能多地利用已有成功经验的工作。机械设计的过程是复杂的,它涉及多方面的工作,如市场需求、技术预测、人机工程等,再加上机械的种类繁多,性能差异巨大,所以机械设计的过程并没有一个通用的固定程序,需要根据具体情况进行相应的处理。本书仅就设计机器的技术过程进行讨论,以比较典型的机器设计为例,介绍机械设计的一般程序。

一台新机器从着手设计到被制造出来,主要经过以下6个阶段。

1. 制定设计工作计划

根据社会、市场的需求确定所设计机器的功能范围和性能指标;根据现有的技术、资料及研究成果判断其实现的可能性,明确设计中要解决的关键问题;拟定设计工作计划和任务书。

2. 方案设计

按设计任务书的要求，了解并分析同类机器的设计、生产和使用情况，以及制造厂的生产技术水平，研究实现机器功能的可能性，提出可能实现机器功能的多种方案。每个方案应该包括原动机、传动机构和工作机构，对较为复杂的机器还应包括控制系统。然后，在考虑机器的使用要求、现有技术水平和经济性的基础上，综合运用各方面的知识与经验对各个方案进行分析。通过分析确定原动机、选定传动机构、确定工作机构的工作原理及工作参数，绘制工作原理图，完成机器的方案设计。

在方案设计的过程中，应注意相关学科与技术中新成果的应用，如先进制造技术、现代控制技术、新材料等，这些新技术的发展使得以往不能实现的方案变为可能，这些都为方案设计的创新奠定了基础。

3. 技术设计

对已选定的设计方案进行运动学和动力学的分析，确定机构和零件的功能参数，必要时进行模拟试验、现场测试、修改参数；计算零件的工作能力，确定机器的主要结构尺寸；绘制总装配图、部件装配图和零件工作图。技术设计主要包括以下几项内容。

(1)运动学设计。根据设计方案和运动机构的工作参数，确定原动机的动力参数，如功率和转速，进行运动机构设计，确定各构件的尺寸和运动参数。

(2)动力学计算。根据运动学设计的结果，分析、计算出作用在零件上的载荷。

(3)零件设计。根据零件的失效形式，建立相应的设计准则，通过计算、类比或模型试验等方法确定零部件的基本尺寸。

(4)总装配草图的设计。根据零部件的基本尺寸和运动机构的结构关系，设计总装配草图。在综合考虑零件的装配、调整、润滑、加工工艺等的基础上，完成所有零件的结构与尺寸设计。在确定零件的结构、尺寸和零件间的相互位置关系后，可以较精确地计算出作用在零件上的载荷，分析影响零件工作能力的因素。在此基础上，应对主要零件进行校核计算，如对轴进行精确的强度计算，对轴承进行寿命计算等。根据计算结果反复地修改零件的结构尺寸，直到满足设计要求。

(5)总装配图与零件工作图的设计。根据总装配草图确定的零件结构尺寸，完成总装配图与零件工作图的设计。

4. 施工设计

根据技术设计的结果，考虑零件的工作能力和结构工艺性，确定配合件之间的公差。视情况与要求，编写设计计算说明书、使用说明书、标准件明细表、外购件明细表、验收条件等。

5. 试制、试验、鉴定

设计的机器能否实现预期的功能、满足提出的要求，其可靠性、经济性如何等，都必须通过对试制的样机进行试验来加以验证，再经过鉴定，以科学的评价确定是否可以投产或进行必要的改进设计。

6. 定型产品设计

经过试验和鉴定，对设计进行必要的修改后，可进行小批量的试生产。经过实际使用，取得使用的数据和反馈意见，再进一步修改设计，即定型产品的设计，然后正式投产。

实际上，整个机械设计的各个阶段是互相联系的，在某个阶段发现问题后，必须返回到前面的有关阶段进行设计的修改，直至问题得到解决。有时，可能整个方案都要推倒重来。因此，整个机械设计过程是一个不断修改、不断完善以至逐步接近最佳结果的过程。

1.3 机械零件的主要失效形式与设计准则

机械零件出于某种原因不能正常工作或丧失了工作能力，称为失效。零件出现失效将直接影响机器的正常工作，因此研究机械零件的失效并分析产生失效的原因对机械零件设计具有重要意义。

1.3.1 机械零件的主要失效形式

1. 整体断裂

零件在载荷作用下，危险截面上的应力大于材料的极限应力而引起的断裂称为整体断裂，如螺栓断裂、齿轮断齿、轴断裂等。整体断裂分为静强度断裂和疲劳断裂。静强度断裂是由于静应力过大产生的，疲劳断裂是由于变应力的反复作用产生的。机械零件整体断裂中约 80% 属于疲劳断裂。整体断裂是严重的失效，有时会导致严重的人身事故和设备事故。

2. 过大的变形

机械零件受载时将产生弹性变形。当弹性变形量超过其许用范围时将使零件或机械不能正常工作。弹性变形量过大，将破坏零件之间的相互位置及配合关系，有时还会引起附加动载荷及振动，如机床主轴的过大弯曲变形不仅会产生振动，而且会造成工件加工质量的降低。

塑性材料制成的零件，在过大载荷作用下会产生塑性变形，这不仅会使零件尺寸和形状发生改变，而且会使零件丧失工作能力。

3. 表面破坏

表面破坏是发生在机械零件工作表面上的一种失效。运动零件的工作表面一旦出现某种表面失效，都将破坏表面精度，改变表面尺寸和形貌，使其运动性能降低、摩擦加大、能耗增加，严重时将导致零件完全不能工作。根据失效机理的不同，表面破坏可分为以下几种情况。

（1）点蚀。如滚动轴承、齿轮等点、线接触的零件，在高接触应力及一定工作循环次数下可能在局部表面上形成小块的，甚至是片状的麻点或凹坑，进而导致零件失效，这种失效称为点蚀。

（2）胶合。金属表面接触时实际上只有少数凸起的峰顶在接触，因受载压力过大而产生弹塑性变形，使摩擦表面的吸附膜破裂。同时，因摩擦而产生高温，造成基体金属的"焊接"现象。当摩擦表面相对滑动时，切向力将黏着点切开呈撕脱状态。被撕脱的金属粘在摩擦表面上形成表面凸起，严重时会造成运动副咬死。这种由于黏着作用使材料由一个表面转移到另一个表面的失效称为胶合。

（3）磨料磨损。不论是摩擦表面的硬凸峰，还是外界掺入的硬质颗粒，在摩擦过程中都会对摩擦表面起切削或碾破作用，引起表面材料的脱落，这种失效称为磨料磨损。

（4）腐蚀磨损。在摩擦过程中，摩擦表面与周围介质发生化学反应或电化学反应的磨损，即腐蚀与磨损同时发生的磨损称为腐蚀磨损。

4. 破坏正常工作条件引起的失效

有些零件只有在一定的工作条件下才能正常工作，若破坏了这些必备条件，则将发生不同类型的失效。如在 V 带传动中，当传递的有效圆周力大于最大摩擦力时产生的打滑失效；又如液体摩擦的滑动轴承，只有在存在完整的润滑油膜时才能正常工作，否则将发生过热、胶合、过度磨损等形式的失效。

1.3.2 机械零件的设计准则

在设计零件时所依据的准则是与零件的失效形式紧密地联系在一起的。对于一个具体零件，要根据其主要失效形式采用相应的设计准则。现将一些主要准则分述如下。

1. 强度准则

强度准则是针对零件的整体断裂失效(包括静应力作用产生的静强度断裂和变应力作用产生的疲劳断裂)、塑性变形失效和点蚀失效。对于这几种失效，强度准则要求零件的应力分别不超过材料的强度极限、零件的疲劳极限、材料的屈服极限和材料的接触疲劳极限。强度准则的一般表达式为

$$\sigma \leqslant \frac{\sigma_{lim}}{S} \tag{1-1}$$

式中：σ 为零件的工作应力，MPa；σ_{lim} 为零件材料的极限应力，MPa；S 为安全系数。

2. 刚度准则

刚度是零件抵抗弹性变形的能力。刚度准则是针对零件的过大弹性变形失效而言的，它要求零件在载荷作用下产生的弹性变形量不能超过机器工作性能允许的值。有些零件，如机床主轴、电动机轴等，其基本尺寸是由刚度条件确定的。对重要的零件要验算刚度是否足够。刚度准则的一般表达式为

$$y \leqslant [y], \theta \leqslant [\theta], \varphi \leqslant [\varphi] \tag{1-2}$$

式中：y、θ、φ 为零件工作时的挠度、转角、扭转角；$[y]$、$[\theta]$、$[\varphi]$ 为该零件允许的挠度、转角、扭转角。

3. 寿命准则

影响零件寿命的主要失效形式有腐蚀、磨损及疲劳，它们产生的机理及发展规律完全不同。迄今为止，关于腐蚀与磨损的寿命计算尚无法进行。关于疲劳寿命计算，通常是求出使用寿命时的疲劳极限来作为计算的依据，这在本书后续的有关章节中再作介绍。

4. 耐磨性准则

耐磨性准则是针对零件的表面失效而言的，它要求零件在正常条件下工作的时间能达到零件的寿命。腐蚀和磨损是影响零件耐磨性的两个主要因素。目前，关于材料耐腐蚀和耐磨损的计算尚无实用有效的方法。因此，在工程上对零件的耐磨性只能进行条件性计算。

一是验算压强，使其不超过许用值，以防止压强过大使零件工作表面油膜破坏而产生过快磨损，其验算式为

$$p \leqslant [p] \tag{1-3}$$

二是验算滑动速度 v 比较大的摩擦表面，还要防止摩擦表面温升过高使油膜破坏，导致磨损加剧，严重时还会产生胶合。因此，要限制单位接触面上单位时间产生的摩擦功，使其不要过大。如果摩擦系数 f 为常数，则可验算 pv 值不超过许用值 $[pv]$，即

$$pv \leqslant [pv] \tag{1-4}$$

式中：p 为工作表面上的压强，MPa；$[p]$ 为材料的许用压强，MPa；v 为工作表面线速度，m/s；$[pv]$ 为 pv 的许用值，MPa·m/s。

5. 振动稳定性准则

振动稳定性准则主要是针对高速机器中零件出现的振动、振动的稳定性和共振而言的，它要求零件的振动应控制在允许的范围内，而且是稳定的，对于强迫振动，应使零件的固有频率与激振频率错开。高速机械中存在着许多激振源，如齿轮的啮合、滚动轴承的运转、滑动轴承中的油膜振荡、柔性轴的偏心转动等。设计高速机械的运动零件时，除满足强度准则外，还要满足振动稳定性准则。对于强迫振动，振动稳定性准则的表达式为

$$f < 0.85 f_n \text{ 或 } f > 1.15 f_n \tag{1-5}$$

式中：f 为零件的固有频率；f_n 为激振频率。

1.4　机械零件的设计方法与基本原则

1.4.1　机械零件的设计方法

一般来说，机械零件的设计方法可分为传统设计方法和现代设计方法两大类，其中传统设计方法又分为理论设计、经验设计和模型试验设计等 3 种。下面分别介绍这些设计方法。

1. 理论设计

根据理论和试验数据进行的设计，称为理论设计。由理论设计可得到比较精确且可靠的结果，故重要的零部件通常采用这种设计方法。以强度准则为例，由材料力学可知式（1-1）可表示为

$$\sigma = \frac{F}{A} \leqslant \frac{\sigma_{\text{lim}}}{S} = [\sigma] \tag{1-6}$$

式中：F 为作用于零件上的广义外载荷，如径向力、轴向力、弯矩、扭矩等；A 为零件的广义截面积，如横截面积、抗弯截面系数、抗扭截面系数等；σ_{lim} 为零件材料的极限应力；S 为安全系数；$[\sigma]$ 为材料的许用应力。

根据式（1-6）可进行两方面的设计工作：一是已知外载荷与极限应力，可确定和计算出零件的主要尺寸，即 $A \geqslant \dfrac{SF}{\sigma_{\text{lim}}}$；二是已知零件的主要尺寸，可进行零件强度校核计算，即 $\sigma = \dfrac{F}{A} \leqslant [\sigma]$。

2. 经验设计

根据设计者的工作经验或经验关系式用类比的方法进行设计，称为经验设计。对一些次要零件，如受力不大的螺钉、螺栓等，或者对一些理论上不够成熟或虽有理论但没有必要用复杂、高级的理论设计的零部件，如机架、箱体等，通常采用经验设计方法。

3. 模型试验设计

把初步设计的零部件或机器制成小模型或小尺寸样机，经过试验手段对其各方面的特性进行检验，再根据试验结果对原设计进行逐步修改，从而获得尽可能完善的设计结果，这样

的设计过程称为模型试验设计。一些尺寸巨大、结构复杂而又十分重要的零部件，如飞机的机身、新型舰船的船体等，需采用这种设计方法。

4. 现代设计方法

随着科学的发展，新材料、新工艺、新技术不断涌现，产品的更新换代周期日益缩短，促使机械设计方法和技术现代化，以适应新产品的加速开发。在这种形势下，传统的机械设计方法已不能完全满足需要，产生和发展了以动态、优化、计算机化为核心的现代设计方法，如优化设计、计算机辅助设计、机械可靠性设计、摩擦学设计、机械系统设计、机械动态设计、有限单元法。除此之外，还有一些新的设计方法，如虚拟设计、概念设计、模块化设计、反求工程设计、面向产品生命周期设计、绿色设计等。这些设计方法使得机械设计学科发生了很大的变化。下面对较常用的方法进行简要介绍。

(1)优化设计。优化设计是指根据最优化原理，建立数学模型，采用最优化数学方法，以人机配合方式或自动搜索方式，在计算机上应用计算程序进行半自动或自动设计，选出工程设计中最佳设计方案的一种现代设计方法。近些年来，优化设计还与机械可靠性设计、模糊设计等其他一些设计方法结合起来，形成了可靠性优化设计、模糊优化设计等一些新的优化设计方法。

(2)计算机辅助设计。计算机辅助设计简称 CAD，它是利用计算机运算快速准确、存储量大、逻辑判断功能强等特点进行设计信息处理，并通过人机对话形式完成机械产品设计工作的一种设计方法。一个完备的 CAD 系统，由科学计算、图形系统和数据库三方面组成。它与计算机辅助制造(CAM)相结合可形成 CAD/CAM 系统。

(3)机械可靠性设计。机械可靠性设计是将概率论、数理统计、失效物理和机械学相结合而形成的一种设计方法。其主要特点是将传统设计方法中视为单值而实际上具有多值性的设计变量(如载荷、应力、寿命等)看成服从某种分布规律的随机变量，用概率统计方法设计出符合机械产品可靠性指标要求的零部件和整机的主要参数及结构尺寸。

(4)机械系统设计。机械系统设计是应用系统的观点进行机械产品设计的一种方法。一般传统设计只注重机械内部系统设计，且以改善零部件的特性为重点，对各零部件之间、内部与外部系统之间的相互作用和影响考虑较少。机械系统设计则是遵循系统的观点，研究内、外系统和各子系统之间的相互关系，通过各子系统的协调工作，取长补短地来实现整个系统最佳的总功能。

(5)机械动态设计。机械动态设计是根据机械产品的动载工况，以及对该产品提出的动态性能要求与设计准则，按动力学方法进行分析计算、优化与试验并反复进行的一种设计方法。该方法的基本思路为：把机械产品看成是一个内部情况不明的黑箱，通过外部观察，根据其功能对黑箱与周围不同的信息联系进行分析，求出机械产品的动态特性参数，然后进一步寻求它们的机理和结构。

(6)有限单元法。有限单元法是指将连续的介质(如零件、结构等)看作由在有限个节点处连接起来的有限个小块(称为元素)组成，然后对每个元素，通过取定的插值函数，将其内部每一点的位移(或应力)用元素节点的位移(或应力)来表示，再根据介质整体的协调关系，建立包括所有节点的这些未知量的联立方程组，最后用计算机求解该联立方程组，以获得所需的解答。当元素足够"小"时，可以得到十分精确的解答。

1.4.2　机械零件的设计步骤

机械零件的设计大体要经过以下几个步骤：

（1）根据零件的使用要求，选择零件的类型和结构；

（2）根据机器的运动学与动力学设计结果，计算作用在零件上的名义载荷，分析零件的工作情况，确定零件的计算载荷；

（3）分析零件工作时可能出现的失效形式，选择适当的零件材料和热处理方式；

（4）根据设计准则进行有关的计算，确定零件的基本尺寸；

（5）按照工艺性及标准化等原则，进行零件的结构设计；

（6）细节设计完成后，必要时进行详细的校核计算，确保重要零件的设计可靠性；

（7）绘制零件的工作图，在工作图上除标注详细的零件尺寸外，还需对零件的配合尺寸等标注尺寸公差及必要的几何公差、表面粗糙度及技术条件等；

（8）编写零件的设计计算说明书。

1.4.3　机械零件设计的基本原则

机械零件的种类繁多，不同行业对机械和机械零件的要求也各不相同，但机械零件设计中材料的选择原则和标准化的原则是相同的。

1. 材料的选择原则

在掌握材料的力学性能和零件的使用要求的基础上，一般要考虑以下几个方面的问题。

（1）强度问题。零件承受载荷的状态和应力特性是首先要考虑的问题。在静载荷作用下工作的零件，可以选择脆性材料；在冲击载荷作用下工作的零件，主要采用韧度较高的塑性材料；对于承受弯曲和扭转应力的零件，由于应力在横截面上分布不均匀，可以采用复合热处理，如调质和表面硬化，使零件的表面与芯部具有不同的金相组织，提高零件的疲劳强度。当零件承受变应力时，应选择耐疲劳的材料，如组织均匀、韧度较高、夹杂物少的钢材。

（2）刚度问题。影响零件刚度的唯一力学性能指标是材料的弹性模量，而各种材料的弹性模量相差不大。因此，改变材料对提高零件的刚度作用并不大，而结构形状对零件的刚度有明显的影响，设计中常通过改变零件的结构形状来调整零件的刚度。

（3）磨损问题。一般很难简单地说明磨损问题，因为零件表面的磨损是一个非常复杂的过程。本书将在以后的章节中，针对具体零件的磨损介绍材料的选用。一般可将一定条件下摩擦系数小且稳定的耐磨性、跑合性好的材料称为减摩材料。如钢-青铜、钢-轴承合金组成的摩擦副就具有较好的减摩性能。

（4）制造工艺性问题。当零件在机床上的加工量很大时，应考虑材料的可切削性能，减少刀具磨损，提高生产效率和加工精度。当零件的结构复杂且尺寸较大时，宜采用铸造或焊接件，这就要求材料的铸造性能和焊接性能满足要求。采用冷拉工艺制造的零件要考虑材料的延伸率和冷作硬化对材料力学性能的影响。

（5）材料的经济性问题。根据零件的生产量和使用要求，综合考虑材料本身的价格、材料的加工费用、材料的利用率等来选择材料。有时可将零件设计成组合结构，用两种材料制造，如大尺寸蜗轮的轮毂和齿圈、滑动轴承的轴瓦和轴承衬等，这样可以节省贵重材料。

2. 标准化的原则

(1)标准化的内容。标准化工作包括三方面的内容，即标准化、系列化和通用化。标准化是指对机械零件种类、尺寸、结构要素、材料性质、检验方法、设计方法、公差配合和制图规范等制定相应的标准，供设计、制造时共同遵照使用。系列化是指产品按大小分档，进行尺寸优选，或成系列地开发新品种，用较少的品种规格来满足多种尺寸和性能指标的要求，例如圆柱齿轮减速器系列。通用化是指同类机型的主要零部件可最大限度地互通或互换。可见，通用化是广义标准化的一部分，因此它既包括已标准化的项目的内容，也包括未标准化的项目的内容。机械产品的系列化、零部件的通用化和标准化，简称为机械产品的"三化"。

(2)标准化的意义。机械产品"三化"的重要意义主要表现在：①可减少设计工作量，缩短设计周期和降低设计费用，使设计人员将主要精力用于创新，用于多方案优化设计，可更有效地提高产品的设计质量，开发更多的新产品；②便于专业化工厂批量生产，以提高标准件(如滚动轴承、螺栓等)的质量，最大限度地降低生产成本，提高经济效益；③便于维修时互换零件。

"三化"是一项重要的设计指标和必须贯彻执行的技术经济法规。设计人员务必在思想上和工作上予以重视。

(3)我国标准的分类。我国现行标准中，有国家标准(GB)、行业标准(如 JB、YB 等)和企业标准。为有利于国际的技术交流和进、出口贸易，特别是在我国加入 WTO 之后，现有标准已尽可能靠拢、符合国际标准化组织(ISO)标准。

(4)机械设计中的互换性。上述机械产品"三化"的重要意义之一是便于互换零件，这就对设计整机和制造零件的公差与配合提出了严格的要求。相关内容将在"互换性与技术测量"(也称"机械精度")课程中阐述。

思考题和习题

1-1 机器设计时，应满足哪些基本要求？

1-2 机械零件设计时，应满足哪些基本要求？

1-3 什么是机械零件失效？试举出几种常见的机械零件失效形式。

1-4 什么是机械零件的设计准则？常用的机械零件设计准则有哪些？

1-5 机械产品的"三化"内容是什么？为什么在机械产品设计时，需要考虑"三化"问题？

1-6 机械的传统设计方法有哪些？各适合于何种情况？

自测题

一、选择题

1.一等截面直杆，其直径 $d=15$ mm，受静拉力 $F=40$ kN，材料为 35 钢，$\sigma_b=540$ MPa，$\sigma_s=320$ MPa，则该杆的工作安全系数 S 为(   )。

    A. 2.38   B. 1.69   C. 1.49   D. 1.41

2.对塑性材料制成的零件进行静强度计算时,其极限应力为(　　)。

A. σ_s　　　　　　　　B. σ_0　　　　　　　　C. σ_b　　　　　　　　D. σ_{-1}

3.零件的尺寸、形状、结构、精度和材料都相同时,磨削加工的零件与精车加工的零件相比,其疲劳强度(　　)。

A. 较高　　　　　　　　B. 较低　　　　　　　　C. 相同　　　　　　　　D. 视情况判断

4.碳钢和合金钢是按照(　　)来区分的。

A. 用途不同　　　　　　　　　　　　B. 材料的强度

C. 材料的塑性　　　　　　　　　　　D. 材料的化学成分

5.零件强度计算中的许用安全系数用来考虑(　　)。

A. 载荷的性质、零件价格的高低、材料质地的均匀性

B. 零件的应力集中、尺寸大小、表面状态

C. 计算的精确性、材料的均匀性、零件的重要性

D. 零件的可靠性、材料的机械性能、加工的工艺性

6.零件的工作安全系数为(　　)。

A. 零件的极限应力比许用应力　　　　　　B. 零件的工作应力比许用应力

C. 零件的极限应力比零件的工作应力　　　　D. 零件的工作应力比零件的极限应力

7.下列设备中,(　　)不属于机器。

A. 汽车　　　　　　　B. 机械手表　　　　　　C. 内燃机　　　　　　D. 车床

8.机械设计课程研究的对象是(　　)。

A. 专用零件　　　　　　　　　　　B. 标准零件

C. 常规工作条件下的通用零件　　　　　D. 特殊工作条件下的零件

9.机械零件出于某些原因不能(　　),称之为失效。

A. 工作　　　　　　　B. 连续工作　　　　　　C. 正常工作　　　　　　D. 负载工作

10.机械产品经济性评价通常只计算(　　)。

A. 设计费用　　　　　　B. 制造费用　　　　　　C. 调试费用　　　　　　D. 实验费用

二、填空题

1.机械零件的设计准则主要有_____、_____、_____、_____、_____。

2.机械零件的主要失效形式有_____、_____、_____、_____。

3.刚度是指零件抵抗_____的能力。

4.机械产品的"三化"是指_____、_____、_____。

5.机械零件设计的基本要求有_____、_____、_____、_____。

6.在静强度条件下,塑性材料的极限应力是_____;而脆性材料的极限应力是_____。

7.机器可以用来_____人的劳动活动,完成有用的_____。

8.机器或者机构的_____之间,具有确定的运动。

9.机械产品开发性设计的核心是_____。

10.材料许用应力越大,表明材料的强度就越_____。

三、判断题

1. 机器的传动部分都是机构。（　　　）

2. 互相之间能做相对运动的物件是构件。（　　　）

3. 只从运动方面讲，机构是具有确定相对运动构件的组合。（　　　）

4. 机构的作用，只是传递或转换运动的形式。（　　　）

5. 机构中的主动件和被动件都是构件。（　　　）

6. 当零件尺寸由刚度决定时，提高零件的刚度，应选用高强度合金钢制造。（　　　）

7. 机械设计计算的最基本的设计准则是刚度准则。（　　　）

8. 变应力都是变载荷产生的。（　　　）

9. 增大零件过渡曲线的圆角半径可以减小应力集中。（　　　）

10. 机械零件的刚度是指机械零件在载荷作用下抵抗弹性变形的能力。（　　　）

第 2 章
机械零部件设计中的强度与耐磨性

✎ **本章思维导图**

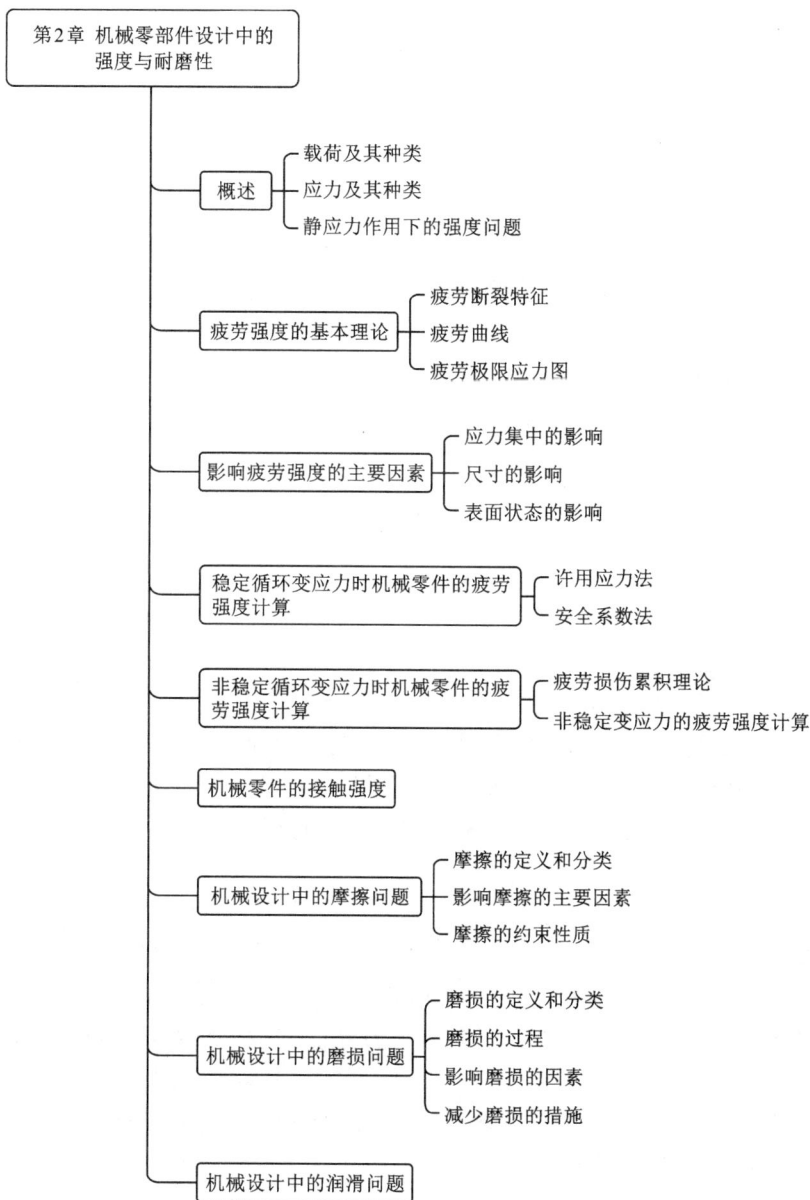

第 2 章 机械零部件设计中的强度与耐磨性

- 概述
  - 载荷及其种类
  - 应力及其种类
  - 静应力作用下的强度问题
- 疲劳强度的基本理论
  - 疲劳断裂特征
  - 疲劳曲线
  - 疲劳极限应力图
- 影响疲劳强度的主要因素
  - 应力集中的影响
  - 尺寸的影响
  - 表面状态的影响
- 稳定循环变应力时机械零件的疲劳强度计算
  - 许用应力法
  - 安全系数法
- 非稳定循环变应力时机械零件的疲劳强度计算
  - 疲劳损伤累积理论
  - 非稳定变应力的疲劳强度计算
- 机械零件的接触强度
- 机械设计中的摩擦问题
  - 摩擦的定义和分类
  - 影响摩擦的主要因素
  - 摩擦的约束性质
- 机械设计中的磨损问题
  - 磨损的定义和分类
  - 磨损的过程
  - 影响磨损的因素
  - 减少磨损的措施
- 机械设计中的润滑问题

在规定的条件下，机械产品、零部件能满足其设计要求，则称该产品具有可靠性。它是机械设计中一项重要的技术质量指标，它关系到设计的产品能否持续正常工作，甚至关系到设备和人身安全的问题，设计时必须引起重视。本章将分别介绍机械零部件设计中的有关强度和摩擦、磨损、润滑等方面的问题。

2.1 概述

2.1.1 载荷及其种类

机器工作时，作用在机械零部件上力或力矩，称为载荷。

通常，作用在机械零部件上的载荷可分为静载荷和变载荷两大类。静载荷是指大小、作用位置和方向不随时间变化或随时间缓慢变化的载荷，如零部件重力、锅炉压力等。变载荷是指大小、作用位置和方向随时间变化较快的载荷，如汽车悬架弹簧和自行车的链条工作时所受载荷。

此外，作用在机械零部件上的载荷还可分为名义载荷、工作载荷、计算载荷。名义载荷是指在理想的平稳工作条件下作用在零件上的载荷。工作载荷是指机器正常工作时所受的实际载荷。由于在实际工作中，零件还会受到各种附加载荷的作用，所以工作载荷难以确定。在通常情况下，引入载荷系数 K（有时只考虑工作情况的影响，引入工作情况系数 K_A）来考虑这些因素的影响。载荷系数与名义载荷的乘积称为计算载荷，即

$$F_c = KF \text{ 或 } T_c = KT \tag{2-1}$$

式中：F、T 为名义载荷，N，$N \cdot m$；F_c、T_c 为计算载荷，N，$N \cdot m$；K 为载荷系数。

如原动机的功率为 $P(kW)$，额定转速为 $n(r/min)$ 时，则作用在传动零件上的名义转矩 $T(N \cdot m)$ 为

$$T = 9550 \frac{P\eta i}{n} \tag{2-2}$$

式中：i 为从原动机到所计算零件之间的总传动比；η 为从原动机到所计算零件之间传动链的总效率。

2.1.2 应力及其种类

在载荷作用下，机械零部件的剖面（或表面）上将产生应力，根据应力随时间变化的特性不同，它可分为静应力和变应力。静应力是指不随时间变化或随时间缓慢变化的应力，如图 2-1(a)所示；变应力是指随时间变化较快的应力，它可分为稳定循环变应力和非稳定循环变应力两大类。

1. 稳定循环变应力

应力随时间按一定规律变化，而且变化幅度保持常数的变应力称为稳定循环变应力。在工程上最典型的稳定循环变应力有如下 3 种形式：

（1）非对称循环变应力。变应力中的最大应力 σ_{max} 和最小应力 σ_{min} 的绝对值不相等，其变化规律如图 2-1(b)所示。

（2）对称循环变应力。变应力中的最大应力 σ_{max} 和最小应力 σ_{min} 的绝对值相等而符号相反，其变化规律如图 2-1(c)所示。

（3）脉动循环变应力。变应力中的最小应力 $\sigma_{min}=0$，其变化规律如图 2-1（d）所示。

在图 2-1（b）~图 2-1（d）中，设平均应力为 σ_m，应力幅为 σ_a，可知它们的关系为

平均应力

$$\sigma_m = \frac{\sigma_{max}+\sigma_{min}}{2} \tag{2-3}$$

应力幅

$$\sigma_a = \frac{\sigma_{max}-\sigma_{min}}{2} \tag{2-4}$$

最大应力

$$\sigma_{max} = \sigma_m + \sigma_a \tag{2-5}$$

最小应力

$$\sigma_{min} = \sigma_m - \sigma_a \tag{2-6}$$

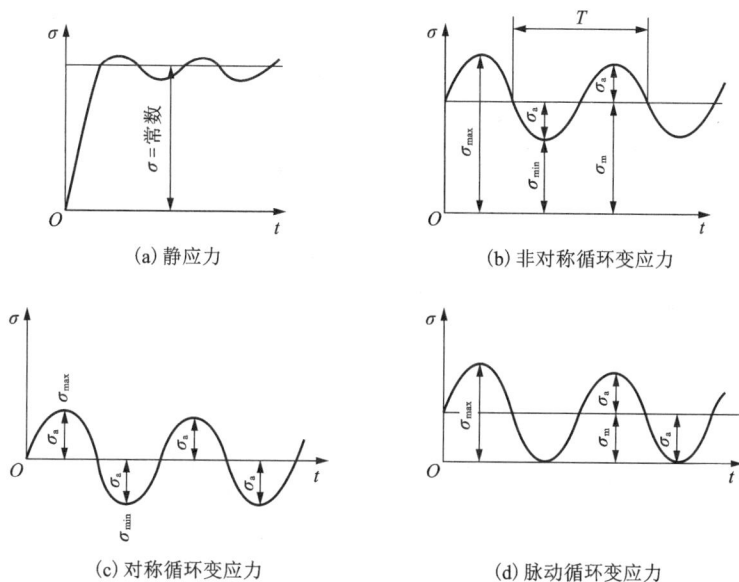

（a）静应力　　　　　　　　　（b）非对称循环变应力

（c）对称循环变应力　　　　　　（d）脉动循环变应力

图 2-1　静应力及稳定循环变应力

应力循环中的最小应力 σ_{min} 与最大应力 σ_{max} 之比，可用来表示变应力变化的情况，称为变应力的循环特性，用 r 表示，即

$$r = \frac{\sigma_{min}}{\sigma_{max}} \tag{2-7}$$

静应力：$\sigma_a=0$，$\sigma_{max}=\sigma_{min}$，$r=+1$，如图 2-1（a）所示。

非对称循环变应力：$\sigma_m=\dfrac{\sigma_{max}+\sigma_{min}}{2}$，$\sigma_a=\dfrac{\sigma_{max}-\sigma_{min}}{2}$，$-1<r<+1$，如图 2-1（b）所示。

对称循环变应力：$\sigma_m=0$，$\sigma_a=|\sigma_{max}|=|\sigma_{min}|$，$r=-1$，如图 2-1（c）所示。

脉动循环变应力：$\sigma_{min}=0$，$\sigma_a=|\sigma_m|$，$\sigma_{max}=2\sigma_m$，$r=0$，如图 2-1（d）所示。

当零部件受到切应力作用时，以上概念和公式仍可适用，只需将上述公式中的 σ 改成 τ 即可。

2. 非稳定循环变应力

在工程上，常见的非稳定循环变应力有如下两种形式：

(1)规律性非稳定循环变应力。应力随时间按一定规律周期性变化，而且变化幅度也是按一定规律呈周期性变化，如图 2-2(a)所示。

(2)随机性非稳定循环变应力。应力随时间不按一定规律周期性变化，而带有偶然性，如图 2-2(b)所示。

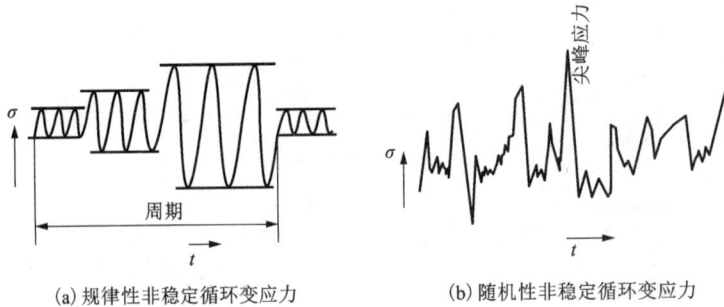

(a) 规律性非稳定循环变应力   (b) 随机性非稳定循环变应力

图 2-2   非稳定循环变应力

一般来说，静应力只能在静载荷作用下产生。变应力可能由变载荷产生，也可能由静载荷产生。工程上许多零部件绝大多数是在变应力状态下工作的，如转轴、齿轮、滚动轴承等。

2.1.3   静应力作用下的强度问题

机械零部件在静应力作用下，其强度条件可用下列 2 种不同的方式表示。

(1)危险剖面处的最大工作应力(σ_{max}、τ_{max})不超过材料的许用应力($[\sigma]$、$[\tau]$)，即

$$\sigma_{max} \leqslant [\sigma] = \frac{\sigma_{lim}}{[S]} \text{或} \tau_{max} \leqslant [\tau] = \frac{\tau_{lim}}{[S]} \tag{2-8}$$

(2)危险剖面处的安全系数 S_{σ}、S_{τ} 不应小于机械零部件的许用安全系数$[S]$，即

$$S_{\sigma} = \frac{\sigma_{lim}}{\sigma_{max}} \geqslant [S] \text{或} S_{\tau} = \frac{\tau_{lim}}{\tau_{max}} \geqslant [S] \tag{2-9}$$

式中：σ_{lim} 为机械零部件材料的极限正应力；τ_{lim} 为机械零部件材料的极限切应力。

在静应力状态下，塑性材料的主要失效形式是塑性变形，取其屈服极限(σ_s、τ_s)作为材料的极限应力，即 $\sigma_{lim} = \sigma_s$、$\tau_{lim} = \tau_s$。

脆性材料的主要失效形式是脆性破坏，取其强度极限(σ_b、τ_b)作为材料的极限应力，即 $\sigma_{lim} = \sigma_b$、$\tau_{lim} = \tau_b$。

如果零件所受的应力状态为双向、三向应力状态，需按材料力学的强度理论来计算零件的最大工作应力。

2.2　疲劳强度的基本理论

2.2.1　疲劳断裂特征

变应力作用下机械零件的破坏与静应力作用下机械零件的破坏有本质的区别。静应力作用下机械零件的破坏，是由于在危险截面中产生过大的塑性变形或最终断裂。而在变应力作用下，机械零件的主要失效形式是疲劳断裂。其疲劳断裂过程分为 2 个阶段：第一阶段是零件表面上应力较大处的材料发生剪切滑移，产生初始裂纹，形成疲劳源，疲劳源可以有一个或数个；第二阶段是裂纹端部在切应力作用下发生反复的塑性变形，使裂纹扩大直至发生疲劳断裂。这说明材料在浇铸铸件和工件加工、热处理时，内部的夹渣、微孔、晶界以及表面划伤、裂纹、腐蚀等都有可能产生初始裂纹，所以，零件的疲劳过程通常是从第二阶段开始的，应力集中促使表面裂纹产生和发展。

疲劳断裂具有以下特征：①疲劳断裂的最大应力远比静应力下材料的强度极限低，甚至比屈服极限低；②不管是脆性材料还是塑性材料，其疲劳断口均表现为无明显塑性变形的脆性突然断裂；③疲劳断裂是损伤后在反复的工作状态下积累形成的结果，它的初期现象是在零件表面或表层形成微裂纹，这种微裂纹随着应力循环次数的增加而逐渐扩展，直至余下的未裂开的截面积不足以承受外荷载时，零件突然断裂。图 2-3 为一旋转弯曲、载荷小和表面应力集中较大并有三个初始裂纹的疲劳断裂截

初始裂纹
光滑的疲劳区
粗糙的脆性断裂区

图 2-3　疲劳断裂截面

面。在断裂截面上明显地存在两个区域：一个是在变应力重复作用下裂纹两边相互摩擦形成的光滑的疲劳区；另一个是最终发生粗糙的脆性断裂区。

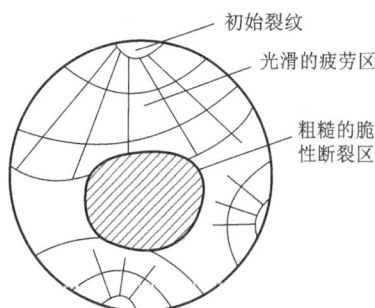

2.2.2　疲劳曲线

疲劳曲线是用一批标准试件进行疲劳试验得到的。以规定应力循环特性 r（通常取 $r=-1$ 或 $r=0$）加于标准试件，经过 N 次应力循环后，材料不发生疲劳破坏的最大应力称为疲劳极限应力，以 σ_{rN} 表示。通过试验，可以得到不同的 σ_{rN} 相对应的应力循环次数 N，将结果绘制成疲劳曲线。典型的疲劳曲线如图 2-4 所示，图 2-4(a) 是以普通坐标表示的疲劳曲线（或称为 σ-N 曲线），图 2-4(b) 是以双对数坐标表示的疲劳曲线。以图 2-4(b) 为例，典型的疲劳曲线可分为有限寿命区和无限寿命区两部分；按应力循环次数也可分为低周循环区和高周循环区。

1. 有限寿命区

曲线中的 N_0 称为应力循环基数，$N<N_0$ 的部分称为有限寿命区，它由两部分组成：

当 $N<10^3$（或 10^4）时，称为低周循环疲劳，疲劳极限应力很高，接近屈服极限。例如飞机起落架和压力容器等的疲劳属于低周循环疲劳。但对于绝大多数通用零件来说，当其承受变应力作用时，其应力循环次数一般都大于 10^4，所以本章不讨论低周循环疲劳问题。

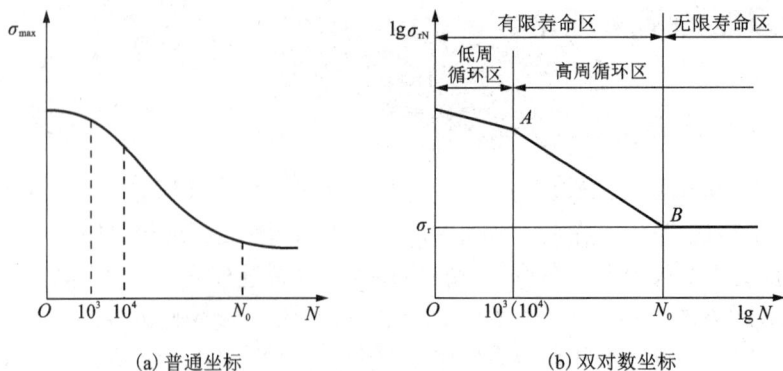

(a) 普通坐标　　　　　　　(b) 双对数坐标

图 2-4　典型的疲劳曲线

当 $N \geq 10^3$（或 10^4）时，称为高周循环疲劳。其中，10^3（或 10^4）$\leq N < N_0$ 时，应力循环次数较高，疲劳极限应力随着应力循环次数的增加而降低；在双对数坐标图中，疲劳曲线是一条斜直线，这是有限寿命疲劳强度设计中应用最多的区段。

2. 无限寿命区

当 $N \geq N_0$ 时，疲劳曲线为水平线，对应于 N_0 点的极限应力 σ_r 称为持久疲劳极限，或简称疲劳极限，对称循环时用 σ_{-1} 表示，脉动循环时用 σ_0 表示。

所谓"无限"寿命，是指零件承受的变应力水平低于或等于材料的疲劳极限 σ_r 时，其工作应力的总循环次数可大于应力循环基数 N_0，并不是说永远不会产生破坏。

大多数钢材的疲劳曲线类似图 2-4(b)，但有色金属和高强度合金钢的疲劳曲线则没有明显的水平部分，如图 2-5 所示。

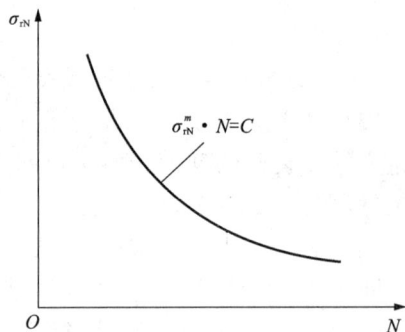

图 2-5　无水平部分的疲劳曲线

3. 疲劳曲线方程

在图 2-4 和图 2-5 中，有限寿命区应力循环次数和疲劳极限之间的关系可用下列方程表示

$$\sigma_{rN}^m \cdot N = \sigma_r^m \cdot N_0 = C \qquad (2-10)$$

式中：C 为试验常数；m 为材料系数，其值由试验确定。例如钢材弯曲疲劳时，$m=9$；钢材线接触疲劳时，$m=6$。

由式(2-10)可求得对应于循环次数 N 的疲劳极限 σ_{rN}，即

$$\sigma_{rN} = \sqrt[m]{\frac{N_0}{N}}\,\sigma_r = k_N \sigma_r \qquad (2-11)$$

式中：k_N 为寿命系数，$k_N = \sqrt[m]{\dfrac{N_0}{N}}$。

应当注意，材料的疲劳极限 σ_r 是在 $N = N_0 = 10^7$（也有定为 10^6 或 5×10^6）循环次数下试验得来的，当 $N \geqslant N_0$ 时，应取 $N = N_0$ 来计算 k_N，即 $k_N = 1$。各种金属材料的 N_0 大致为 $10^6 \sim 25 \times 10^7$。通常，对于 HBW≤350 的钢材，$N_0 \approx 10^6 \sim 10^7$；对于 HBW>350 的钢材，$N_0 \approx 10 \times 10^7 \sim 25 \times 10^7$，有色金属 $N_0 \approx 25 \times 10^7$。

2.2.3　疲劳极限应力图

大量试验已证明，材料相同但应力循环特性 r 不同时，其疲劳极限 σ_r 是不同的。对称循环变应力（$r = -1$）时的极限应力 σ_{-1} 最小，脉动循环变应力（$r = 0$）时的极限应力 σ_0 次之，静应力（$r = +1$）时的极限应力 σ_s 或 σ_b 最大。上述极限应力均可通过试验获得。非对称循环变应力（$-1 < r < +1$，且 $r \neq 0$）下的极限应力，可利用简化疲劳极限应力图（图 2-6）直接求得。

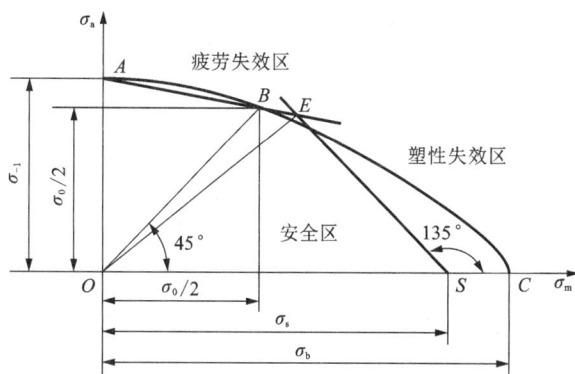

图 2-6　简化疲劳极限应力图

对于任一种材料，若 σ_{-1}、σ_0、σ_s 和 σ_b 为已知，疲劳极限应力图就可按下述步骤和方法绘出：①绘出坐标系，以平均应力 σ_m 为横坐标，应力幅 σ_a 为纵坐标；②在纵坐标上取 OA 等于 σ_{-1}，得到点 A；③取纵坐标和横坐标均为 $\dfrac{\sigma_0}{2}$，得到点 $B\left(\dfrac{\sigma_0}{2}, \dfrac{\sigma_0}{2}\right)$；④在横坐标上取 OC 等于 σ_b，得到点 C；⑤用光滑的曲线连接点 A、B、C，此曲线便为疲劳极限应力曲线。

工程上为计算方便，常将塑性材料疲劳极限应力图进行简化，其静应力时的极限应力为屈服极限 σ_s。因此，在横坐标上取点 $S(\sigma_s, 0)$，过点 S 作与横坐标成 135° 的斜线与 AB 的延长线相交于点 E，折线 $ABES$ 即循环特性 r 时塑性材料的简化疲劳极限应力曲线。连接 OE，将简化疲劳极限应力图的安全区分为 OAE 和 OES 两个区域（即 OAE 为疲劳安全区和 OES 为塑性安全区），如图 2-6 所示。

在 AE 直线段上任一点的极限应力为

$$\sigma_r = \sigma_{rm} + \sigma_{ra} \qquad (2\text{-}12)$$

式中：σ_r 为循环特性 r 时的疲劳极限；σ_{rm} 为循环特性 r 时的极限平均应力；σ_{ra} 为循环特性 r 时的极限应力幅。

在 ES 直线段上任一点的极限应力均为

$$\sigma_{rm} + \sigma_{ra} = \sigma_s \qquad (2\text{-}13)$$

若零件工作应力点(σ_{m}, σ_{a})处于折线以内时，其最大应力既不超过疲劳极限，也不超过屈服极限，故为疲劳和塑性安全区，而在折线范围以外为疲劳或塑性失效区。

在图 2-6 中，由 $A(0, \sigma_{-1})$ 和 $B\left(\dfrac{\sigma_0}{2}, \dfrac{\sigma_0}{2}\right)$ 两点坐标值，可得 AE 直线段疲劳极限方程（即直线方程）为

$$\sigma_{-1} = \sigma_{ra} + \psi_{\sigma}\sigma_{rm} \tag{2-14}$$

$$\psi_{\sigma} = \frac{2\sigma_{-1} - \sigma_0}{\sigma_0} \tag{2-15}$$

在上述各式中，若用 τ 来代替 σ，则以上各式对切应力同样适用。

2.3 影响疲劳强度的主要因素

在工程上，影响机械零件疲劳强度的因素有很多，如应力集中、零件尺寸、表面状态、环境介质等，其中前三种因素最为重要。

2.3.1 应力集中的影响

在零件剖面的几何形状突然变化之处（孔、圆角、键槽、螺纹等），局部应力要远远大于名义应力，这种现象称为应力集中。由于应力集中的存在，疲劳极限相对有所降低，其影响通常通过应力集中系数 K_{σ}（或 K_{τ}）来表示。在应力集中处，最大局部应力 σ_{max} 与名义应力 σ 的比值称为理论应力集中系数。理论应力集中系数不能直接判断出因局部应力使零件的疲劳强度降低的程度。对应力集中的敏感程度还与零件材料有关，强度极限愈高的钢对应力集中愈敏感，而铸铁零件由于内部组织不均匀，对应力集中的敏感程度接近于零。因此，常用有效应力集中系数 K_{σ} 来表示疲劳强度的真正降低程度。有效应力集中系数的定义为：材料、尺寸和受载情况都相同的一个无应力集中试样与一个有应力集中试样的疲劳极限的比值，即

$$K_{\sigma} = \frac{\sigma_{-1}}{(\sigma_{-1})_{k}} \tag{2-16}$$

式中：σ_{-1} 为无应力集中试样的疲劳极限；$(\sigma_{-1})_{k}$ 为有应力集中试样的疲劳极限。

若在同一截面上同时存在几个应力集中源，则应采用其中最大有效应力集中系数进行计算。

2.3.2 尺寸的影响

当其他条件相同时，尺寸愈大，对零件疲劳强度的不良影响更加显著。这是由于尺寸大时，材料晶粒粗，出现缺陷的概率大和机加工后表面冷作硬化层相对较薄，疲劳裂纹容易形成。截面绝对尺寸对疲劳极限的影响，通常用绝对尺寸系数 ε_{σ}（或 ε_{τ}）来考虑。

绝对尺寸系数 ε_{σ}（或 ε_{τ}）用来表示截面绝对尺寸对疲劳极限的影响，ε_{σ}（或 ε_{τ}）的定义为：直径为 d 的试样的疲劳极限 $(\sigma_{-1})_{d}$ 与直径 $d_0 = 6 \sim 10$ mm 的标准试样的疲劳极限的比值，即

$$\varepsilon_{\sigma} = \frac{(\sigma_{-1})_{d}}{(\sigma_{-1})_{d_0}} \tag{2-17}$$

2.3.3　表面状态的影响

零件的表面状态包括表面粗糙度和表面处理。在其他条件相同时，可通过零件表面强化处理(如喷丸、表面热处理、表面化学处理等)，提高零件表面光滑程度，也就提高了机械零件的疲劳强度。表面状态对疲劳极限的影响，可用表面状态系数 β 来考虑。

表面状态系数的定义为：试样在某种表面状态下的疲劳极限 $(\sigma_{-1})_\beta$ 与精抛光试样(未经强化处理)的疲劳极限 $(\sigma_{-1})_{\beta_0}$ 的比值，即

$$\beta = \frac{(\sigma_{-1})_\beta}{(\sigma_{-1})_{\beta_0}} \tag{2-18}$$

在上述各式中，若用 τ 来代替 σ，则以上各式对切应力同样适用。

大量试验已证明，应力集中、尺寸效应和表面状态只对应力幅有影响，对平均应力没有影响。通常，用一个综合影响系数 $(K_\sigma)_D$ 或 $(K_\tau)_D$ 来表示这 3 个因素的综合影响，即

$$(K_\sigma)_D = \frac{K_\sigma}{\varepsilon_\sigma \beta} \text{或} (K_\tau)_D = \frac{K_\tau}{\varepsilon_\tau \beta} \tag{2-19}$$

计算时，只要用综合影响系数 $(K_\sigma)_D$ 或 $(K_\tau)_D$ 对零件的工作应力幅进行修正即可。其中，有效应力集中系数、绝对尺寸系数及表面状态系数的值可查有关设计手册来确定。

2.4　稳定循环变应力时机械零件的疲劳强度计算

2.4.1　许用应力法

机械零件在稳定循环变应力作用下的疲劳强度计算与静强度计算基本相似，即零件危险截面处的最大工作应力应小于或等于该零件材料的许用疲劳应力，即疲劳强度条件为

$$\sigma_{max} \leqslant [\sigma_r] = \frac{\sigma_{rmax}}{[S]} \tag{2-20}$$

式中：$[S]$ 为许用的安全系数；σ_{rmax} 为循环特性 r 时零件材料的疲劳极限应力；$[\sigma_r]$ 为材料的许用疲劳应力，主要考虑到零件的应力集中、尺寸效应和表面状态等因素对零件材料疲劳极限的影响，故要用降低了的许用疲劳应力值；σ_{max} 为零件危险点处的最大工作应力，其值可按静载荷时的应力公式计算。

2.4.2　安全系数法

安全系数法在疲劳强度计算中应用最广，其强度条件为：危险截面处的安全系数 S_σ 应大于或等于该零件的许用安全系数 $[S]$，即

$$S_\sigma = \frac{\sigma_{rmax}}{\sigma_{max}} \geqslant [S] \tag{2-21}$$

1. 单向稳定变应力的安全系数法

在进行疲劳强度计算时，应求出零件危险点上的平均应力 σ_m 和应力幅 σ_a，然后在简化疲劳极限应力图上标出其相应的工作应力点 n（或 m），如图 2-7 所示。

在计算点 n 的安全系数时，所采用的疲劳极限应力为疲劳曲线 AES 上某一点所代表的应力，这个应力点的位置取决于零件工作应力增长至曲线 AES 时的变化规律。常见的工作应力增长规律有下述 3 种情况：①变应力循环特性 $r=$ 常数（例如转轴的弯曲应力）；②变应力的平均应力 $\sigma_m=$ 常数（例如车辆减振弹簧，由车的质量在弹簧中产生预加平均应力）；③变应力的最小应力 $\sigma_{min}=$ 常数（例如气缸盖紧螺栓连接中螺栓受预加拧紧拉应力）。下面分别讨论这 3 种情况。

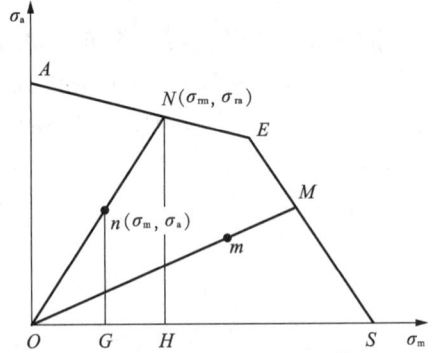

图 2-7 $r=$ 常数时的极限应力

（1）$r=$ 常数的情况。

当 $r=$ 常数时，需要找到一个其应力比与零件工作应力的应力比相同的极限应力。

因

$$r=\frac{\sigma_{min}}{\sigma_{max}}=\frac{\sigma_m-\sigma_a}{\sigma_m+\sigma_a}=\frac{1-\dfrac{\sigma_a}{\sigma_m}}{1+\dfrac{\sigma_a}{\sigma_m}} \qquad (2-22)$$

要使 $r=$ 常数，必须使 $\dfrac{\sigma_a}{\sigma_m}$ 保持不变。这时 σ_a 和 σ_m 应按同一比例增长。在图 2-7 中由原点 O 作射线通过工作应力点 n（或 m）交疲劳极限曲线于点 N（或 M），因为

$$\frac{\sigma_{rm}}{\sigma_{ra}}=\frac{\sigma_m}{\sigma_a}=常数 \qquad (2-23)$$

所以工作应力沿射线 On（或 Om）增长时，$r=$ 常数，因此点 N（或 M）代表应力增长规律的极限应力。显然点 N 的坐标（σ_{rm}，σ_{ra}）必满足疲劳极限方程式（2-14）和式（2-23），因为 $\sigma_{rmax}=\sigma_{ra}+\sigma_{rm}$ 和 $\sigma_{max}=\sigma_a+\sigma_m$，则从这 4 个方程中可得到点 n 的安全系数为

$$S_\sigma=\frac{\sigma_{rmax}}{\sigma_{max}}=\frac{\sigma_{-1}}{\sigma_a+\psi_\sigma\sigma_m} \qquad (2-24)$$

如前所述，应力集中、尺寸效应和表面状态只对应力幅有影响，计入这 3 个因素后，由式（2-24）和式（2-21）可得工作应力为点 n 的安全系数和强度条件分别为

$$S_\sigma=\frac{\sigma_{rmax}}{\sigma_{max}}=\frac{\sigma_{-1}}{(K_\sigma)_D\sigma_a+\psi_\sigma\sigma_m} \qquad (2-25)$$

$$S_\sigma=\frac{\sigma_{rmax}}{\sigma_{max}}=\frac{\sigma_{-1}}{(K_\sigma)_D\sigma_a+\psi_\sigma\sigma_m}\geqslant[S] \qquad (2-26)$$

对应于点 m 的极限应力点 M 位于直线 ES 上，由式（2-13）可知，此时的极限应力为屈服极限 σ_s。这就是说，工作应力为点 m 时，可能发生的是屈服失效，故只需进行静强度计算。

由式(2-9)和式(2-5)可得点 m 的强度条件为

$$S_\sigma = \frac{\sigma_{\lim}}{\sigma_{\max}} = \frac{\sigma_s}{\sigma_{\max}} = \frac{\sigma_s}{\sigma_a + \sigma_m} \geqslant [S] \tag{2-27}$$

(2)$\sigma_m =$ 常数的情况。

当 $\sigma_m =$ 常数时，需要找到一个平均应力与零件工作应力的平均应力相同的极限应力。在图 2-8 中，通过工作应力点 n(或 m)作纵坐标轴的平行线，交疲劳极限曲线于点 N(或 M)，则直线 Nn(或 Mm)上任何一点所代表的应力都具有相同的平均应力值。因此点 N(或 M)代表应力增长规律的极限应力。

由直线 Nn 方程 $\sigma_{rm} = \sigma_m$ 和疲劳直线 AE 方程联解，可求得点 N 的坐标，按前面相同方法，可得工作应力为点 n 的安全系数和强度条件分别为

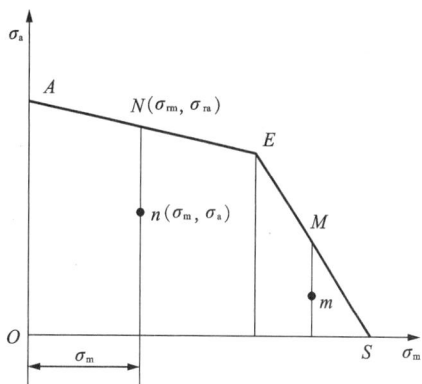

图 2-8　$\sigma_m =$ 常数时的极限应力

$$S_\sigma = \frac{\sigma_{r\max}}{\sigma_{\max}} = \frac{\sigma_{-1} + [(k_\sigma)_D - \psi_\sigma]\sigma_m}{(K_\sigma)_D(\sigma_a + \sigma_m)} \tag{2-28}$$

$$S_\sigma = \frac{\sigma_{r\max}}{\sigma_{\max}} = \frac{\sigma_{-1} + [(k_\sigma)_D - \psi_\sigma]\sigma_m}{(K_\sigma)_D(\sigma_a + \sigma_m)} \geqslant [S] \tag{2-29}$$

对应于点 m 的极限应力点 M 位于直线 ES 上，此时的极限应力为屈服极限 σ_s，则点 m 仍按式(2-27)进行静强度计算，其强度条件为

$$S_\sigma = \frac{\sigma_{\lim}}{\sigma_{\max}} = \frac{\sigma_s}{\sigma_{\max}} = \frac{\sigma_s}{\sigma_a + \sigma_m} \geqslant [S]$$

(3)$\sigma_{\min} =$ 常数的情况。

当 $\sigma_{\min} =$ 常数时，需要找到一个最小应力与零件工作应力的最小应力相同的极限应力。因为 $\sigma_{\min} = \sigma_m - \sigma_a$，所以在图 2-9 中，通过工作应力点 n(或 m)作与横坐标夹角为 45°的直线，则此直线上任何一点所代表的应力都具有相同的最小应力值。该直线与疲劳极限曲线的交点 N(或 M)所代表的应力值即为所求的极限应力。

同理，按前述 2 种情况的分析方法，可得工作应力为点 n 的安全系数和强度条件分别为

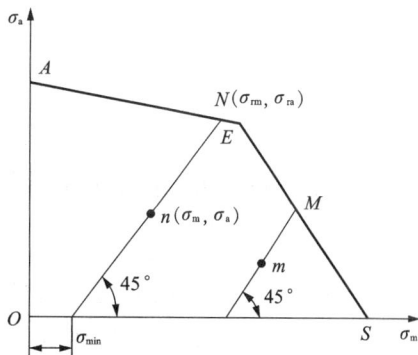

图 2-9　$\sigma_{\min} =$ 常数时的极限应力

$$S_\sigma = \frac{\sigma_{r\max}}{\sigma_{\max}} = \frac{2\sigma_{-1} + [(k_\sigma)_D - \psi_\sigma]\sigma_{\min}}{[(K_\sigma)_D + \psi_\sigma](\sigma_a + \sigma_m)} \tag{2-30}$$

$$S_\sigma = \frac{\sigma_{r\max}}{\sigma_{\max}} = \frac{2\sigma_{-1} + [(k_\sigma)_D - \psi_\sigma]\sigma_{\min}}{[(K_\sigma)_D + \psi_\sigma](\sigma_a + \sigma_m)} \geqslant [S] \tag{2-31}$$

同理，点 m 仍按式(2-27)进行静强度计算，其强度条件为

$$S_\sigma = \frac{\sigma_{\text{lim}}}{\sigma_{\text{max}}} = \frac{\sigma_s}{\sigma_{\text{max}}} = \frac{\sigma_s}{\sigma_a + \sigma_m} \geqslant [S]$$

在利用上述公式进行疲劳强度计算时，必须注意两点：①如零件应力循环次数 $N<N_0$，应按有限寿命计算，式(2-25)~式(2-31)中的 σ_{-1} 均应乘以寿命系数 $k_N = \sqrt[m]{\frac{N_0}{N}}$；②在上述各式中，若用 τ 来代替 σ，则以上各式对切应力同样适用。

2. 复合稳定变应力的安全系数法

在零件工作时，有的零件受弯曲应力和扭转应力的复合作用，通过试验研究并结合理论分析，在零件受对称循环的变应力作用时，可导出在对称循环弯扭复合变应力状态下的疲劳强度安全系数计算式为(推导从略)

$$S = \frac{S_\sigma S_\tau}{\sqrt{S_\sigma^2 + S_\tau^2}} \tag{2-32}$$

式中：S_σ、S_τ 分别称为零件工作时的正应力安全系数、切应力安全系数，其值可根据下述公式计算，即

$$S_\sigma = \frac{\sigma_{-1}}{(K_\sigma)_D \sigma_a} \tag{2-33}$$

$$S_\tau = \frac{\tau_{-1}}{(K_\tau)_D \tau_a} \tag{2-34}$$

对于受非对称循环弯扭复合变应力作用的零件，疲劳强度安全系数 S 仍可按式(2-32)进行计算，但 S_σ 和 S_τ 应分别按下述公式计算，即

$$S_\sigma = \frac{\sigma_{-1}}{(K_\sigma)_D \sigma_a + \psi_\sigma \sigma_m} \tag{2-35}$$

$$S_\tau = \frac{\tau_{-1}}{(K_\tau)_D \tau_a + \psi_\tau \tau_m} \tag{2-36}$$

2.5 非稳定循环变应力时机械零件的疲劳强度计算

如前所述，非稳定循环变应力分为规律性非稳定循环变应力和随机性非稳定循环变应力两种。本章仅讨论规律性非稳定循环变应力时机械零件的疲劳强度计算。

2.5.1 疲劳损伤累积理论

疲劳损伤累积理论认为：在裂纹萌生及裂纹扩展的过程中，零件或材料内部的损伤是逐步累积的，累积到一定的程度才发生断裂。根据这一观点，当零件受到非稳定循环变应力时，疲劳损伤的作用相互叠加，由此来估算零件的疲劳寿命。在设计中常采用线性损伤累积迈纳(Miner)法则进行计算。

设图 2-10(a) 为一零件的规律性非稳定循环变应力示意图。其中，σ_1，σ_2，$\cdots$，σ_n 是当循环特性为 r 时各循环作用的最大应力；n_1，n_2，$\cdots$，n_n 为各应力相对应的循环次数；N_1，N_2，$\cdots$，N_n 为各应力相对应的材料发生疲劳破坏时的循环次数[图 2-10(b)]。

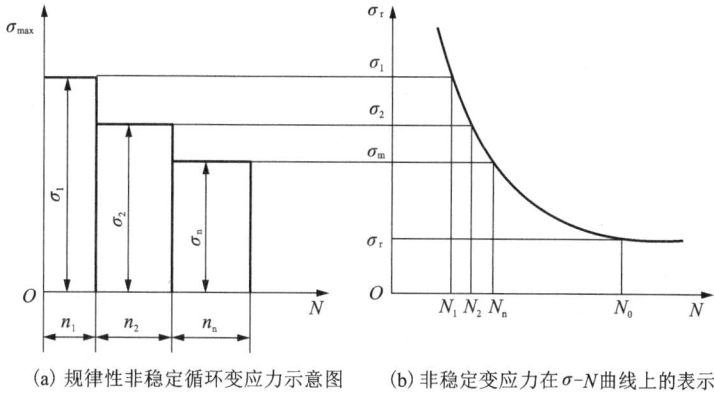

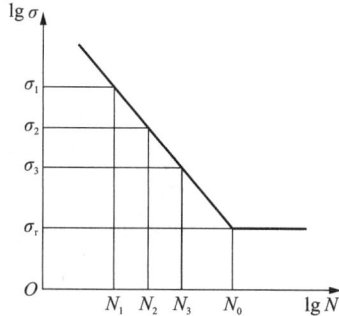

(a) 规律性非稳定循环变应力示意图　　　(b) 非稳定变应力在 σ-N 曲线上的表示

(c) 与各应力相对应的材料发生疲劳破坏时的极限循环次数

图 2-10　规律性非稳定循环变应力不同表达方式示意图

线性疲劳损伤累积计算提出：大于疲劳极限应力 σ_r 的各个应力，每循环一次，造成零件一次寿命损失，经 n_1，n_2，$\cdots$，n_n 次循环后，其寿命损伤率分别为

$$\frac{n_1}{N_1}, \frac{n_2}{N_2}, \cdots, \frac{n_n}{N_n}$$

反之，小于疲劳极限应力 σ_r 的各个应力对材料不起疲劳损伤作用，故在计算疲劳损伤时一般可以不予考虑。

零件达到疲劳寿命极限时，则

$$\frac{n_1}{N_1}+\frac{n_2}{N_2}+\cdots+\frac{n_n}{N_n}=1 \text{ 或 } \sum_{i=1}^{n} \frac{n_i}{N_i} = 1 \qquad (2-37)$$

实际上，$\sum_{i=1}^{n} \frac{n_i}{N_i} = 0.7 \sim 2.2$，为计算方便，通常取为 1。式(2-37)即迈纳(Miner)法则在计算时的表达式。

2.5.2 非稳定循环变应力的疲劳强度计算

非稳定循环变应力的疲劳强度计算是利用疲劳损伤累积等效的概念，先将已知的非稳定循环变应力(σ_i, n_i)转化成一种与其寿命损伤率相等的等效稳定循环变应力(σ_v, N_v)，然后再按等效稳定循环变应力进行疲劳强度计算。

通常取转化后的等效应力 σ_v 等于非稳定循环变应力中的最大应力或作用时间最长的应力，如图 2-11 中，取 $\sigma_v = \sigma_1$，此时与 σ_v 相对应的材料发生疲劳破坏时循环次数也与 σ_1 相同，即为 N_1，转化后对应于 σ_v 的等效(当量)循环次数 N_v 可根据寿命损伤率相等的条件求得

$$\frac{n_1}{N_1} + \frac{n_2}{N_2} + \cdots + \frac{n_n}{N_n} = \frac{N_v}{N_1} \qquad (2\text{-}38)$$

另由疲劳曲线方程式(2-10)可得

$$\sigma_i^m N_i = C \qquad (2\text{-}39)$$

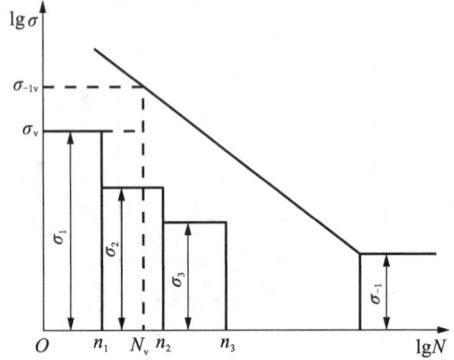

图 2-11 等效稳定变应力的示意图

联立解方程式(2-38)和式(2-39)，可得

$$\sigma_1^m n_1 + \sigma_2^m n_2 + \cdots + \sigma_n^m n_n = \sigma_v^m N_v$$

$$N_v = \sum_{i=1}^{n} \left(\frac{\sigma_i}{\sigma_v}\right)^m \cdot n_i \qquad (2\text{-}40)$$

设 σ_{-1v} 为等效循环次数 N_v 时对应的对称循环有限疲劳寿命极限，则由式(2-10)得

$$\sigma_{-1v}^m N_v = \sigma_{-1}^m N_0$$

由此可得

$$\sigma_{-1v} = \sqrt[m]{\frac{N_0}{N_v}} \sigma_{-1} = k_N \sigma_{-1} \qquad (2\text{-}41)$$

式中：k_N 为等效循环次数时的寿命系数，$k_N = \sqrt[m]{\dfrac{N_0}{N_v}}$。

对称循环时的安全系数为

$$S_\sigma = \frac{\sigma_{-1v}}{\sigma_{\max}} = \frac{k_N \sigma_{-1}}{\dfrac{k_\sigma}{\beta \varepsilon_\sigma} \sigma_a} \qquad (2\text{-}42)$$

非对称循环时的安全系数，参照式(2-26)的简单加载分析方法，并以 $\sigma_{-1v}(=k_N \sigma_{-1})$ 代替 σ_{-1} 得

$$S_\sigma = \frac{k_N \sigma_{-1}}{\dfrac{k_\sigma}{\beta \varepsilon_\sigma} \sigma_a + \psi_\sigma \sigma_m} \qquad (2\text{-}43)$$

对于非稳定切应力的零件疲劳强度计算，只需将上述公式中的 σ 换成切应力 τ 即可。

【例 2-1】 一转轴受非稳定对称循环变应力如图 2-12 所示，轴的转速 $n = 120$ r/min，工作时 $t_h = 360$ h，轴材料的疲劳极限 $\sigma_{-1} = 290$ MPa，$m = 9$，$N_0 = 10^7$，综合影响系数 $(K_\sigma)_D = \dfrac{K_\sigma}{\varepsilon_\sigma \beta} =$

2.4，许用安全系数$[S]=1.4$，试求等效循环次数时的寿命系数和疲劳极限 σ_{-1v}，并验算转轴的安全系数是否足够。

解：

由于小于疲劳极限的应力对疲劳破坏没有影响，故对考虑了综合影响系数后仍小于疲劳极限的应力，计算时可不予计入。本题最小应力为 $\sigma_3=40$ MPa，考虑 $(K_\sigma)_D=\dfrac{K_\sigma}{\beta\varepsilon_\sigma}$ 及 $[S]$ 后为

$$[S]\frac{K_\sigma}{\beta\varepsilon_\sigma}\sigma_3=1.4\times2.4\times40=134 \text{ MPa}<\sigma_{-1}$$

因此计算时对 σ_3 不予考虑。

（1）求寿命系数。

选定等效应力 $\sigma_v=\sigma_1=110$ MPa，求各变应力的循环次数

$$n_1=60nt_{h1}=60n\frac{t_1}{t}t_h=60\times120\times\frac{7}{30}\times360=604800 \text{ 次}$$

$$n_2=60nt_{h2}=60n\frac{t_2}{t}t_h=60\times120\times\frac{15}{30}\times360=1296000 \text{ 次}$$

由式（2-40），可得等效循环次数为

$$N_v=\sum_{i=1}^{n}\left(\frac{\sigma_i}{\sigma_v}\right)^m\cdot n_i=\left(\frac{110}{110}\right)^9\times604800+\left(\frac{90}{110}\right)^9\times1296000=0.08177\times10^7 \text{ 次}$$

由式（2-41），可得寿命系数为

$$k_N=\sqrt[m]{\frac{N_0}{N_v}}=\sqrt[9]{\frac{10^7}{0.08177\times10^7}}=1.32$$

（2）求疲劳极限。

因为对称循环时，$r=-1$，故

$$\sigma_{-1v}=k_N\sigma_{-1}=1.32\times290 \text{ MPa}=383 \text{ MPa}$$

（3）求安全系数。

由式（2-42）可得

$$S_\sigma=\frac{k_N\sigma_{-1}}{\dfrac{K_\sigma}{\beta\varepsilon_\sigma}\sigma_a}=\frac{1.32\times290}{2.4\times110}=1.45>[S]=1.4$$

故该转轴的强度是安全的。

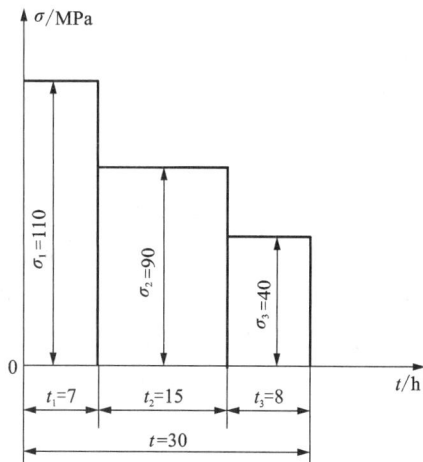

图 2-12　转轴的非稳定对称循环变应力示意图

2.6　机械零件的接触强度

在对有些机械零件（如齿轮、滚动轴承等）进行理论分析时，都将力的作用看成是点接触或线接触。而实际上，零件工作时受载，接触部分要产生局部的弹性变形而形成面接触，接

触的面积很小，因而产生的局部应力却很大。工程上，将这种局部应力称为接触应力，这时零件强度称为接触强度。

实际工作中遇到的接触应力大多数为变应力，产生的失效属于接触疲劳破坏。

接触疲劳破坏产生的特点为：零件接触应力在载荷反复作用下，先在表面或表层内 $15 \sim 25 \ \mu m$ 处产生初始疲劳裂纹，然后在不断接触的过程中，润滑油被挤进裂纹内形成高压，使裂纹加速扩展，当裂纹扩展到一定深度后，导致零件表面的小片状金属剥落下来，使金属零件表面形成一个个小坑，如图 2-13 所示，这种现象称为疲劳点蚀。发生疲劳点蚀后，减少了接触面积，破坏了零件的光滑表面，因而也降低了承载能力，并引起振动和噪声。齿轮、滚动轴承就常易发生疲劳点蚀这种形式的失效。

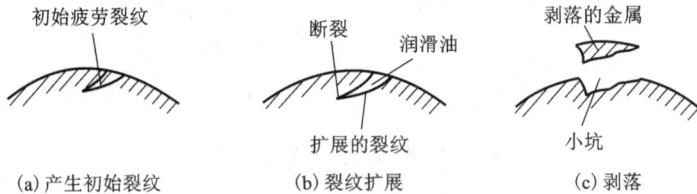

(a) 产生初始裂纹　　　　(b) 裂纹扩展　　　　(c) 剥落

图 2-13　疲劳点蚀

对于如图 2-14 所示的两圆柱体接触，按照弹性力学的理论，两个曲率半径为 ρ_1、ρ_2 的圆柱体，在压力 F_n 作用下的接触区为一狭长矩形，最大接触应力发生在接触区中线的各点上，其值为

$$\sigma_H = \sqrt{\frac{F_n}{\pi b} \cdot \frac{\dfrac{1}{\rho_1} \pm \dfrac{1}{\rho_2}}{\dfrac{1-\mu_1^2}{E_1} + \dfrac{1-\mu_2^2}{E_2}}} \qquad (2-44)$$

式中："+"号用于外接触[图 2-14(a)]；"-"号用于内接触[图 2-14(b)]；E_1、E_2 为两圆柱体材料的弹性模量，MPa；μ_1、μ_2 为两圆柱体的泊松比；b 为初始接触线长度，m。

式(2-44)称为赫兹(Hertz)公式。

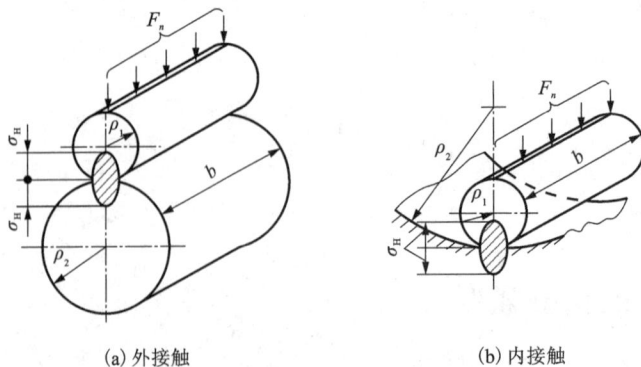

(a) 外接触　　　　　　　　(b) 内接触

图 2-14　两圆柱体的接触应力

若接触位置连续改变，显然零件上任一点处的接触应力只能在 0 到 σ_H 之间变动，因此，接触应力是一个脉动循环变应力。在计算接触疲劳强度时，极限应力也应是一个脉动循环的极限接触应力。

在工程上，影响疲劳点蚀的因素有许多，但最主要因素是接触应力的大小，因此，在接触应力作用下的强度约束条件为：最大接触应力不能超过其材料许用值，即

$$\sigma_{Hmax} \leqslant [\sigma_H] \tag{2-45}$$

$$[\sigma_H] = \frac{\sigma_{Hlim}}{S_H} \tag{2-46}$$

式中：$[\sigma_H]$ 为材料的许用接触应力，MPa；σ_{Hlim} 为材料接触疲劳极限应力，MPa；S_H 为许用的接触疲劳安全系数。

2.7　机械设计中的摩擦问题

2.7.1　摩擦的定义和分类

两个接触表面做相对运动或有相对运动趋势时，将会有阻止其产生相对运动的现象，这种现象就称为摩擦。通常，摩擦的大小可通过摩擦系数来衡量。

机械中常见的摩擦有下列两大类：

内摩擦——发生在物质内部，阻碍分子间相对运动；

外摩擦——发生在物体接触表面上，阻碍其相对运动。

其中，外摩擦根据摩擦副的运动状态分为静摩擦和动摩擦；按摩擦副的运动形式分为滑动摩擦和滚动摩擦；按摩擦副的表面润滑状态分为干摩擦、边界摩擦、流体摩擦和混合摩擦。

（1）干摩擦。两滑动表面间没有任何润滑剂或保护膜的纯金属接触时的摩擦称为干摩擦，如图 2-15（a）所示。在实际工作中没有真正的干摩擦，因为任何零件的表面不仅会因为氧化而形成氧化膜，而且多少也会被含有润滑剂分子的气体湿润或受到"油污"。

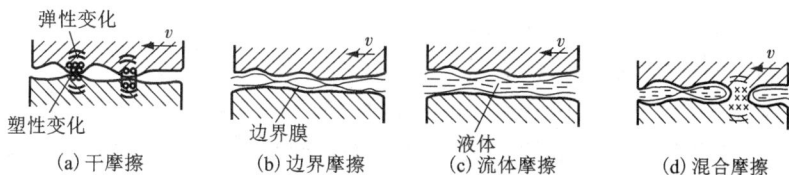

图 2-15　按表面润滑状态分类

（2）边界摩擦。两滑动表面被吸附在表面的边界膜隔开，摩擦性质取决于边界膜和表面吸附性能的摩擦称为边界摩擦。边界摩擦时，两表面之间虽有润滑剂存在，但不能将两表面完全隔开，微观状态下仍有凸起的表面金属发生直接接触，如图 2-15（b）所示。

（3）流体摩擦。两滑动表面被一层流体膜完全隔开，摩擦性质取决于流体内部分子间黏性阻力的摩擦称为流体摩擦，它是最理想的一种摩擦状态，如图 2-15（c）所示。在工程上，最常见的流体摩擦有液体摩擦和气体摩擦两种形式。

（4）混合摩擦。当摩擦状态处于边界摩擦及流体摩擦的混合状态时称为混合摩擦，如图2-15（d）所示。

边界摩擦、流体摩擦及混合摩擦都必须具备一定的润滑条件，所以，相应的润滑状态也常分别称为边界润滑、流体润滑及混合润滑。

2.7.2 影响摩擦的主要因素

摩擦是一个很复杂的现象，其大小（用摩擦系数的大小来表示）与摩擦副材料的表面性质、表面形状、周围介质、环境温度、实际工作条件等有关。设计时，为了能充分考虑摩擦的影响，将其控制在许用范围。影响摩擦的主要因素有下面几点。

（1）金属的表面膜。大多数金属的表面在大气中会自然生成与表面结合强度相当高的氧化膜或其他污染膜。也可以人为地用某种方法在金属表面上形成一层很薄的膜，如硫化膜、氧化膜，来降低摩擦系数。

（2）摩擦副的材料性质。金属材料摩擦副的摩擦系数随着材料性质的不同而异。一般来说，互溶性较大的金属摩擦副，其表面较易黏着，摩擦系数较大；反之，摩擦系数较小。表2-1所示的是几种金属元素之间的互溶性。材料经过热处理后也可改变它的摩擦系数。

表 2-1　几种金属元素之间的互溶性

金属元素	Mo	Ni	Cu
Cu	无互溶性	部分互溶	完全互溶
Ni	完全互溶	完全互溶	部分互溶
Mo	完全互溶	完全互溶	无互溶性

（3）摩擦副的表面粗糙度。摩擦副在塑性接触的情况下，其干摩擦系数为一定值，不受表面粗糙度的影响。而在弹性或弹塑性接触的情况下，干摩擦系数则随表面粗糙度数值的减小而增加；如果在摩擦副间加入润滑油，使之处于混合摩擦状态，此时，如果表面粗糙度数值减小，则油膜的覆盖面积增大，摩擦系数将减小。

（4）摩擦表面间的润滑情况。在摩擦表面间加入润滑剂时，将会大大降低摩擦表面间的摩擦系数，但润滑的情况不同、摩擦副处于不同的摩擦状态时，其摩擦系数的大小也不同。在一般情况下，干摩擦的摩擦系数最大，$f > 0.1$；边界摩擦、混合摩擦次之，$f = 0.01 \sim 0.1$；流体摩擦的摩擦系数最小，$f = 0.001 \sim 0.008$。两表面间的相对滑动速度增加且润滑剂的供应较充分时，容易获得混合摩擦或流体摩擦，因此，摩擦系数将随着滑动速度的增加而减小。

2.7.3 摩擦的约束性质

在机械中，摩擦具有两方面的性质：一方面可以利用摩擦，例如摩擦带传动、摩擦离合器、摩擦式制动器和螺纹连接等，都必须依靠摩擦来进行工作；另一方面，摩擦会带来能量损耗，造成机械效率降低，还会转变成热，使机器的工作温度上升，影响机器的正常工作，摩擦还会引起振动和噪声等，这些都是有害的一面。由于摩擦的二重性，机械设计中的摩擦约束条件也有两个方面：需要利用摩擦时，摩擦（通常用摩擦力或摩擦力矩来表示）必须足够大，以保证机器工作的可靠性；当摩擦有害时，就要尽量减少摩擦（即减小摩擦系数），其约束条件可以用摩擦系数不超过许用值、温升不超过许用值、效率不低于许用值或摩擦的能耗不超过许用值等来保证。

2.8　机械设计中的磨损问题

2.8.1　磨损的定义和分类

两个工件的表面相对运动产生摩擦，导致工件表面材料的不断消失或损失的现象，称为磨损。

磨损产生的原因和表现形式是非常复杂的，可以从不同的角度对其进行分类。磨损大体上可概括为 2 种：一种是根据磨损结果而着重于对磨损表面外观的描述，如点蚀磨损、胶合磨损、擦伤磨损等；另一种则是根据磨损机理来分类，如黏附磨损、磨粒磨损、表面接触疲劳磨损、腐蚀磨损等，见表 2-2。

表 2-2　磨损的分类

类型	基本概念	磨损特点	实例
黏附磨损	两相对运动的表面，由于黏着作用（包括"冷焊"和"热黏着"），使材料由一表面转移到另一表面所引起的磨损	黏结点剪切破坏是渐进性的，它造成两表面凹凸不平，可表现为轻微划伤、胶合与咬死等形式	活塞与汽缸壁的磨损
磨粒磨损	在摩擦过程中，由硬颗粒或硬凸起的材料破坏分离出磨屑或形成划伤的磨损	磨粒对摩擦表面进行微观切削，表面有犁沟或划痕齿的磨损	犁铧和挖掘机铲齿的磨损
表面接触疲劳磨损	摩擦表面材料的微观体积受循环变应力的作用，产生重复变形而导致表面疲劳裂纹形成，并分离出微片或颗粒的磨损	应力超过材料的疲劳极限。在一定循环次数后，出现疲劳破坏，表面呈麻坑状	润滑良好的齿轮传动和滚动轴承的疲劳点蚀
腐蚀磨损	在摩擦过程中金属与周围介质发生化学或电化学反应而引起的磨损	表面腐蚀破坏	金属的表面生锈和化工、石油设备零件的腐蚀

2.8.2　磨损的过程

运动副之间的摩擦将导致零件表面材料的逐渐丧失或迁移，即形成磨损。磨损会影响机器的效率，降低机器的可靠性，甚至使机器提前报废。因此，在设计时应预先考虑如何避免或减轻磨损，以确保机器达到设计寿命，是具有很大的现实意义的。另外也应当指出，工程上也有不少利用磨损作用的场合，如精加工中的磨削及抛光，机器的"磨合"过程等都是磨损的有益方面。

磨损过程大致可分为 3 个阶段，即跑合磨损阶段、稳定磨损阶段及剧烈磨损阶段，如图 2-16 所示。

在跑合磨损阶段，磨损速度很快，随后逐渐减慢而进入稳定磨损阶段。稳定磨损阶段中机件以平稳缓慢的速度磨损，这个阶段的长短代表着机件使用寿命的长短，该阶段是摩擦副的正常工作阶段。剧烈磨损阶段是经过了稳定磨损阶段后，精度降低、间隙增大，从而产生冲击、振动和噪声，磨损加剧，温度升高，短时间内使零件迅速报废。

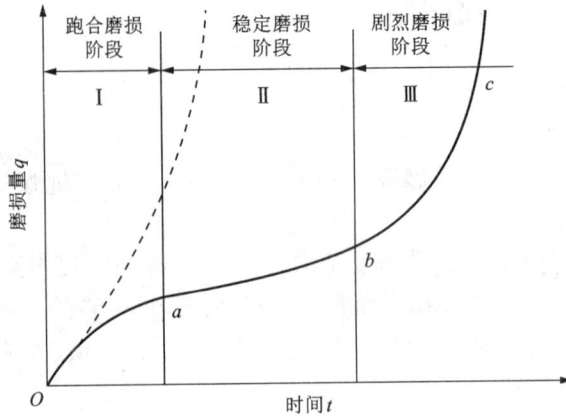

图 2-16　常见的磨损过程

2.8.3　影响磨损的因素

磨损也具有二重性。其一，新机器使用之前的"磨合"磨损，对延长机器的使用寿命有益；为了降低表面粗糙度，对机械零件进行磨削、研磨和抛光等精加工及对刀具的刃磨等。其二，磨损会降低机器的精度和可靠性，从而降低其使用寿命。

磨损是机械设备失效的重要原因。为了延长机器的使用寿命和提高机器的可靠性，设计时必须重视有关磨损的问题，尽量延长稳定磨损阶段，推迟剧烈磨损阶段。

影响磨损的因素很多，其中主要有表面压强或表面接触应力的大小、相对滑动速度、摩擦副的材料、摩擦副表面间的润滑情况等。因此，在机械设计中，控制磨损的实质主要是控制摩擦表面间的压强（或接触应力）、相对运动速度等不超过许用值；除此以外，还应采取适当的措施，尽可能地减少机械运行中的磨损。磨损的影响因素见表 2-3。

表 2-3　磨损的影响因素

类型	磨损的影响因素
黏附磨损	①同类摩擦副材料比异类摩擦副材料更容易黏着； ②脆性材料比塑性材料的抗黏着能力高，在一定范围内，表面粗糙度愈低，抗黏着能力愈强； ③黏着磨损还与润滑剂、摩擦表面温度及压强有关
表面接触疲劳磨损	摩擦副材料组合、表面粗糙度、润滑油黏度以及表面硬度等
磨粒磨损	与摩擦材料的硬度、磨粒的硬度有关。一半以上的磨损损失是由磨粒磨损造成的
腐蚀磨损	周围介质、零件表面的氧化膜性质及环境温度等。磨损可使腐蚀率提高 2~3 个数量级

2.8.4　减少磨损的措施

为了减少摩擦表面的磨损，设计时，要了解各种磨损产生的原因，采取必要的措施，延长材料的使用寿命。

(1)正确选用材料。正确选用摩擦副的相配材料，是减少磨损的主要措施：当以黏附磨损为主时，应选用互溶性小的材料；当以磨粒磨损为主时，则应当选用硬度高的材料，或设法提高所选材料的硬度，也可选用抗磨粒磨损的材料；如果是以疲劳磨损为主，除应选用硬度高的材料之外，还应减少钢中的非金属夹杂物，特别是减少脆性的带有尖角的氧化物，它们对疲劳磨损影响甚大。

(2)进行有效的润滑。润滑是减少磨损的重要措施，根据不同的工况条件，正确选用润滑剂，使摩擦表面尽可能在流体摩擦或混合摩擦的状态下工作。

(3)采用适当的表面处理。为了降低磨损，提高摩擦副的耐磨性，可采用各种表面处理。如刷镀 $0.1\sim0.5~\mu m$ 的六方晶格的软金属(如 Cd)膜层，可使黏附磨损减少约 3 个数量级。也可采用 CVD(化学汽相淀积)处理，在零件摩擦表面上沉积 $10\sim1000~\mu m$ 的高硬度的 Tic 覆层，可大大降低磨粒磨损。

(4)改进结构设计，提高加工和装配精度。正确的配套结构设计，可以减少摩擦磨损。例如，轴与轴承的结构设计，应该有利于表面膜的形成与恢复，压力的分布应当是均匀的，而且，还应有利于散热和磨屑的排出等。

(5)正确使用、维修与保养。例如，新机器使用之前的正确"磨合"，可以延长机器的使用寿命。经常检查润滑系统的油压、油面密封情况，对轴承等部位定期润滑，定期更换润滑油和滤油器芯，以阻止外来磨粒的进入，对减少磨损等都十分重要。

2.9　机械设计中的润滑问题

润滑是减少摩擦和磨损的有效措施之一。所谓润滑，就是向承载的两个摩擦表面之间注入润滑剂，以改善摩擦、减少磨损；润滑剂还能起减振、防锈等作用，液体润滑剂还能带走摩擦热、污物等。

润滑时，应首先根据工况等条件，正确选择润滑剂和润滑方式。润滑剂在润滑过程中起着十分重要的作用，主要可归纳如下：

(1)降低机器的摩擦功耗，从而节约能源；

(2)减少或防止机器摩擦副零件的磨损；

(3)摩擦功耗的降低，可使因摩擦产生的热量大大减少，此外，润滑剂还可以带走一部分热量，因此，润滑剂具有较好的降温作用；

(4)润滑膜可以隔绝空气中的氧和腐蚀性气体，从而保护摩擦表面不受锈蚀，所以，润滑剂也有防锈的作用；

(5)由于润滑膜具有弹性和阻尼作用，因此，润滑剂还能起缓冲和减振作用；

(6)循环润滑的液体润滑剂，还可以清洗摩擦表面，将磨损产生的颗粒及其他污物带走，起密封、防尘的作用。

有关润滑剂和润滑方法的知识将在后面相关章节中详细介绍。

思考题和习题

2-1 稳定循环变应力常有哪几种典型的形式？试说明每种形式的应力特点。

2-2 根据润滑状态的不同，滑动摩擦可分为哪几种类型？试说明每种类型的特点。

2-3 润滑的目的和作用分别是什么？

2-4 磨损分为哪几个主要阶段？如何防止和减轻磨损？

2-5 某材料的对称循环弯曲疲劳极限 $\sigma_{-1}=180$ MPa，循环基数 $N_0=6\times10^6$，材料系数 $m=9$，试求循环次数分别为 8000 次、35000 次、650000 次时的有限寿命弯曲疲劳极限。

2-6 已知某材料的力学性能 $\sigma_s=430$ MPa，$\sigma_0=280$ MPa，$\sigma_{-1}=150$ MPa。试绘出此材料的简化疲劳极限应力图。

2-7 已知某钢制零件受稳定变应力的作用，其中最大工作应力 $\sigma_{max}=200$ MPa，最小工作应力 $\sigma_{min}=-50$ MPa，危险截面上的应力集中系数 $K_\sigma=1.2$，绝对尺寸系数 $\varepsilon_\sigma=0.85$，表面状态系数 $\beta=1$。材料的 $\sigma_s=750$ MPa，$\sigma_0=580$ MPa，$\sigma_{-1}=350$ MPa。试求：

(1)绘出材料的简化疲劳极限应力图，并在图中标出工作应力点的位置；

(2)求材料在该应力状态下的疲劳极限应力 σ_r；

(3)若 $r=$ 常数，按安全系数法校核此零件是否安全，其中 $[S]=1.5$。

2-8 一转轴受规律性非稳定对称循环变应力如图 2-17 所示，轴的转速 $n=45$ r/min，工作时 $t_h=800$ h，轴材料的疲劳极限 $\sigma_{-1}=320$ MPa，$m=9$，$N_0=10^7$，$k_\sigma=1.8$，$\varepsilon_\sigma=0.75$，$\beta=1.0$，许用安全系数 $[S]=1.4$，试求等效循环次数时的寿命系数、疲劳极限 σ_{-1v} 和转轴的实际安全系数 S_σ。

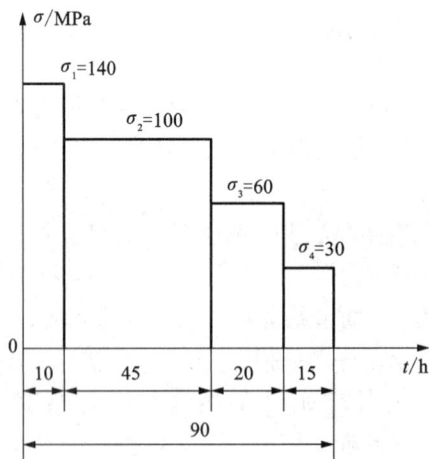

图 2-17 一转轴受规律性非稳定对称循环变应力

自测题

一、选择题

1. 静应力循环特性 $r=$（　　　）。

A. -1 　　　　　　　　B. 0 　　　　　　　　C. 0.5 　　　　　　　　D. 1

2. 在如图 2-18 所示的应力应变简图中，如工作应力点 M 所在的 ON 直线与横轴间夹角为 45°，则零件受的是（　　　）。

A. 不变号的非对称循环变应力

B. 变号的对称循环变应力

C. 对称循环变应力

D. 脉动循环变应力

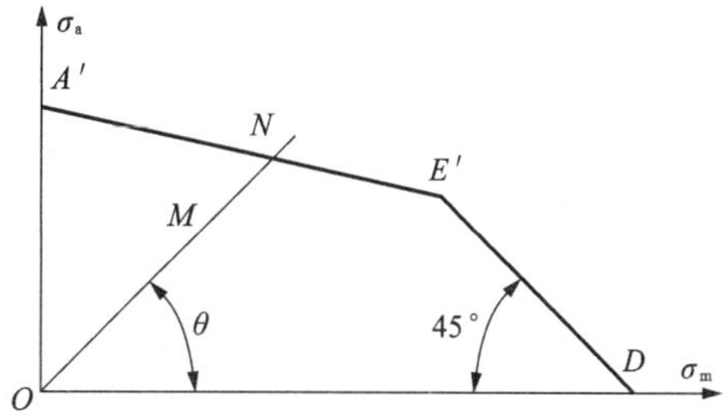

图 2-18　应力应变简图

3. 当形状、尺寸、结构均相同时，磨削加工的零件与精车加工的零件相比，其疲劳强度（　　　）。

A. 较高 　　　　　　　B. 较低 　　　　　　　C. 相同 　　　　　　　D. 相同或较低

4. 零件截面形状一定时，当截面尺寸增大，其疲劳极限将随之（　　　）。

A. 提高 　　　　　　　B. 不变 　　　　　　　C. 降低 　　　　　　　D. 无法判断

5. 由试验知，有效应力集中绝对尺寸、表面强化只对零件的（　　　）有影响。

A. 应力幅 　　　　　　B. 平均应力 　　　　　C. 应力幅和平均应力 　　D. 无法判断

6. 零件的形状、尺寸、结构相同时，磨削加工的零件与精车加工相比，其疲劳强（　　　）。

A. 较高 　　　　　　　B. 较低 　　　　　　　C. 相同 　　　　　　　D. 无法判断

7. 零件表面经淬火、渗氮、喷丸、滚子碾压等处理后，其疲劳强度（　　　）。

A. 增加

B. 降低

C. 不变

D. 增加或者降低，视处理方法而定

8. 零件可能出现疲劳断裂时，应按（　　　）准则计算；可能出现塑性变形时应按（　　　）准则计算。

A. 强度　强度 　　　B. 刚度　强度 　　　C. 振动稳定性　刚度 　D. 结构　强度

9. 两零件的材料和几何尺寸都不相同，以曲面接触受载时，两者的接触应力值（　　　）。

A. 相等

B. 不相等

C. 与材料相关

D. 与几何尺寸相关

10. 两相对滑动的接触表面，依靠吸附油膜进行润滑的摩擦状态称为（　　　）。

A. 干摩擦 　　　　　　B. 边界摩擦 　　　　　C. 混合摩擦 　　　　　D. 液体摩擦

二、填空题

1. 机器工作时，作用在机械零部件上的力或者力矩称为_____。

2. 机械中常见的摩擦有_____和_____两大类。

3. 磨损的过程大概可以分为三个阶段，即_____、_____和_____。

4. 应力幅值与平均应力之和为_____，应力幅值与平均应力之差为_____，最小应力与最大应力之比为_____。

5. 机械零件设计时，计算所用载荷称之为_____，一般用_____乘上名义载荷来计算。

6. 在静强度条件下，塑性材料的极限应力是_____，而脆性材料的极限应力是_____。

7. 额定载荷是指_____，计算载荷是指_____。

8. 在轴的疲劳强度校核计算时，对于一般转轴，轴的弯曲应力应该按_____应力考虑，而扭转剪应力应按_____应力考虑。

9. 在零件强度设计中，当载荷作用次数≤10^3次时，可按_____条件进行设计计算，而当载荷作用次数>10^3次时，则应当按_____条件进行设计计算。

10. 运用 Miner 理论分析对称循环下的不稳定循环变应力时，若材料的持久疲劳极限为σ_{-1}，计算时考虑的应力幅应当是整个工作寿命期限内的应力幅_____。

三、判断题

1. 转轴弯曲应力的应力循环特性为脉动循环变应力。（   ）

2. 周期不变的变应力为稳定循环变应力。（   ）

3. 非稳定变应力是指平均应力或应力幅或变化周期随时间而变化的变应力。（   ）

4. 静载荷作用下的零件，不仅可以产生静应力，也可能产生变应力。（   ）

5. 增大零件过渡曲线的圆角半径可以减小应力集中。（   ）

6. 增大零件的截面尺寸能提高零件的强度，但不能提高零件的刚度。（   ）

7. 变应力都是由变载荷产生的。（   ）

8. 一般钢制机械零件材料的疲劳极限是在循环基数 N 及可靠度 $R=0.9$ 条件下试验得到的。（   ）

9. 在载荷和几何形状相同的条件下，钢制零件间的接触应力大于铸铁零件间的接触应力。（   ）

10. 对于受循环变应力作用的零件，影响疲劳破坏的主要应力是最大应力。（   ）

第二篇
连接件设计

第3章
螺纹连接和螺旋传动

✐ **本章思维导图**

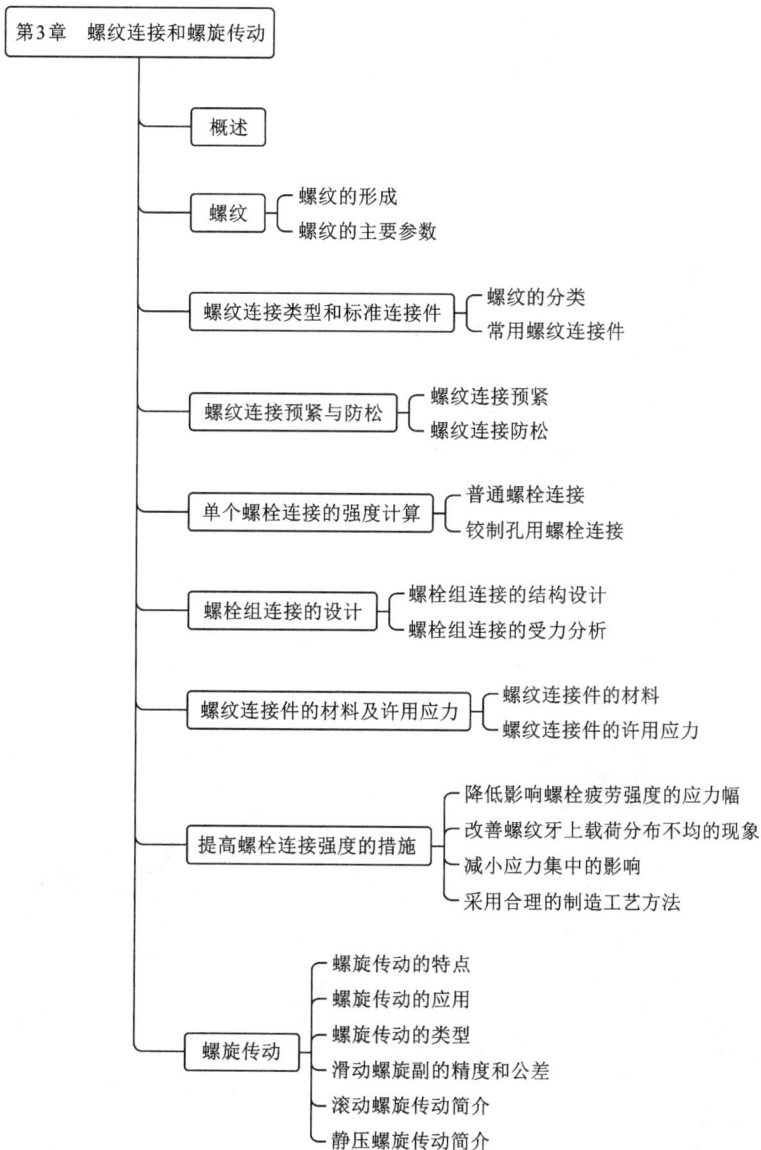

```
第3章　螺纹连接和螺旋传动
 ├─ 概述
 ├─ 螺纹 ─┬─ 螺纹的形成
 │        └─ 螺纹的主要参数
 ├─ 螺纹连接类型和标准连接件 ─┬─ 螺纹的分类
 │                            └─ 常用螺纹连接件
 ├─ 螺纹连接预紧与防松 ─┬─ 螺纹连接预紧
 │                      └─ 螺纹连接防松
 ├─ 单个螺栓连接的强度计算 ─┬─ 普通螺栓连接
 │                          └─ 铰制孔用螺栓连接
 ├─ 螺栓组连接的设计 ─┬─ 螺栓组连接的结构设计
 │                    └─ 螺栓组连接的受力分析
 ├─ 螺纹连接件的材料及许用应力 ─┬─ 螺纹连接件的材料
 │                              └─ 螺纹连接件的许用应力
 ├─ 提高螺栓连接强度的措施 ─┬─ 降低影响螺栓疲劳强度的应力幅
 │                          ├─ 改善螺纹牙上载荷分布不均的现象
 │                          ├─ 减小应力集中的影响
 │                          └─ 采用合理的制造工艺方法
 └─ 螺旋传动 ─┬─ 螺旋传动的特点
              ├─ 螺旋传动的应用
              ├─ 螺旋传动的类型
              ├─ 滑动螺旋副的精度和公差
              ├─ 滚动螺旋传动简介
              └─ 静压螺旋传动简介
```

3.1　概述

　　机械是由零部件组成，通过各零部件之间的各种连接，组装成的具体的机械。连接是将两个或两个以上的零部件连成一体的结构。连接按约束性质可分为：动连接和静连接。动连接是指连接的零件之间存在相对运动，而静连接指的则是连接的零件之间不存在相对运动。连接还可按拆卸性质分为：可拆连接和不可拆连接。可拆连接是不损坏连接中的任一零件，就可将被连接件拆开的连接，如螺纹连接、键连接及销连接等。这种连接经多次装拆而不影响使用性能。螺纹连接是利用螺纹零件构成的可拆连接，其结构简单，装拆方便，成本低廉，广泛应用于各类机械设备中。不可拆连接是必须破坏或损伤连接件或被连接件才能拆开的连接，如焊接、铆接及黏接等。

　　螺纹连接和螺旋传动都是利用螺纹零件工作的，但两者的工作性质不同，在技术要求上也有差别。前者作为紧固件用，要求保证连接强度(有时还要求紧密性)；后者则作为传动件用，要求保证螺旋副的传动精度、效率和磨损寿命等。本章将分别讨论螺纹连接和螺旋传动的类型、结构及设计计算等问题。

3.2　螺纹

3.2.1　螺纹的形成

　　一动点在一圆柱体的表面上，一边绕轴线等速旋转，一边沿轴向做等速移动的轨迹称为螺旋线。一平面图形沿螺旋线运动，运动时保持该图形通过圆柱体的轴线，就得到螺纹。如图 3-1 所示，将一底边长为 πd_2 的直角三角形 abc 绕在直径为 d_2 的圆柱体表面上，则三角形的斜边 amc 在圆柱体表面形成一条螺旋线 am_1c_1。在圆柱体表面用不同形状的刀具沿着螺旋线切制出的沟槽称为螺纹。

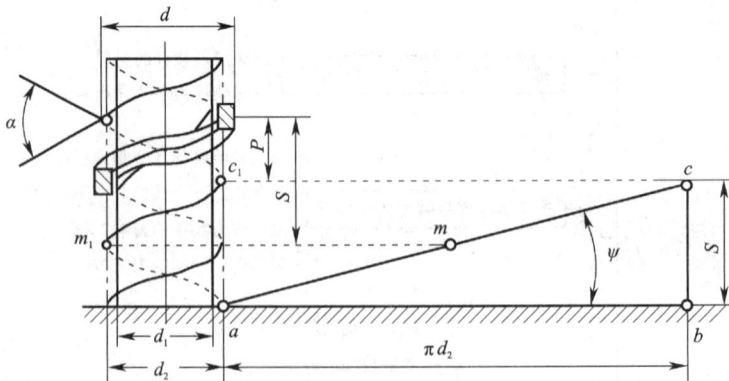

图 3-1　螺纹的形成

3.2.2　螺纹的主要参数

如图 3-2 所示,螺纹副由外螺纹和内螺纹相互旋合组成。现以圆柱普通螺纹(三角螺纹)为例说明螺纹的主要几何参数。

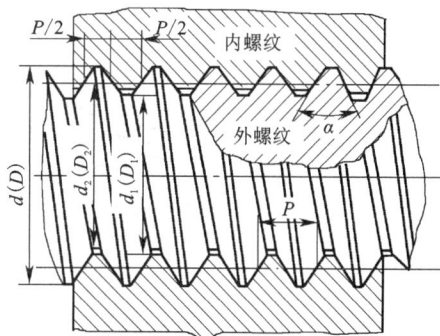

图 3-2　圆柱普通螺纹的主要参数

1. 大径(d、D)

螺纹的最大直径,标准中规定为螺纹的公称直径。外螺纹大径记为 d,内螺纹大径记为 D。

2. 小径(d_1、D_1)

螺纹的最小直径,计算螺杆强度时的危险截面的直径。外螺纹小径记为 d_1,内螺纹小径记为 D_1。

3. 中径(d_2、D_2)

一个假想圆柱的直径,该圆柱母线上的螺纹牙厚等于牙间宽。外螺纹中径记为 d_2,内螺纹中径记为 D_2。

4. 螺距(P)

相邻两牙在中径线上对应两点间的轴向距离。

5. 线数(n)

螺纹的螺旋线数。沿一条螺旋线形成的螺纹称为单线螺纹,沿 n 条等距螺旋线形成的螺纹称为 n 线螺纹,如图 3-3 所示。

6. 导程(S)

同一条螺旋线上相邻两牙在中径线上对应点之间的轴向距离。导程、螺距和线数的关系为 $S=nP$,单位为 mm。

7. 螺旋升角(ψ)

在中径圆柱上,螺旋线的切线与垂直于螺纹轴线的平面的夹角,用来表示螺旋线倾斜的程度,且有

$$\psi = \arctan \frac{S}{\pi d_2} = \arctan \frac{nP}{\pi d_2} \tag{3-1}$$

8. 牙型角(α)

在轴向剖面内螺纹牙两侧边的夹角。如图 3-2 所示,三角螺纹的牙型角 $\alpha=60°$。

3.3　螺纹连接类型和标准连接件

3.3.1　螺纹的分类

根据螺旋线绕行方向的不同,螺纹可分为右旋螺纹和左旋螺纹,如图 3-3 所示。工程中常用右旋螺纹,有特殊需要时采用左旋螺纹,如煤气管道阀门。

按螺纹线数的不同,螺纹可分为单线螺纹、双线螺纹和多线螺纹,如图 3-3 所示。出于

加工制造的原因，多线螺纹的线数一般不超过 4。

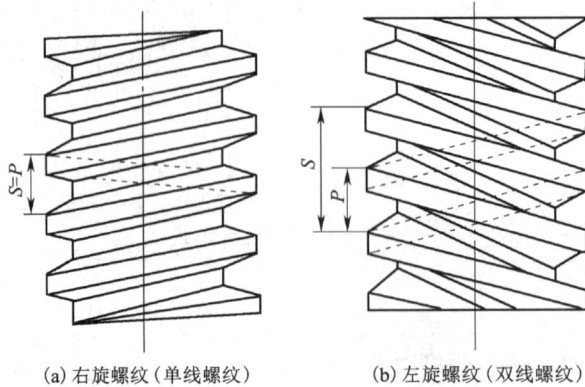

(a) 右旋螺纹（单线螺纹）　　　　　(b) 左旋螺纹（双线螺纹）

图 3-3　螺纹的旋向和线数

按照螺纹牙形状的不同，常用螺纹的类型主要有三角螺纹、管螺纹、梯形螺纹、矩形螺纹、锯齿形螺纹和圆弧螺纹。除矩形螺纹和圆弧螺纹外，其他螺纹都已标准化。我国除管螺纹为英制外，其他各类螺纹多为米制。三角螺纹、管螺纹和圆弧螺纹主要用于螺纹连接，其余三种主要用于螺纹传动。常用螺纹的牙型、特点和应用见表 3-1。

表 3-1　常用螺纹的牙型、特点和应用

种类		牙型图	特点及应用
三角螺纹			牙型角 $\alpha = 60°$，同一直径按其螺距不同，分为粗牙与细牙两种，细牙的自锁性能较好，螺纹零件的强度削弱少，但易滑扣。 应用最为广泛。一般连接多用粗牙螺纹。细牙螺纹多用于薄壁或细小零件，以及受变载、冲击和振动的连接中，还可用作轻载和精密的微调机构中的螺旋副
管螺纹	非螺纹密封的 55°圆柱管螺纹		牙型角 $\alpha = 55°$。公称直径近似为管子内径，内外螺纹公称牙型间没有间隙、螺纹副本身不具有密封性，当要求连接后有一定的密封性能时，可压紧被连接件螺纹副外的密封面，也可在密封面间添加密封物。 多用于压力为 1.568 Pa 以下的水、煤气管路、润滑和电线管路系统
	用螺纹密封的 55°圆锥管螺纹		牙型角 $\alpha = 55°$。公称直径近似为管子内径，螺纹分布在 1:16 的圆锥管壁上，内外螺纹公称牙型间没有间隙，不用填料也可保证螺纹连接的不渗漏性。当与 55°圆柱管螺纹配用（内螺纹为圆柱管螺纹）时，在 1 MPa 压力下，可保证足够的紧密性，必要时，允许在螺纹副内添加密封物保证密封性。 通常用于高温、高压系统，如管子、管接头、旋塞、阀门及其他附件

续表3-1

种类		牙型图	特点及应用
管螺纹	60°圆锥管螺纹		牙型角 $\alpha=60°$，螺纹副本身具有密封性。为保证螺纹连接的密封性，也可在螺纹副内加入密封物。 适用于一般用途管螺纹的密封及机械联结
	米制锥螺纹		牙型角 $\alpha=60°$，用于依靠螺纹密封的连接螺纹(但水、煤气管道用管螺纹除外)
梯形螺纹			牙型角 $\alpha=30°$，牙根强度高、工艺性好、螺纹副对中性好，采用部分螺母时可以调整间隙，传动效率略低于矩形螺纹。 用于传动，如机床丝杠等
矩形螺纹			牙型为正方形，传动效率高于其他螺纹，牙厚是牙距的一半，强度较低(在螺距相同时比较)，精确制造困难，对中精度低。 用于传力螺纹，如千斤顶、小型压力机等
锯齿形螺纹			牙型角 $\alpha=33°$，牙的工作面倾斜3°、牙的非工作面倾斜30°。传动效率及强度比梯形螺纹高，外螺纹的牙底有相当大的圆角，以减小应力集中。螺纹副的大径处无间隙，对中性良好。 用于单向受力的传动螺纹，如轧钢机的压下螺旋、螺旋压力机等
圆弧螺纹			牙型角 $\alpha=36°$，牙粗、圆角大、螺纹不易破损，积聚在螺纹凹处的尘垢和铁锈易消除。 用于经常和污物接触及易生锈的场合，如水管闸门的螺旋导轴等

三角螺纹也称为普通螺纹。三角螺纹同一公称直径可以有好几种螺距，其中螺距最大的称为粗牙螺纹，其余为细牙螺纹。细牙螺纹螺杆强度高，但螺纹牙的强度较粗牙螺纹低。公称直径相同时，细牙螺纹的螺距小、螺旋升角小、自锁性好，适用于受冲击、振动及薄壁零件的连接，但细牙螺纹有易滑扣的缺点。一般连接多用粗牙螺纹，粗牙三角螺纹的基本尺寸见表3-2。

表3-2 粗牙三角螺纹的基本尺寸 单位：mm

公称直径 d	螺距 P	中径 d_2	小径 d_1	公称直径 d	螺距 P	中径 d_2	小径 d_1
6	1	5.35	4.92	20	2.5	18.38	17.29
8	1.25	7.19	6.65	(22)	2.5	20.38	19.29
10	1.5	9.03	8.38	24	3	22.05	20.75
12	1.75	10.86	10.11	(27)	3	25.05	23.75
(14)	2	12.70	11.84	30	3.5	27.73	26.21
16	2	14.70	13.84	(33)	3.5	30.73	29.21
(18)	2.5	16.83	15.29	36	4	33.40	31.67

注：(1)本表摘自 GB/T 196—2003。

(2)带括号者为第二系列，应优先选用第一系列。

螺纹连接的基本类型、结构、特点和应用场合见表3-3。

表3-3 螺纹连接的基本类型、结构、特点和应用场合

基本类型		螺纹连接图	特点和应用场合
螺栓连接	普通螺栓连接		其结构特点是螺栓杆与被连接件通孔壁之间有间隙,工作载荷使螺栓拉伸,因通孔加工精度较低,结构简单、装拆方便、应用广泛,主要用于两连接件较薄的场合
	铰制孔用螺栓连接		其结构特点是被连接件上的铰制孔和螺栓的光杆部分多采用基孔制过渡配合,用于螺栓杆承受横向载荷或要精确固定被连接件的相对位置的场合
双头螺柱连接			这种连接用于被连接件之一较厚、不宜制成通孔,且需经常拆卸的场合。拆卸时,只需拧下螺母而不必从螺纹孔中拧出螺柱即可将被连接件分开
螺钉连接			这种连接不需用螺母,适用于被连接件较厚,不便钻成通孔,且受力不大,不需经常拆卸的场合
紧定螺钉连接			将紧定螺钉旋入一零件的螺纹孔中,并用螺钉端部顶住或顶入另一零件,以固定两个零件的相对位置,并可传递不大的力或转矩

3.3.2 常用螺纹连接件

螺纹连接件的类型很多,在机械制造中常用的螺纹连接件有六角头螺栓、双头螺柱、螺钉、紧定螺钉、六角螺母、圆螺母、垫圈等,这些零件的结构和尺寸都已标准化,设计时可根据有关标准选用。常用标准螺纹连接件见表 3-4。

表 3-4　常用标准螺纹连接件

类型	图例	结构特点及应用
六角头螺栓		种类很多,应用最广,分为 A、B、C 三级,通用机械中多用 C 级。螺栓杆部可制出一段螺纹或全螺纹,螺纹可用粗牙或细牙(A、B 级)
双头螺柱		螺柱两端都有螺纹,两端螺纹可相同或不同。螺柱可带退刀槽或制成全螺纹,螺柱的一端常用于旋入铸铁或有色金属的螺孔中,旋入后即不拆卸;另一端则用于安装螺母以固定其他零件
螺钉		螺钉头部形状有六角头、圆柱头、圆头、盘头和沉头等,头部旋具(起子)槽有一字槽、十字槽和内六角孔等形式。十字槽螺钉头部强度高,对中性好,易于实现自动化装配;内六角孔螺钉能承受较大的扳手力矩,连接强度高,可代替六角头螺栓,用于要求结构紧凑的场合
紧定螺钉		紧定螺钉常用的末端形状有锥端、平端和圆柱端。锥端适用于被顶紧零件的表面硬度较低或不经常拆卸的场合;平端接触面积大,不伤零件表面,常用于顶紧硬度较大的平面或经常拆卸的场合;圆柱端压入轴上的零件位置

类型	图例	结构特点及应用
六角螺母		根据六角螺母厚度的不同,分为标准、厚、薄三种。六角螺母的制造精度和六角头螺栓相同,分为 A、B、C 三级,分别与相同级别的螺栓配用
圆螺母	圆螺母 止动垫圈	圆螺母常与止动垫圈配用,装配时将垫圈内舌插入轴上的内槽,而将垫圈的外舌嵌入圆螺母的槽内,螺母即被锁紧。常用于轴上零件的轴向固定
垫圈	平垫圈 斜垫圈	垫圈是螺纹连接中不可缺少的零件,常放置在螺母和被连接件之间,起保护支承面等作用。平垫圈按加工精度分为 A 级和 C 级两种。用于同一螺纹直径的垫圈又分为特大、大、普通和小四种规格,特大垫圈主要在铁木结构中使用。斜垫圈常用于倾斜的支承面上

3.4 螺纹连接预紧与防松

3.4.1 螺纹连接预紧

在机器中使用的螺纹连接,绝大多数需要拧紧。此时螺栓所受的轴向拉力称为预紧力 F_0,预紧使被连接件的结合面之间压力增大,因此提高了连接的紧密性和可靠性。但预紧力过大会导致整个连接的结构尺寸增大,也会使连接件在装配或偶然过载时被拉断,因此为保证所需预紧力,又不使螺纹连接件过载,对重要的螺纹连接,在装配时要设法控制预紧力。

通常规定,拧紧后螺纹连接件的预紧力不得超过其材料的屈服极限 σ_s 的80%。对于一般连接用的钢制螺栓的预紧力 F_0,推荐用下列关系确定

$$\left.\begin{array}{ll}\text{碳钢:} & F_0 = (0.6 \sim 0.7)\sigma_s A_1 \\ \text{合金钢:} & F_0 = (0.5 \sim 0.6)\sigma_s A_1\end{array}\right\} \tag{3-2}$$

应用案例

式中：A_1 为螺栓最小剖面积，$A_1=\dfrac{1}{4}\pi d_1^2$，$mm^2$；$\sigma_s$ 为屈服极限，MPa。

控制预紧力的办法很多，通常是借助定力矩扳手或测力矩扳手。如图 3-4 所示，定力矩扳手的原理是当拧紧力矩超过规定值时，弹簧被压缩，扳手卡盘与圆柱销之间打滑，卡盘无法继续转动。如图 3-5 所示，测力矩扳手的原理是利用扳手上的弹性元件在拧紧力的作用下产生的弹性变形的大小来指示拧紧力矩的大小。

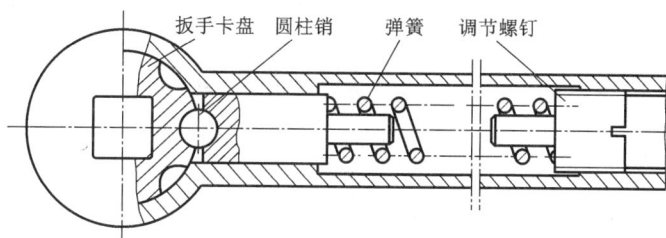

图 3-4　定力矩扳手

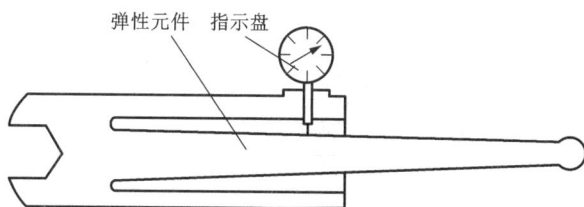

图 3-5　测力矩扳手

如上所述，装配时预紧力的大小是通过拧紧力矩来控制的。因此，应该从理论上找出预紧力和拧紧力矩之间的关系。如图 3-6 所示，在拧紧螺母时，其拧紧力矩为

$$T=FL \qquad (3-3)$$

式中：F 为作用在手柄上的力，N；L 为力臂长度，mm。

力矩 T 用于克服螺旋副的摩擦阻力矩 T_1 和螺母环形端面与被连接件（或垫圈）支承面间的摩擦力矩 T_2，即

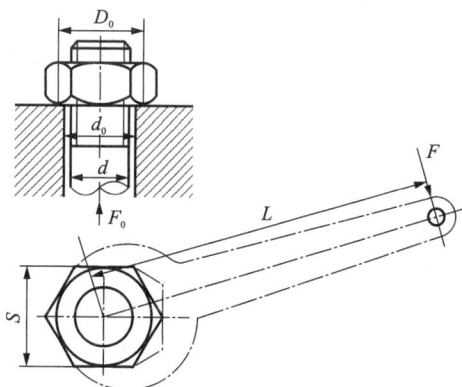

图 3-6　螺旋副的拧紧力矩

$$T=T_1+T_2=\frac{1}{2}F_0\left[d_2\tan(\psi+\psi_v)+\frac{2}{3}f_c\left(\frac{D_0^3-d_0^3}{D_0^2-d_0^2}\right)\right]$$
$$(3-4)$$

对于常用的 M10~M68 粗牙普通螺纹的钢制螺栓，螺纹升角 $\psi=1°42'\sim3°2'$；螺纹中径 $d_2\approx0.9d$；螺旋副的当量摩擦角 $\psi_v\approx\arctan 1.155f_c$（$f_c$ 为摩擦系数，无润滑时 $f_c\approx0.1\sim0.2$）；螺栓孔直径 $d_0=1.1d$；螺母环形支承面的外径 $D_0=1.5d$；螺母与支承面间的摩擦系数 $f_c\approx0.15$。

将上述各参数代入式(3-4)中整理后可得

$$T = 0.2F_0 d \tag{3-5}$$

当需精确控制预紧力或预紧大型的螺栓时，可采用测量预紧前后螺栓的伸长量或测量应变的方法控制预紧力。

3.4.2 螺纹连接防松

连接用的三角螺纹，在静载荷和工作温度变化不大的情况下，能满足自锁条件，一般不会自动松脱。螺纹连接件一般采用单线普通螺纹。螺纹升角($\psi = 1°42' \sim 3°2'$)小于螺旋副的当量摩擦角($\varphi_v = 6.5° \sim 10.5°$)，因此，连接螺纹都能满足自锁条件($\psi < \varphi_v$)。此外，拧紧以后螺母和螺栓头部等支承面上的摩擦力也有防松作用，所以在静载荷和工作温度变化不大时，螺纹连接不会自动松脱。但在冲击、振动或变载荷的作用下，螺旋副间的摩擦力可能减小或瞬时消失。这种现象多次重复出现后，就会使连接松脱、连接失效，导致机器不能正常工作，甚至发生严重事故。在高温或温度变化较大的情况下，螺纹连接件和被连接件的材料发生蠕变和应力松弛，也会使连接中的预紧力和摩擦力逐渐减小，最终将导致连接失效。因此，在设计螺纹连接时必须考虑防松措施。防松的实质就是防止螺纹连接件间的相对转动。按防松装置的工作原理可分为摩擦防松、机械防松和破坏螺纹副防松。螺纹连接常用的防松方法见表3-5。

表 3-5 螺纹连接常用的防松方法

防松方法		结构形式	特点和应用
摩擦防松方法	对顶螺母	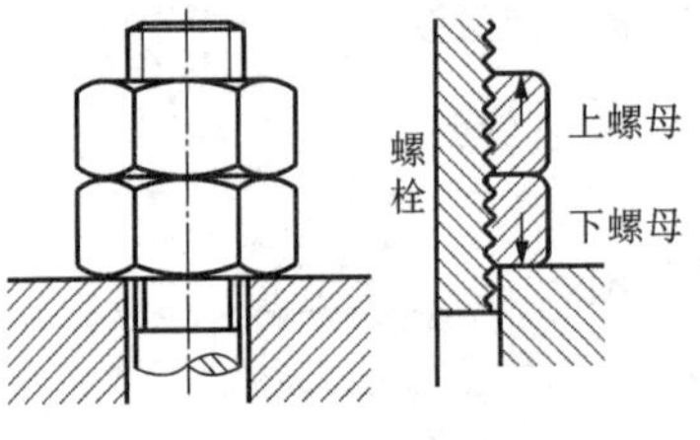	两螺母对顶拧紧后使旋合螺纹间始终受到附加的压力和摩擦力，从而起到防松作用。该方式结构简单，适用于平稳、低速和重载的固定装置上的连接，但轴向尺寸较大
	弹簧垫圈	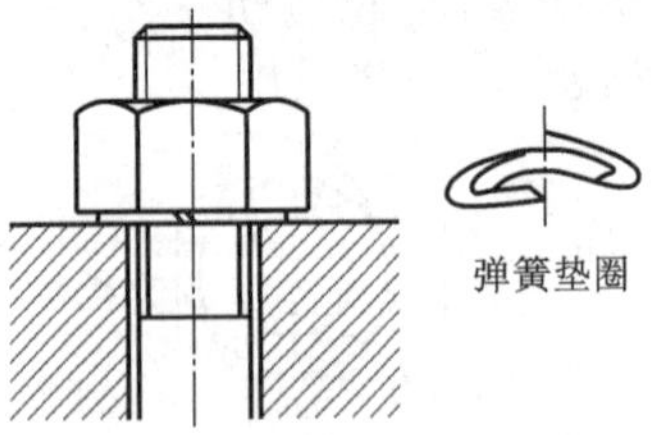	螺母拧紧后，靠弹簧垫圈压平而产生的弹性反力使旋合螺纹间压紧，垫圈外口的尖端抵住螺母与被连接件的支承面也有防松作用。该方式结构简单，使用方便。但在冲击振动的工作条件下，其防松效果较差，一般用于不太重要的连接
	自锁螺母	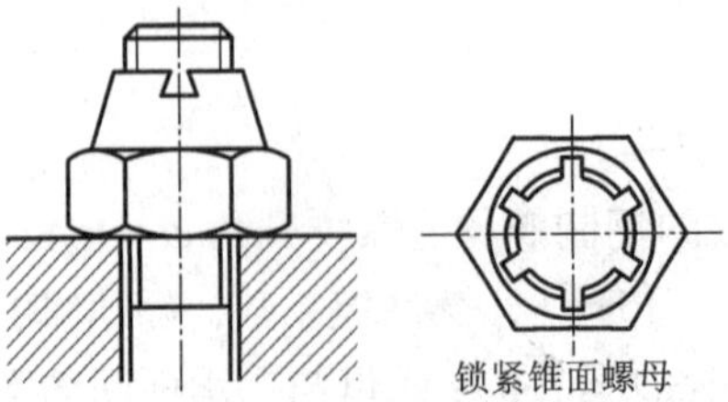	螺母一端制成非圆形收口或开缝后径向收口。当螺母拧紧后收口胀开，利用收口的弹力使旋合螺纹压紧。该方式结构简单、防松可靠，可多次装拆而不降低防松能力

续表3-5

防松方法		结构形式	特点和应用
机械防松方法	开口销与六角槽螺母防松		将开口销穿入螺栓尾部小孔和螺母槽内，并将开口销尾部掰开与螺母侧面贴紧，靠开口销阻止螺栓与螺母的相对转动以防松。该方式适用于冲击和振动较大的高速机械中
	带翘垫圈		带翘垫圈具有几个外翘和一个内翘，将内翘嵌入螺栓(或轴)的轴向槽内，旋紧螺母，将一个外翘弯入螺母的槽内，螺母即被锁住，该方式结构简单、使用方便、防松可靠
	串联钢丝		用低碳钢丝穿入各螺钉头部的孔内，将各螺钉串联起来使其相互制约，使用时必须注意钢丝的穿入方向。该方式适用于螺钉组连接。其防松可靠，但装拆不方便
破坏螺纹副防松方法	黏合		用黏合剂涂于螺纹旋合表面，拧紧螺母后黏合剂能自行固化，防松效果良好，但不便拆卸
	冲点		在螺纹件旋合好后，用冲头在旋合缝处或在端面冲点防松。这种防松效果很好，但此时螺纹连接变成不可拆连接

还有一些特殊的防松方法，例如在螺母末端镶嵌尼龙环或采用铆冲方法防松，螺母拧紧后把螺栓末端伸出部分铆死等。这种防松方法可靠，但拆卸后连接件不能重复使用。

3.5　单个螺栓连接的强度计算

螺栓的受力因螺栓连接类型不同，可分为两类，即普通螺栓连接和铰制孔用螺栓连接，它们分别直接承受轴向载荷或横向载荷，因此也分别称为受拉螺栓连接和受剪螺栓连接。

3.5.1 普通螺栓连接

1. 松螺栓连接

松螺栓连接是螺栓在工作之前螺母不需要拧紧。如图 3-7 所示为受拉松螺栓连接应用实例，螺栓不预紧，只在工作时受滑轮传来的轴向工作载荷 F，螺栓的强度计算条件为

$$\sigma = \frac{F}{\frac{\pi}{4}d_1^2} \leqslant [\sigma] \tag{3-6}$$

式中：d_1 为螺栓的小径，mm；$[\sigma]$ 为松螺栓连接许用应力，MPa。对钢螺栓，$[\sigma] = \sigma_s/S$，σ_s 为螺栓材料屈服强度，安全系数一般可取 $S = 1.2 \sim 1.7$，设计公式为

$$d_1 \geqslant \sqrt{\frac{4F}{\pi[\sigma]}} \tag{3-7}$$

根据式 (3-7) 求得 d_1 后，按国家标准查出螺纹大径并确定其他有关尺寸。

2. 只受预紧力作用的紧螺栓连接

紧螺栓连接装配时，螺母需要拧紧。在拧紧力矩作用下，螺栓受预紧力 F_0 作用产生的拉应力和螺纹力矩作用产生的扭转切应力的联合作用。螺栓危险截面的拉应力为

$$\sigma = \frac{F}{\frac{\pi}{4}d_1^2}$$

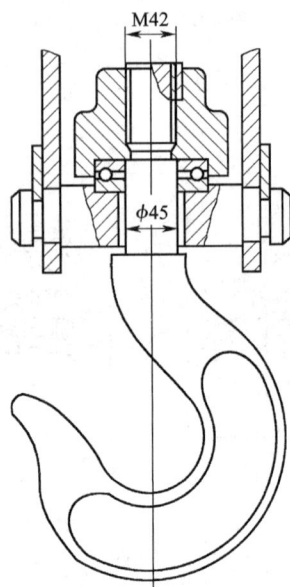

图 3-7 受拉松螺栓连接

螺栓危险截面的扭转切应力为

$$\tau = \frac{F_0 \tan(\psi+\rho_v)\dfrac{d_2}{2}}{\dfrac{\pi}{16}d_1^3} = \frac{2d_2}{d_1} \cdot \frac{F_0}{\dfrac{\pi}{4}d_1^2}\tan(\psi+\rho_v)$$

对于 M10~M68 普通螺纹的钢制螺栓，取 $\psi = 2°30'$，$\rho_v = 10°30'$，$d_2/d_1 = 1.04 \sim 1.08$，则由上式可以得出 $\tau \approx 0.49$。根据塑性材料的第四强度理论有

$$\sigma = \frac{1.3F_0}{\frac{\pi}{4}d_1^2} \leqslant [\sigma] \tag{3-8}$$

由此可见，对于 M10~M68 普通螺纹的钢制紧螺栓连接，在拧紧时虽同时承受拉伸和扭转的联合作用，但计算时可以只按拉伸强度计算，并将所受的拉力(预紧力)增大 30% 来考虑扭转切应力的影响。

3. 承受预紧力和工作拉力的紧螺栓连接

这种受力形式在紧螺栓连接中比较常见，因而也是最重要的一种。这种紧螺栓连接承受轴向拉伸工作载荷后，由于螺栓和被连接件的弹性变形，螺栓所受的总拉力并不等于预紧力

和工作拉力之和。根据理论分析,螺栓的总拉力与预紧力 F_0、工作拉力 F、螺栓刚度 c_b 及被连接件刚度 c_m 等因素有关。因此,应从分析螺栓连接的受力和变形的关系入手,计算出螺栓总拉力的大小。

如图 3-8 所示为单个螺栓连接在承受轴向工作载荷前后的受力及变形情况。如图 3-8(a) 所示,是螺母刚好拧到和被连接件相接触,但尚未拧紧。此时螺栓和被连接件都不受力,因而也不产生变形。如图 3-8(b) 所示,是螺母已拧紧,但尚未承受工作载荷。此时,螺栓受预紧力 F_0 的拉伸作用,其伸长量为 λ_b。相反,被连接件则在 F_0 的压缩作用下,其压缩量为 λ_m。如图 3-8(c) 所示,是承受工作载荷时的情况。此时,若螺栓和被连接件的材料在弹性变形的范围内,则两者的受力及变形关系符合胡克定律。当螺栓承受工作拉力 F 后,其伸长量增加 $\Delta\lambda$,总伸长量为 $\lambda_b + \Delta\lambda$。与此同时,原来被压缩的被连接件,因螺栓伸长而被放松,其压缩量也随之减小。根据连接的变形协调条件,被连接件压缩变形的减小量应等于螺栓拉伸变形的增加量 $\Delta\lambda$。因此,总的压缩量为 $\lambda_m - \Delta\lambda$。被连接件的压缩力由 F_0 减至 F_1,称为残余预紧力。

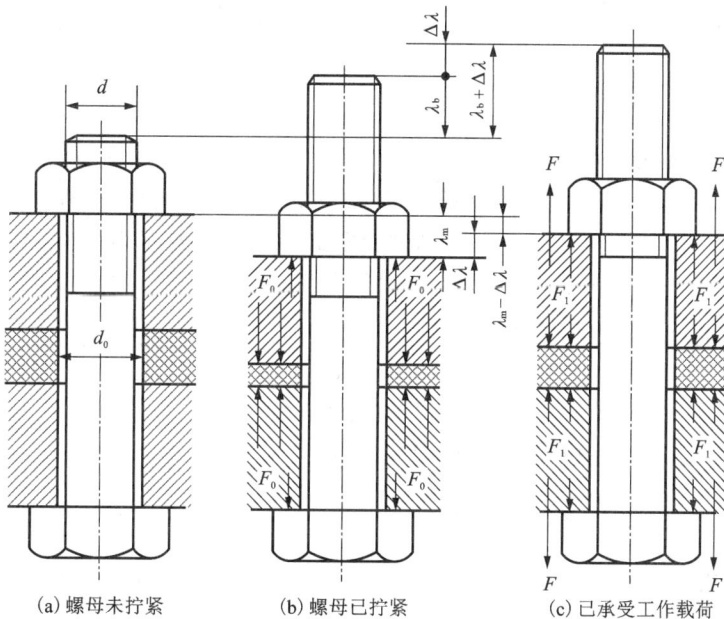

(a) 螺母未拧紧　　　(b) 螺母已拧紧　　　(c) 已承受工作载荷

图 3-8 单个紧螺栓连接受力变形图

显然,连接受载后,由于预紧力的变化,螺栓的总拉力 F_2 并不等于预紧力 F_0 与工作拉力 F 之和,而等于残余预紧力 F_1 与工作拉力 F 之和。

上述的螺栓与被连接件的受力与变形关系,还可以用线图表示。如图 3-9 所示,图中纵坐标代表力,横坐标代表变形。图 3-9(a)、图 3-9(b) 分别代表螺栓、被连接件的受力与变形的关系,在连接件尚未承受工作拉力 F 时,螺栓的拉力和被连接件的压缩力都等于预紧力 F_0。因此,为分析方便,可将图 3-9(a)、图 3-9(b) 合并成图 3-9(c)。如图 3-9(c) 所示,当连接承受工作载荷 F 时,螺栓的总拉力为 F_2,相应的总伸长量为 $\lambda_b + \Delta\lambda$,被连接件的压缩力等于残余预紧力 F_1,相应的总压缩量为 $\lambda_m - \Delta\lambda$,螺栓的总拉力 F_2 等于残余预紧力 F_1 与工作拉力 F 之和,即

$$F_2 = F_1 + F \tag{3-9}$$

螺栓的预紧力 F_0 与残余预紧力 F_1、总拉力 F_2 之间的关系，可由图 3-9 中的关系推出，可得如下关系式

$$F_0 = F_1 + (F - \Delta F) \tag{3-10}$$

又

$$\frac{\Delta F}{F - \Delta F} = \frac{\Delta \lambda \tan \theta_b}{\Delta \lambda \tan \theta_m} = \frac{C_b}{C_m}$$

或

$$\Delta F = \frac{C_b}{C_b + C_m} F \tag{3-11}$$

式中：C_b、C_m 分别为螺栓的刚度、被连接件的刚度，均为定值。

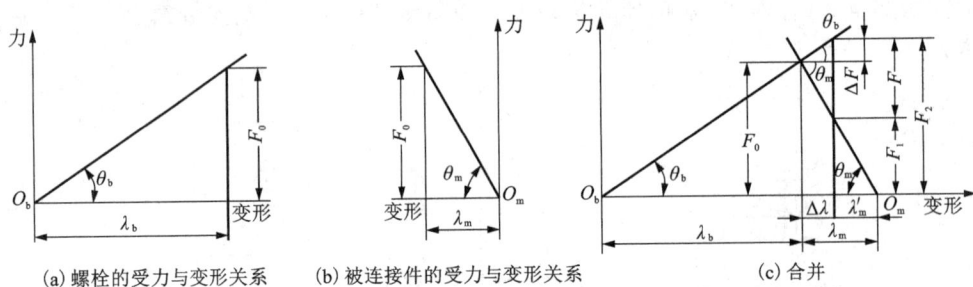

(a) 螺栓的受力与变形关系　　(b) 被连接件的受力与变形关系　　(c) 合并

图 3-9　单个紧螺栓连接受力变形线图

由图 3-9 中的几何关系可推出

$$F_0 / \lambda_b = \tan \theta_b = C_b$$
$$F_0 / \lambda_m = \tan \theta_m = C_m$$

将式(3-11)代入式(3-10)得螺栓的预紧力为

$$F_0 = F_1 + \left(1 - \frac{C_b}{C_b + C_m}\right) F = F_1 + \frac{C_m}{C_b + C_m} F \tag{3-12}$$

螺栓的总拉力为

$$F_2 = F_0 + \frac{C_b}{C_b + C_m} F \tag{3-13}$$

式(3-9)和式(3-13)是螺栓总拉力的两种表达形式，计算时根据设计要求、工作条件、已知参数等选用。用式(3-9)计算螺栓总拉力时，为保证连接的紧密性，以防止受载后接合面产生缝隙，应使 $F_1 \geqslant 0$。推荐的残余预紧力的取值为：对于有紧密性要求的连接，$F_1 = (1.5 \sim 1.8) F$；对于一般连接，工作载荷稳定时，$F_1 = (0.2 \sim 0.6) F$；工作载荷不稳定时，$F_1 = (0.6 \sim 1.0) F$；载荷有冲击时，$F_1 = (1.0 \sim 1.5) F$；对于地脚螺栓连接，$F_1 \geqslant F$。在式(3-12)中，$\dfrac{C_b}{C_b + C_m}$ 称为螺栓的相对刚度，其大小与螺栓和被连接件的结构尺寸、材料以及垫片、工作载荷的位置等因素有关，其值在 0 至 1 之间变化。为降低螺栓的受力、提高螺栓连接的承载能力，应使 $\dfrac{C_b}{C_b + C_m}$ 尽量小一些。一般设计时可参考表 3-6 推荐的数据选取。

表 3-6　螺栓的相对刚度 $\dfrac{C_b}{C_b+C_m}$

被连接钢板间所用垫片类别	$C_b/(C_b+C_m)$
金属垫片或无垫片	0.2~0.3
皮草垫片	0.7
钢皮石棉垫片	0.8
橡胶垫片	0.9

　　求得螺栓的总拉力 F_2 后即可进行螺栓的强度计算。考虑到螺栓在总拉力的作用下可能需要补充拧紧,须计入扭转切应力的影响,螺栓预紧状态下的计算应力为

$$\sigma_{ca}=\frac{1.3F_2}{\frac{\pi}{4}d_1^2}\leqslant[\sigma] \tag{3-14}$$

$$d_1\geqslant\sqrt{\frac{4\times1.3F_2}{\pi[\sigma]}} \tag{3-15}$$

式中: σ_{ca} 为计算应力,MPa; d_1 为小径,mm。

　　对于受轴向变载荷的重要连接(如内燃机汽缸盖螺栓连接等),除按式(3-13)或式(3-14)作静强度计算外,还应根据下述方法对螺栓的疲劳强度作精确校核。如图 3-10 所示,当工作拉力在 0 至 F 之间变化时,螺栓所受的总拉力将在 F_0 至 F_2 之间变化,如果不考虑螺纹摩擦力矩的扭转作用,则螺纹危险截面的最大拉应力 $\sigma_{max}=F_2/A_1$,而最小拉应力为 $\sigma_{min}=F_0/A_1$,其中 $A_1=\frac{\pi}{4}d_1^2$。受变载荷的螺栓大多为疲劳破坏,而应力幅 σ_a 是影响疲劳强度的主要因素。

$$\sigma_a=\frac{\sigma_{max}-\sigma_{min}}{2}=\frac{C_b}{C_b+C_m}\cdot\frac{2F}{\pi d_1^2}$$

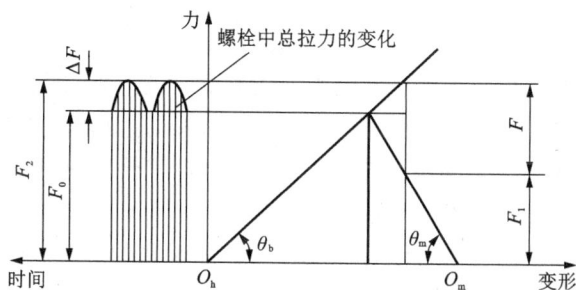

图 3-10　承受轴向变载荷的紧螺栓连接

3.5.2　铰制孔用螺栓连接

　　铰制孔用螺栓连接靠侧面直接承受横向载荷,如图 3-11 所示,连接的主要失效形式为:

螺栓被剪断及螺栓或孔壁被压溃。因此,强度
计算式为

剪切强度

$$\tau = \frac{F}{m \dfrac{\pi}{4} d_0^2} \leqslant [\tau] \qquad (3-16)$$

挤压强度

$$\sigma_p = \frac{F}{d_0 L_{min}} \leqslant [\sigma_p] \qquad (3-17)$$

式中:F 为单个螺栓的工作剪力,N;d_0 为铰孔
直径,mm;m 为螺栓的剪切工作面数目;
L_{min} 为螺栓与孔壁间的最小接触长度,mm,建

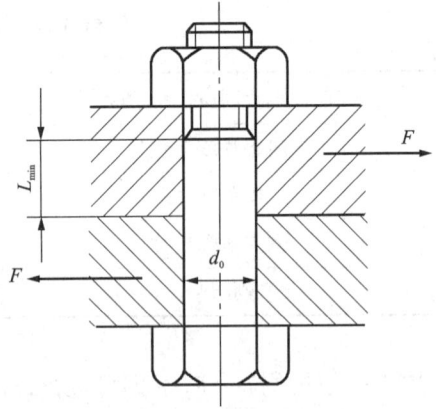

图 3-11 铰制孔用螺栓连接

议 $L_{min} \geqslant 1.25 d_0$;$[\sigma_p]$ 为螺栓或孔壁材料的许用挤压应力,MPa;$[\tau]$ 为螺栓材料的许用切应
力,MPa。

3.6 螺栓组连接的设计

螺栓连接一般是由几个螺栓(或螺钉、螺柱)组成螺栓组使用的。螺栓组连接设计的一般
顺序为:先进行结构设计,即确定结合面的形状、螺栓数目及其布置方式;然后按螺栓组所
受载荷进行受力分析和计算,找出受力最大的螺栓,求出其所受力的大小和方向;再按照单
个螺栓进行强度计算,确定螺栓尺寸;最后选用连接附件和防松装置。应注意螺栓、螺母、
垫圈等各种紧固件都要尽量选用标准件。有时也可以参考类似的设备或结构,参照其螺栓组
布置方式和尺寸,按类比法确定,必要时再作强度校核。

3.6.1 螺栓组连接的结构设计

螺栓组连接的结构设计的主要目的是合理地确定连接接合面的几何形状和螺栓的布置形
式,力求各螺栓和连接接合面间受力均匀、便于加工和装配。为此,应综合考虑以下几方面
的问题。

(1)连接接合面的几何形状要合理。通常选成轴对称的形状(图 3-12);连接接合面接触
合理,最好有两个相互垂直的对称轴,便于加工制造。同一圆周上的螺栓数目一般取为 4、
6、8、12 等,便于加工时分度。同一组螺栓的材料、直径和长度应尽量相同。

(2)螺栓组的形心与结合面形心尽量重合,这样可保证连接接合面受力均匀。

(3)螺栓的位置应该使其受力合理。应使螺栓靠近接合面边缘,以减少螺栓受力。如果
螺栓同时承受较大轴向及横向载荷,可采用销、套筒或键等零件来承受横向载荷。受横向载
荷的螺栓组,沿力方向布置的螺栓不宜超过 8 个,以免螺栓受力严重不均匀。

(4)合理确定螺栓间距与边距。各螺栓中心间的最小距离应不小于扳手空间的最小尺寸
(图 3-13),最大距离应按连接用途及结构尺寸大小而定。对于压力容器等紧密性要求较高
的重要连接,螺栓的间距不得大于表 3-7 推荐的数值。

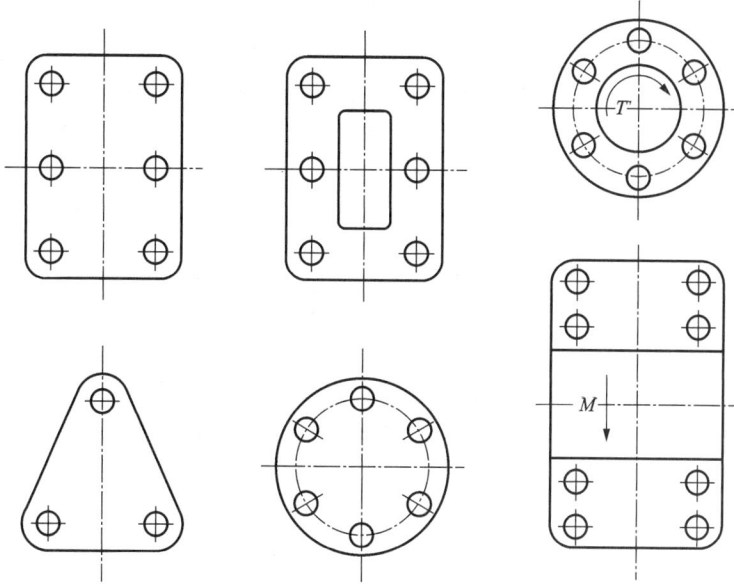

图 3-12　螺栓组接合面的形状

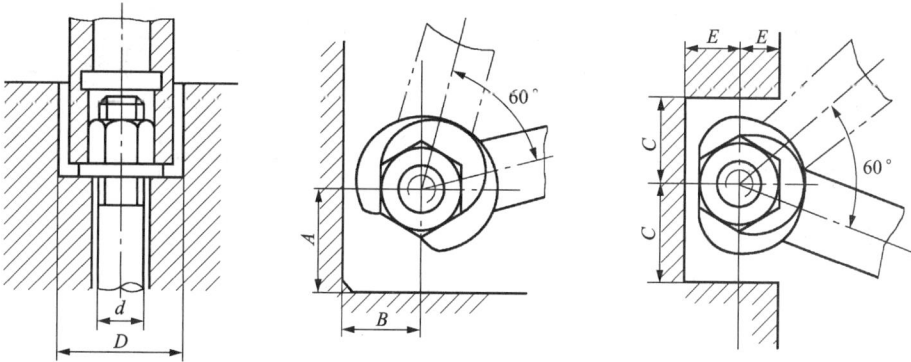

图 3-13　扳手空间

表 3-7　螺栓间距

工作压力/MPa					
≤1.6	1.6~4	4~10	10~16	16~20	20~30
t/mm					
7d	4.5d	4.5d	4d	3.5d	3d

注：表中 d 为螺纹公称直径。

3.6.2　螺栓组连接的受力分析

进行螺栓组连接受力分析的目的是根据连接的结构和受载情况，求出受力最大的螺栓及其所受的力，以便进行螺栓连接的强度计算。分析时常做如下假设：①所有的螺栓的材料、直径、长度和预紧力均相同；②被连接件视为刚体，即受载前后接合面保持为平面；③螺栓为弹性体，螺栓的应力不超过屈服强度；④螺栓组的对称中心与连接接合面形心重合。

下面针对几种典型的受载情况，分别加以讨论。

1. 受横向载荷的螺栓组连接

图 3-14 所示为一受横向载荷的螺栓组连接，载荷 F_Σ 与螺栓轴线垂直，并通过螺栓组的对称中心。可承受这种横向载荷的螺栓有两种结构，即普通螺栓连接和铰制孔用螺栓连接。由于这两种螺栓连接的结构不同，因此承受工作载荷 F 的原理不同。

（1）普通螺栓连接。普通螺栓连接时，应保证连接预紧后，接合面间产生的最大摩擦力必须大于或等于横向载荷，即

$$fF_0zi \geq K_sF_\Sigma \tag{3-18}$$

式中：f 为接合面的摩擦系数，见表 3-8；i 为接合面数目；K_s 为防滑系数，$K_s = 1.1 \sim 1.5$；z 为螺栓的数目。

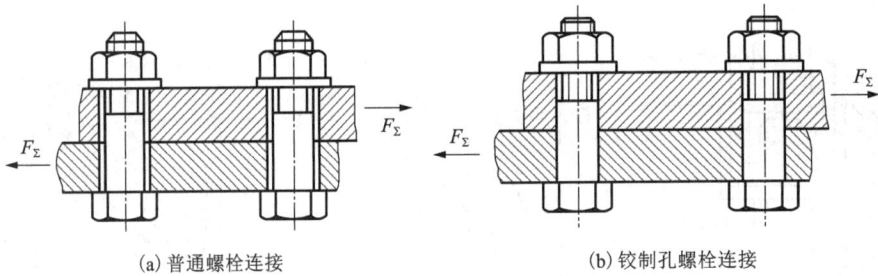

(a) 普通螺栓连接　　　　　　　　　　(b) 铰制孔螺栓连接

图 3-14　受横向载荷的螺栓组连接

表 3-8　连接接合面的摩擦系数

被连接件	接合面的表面形式	摩擦系数
钢或铸铁零件	干燥的加工表面	0.15～0.16
	有油的加工表面	0.06～0.10
钢结构件	轧制表面、钢丝刷清理浮锈	0.30～0.35
	涂富锌漆	0.35～0.40
	喷砂处理	0.45～0.55
铸铁对砖料、混凝土或木材	干燥表面	0.40～0.50

这种靠摩擦力抵抗工作载荷的紧螺栓连接，要求保持较大的预紧力，否则在振动、冲击或变载荷下，摩擦系数的变动将使可靠性降低，有可能出现松脱。为避免上述缺陷，可用各

种减载零件来承受横向工作载荷,如图 3-15 所示,此时连接强度条件按零件的剪切、挤压强度条件计算,而螺纹连接只起连接作用,不再承受工作载荷,因此,预紧力不必很大。

(2)铰制孔用螺栓连接。这种连接特点是靠螺杆的侧面直接承受工作载荷 F_Σ,一般采用过渡配合 H7/m6 或过盈配合 H7/n6,这种结构的拧紧力矩一般不大,所以预紧力和摩擦力在强度计算中可以不予考虑。可以假设每个螺栓所承受的横向载荷是相同的,因此可得每个螺栓的工作载荷 F 为总载荷 F_Σ 除以螺栓个数 z,即

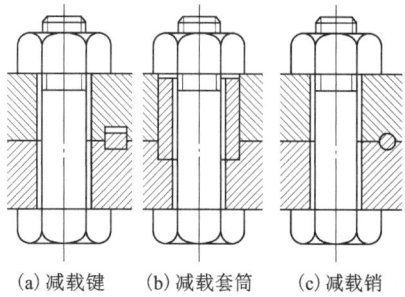

图 3-15 承受横向载荷的减载零件

$$F = \frac{F_\Sigma}{z} \tag{3-19}$$

2. 受转矩的螺栓组连接

如图 3-16 所示,转矩 T 作用在连接接合面内,在转矩 T 的作用下,底板将绕通过螺栓组对称中心,并与接合面相垂直的轴线转动。为了防止底板转动,可采用普通螺栓连接,也可采用铰制孔用螺栓连接。其传力方式和受横向载荷的螺栓组连接相同。

(1)普通螺栓连接。采用普通螺栓连接时,靠连接预紧后在接合面间产生的摩擦力矩来抵抗转矩 T,如图 3-16(a)所示。假设各螺栓连接处的摩擦力相等,并集中作用在螺栓中心处,为阻止接合面间发生相对转动,各摩擦力应与各对应螺栓的轴线到螺栓组对称中心 O 的连线(即力臂 r_i)垂直。

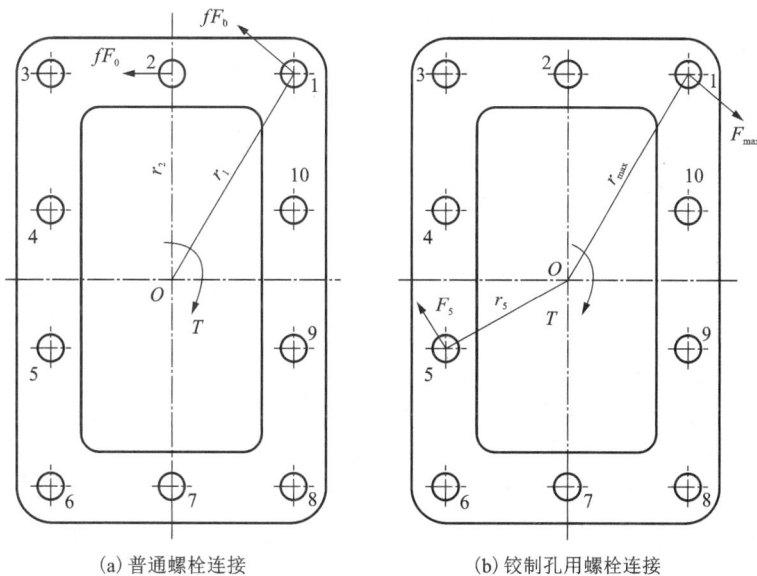

(a)普通螺栓连接   (b)铰制孔用螺栓连接

图 3-16 受转矩的螺栓组连接

根据底板静力矩平衡条件,应有

$$fF_0 r_1 + fF_0 r_2 + \cdots + fF_0 r_z \geqslant K_s T$$

由上式可得各螺栓所需的预紧力为

$$F_0 \geqslant \frac{K_s T}{f(r_1 + r_2 + \cdots + r_z)} = \frac{K_s T}{f\sum\limits_{i=1}^{z} r_i} \quad (3-20)$$

式中：f 为接合面的摩擦系数，见表 3-8；r_i 为第 i 个螺栓的轴线到螺栓组对称中心的距离，mm；z 为螺栓数目；K_s 为防滑系数，同前。

（2）铰制孔用螺栓连接。如图 3-16(b) 所示，在转矩 T 作用下，螺栓靠侧面直接承受横向载荷，即工作剪力。按前面的假设，将底座视为刚体，当底座受力矩 T 时，由于螺栓弹性变形，底座有一微小转角。各螺栓的中心与底板中心连线转角相同，而各螺栓的剪切变形量与该螺栓至转动中心 O 的距离成正比。由于各螺栓的剪切刚度是相同的，因此螺栓的剪切变形与其所受横向载荷 F 成正比，由此可得

$$\frac{F_{max}}{r_{max}} = \frac{F_i}{r_i} \text{ 或 } F_i = F_{max}\frac{r_i}{r_{max}}$$

再根据作用在底板上的力矩平衡的条件可得

$$\sum_{i=1}^{z} F_i r_i = T$$

联解上两式，可求得受力最大的螺栓的工作剪力为

$$F_{max} = \frac{T r_{max}}{\sum\limits_{i=1}^{z} r_i^2} \quad (3-21)$$

3. 受轴向载荷的螺栓组连接

图 3-17 为一受轴向载荷 F_Σ 的汽缸盖螺栓组连接，F_Σ 的作用线与螺栓轴线平行，并通过螺栓组的对称中心。计算时可认为各螺栓受载均匀，则每个螺栓所受的工作载荷为

$$F = \frac{F_\Sigma}{z} \quad (3-22)$$

式中：z 为螺栓数目；F_Σ 为轴向载荷，$F_\Sigma = \frac{\pi}{4}D^2 p$

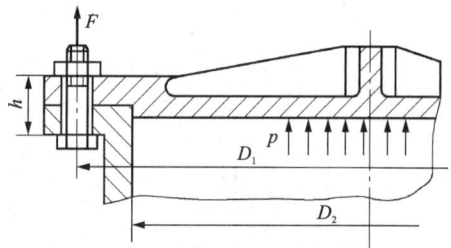

图 3-17 受轴向载荷的螺栓组连接

（D 为汽缸直径，mm，p 为气体压力，MPa）。

4. 受倾覆力矩的螺栓组连接

如图 3-18 所示的基座用 8 个螺栓固定在地面上。

在机座的中间平面内作用着倾覆力矩 M，按前面的假设，将机座视为刚体，在力矩 M 的作用下机座底板与地面的接合面仍保持为平面，并且有绕对称轴 $O-O$ 翻转的趋势。每个螺栓的预紧力为 F_0，M 作用后，$O-O$ 左侧的螺栓拉力增大，右侧的螺栓预紧力减少，而地面的压力增大。左侧拉力的增加等于右侧地面压力的增加。根据静力平衡条件，有 $M = \sum\limits_{i=1}^{z} F_i r_i$。

由于机座的底板在工作载荷作用下保持平面，各螺栓的变形与其到 $O-O$ 的距离成正比，又因各螺栓的刚度相同，所以螺栓及地面所受工作载荷与该螺栓至中心线 $O-O$ 的距离成正比，即

$$F_i = F_{max} \frac{L_i}{L_{max}} \quad (3-23)$$

则可得

$$M = F_{max} \sum_{i=1}^{z} \frac{L_i^2}{L_{max}} \quad (3-24)$$

式中：F_{max} 为最大的工作载荷，N；z 为螺栓总数目；L_i 为各螺栓轴线到底板中心线 O-O 的距离，mm；L_{max} 为 L_i 中的最大值，mm。

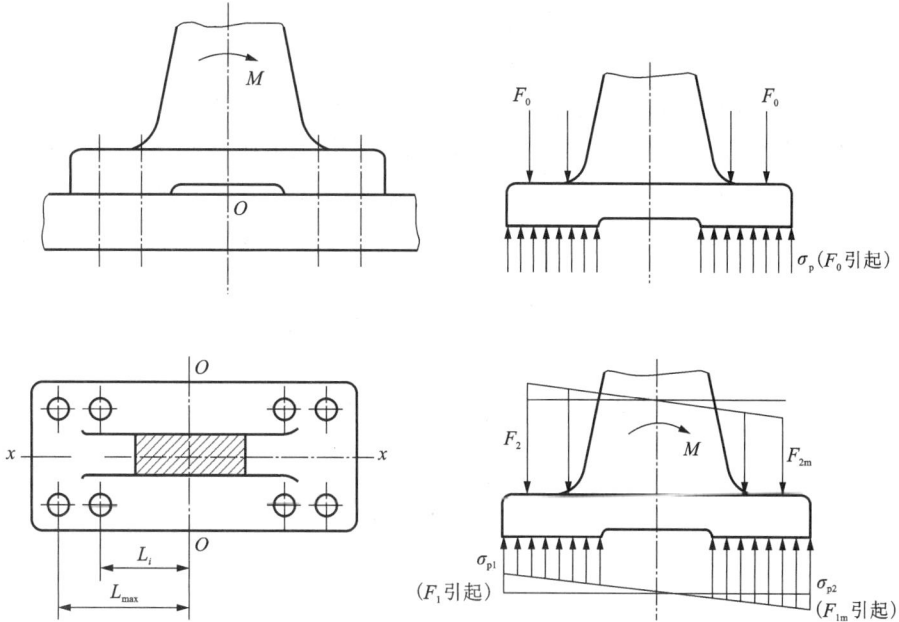

图 3-18　受倾覆力矩的螺栓组连接

在确定受倾覆力矩螺栓组的预紧力时应考虑接合面的受力情况，图 3-18 中接合面的左侧边缘不应出现缝隙，右侧边缘处的挤压应力不应超过支承面材料的许用挤压应力，即

$$\sigma_{pmin} = \frac{zF_p}{A} - \frac{M}{W} > 0 \quad (3-25)$$

$$\sigma_{pmax} = \frac{zF_p}{A} + \frac{M}{W} \leqslant [\sigma_p] \quad (3-26)$$

式中：A 为接合面间的接触面积，mm²；W 为底座接合面的抗弯截面系数，mm³；$[\sigma_p]$ 为接合面材料的许用挤压应力，可由表 3-9 确定。

表 3-9　接合面材料的许用挤压应力 $[\sigma_p]$

单位：MPa

接合面材料	砖（白灰砂浆）	砖（水泥砂浆）	混凝土	木材	铸铁	钢
$[\sigma_p]$	0.8~1.2	1.5~2	2~3	2~4	0.4~0.5σ_b	0.8σ_b

在实际应用中，作用于螺栓组的载荷往往是以上四种基本情况的某种组合，对各种组合载荷都可按单一基本情况求出每个螺栓的受力，再按力的叠加原理分别把螺栓所受的轴向力和横向力进行矢量叠加，求出螺栓的实际受力。

3.7 螺纹连接件的材料及许用应力

3.7.1 螺纹连接件的材料

国家标准规定螺纹连接件按材料的力学性能划分等级(表 3-10、表 3-11，详见 GB/T 3098.1—2010 和 GB/T 3098.2—2015)。螺栓、螺柱、螺钉的性能等级分为十级，从 3.6 至 12.9。小数点前的数字代表材料的抗拉强度极限的 1/100(即 $\sigma_b/100$)，小数点后的数字代表材料的屈服极限(σ_s 或 $\sigma_{0.2}$)与抗拉强度极限(σ_b)之比值(屈强比)的 10 倍(即 $10\sigma_s/\sigma_b$)。例如性能等级 4.6，其中 4 表示材料的抗拉强度极限为 400 MPa，6 表示屈服极限与抗拉强度极限之比为 0.6。螺母的性能等级分为七级，从 4 到 12。数字近似表示螺母保证(能承受的)最小应力 σ_{min} 的 1/100(即 $\sigma_{min}/100$)。选用时，须注意所用螺母的性能等级应不低于与其相配螺栓的性能等级。

表 3-10 螺栓、螺柱和螺钉的性能等级

性能等级	4.6	4.8	5.6	5.8	6.8	8.8	9.8	10.9	12.9
抗拉强度极限 σ_b/MPa	400		500		600	800	900	1000	1200
屈服极限 σ_s/MPa	240	320	300	400	480	640	720	900	1080
硬度 HBW_{min}	114	124	147	152	181	245	286	316	380
材料和热处理	碳钢或添加元素的碳钢，也可用易切钢制造					碳钢，添加元素的碳钢(如硼或锰或铬、合金钢，淬火并回火)			合金钢，添加元素的碳钢(如硼或锰或铬、淬火并回火)

表 3-11 螺母的性能等级

性能等级	5	6	8	9	10	12
螺母最小保证应力 σ_{min}/MPa	500	600	800	900	1040	1150
相配螺栓的最高性能级别	5.8	6.8	8.8	9.8	10.9	12.9

注:(1)均指粗牙螺纹螺母;

(2)性能级别为 10、12 的硬度最大值为 38 HRC，其余性能级别的硬度最大值为 30 HRC。

66

适合制造螺纹连接件的材料品种很多,常用材料有低碳钢和中碳钢。对于承受冲击、振动或变载荷的螺纹连接件,可采用低合金钢、合金钢,如 15Cr、40Cr、30CrMnSi 等。标准规定 8.8 和 8.8 级以上的中碳钢、低碳或中碳合金钢都须经淬火并回火处理。对于特殊用途(如防锈蚀、防磁、导电或耐高温等)的螺纹连接件,可采用特种钢或铜合金、铝合金等,并经表面处理(如氧化、镀锌钝化、磷化、镀镉等)。

普通垫圈的材料,推荐采用 Q235、15 钢、35 钢,弹簧垫圈用 65 Mn 制造,并经热处理和表面处理。

3.7.2　螺纹连接件的许用应力

螺纹连接件的许用应力与载荷性质(静、变载荷)、装配情况(松连接或紧连接)以及螺纹连接件的材料、结构尺寸等因素有关。螺纹连接件的许用拉应力按下式确定

$$[\sigma] = \frac{\sigma_s}{S} \tag{3-27}$$

螺纹连接件的许用切应力 $[\tau]$ 和许用挤压应力 $[\sigma_p]$ 分别按下式确定

$$[\tau] = \frac{\tau_s}{S_\tau} \tag{3-28}$$

$$[\sigma_p] = \frac{\sigma_{lim}}{S_p} \tag{3-29}$$

式中: σ_{lim} 为螺纹连接件材料的极限应力值,对于钢取屈服极限 σ_s,见表 3-10,对于铸铁取强度极限 σ_b,常用铸铁连接件的 σ_b 可取 200~250 MPa; S、S_τ、S_p 为安全系数,见表 3-12。

表 3-12　螺纹连接的安全系数

受载类别			静载荷			动载荷			
松螺栓连接			1.2~1.7						
紧螺栓连接	普通螺栓连接	不控制预紧力		M6~M16	M16~M30	M30~M60		M6~M16	M16~M30	M30~M60
			碳钢	5~4	4~2.5	2.5~2	碳钢			
			合金钢	5.7~5	5~3.4	3.4~3	合金钢			
		控制预紧力	1.2~1.5			1.2~1.5			
	铰制孔用螺栓连接		钢: $S_\tau = 2.5$, $S_p = 1.25$ 铸铁: $S_p = 2 \sim 2.5$			钢: $S_\tau = 3.5 \sim 5$, $S_p = 1.5$ 铸铁: $S_p = 2.5 \sim 3.0$			

3.8　提高螺栓连接强度的措施

以螺栓连接为例,螺栓连接的强度主要取决于螺栓的强度,因此,研究影响螺栓强度的因素和提高螺栓强度的措施,对提高连接的可靠性有着重要的意义。影响螺栓强度的因素很多,主要涉及螺纹牙的载荷分配、应力变化幅度、应力集中、附加应力、材料的机械性能和制造工艺等几个方面。下面分析各种因素对螺栓强度的影响以及提高强度的相应措施。

3.8.1 降低影响螺栓疲劳强度的应力幅

根据理论与实践可知，受轴向变载荷的紧螺栓连接，在最小应力不变的条件下，应力幅越小，则螺栓越不容易发生疲劳破坏，连接的可靠性越高。当螺栓所受的工作拉力在 0 至 F 之间变化时，则螺栓的总拉力将在 F_0 至 F_2 之间变动。如图 3-19 所示，在保持预紧力 F_0 不变的条件下，若减小螺栓刚度 C_b 或增大被连接件刚度 C_m，都可以达到减小总拉力 F_2 的变动范围(即减小应力幅 σ_a)的目的。

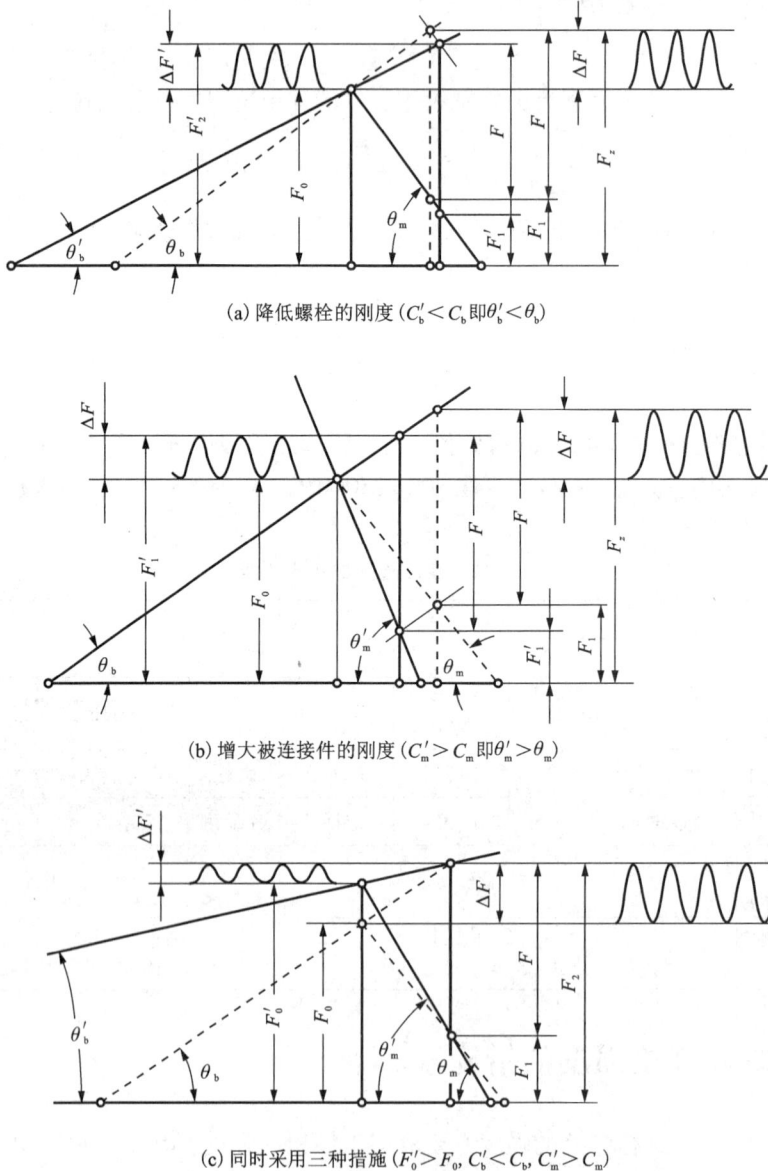

(a) 降低螺栓的刚度 $(C_b' < C_b$ 即 $\theta_b' < \theta_b)$

(b) 增大被连接件的刚度 $(C_m' > C_m$ 即 $\theta_m' > \theta_m)$

(c) 同时采用三种措施 $(F_0' > F_0, C_b' < C_b, C_m' > C_m)$

图 3-19　提高螺栓连接变应力强度的措施

从图 3-19 可知，在 F_0 给定的条件下，减小螺栓刚度 C_b，或增大被连接件的刚度 C_m，都将引起残余预紧力 F_1 减小，从而降低连接的紧密性。因此，若在减小 C_b 和增大 C_m 的同时适当增大预紧力 F_0，就可以使 F_1 不致减小太多或保持不变。这对改善连接的可靠性和紧密性是有利的。但预紧力不宜增大过多，必须控制在所规定的范围内，以免过分削弱螺栓的静强度。如图 3-19（c）所示为减小螺栓刚度、增大被连接件刚度和增大预紧力的措施并用时，螺栓连接的载荷变化情况。为了减小螺栓的刚度，可适当增加螺栓的长度，或采用如图 3-20 所示的腰状杆螺栓与空心螺栓。如果在螺母下面安装弹性元件，如图 3-21 所示，其效果和采用腰状杆螺栓或空心螺栓时相似。

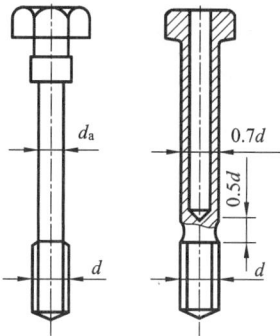

图 3-20　腰状杆螺栓与空心螺栓

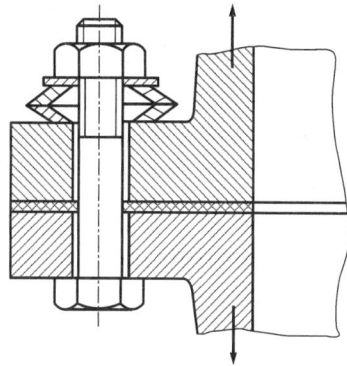

图 3-21　安装弹性元件

为了增大被连接件的刚度，可以不用垫片或采用刚度较大的垫片。对于需要保持紧密性的连接，从增大被连接件的刚度的角度来看，采用较软的汽缸垫片并不合适，如图 3-22（a）所示。此时以采用刚度较大的金属垫片或密封环较好，如图 3-22（b）所示。

3.8.2　改善螺纹牙上载荷分布不均的现象

不论螺栓连接的具体结构如何，螺栓所受的总拉力 F_2 都是通过螺栓和螺母的螺纹牙面

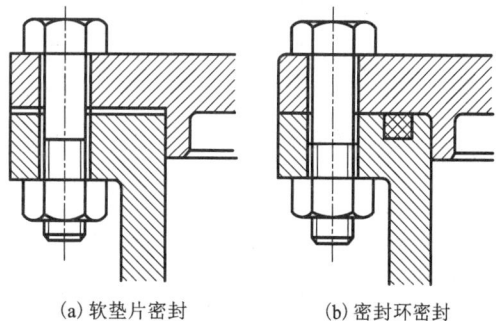

（a）软垫片密封　　　（b）密封环密封

图 3-22　汽缸密封元件

相接触来传递的。由于螺栓和螺母的刚度及变形性质不同，即使制造和装配都很精确，各圈螺纹牙上的受力也是不同的。如图 3-23 所示，当连接受载时，螺栓受拉伸，外螺纹的螺距增大；而螺母受压缩，内螺纹的螺距减小。由图 3-23 可知，螺纹螺距的变化差以旋合的第一圈处为最大，以后各圈递减。旋合螺纹间的载荷分布，如图 3-24 所示。实验证明，约有 1/3 的载荷集中在第一圈上，第八圈以后的螺纹牙几乎不承受载荷。因此，采用螺纹牙圈数过多的加厚螺母，并不能提高连接的强度。

为了改善螺纹牙上的载荷分布不均程度，常采用悬置螺母、减小螺栓旋合段本来受力较大的几圈螺纹牙的受力面或采用钢丝螺套，现分述于后。

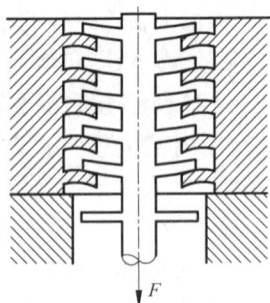

图 3-23 旋合螺纹的变形示意图

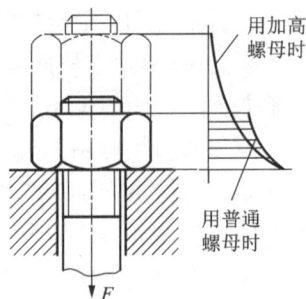

图 3-24 旋合螺纹间的载荷分布

如图 3-25(a)所示为悬置螺母,螺母的旋合部分全部受拉,其变形性质与螺栓相同,从而可以减小两者的螺距变化差,使螺纹牙上的载荷分布趋于均匀。

如图 3-25(b)所示为环槽螺母,这种结构可以使螺母内缘下端(螺栓旋入端)局部受拉,其作用和悬置螺母相似,但其载荷均布的效果不及悬置螺母。

如图 3-25(c)所示为内斜螺母,将螺母下端(螺栓旋入端)受力大的几圈螺纹处制成 10°~15°的斜角,使螺栓螺纹牙的受力面由上而下逐渐外移。这样,螺栓旋合段下部的螺纹牙在载荷作用下,容易变形,而载荷将向上转移使载荷分布趋于均匀。

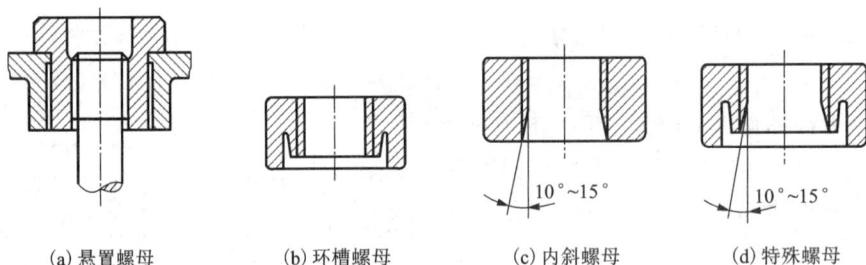

(a) 悬置螺母　　　　(b) 环槽螺母　　　　(c) 内斜螺母　　　　(d) 特殊螺母

图 3-25 均载螺母结构

如图 3-25(d)所示的螺母结构,兼有环槽螺母和内斜螺母的作用。这些特殊结构的螺母,由于加工比较复杂,所以只限于在重要的或大型的连接上使用。

如图 3-26 所示为钢丝螺套。它主要用来旋入轻合金的螺纹孔内,旋入后将安装柄根在缺口处折断,然后旋上螺栓。因它具有一定的弹性,可以起到均载的作用,再加上它还有减振的作用,故能显著提高螺纹连接件的疲劳强度。

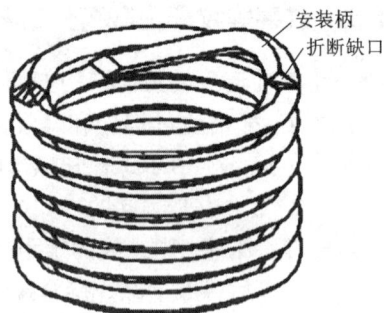

图 3-26 钢丝螺套

3.8.3 减小应力集中的影响

螺栓上的螺纹(特别是螺纹的收尾)、螺栓头和螺栓杆的过渡处以及螺栓横截面面积发生变化的部位等,都会产生应力集中。为了减小应力集中的程度,如图 3-27 所示,可以采用较大的圆角和卸载结构,或将螺纹收尾改为退刀槽等。但应注意,采用一些特殊结构会使制造成本增高。此外,在设计、制造和装配上应力求避免螺纹连接产生附加弯曲应力,以免严重降低螺栓的强度。为了减小附加弯曲应力,要从结构、制造和装配等方面采取措施。例如规定螺母、螺栓头部和被连接件的支承面的加工要求,以及螺纹的精度等级、装配精度等;如图 3-28、图 3-29 所示为采用球面垫圈、腰环螺栓等来保证螺栓连接的装配精度。至于在结构上应注意的问题,可参考 3.6 节中的有关内容,这里不再赘述。

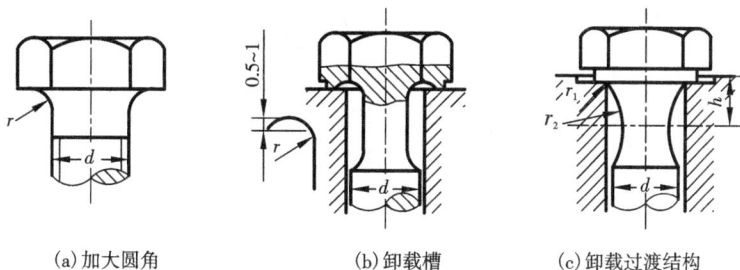

(a) 加大圆角   (b) 卸载槽   (c) 卸载过渡结构

图 3-27　减小螺栓的应力集中

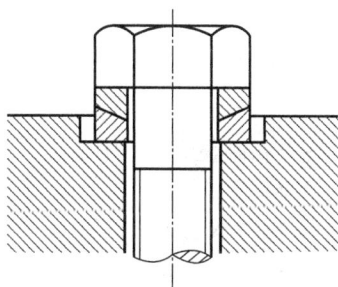

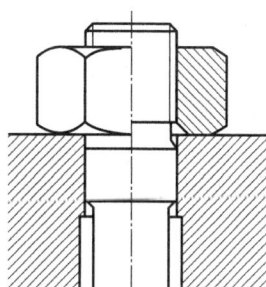

图 3-28　球面垫圈   图 3-29　腰环螺栓连接

3.8.4　采用合理的制造工艺方法

采用冷镦螺栓头部和滚压螺纹的工艺方法,可以显著提高螺栓的疲劳强度。这是因为除可降低应力集中外,冷镦和滚压工艺不切断材料纤维,金属流线的走向合理(图 3-30),而且有冷作硬化的效果,并使表层留有残余应力,所以滚压螺纹的疲劳强度可较切削螺纹的疲劳强度提高 30%~40%。如果热处理后再滚压螺纹,其疲劳强度可提高 70%~100%。这种冷镦和滚压工艺还具有材料利用率高、生产效率高和制造成本低等优点。

此外,在工艺上采用氮化、氰化、喷丸等处理,都是提高螺纹连接件疲劳强度的有效方法。

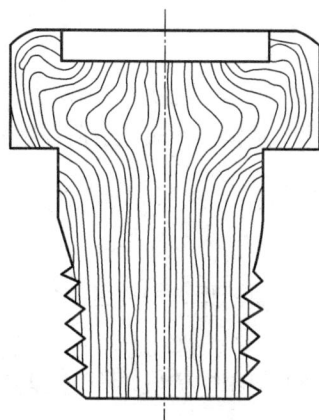

图 3-30　冷镦与滚压加工
螺栓中的金属流线

【例3-1】 如图3-31所示为一固定在钢制立柱上的铸铁托架,已知总载荷 $F_\Sigma = 4800$ N,其作用线与垂直线的夹角 $\alpha = 50°$,底板高 $h = 340$ mm,宽 $b = 130$ mm,试设计此螺栓组连接。

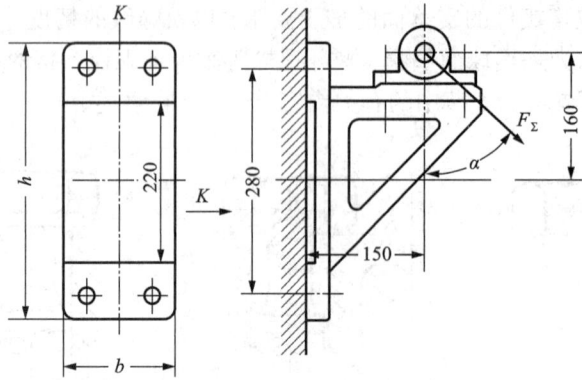

图 3-31 托架底板螺栓组连接

解:

1. 螺栓组结构设计。

采用如图3-31所示的结构,螺栓数 $z = 4$,对称布置。

2. 螺栓受力分析。

(1)在总载荷 F_Σ 的作用下,螺栓组连接承受以下各力和倾覆力矩的作用:

轴向力(F_Σ 的水平分力 $F_{\Sigma h}$,作用于螺栓组中心,水平向右)

$$F_{\Sigma h} = F_\Sigma \sin \alpha = 4800 \times \sin 50° = 3677 \text{ N}$$

横向力(F_Σ 的垂直分力 $F_{\Sigma v}$,作用于接合面,垂直向下)

$$F_{\Sigma v} = F_\Sigma \cos \alpha = 4800 \times \cos 50° = 3085 \text{ N}$$

倾覆力矩(顺时针方向)

$$M = F_{\Sigma h} \times 16 \text{ cm} + F_{\Sigma v} \times 15 \text{ cm} = 105107 \text{ N} \cdot \text{cm}$$

(2)在轴向力 $F_{\Sigma h}$ 的作用下,各螺栓所受的工作拉力为

$$F_a = \frac{F_{\Sigma h}}{z} = \frac{3677}{4} = 919 \text{ N}$$

(3)在倾覆力矩 M 的作用下,上面两螺栓受到加载作用,而下面两螺栓受到减载作用,故上面的螺栓受力较大,所受的载荷按式(3-24)确定

$$F_{max} = \frac{M L_{max}}{\sum\limits_{i=1}^{z} L_i^2} = \frac{105107 \times 14}{2 \times (14^2 + 14^2)} = 1877 \text{ N}$$

故上面的螺栓所受的轴向工作载荷为

$$F = F_a + F_{max} = 919 + 1877 = 2796 \text{ N}$$

(4)在横向力 $F_{\Sigma v}$ 的作用下,底板连接接合面可能产生滑移,根据底板接合面不滑移的条件

$$f \left(z F_0 - \frac{C_m}{C_m + C_b} F_{\Sigma h} \right) \geq K_s F_{\Sigma v}$$

由表 3-8 查得接合面间的摩擦系数 $f = 0.16$，并取 $\dfrac{C_b}{C_b + C_m} = 0.2$，则

$$\frac{C_m}{C_m + C_b} = 1 - \frac{C_b}{C_b + C_m} = 0.8$$

取防滑系数 $K_s = 1.2$，则各螺栓所需要的预紧力为

$$F_0 \geqslant \frac{1}{z}\left(\frac{K_s F_{\Sigma v}}{f} + \frac{C_m}{C_m + C_b}F_{\Sigma h}\right) = \frac{1}{4} \times \left(\frac{1.2 \times 3085}{0.16} + 0.8 \times 3677\right) = 6520 \text{ N}$$

(5) 上面每个螺栓所受的总拉力 F_2 按式(3-13)求得

$$F_2 = F_0 + \frac{C_b}{C_b + C_m}F = 6520 + 0.2 \times 2796 = 7079 \text{ N}$$

3. 确定螺栓直径。

选择螺栓材料为 Q235，性能等级为 4.6 的螺栓，由表 3-10 查得材料屈服极限 $\sigma_s = 240$ MPa，由表 3-12 查得安全系数 $S = 1.5$，故螺栓材料的许用应力

$$[\sigma] = \frac{\sigma_s}{S} = \frac{240}{1.5} = 160 \text{ MPa}$$

根据式(3-15)求得螺栓危险截面的直径(螺纹小径 d_1)为

$$d_1 \geqslant \sqrt{\frac{4 \times 1.3 F_2}{\pi[\sigma]}} = \sqrt{\frac{4 \times 1.3 \times 7079}{\pi \times 160}} = 8.6 \text{ mm}$$

按粗牙普通螺纹标准(GB/T 196—2003)，选用螺纹公称直径 $d = 12$ mm(螺纹小径 $d_1 = 10.106$ mm > 8.6 mm)。

4. 校核螺栓组连接接合面的工作能力。

(1) 连接接合面下端的挤压应力不超过许用值，以防止接合面压碎，参考式(3-26)，有

$$\sigma_{pmax} = \frac{1}{A}\left(zF_0 - \frac{C_m}{C_m + C_b}F_{\Sigma h}\right) + \frac{M}{W}$$

$$= \left[\frac{1}{15 \times (34 - 22)} \times (4 \times 6520 - 0.8 \times 3677) + \frac{105107}{\dfrac{15}{12 \times \dfrac{34}{2}} \times (34^3 - 22^3)}\right]$$

$$= 184.6 \text{ N/cm}^2 = 1.84 \text{ MPa}$$

由表 3-9 查得 $[\sigma_p] = 0.5$，$\sigma_b = 0.5 \times 250 = 125$ MPa $\gg 1.84$ MPa，故连接接合面下端不致压碎。

(2) 连接接合面土端应保持一定的残余预紧力，以防止托架受力时接合面间产生间隙，即 $\sigma_{pmin} > 0$，参考式(3-25)有 $\sigma_{pmin} = \dfrac{zF_p}{A} - \dfrac{M}{W} > 0$

$$\sigma_{pmin} = \frac{1}{A}\left(zF_0 - \frac{C_m}{C_m + C_b}F_{\Sigma h}\right) - \frac{M}{W} = 72.44 \text{ N/cm}^2 \approx 0.72 \text{ MPa} > 0$$

故接合面上端受压最小处不会产生间隙。

5. 校核螺栓所需的预紧力是否合适。

参考式(3-2)，对碳素钢螺栓，要求

$$F_0 \leqslant (0.6 \sim 0.7) \sigma_s A_1$$

已知 $\sigma_s = 240$ MPa，$A_1 = \frac{\pi}{4} d_1^2 = \frac{\pi}{4} \times 10.106^2 \ \text{mm}^2 = 80.214 \ \text{mm}^2$，取预紧力下限，即

$$0.6 \sigma_s A_1 = 0.6 \times 240 \times 80.214 = 11550.8 \ \text{N}$$

要求的预紧力 $F_0 = 6520$ N，小于上值，故满足要求。

确定螺栓的公称直径后，螺栓的类型、长度、精度以及相应的螺母、垫圈等结构尺寸，可根据底板厚度、螺栓在立柱上的固定方法及防松装置等全面考虑后定出，此处从略。

3.9 螺旋传动

3.9.1 螺旋传动的特点

螺旋传动是利用螺杆和螺母组成的螺旋副来实现传动要求的。螺旋传动由螺杆和螺母组成。螺旋传动多用于将回转运动变为直线运动，它的主要特点有：

(1)传动比大，从而可用较小的转矩得到较大的轴向推力，常用于起重、夹紧等。

(2)精度比较高，能够准确地调整直线运动的距离和位置，常用于精密机械和测量仪器，特别适用于一些机构的微细调节。

(3)滑动螺旋容易实现自锁，适用于垂直举起重物的机构，对于水平推力的运动机构也能在任意位置得到精确定位，如水平运动的机床工作台进给机构。

(4)滑动螺旋摩擦磨损比较大，效率较低，只适用于中小功率传动，如用于传递运动或推力大而速度不高的场合。

3.9.2 螺旋传动的应用

按螺旋机构的工作情况，螺旋传动主要用于以下三种情况：

(1)传力螺旋。以传递较大的推力为主，能得到较大的压紧力，一般速度较低，如螺旋千斤顶、螺旋压力机、台钳等。传力螺旋多为间歇工作，要求自锁。设计时应保证有足够的刚度，受压时对长度较长的丝杠应考虑失稳问题。

(2)传导螺旋。以传递运动为主，有时也要传递一定的轴向载荷，常要求较高的精度，一般工作速度较高，如金属切削机床的进给机构。

(3)调整螺旋。用于调整或固定零件的相对位置，如机床或仪器中的调节、弹簧分规的调节等。用于精确测量、定量微调时，应保证精度，必要时应采用消隙机构。

3.9.3 螺旋传动的类型

1. 螺旋传动的运动方式

如图 3-32 所示，按螺杆和螺母的运动情况，螺旋传动有四种结构，它们的相对运动关系是相同的。

(1)螺母固定不动，螺杆转动并往复移动。如图 3-32(a)所示，螺杆在螺母中运动，螺母起支承作用，结构简单。工作时，螺杆在螺母左右两个极端位置所占据的长度尺寸大于螺杆行程的两倍。因此这种结构占据空间较大，不适用于行程大的传动，常用于螺旋千斤顶和外

径百分尺。

（2）螺杆转动，螺母做直线运动。如图 3-32（b）所示，这种结构占据空间尺寸小，适用于长行程运动的螺杆。螺杆两端由轴承支承（有的只有一端有支承），螺母有防转机构，结构比较复杂。车床丝杠、刀架移动机构多采用这种结构。

（3）螺母旋转并沿直线移动，螺杆固定不动。如图 3-32（c）所示，螺母在其上转动并移动，结构简单，但精度不高。常用于某些钻床工作台沿立柱上下移动的机构。

（4）螺母转动，螺杆沿直线移动。如图 3-32（d）所示，螺母要有轴承支承，螺杆应有防转机构，因而结构复杂，而且螺杆在螺母左右移动占据空间位置大。这种结构很少应用。

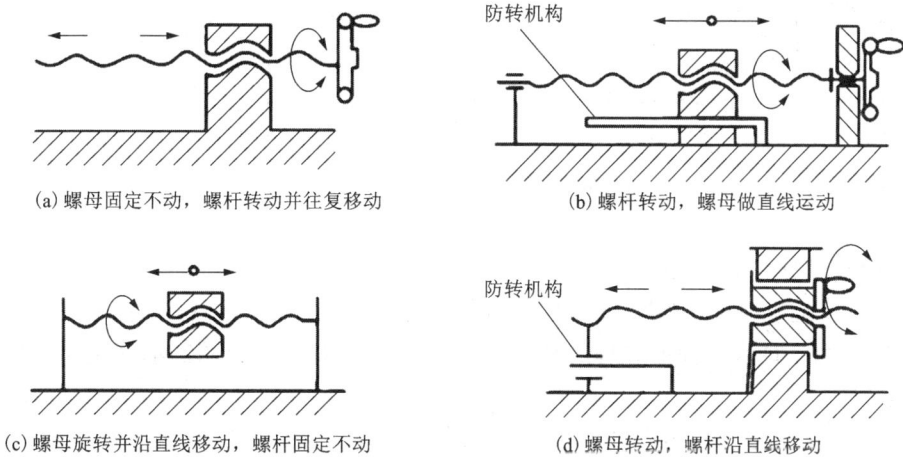

(a) 螺母固定不动，螺杆转动并往复移动　　　　(b) 螺杆转动，螺母做直线运动

(c) 螺母旋转并沿直线移动，螺杆固定不动　　　　(d) 螺母转动，螺杆沿直线移动

图 3-32　螺旋传动的类型

2. 螺旋副的摩擦性质

按螺旋的摩擦情况可分为三种情况，应根据工作情况进行选择。

（1）滑动摩擦螺旋，结构简单，容易制造，传力较大，能够实现自锁要求，应用广泛。其最大的缺点是容易磨损，效率低（一般为 30%～40%）。螺旋千斤顶、夹紧装置、机床的进给装置常采用此类螺旋传动。

（2）滚动摩擦螺旋，由于采用滚动摩擦代替了滑动摩擦，因此阻力小，传动效率高（90%以上）。

（3）静压（流体摩擦）螺旋，传动效率高（90%以上），但需要有供油系统。

滚动摩擦螺旋和静压螺旋，由于结构比较复杂，要求精度高，制造成本较高，常用在高精度、高效率的重要传动中，如数控机床进给机构、汽车转向机构等。目前，滚动摩擦螺旋已作为标准部件由专门工厂批量生产，价格也逐渐降低，应用日益广泛。

3.9.4　滑动螺旋副的精度和公差

《梯形螺纹　第 4 部分：公差》（GB/T 5796.4—2022）规定了梯形螺纹的内、外螺纹的公差等级和公差带；《锯齿形（3°、30°）螺纹　第 4 部分：公差》（GB/T 13576.4—2008）规定了锯齿形螺纹的内、外螺纹的公差等级和公差带，设计时可查阅有关设计手册。标准中还规定了两种不同精度,其选用原则为:中等———一般用途;粗糙———用于对精度要求不高的场合。旋合长度有中(N)、长(L)之分。旋合长度长的稳定性好且有足够的连接强度,其公差等级比旋合长度短的低一级。对于高精度螺旋传动,可以参照机床梯形螺纹丝杠的精度标准和公差标准。该标准规定了机床丝杠螺母的精度等级和螺距累计误差的公差。

3.9.5 滚动螺旋传动简介

滚动螺旋可分为滚珠螺旋和滚子螺旋两大类。

滚珠螺旋又可分为总循环式(全部滚珠一起循环)和分循环式(滚珠分组循环),还可以按循环回路的位置分为内循环式(滚珠在螺母体内循环)和外循环式(在螺母的圆柱面上开出滚道加盖或另插管子作为滚珠循环回路)。总循环式的内循环滚珠螺旋由图3-33中的4、5、6等零件组成,即在由螺母和螺杆的近似半圆形螺旋凹槽拼合而成的滚道中装入适量的滚珠,并用螺母上制出的通路及导向辅助件构成闭合回路,以备滚珠连续循环。图3-33中的螺母两端支承在机架7的滚动轴承上,以螺母作为螺旋副的主动件,当外加的转矩驱动齿轮1而带动螺母旋转时,螺杆即做轴向移动。分循环式及外循环式的滚珠螺旋可参看有关资料。

滚子螺旋可分为自转滚子式和行星滚子式。自转滚子式按滚子形状又可分为圆柱滚子(对应矩形螺纹的螺杆)和圆锥滚子(对应梯形螺纹的螺杆)。如图3-34所示为自转圆锥滚子式螺旋的示意图,即在套筒形螺母内沿螺纹线装上约三圈滚子(可用销轴及滚针支承)代替螺纹牙进行传动。

滚动螺旋具有传动效率高、启动力矩小、传动灵敏平稳、工作寿命长等优点,故目前在机床、汽车、拖拉机、航空、航天及武器等制造业中应用很广;缺点是制造工艺比较复杂,特别是长螺杆更难保证热处理及磨削工艺质量,刚性和抗震性能较差。

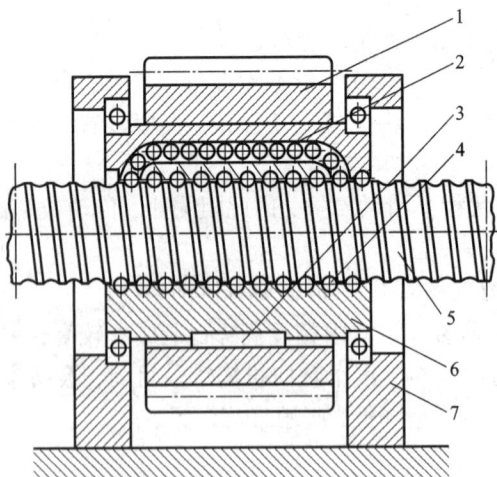

1—齿轮;2—返回滚道;3—键;4—滚珠;5—螺杆;6—螺母;7—机架

图3-33 滚珠螺旋的工作原理

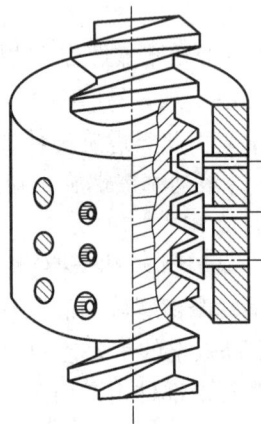

图3-34 自转圆锥滚子式螺旋示意图

3.9.6　静压螺旋传动简介

为了降低螺旋传动的摩擦，提高传动效率，并增加螺旋传动的刚度和抗振性能，可以将静压原理应用于螺旋传动中，制成静压螺旋。如图 3-35 所示，在静压螺旋中，螺杆仍为一个具有梯形螺纹的普通螺杆，但在螺母每圈螺纹牙两个侧面的中径处，各开有 3~4 个油腔，压力油通过节流器进入油腔，产生一定的油腔压力。

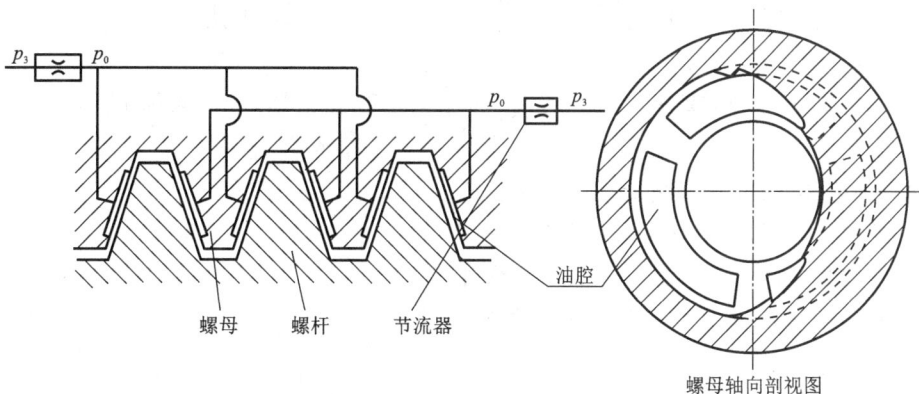

图 3-35　静压螺旋传动示意图

当螺杆未受载荷时，螺杆的螺纹牙位于螺母螺纹牙的中间位置，处于平衡状态。此时，螺杆螺纹牙的两侧间隙相等，经螺纹牙两侧流出的油的流量相等。因此，油腔压力也相等。当螺杆受轴向载荷时，螺杆沿受载方向产生一位移，螺纹牙一侧的间隙减小，另一侧的间隙增大。由于节流器的调节作用，使间隙减小一侧的油腔压力增高，而另一侧的油腔压力降低，于是两侧油腔便形成了压力差，从而使螺杆重新处于平衡状态。当螺杆承受径向载荷或倾覆力矩时，其工作情况与上述相同。

思考题和习题

3-1　试分析比较普通螺纹、矩形螺纹、锯齿形螺纹的特点，各举一例来说明它们的应用。

3-2　在保证螺栓连接紧密性要求和静强度要求的前提下，要提高螺栓连接的疲劳强度，应如何改变螺栓和被连接件的刚度及预紧力的大小？试通过受力与变形线图来说明。

3-3　螺纹线数大小的选择依据是什么？并举出实例。

3-4　如图 3-36 所示的螺栓连接中采用两个 M20 的螺栓，其许用拉应力为 $[\sigma]=160$ MPa，被连接件接合面的摩擦系数 $f=0.2$，防滑系数 $K_s=1.2$，试计算该连接允许传递的静载荷 F_Q。

3-5　如图 3-37 所示，螺栓刚度为 C_b，被连接件刚度为 C_m，若 $\dfrac{C_m}{C_b}=4$，预紧力 $F_0=1500$ N，轴向外载荷 $F=1800$ N，试求作用在螺栓上的总拉力 F_2 和残余预紧力 F_1。

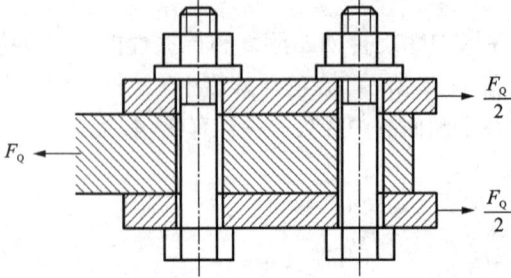

图 3-36　螺栓连接 1

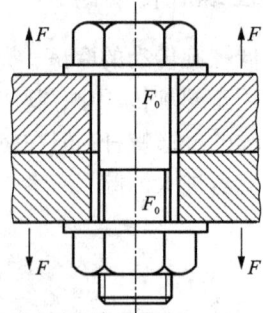

图 3-37　螺栓连接 2

3-6　如图 3-38 所示的汽缸盖连接中，已知汽缸中的压力为 0~1.5 MPa，汽缸内径 $D = 250$ mm，螺栓分布圆直径 $D_0 = 346$ mm，凸缘与垫片厚度之和为 50 mm。为满足气密性要求，螺栓间距不得大于 120 mm。试选择螺栓材料，并确定螺栓数目和尺寸。

3-7　如图 3-39 所示为龙门起重机导轨托架的螺栓连接。托架由两块边板和一块承重板焊成。设最大载荷为 20 kN，螺栓和边板的材料均为 45 钢，边板厚 25 mm。试分别按以下条件计算所需螺栓的直径：

(1) 当用普通螺栓时；

(2) 当用铰制孔螺栓时。

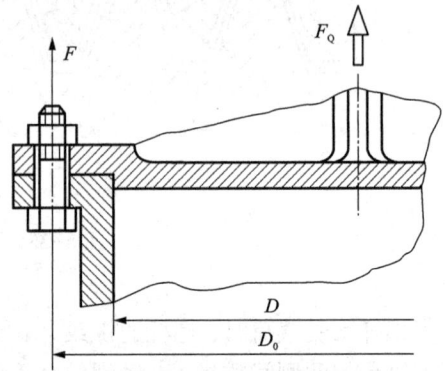

图 3-38　汽缸盖连接

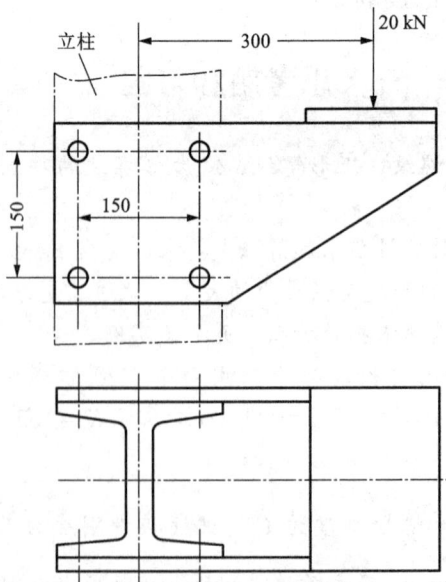

图 3-39　龙门起重机导轨托架的螺栓连接

自测题

一、选择题

1. 若螺纹的直径和螺旋副的摩擦系数为一定值，则拧紧螺母时的效率取决于螺纹的（　　）。

A. 螺距和牙型角　　　B. 升角和头数　　　C. 导程和牙型角　　　D. 螺距和升角

2. 计算螺栓连接的拉伸强度时，考虑到拉伸与扭转的复合作用，应将拉伸载荷增加到原来的（　　）倍。

A. 0.5　　　　　　B. 1.3　　　　　　C. 1.5　　　　　　D. 1.6

3. 受到轴向变载荷作用的紧螺栓连接中，为了提高螺栓的疲劳强度，可以采取的措施是（　　）。

A. 增大螺栓刚度 C_b，减小被连接件的刚度 C_m

B. 减小 C_b，增大 C_m

C. 增大 C_b 和 C_m

D. 减小 C_b 和 C_m

4. 在同一螺栓组当中，螺栓的材料、直径和长度均应该相同是为了（　　）。

A. 受力均匀　　　B. 便于装配　　　C. 外形美观　　　D. 降低成本

5. 螺栓强度等级为 4.6 级，则螺栓材料的最小屈服极限近似为（　　）。

A. 180 MPa　　　B. 120 MPa　　　C. 240 MPa　　　D. 150 MPa

6. 用于连接的螺纹牙型为三角形，这是因为三角螺纹（　　）。

A. 牙根强度高，自锁性能好　　　　　　B. 传动效率高

C. 防振性能好　　　　　　　　　　　　D. 自锁性能差

7. 对于连接用螺纹，主要要求连接可靠，自锁性能好，故常选用（　　）。

A. 升角小，单线三角螺纹　　　　　　　B. 升角大，双线三角螺纹

C. 升角小，单线梯形螺纹　　　　　　　D. 升角大，双线矩形螺纹

8. 用于薄壁零件连接的螺纹，应采用（　　）。

A. 细牙三角螺纹　　　　　　　　　　　B. 梯形螺纹

C. 锯齿形螺纹　　　　　　　　　　　　D. 多线的粗牙三角螺纹

9. 当铰制孔用螺栓组承受横向载荷或旋转力矩时，该螺栓组中的螺栓（　　）。

A. 必受剪切力作用　　　　　　　　　　B. 必受拉力作用

C. 同时受到剪切与拉伸　　　　　　　　D. 既可能受剪切，也可能受挤压作用

10. 采用普通螺栓连接的凸缘联轴器，在传递转矩时（　　）。

A. 螺栓的横截面受剪切　　　　　　　　B. 螺栓与螺栓孔配合面受挤压

C. 螺栓同时受剪切与挤压　　　　　　　D. 螺栓受拉伸与扭转作用

二、填空题

1. 连接按照约束性质可分为＿＿＿＿和＿＿＿＿。

2. 普通螺纹的公称直径指的是螺纹的_____，计算螺纹的摩擦力矩时使用的是螺纹的_____。计算螺纹危险截面时使用螺纹的_____。

3. 螺旋副的自锁条件是_____。

4. 普通螺栓连接受横向载荷作用，则螺栓中受_____应力和_____应力的作用。

5. 螺纹连接防松按照防松原理可以分为_____防松、_____防松和_____防松。

6. 三角形螺纹的牙型角 $\alpha=$_____，适用于_____，而梯形螺纹的牙型角 $\alpha=$_____，适用于_____。

7. 螺纹连接的拧紧力矩等于_____和_____之和。

8. 螺纹连接防松的实质是_____。

9. 受轴向工作载荷 F 的紧螺栓连接，螺栓所受的总拉力 F_0 等于_____和_____之和。

10. 采用凸台或沉头座孔作为螺栓头或螺母的支承面是为了_____。

三、判断题

1. 受横向载荷的紧螺栓连接主要是靠被连接件接合面之间的摩擦来承受横向载荷的。(　　)

2. 螺栓组受转矩作用时，螺栓同时受剪切和拉伸。(　　)

3. 受轴向变载荷的普通螺栓紧连接结构中，在两个被连接件之间加入橡胶垫片，可以提高螺栓的疲劳强度。(　　)

4. 减小螺栓和螺母的螺距变化差可以改善螺纹牙间的载荷分配不均匀的程度。(　　)

5. 螺纹公称直径、牙型角、螺纹线数相同时，细牙螺纹的自锁性比粗牙螺纹的自锁性好。(　　)

6. 在螺纹连接中，加高螺母以增加旋合圈数的办法对提高螺栓的强度并没有多少作用。(　　)

7. 对受轴向载荷的普通螺栓连接适当预紧，可以提高螺栓的抗疲劳强度。(　　)

8. 为了提高轴向变载荷螺栓连接的疲劳强度，可以增加螺栓刚度。(　　)

9. 在受翻转(倾覆)力矩作用的螺栓组连接中，螺栓的位置应尽量远离接合面的几何形心。(　　)

10. 一个双线螺纹副，螺距为 4 mm，则螺杆相对螺母转过一圈时，它们沿轴向相对移动的距离应为 4 mm。(　　)

第 4 章
键、花键、销连接和无键连接

✎ **本章思维导图**

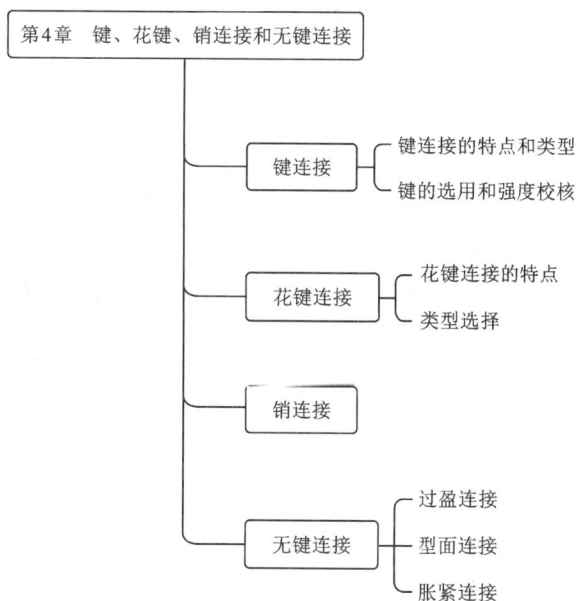

```
第4章　键、花键、销连接和无键连接
            │
            ├── 键连接 ──── 键连接的特点和类型
            │              键的选用和强度校核
            │
            ├── 花键连接 ── 花键连接的特点
            │              类型选择
            │
            ├── 销连接
            │
            └── 无键连接 ── 过盈连接
                           型面连接
                           胀紧连接
```

4.1　键连接

　　轴上的零件与轴应有可靠的定位和固定，这样才能传递运动和动力。轴上的零件与轴的定位和固定分为轴向和周向两个方面：轴向的定位和固定常使用轴肩、套筒等；周向的定位和固定常使用键、花键和销以及一些其他的连接方式。但总的来说，轴上的零件与轴的周向定位和固定方法分为下列两种。

　　1. 靠零件的几何形状连接固定

　　包括键连接、花键连接、销连接和成型轴连接等。

　　2. 靠摩擦锁合连接固定

　　包括过盈连接、利用辅助零件夹紧连接和圆锥面过盈连接等。

　　键连接是在轴的外圆上和零件的内孔中分别开键槽，利用键作为连接过渡零件传递运动和动力。键是标准零件，分为平键、半圆键、楔键和切向键。平键和半圆键用于松键连接，楔键和切向键用于紧键连接。

4.1.1　键连接的特点和类型

1. 平键连接

根据平键的用途不同，可分为普通平键、薄型平键、导向平键和滑键等
4 种。其中，普通平键和薄型平键用于静连接，导向平键和滑键用于动连接。静连接是指轴
与轮毂间无轴向相对移动，即轴在运转过程中，轴与轴上零件在轴向是静止不动的。

平键的两侧面是工作面，靠侧面周向定位和传递转矩。键的上表面和轮毂槽底之间留有
间隙。

在轴与轴上零件的周向固定中，平键连接是结构最简单的一种，它能传递较大的扭矩，
且加工容易、装拆方便，故平键连接得到了极为广泛的应用。但平键连接中键槽对轴的强度
有所削弱，又不能实现轴上零件的轴向固定，这是平键的缺点。

（1）普通平键。

普通平键按端部形状不同，分为 A 型（双圆头）、B 型（平头）、C 型（单圆头）等 3 种类型
（图 4-1）。这是因为轴上键槽加工时用的刀具不同。双圆头键的轴上键槽用指状铣刀加工，
键槽的形状与键的形状相同，这种键在键槽中固定良好，但轴上键槽端部的应力集中较大。
平头键的轴上键槽用盘形铣刀加工，轴上键槽的应力集中小，但对尺寸大的键容易松动，有
时需用紧定螺钉将键固定在轴上键槽中。单圆头键主要用在轴的端部。

（2）薄型平键。

薄型平键的结构形式与普通平键基本相同，也有双圆头、平头、单圆头等 3 种形式。不
同的是薄型平键的高度大约只有普通平键的 2/3。薄型平键传递的扭矩较小，主要用于薄壁
结构的场合。

如果轴与轴上的零件之间传递的转矩很大，又不能增加键的长度，可用两个普通平键，
通常两个键沿轴的周向方向相隔 180°，目的是使轴和轮毂对中良好，同时有利于平衡。如果
传递的转矩再增大，就要考虑使用花键连接或其他连接了。

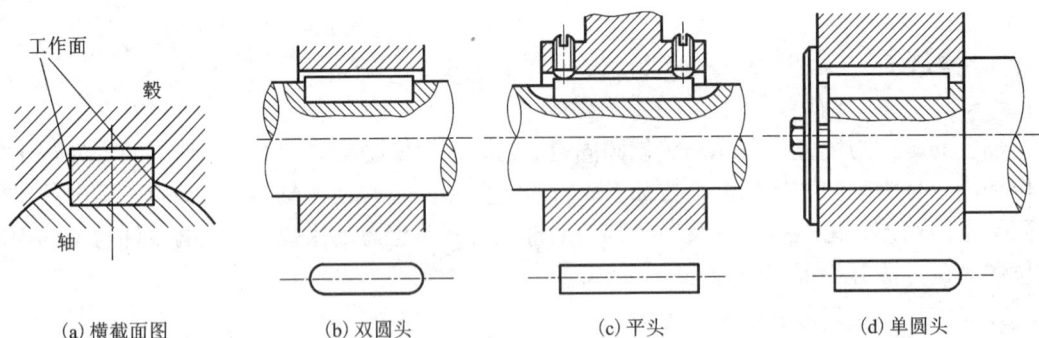

(a) 横截面图　　　(b) 双圆头　　　(c) 平头　　　(d) 单圆头

图 4-1　普通平键

（3）导向平键和滑键。

导向平键和滑键连接属于松键连接，但它们又属于动连接，即轴与轴上零件之间有轴向

相对移动的连接，如图 4-2 和图 4-3 所示。导向平键是一种较长的普通平键，它被螺钉固定在轴的键槽上，轴上零件可以沿键做轴向滑移。滑键的作用与导向平键相同，只不过滑键是固定在轮毂上而不是轴上，轴上的零件带着滑键在轴上的键槽中做轴向滑移，所以轴上要铣出较长的键槽。滑键分双钩头滑键和单圆头滑键两种。导向平键适用于轴上零件的轴向位移量不大的场合，滑键适用于轴上零件的轴向移动量较大的场合。

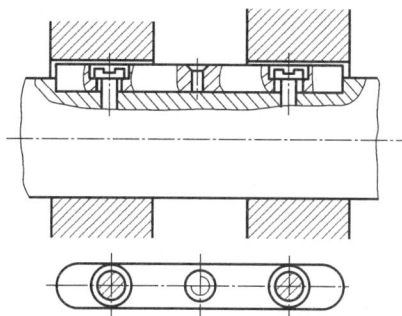

图 4-2　导向平键

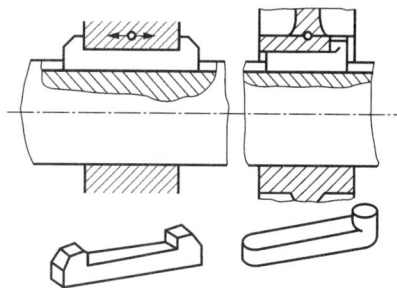

图 4-3　滑键

2. 半圆键连接

半圆键连接属于松键连接，又属于静连接。同平键一样，半圆键的工作面为侧面。半圆键用钢切制或冲压形成，轴上键槽用尺寸与半圆键相同的半圆键槽盘状铣刀铣出。所以半圆键对中良好，装配方便（图 4-4）。由于半圆键能在槽中摆动，它特别适合锥形轴与轮毂的连接；缺点是键槽较深，从而对轴的强度削弱较大，所以半圆键只用于轻载场合。

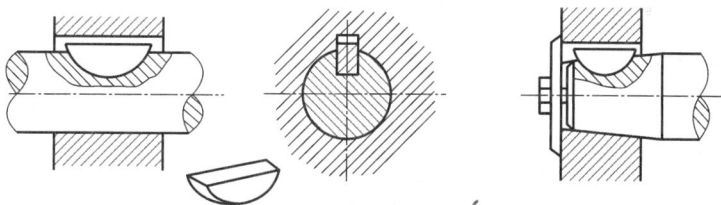

图 4-4　半圆键连接

3. 楔键连接

楔键连接属于紧键连接，只能用于静连接。楔键的工作面是上下表面，楔键的下表面没有斜度，楔键的上表面具有 1∶100 的斜度，与它相配合的轮毂键槽底面也有 1∶100 的斜度，所以装配时需加外力压入（图 4-5）。工作时，楔键靠键的楔紧作用传递运动和扭矩，同时能承受单方向的轴向载荷。但由于楔键打入时，在轴和轮毂之间产生很大的挤压力，会使轴和轮毂孔产生弹性变形，从而使轴和轮毂产生偏心，因此楔键主要用于定心精度要求不高、载荷平稳和转速较低的场合。当需要两个楔键时，其安装位置最好相隔 90°～120°。楔键分为普通楔键和钩头楔键等 2 种形式。钩头楔键的钩头是为了便于拆卸，楔键一般用于轴端。

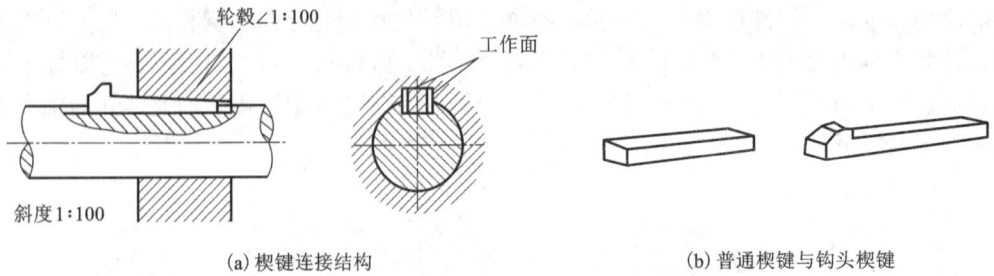

(a) 楔键连接结构　　　　　　　　　　　　(b) 普通楔键与钩头楔键

图 4-5　楔键连接

4. 切向键连接

切向键由两个斜键组成，斜键的斜度为 1∶100，所以切向键实际上就是两个普通楔键[图 4-6(a)]。在安装时，两个楔键的斜面上相互接触，这样，两个楔键组合体上下表面便形成了相互平行的两个平面，这两个平面便是工作面。切向键安装在轴和轮毂孔的切线内，工作时，靠工作面上的挤压力和轴与轮毂间摩擦力来传递转矩，因而能传递很大转矩。用一个切向键时，只能单向转动；要求正反两个方向转动时，就必须用两个切向键。两个切向键最好沿圆周方向分布成

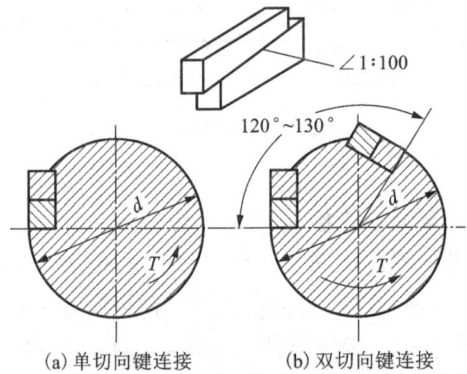

(a) 单切向键连接　　　(b) 双切向键连接

图 4-6　切向键连接

120°~130°[图 4-6(b)]，这样就不会很严重地削弱轴和轮毂的强度。由于切向键的键槽对轴的削弱较大，常用于较大的轴径中，所以切向键多用于对中要求不高而载荷较大的重型机械。

4.1.2　键的选用和强度校核

键的选用包括类型的选用和规格尺寸的选用。键的类型的选用可根据轴和轮毂的结构特点、使用要求和工作条件来确定。键的规格尺寸的选用根据轴的直径 d 按标准确定键宽 b 和键高 h。键的长度 L 则根据轮毂宽度来确定，一般情况下，平键的长度 L 略小于轮毂宽度；导向键的长度 L 按轮毂宽度及其滑动距离而定；滑键的长度 L 主要根据轮毂宽度来确定。在国家标准中，键的长度 L 有规定的长度系列(表 4-1)，L 的选择要尽量符合国家标准中的规定。

键的材料一般为碳素钢，常用的有 45 钢等。

平键连接主要有以下 2 种失效形式。

(1)对于静连接。一般是键、轴或轮毂中较弱的零件的工作面被压溃，严重过载时可能被剪断。

(2)对于动连接。一般是键、轴或轮毂中较弱的零件的工作面的过度磨损。

因此，静连接通常按工作面上的挤压应力进行强度计算，动连接则按工作面上的压强进行条件性的耐磨性计算。

表 4-1　普通平键的主要尺寸(摘自 GB/T 1095—2003)

轴的直径 d^* /mm	6~8	>8~10	>10~12	>12~17	>17~22	>22~30	>30~38	>38~44
键宽×键高($b×h$)/(mm×mm)	2×2	3×3	4×4	5×5	6×6	8×7	10×8	12×8
键长度范围 L/mm	60~20	6~36	8~45	10~56	14~70	18~90	22~110	28~140
轴的直径 d^* /mm	>44~50	>50~58	>58~65	>65~75	>75~85	>85~95	>95~110	>110~130
键宽×键高($b×h$)/(mm×mm)	14×9	16×10	18×11	20×12	22×14	25×14	28×16	32×18
键长度范围 L/mm	36~160	45~180	50~200	56~220	63~250	70~280	80~320	90~360
键的长度系列 L	6, 8, 10, 12, 14, 16, 18, 20, 22, 25, 28, 32, 36, 40, 45, 50, 56, 63, 70, 80, 90, 100, 110, 125, 140, 160, 180, 200, 220, 250, 280, 320, 360, …							

* GB/T 1095—2003 中没有给出相应的轴径尺寸,此行数据取自 GB/T 1095—1979,供选键时参考。

假设工作压力沿键的长度和高度均匀分布,则它们的强度条件分别为:
静连接

$$\sigma_p = \frac{2T/d}{lk} = \frac{2T}{dlk} \leqslant [\sigma_p] \qquad (4-1)$$

动连接

$$p = \frac{2T/d}{lk} = \frac{2T}{dlk} \leqslant [p] \qquad (4-2)$$

式中: σ_p 为键连接工作表面的挤压应力,MPa;p 为键连接工作表面的压强,MPa;T 为传递的转矩,N·m;d 为轴的直径,mm;l 为键的接触长度,mm,A 型键有 $l=L-b$,B 型键有 $l=L$,这里 L 为平键公称长度;k 为键与轮毂键槽的接触高度,mm,$k \approx h/2$;$[\sigma_p]$ 为键连接的许用挤压应力,MPa;$[p]$ 为键连接的许用压强,MPa。

键连接的许用挤压应力、许用压强和许用切应力见表 4-2。

表 4-2　键连接的许用挤压应力、许用压强和许用切应力　　　　　单位:MPa

许用值	连接方式	键、毂或轴的材料	载荷性质		
			静载荷	轻微冲击	冲击
$[\sigma_p]$	静连接	钢	125~150	100~120	60~90
		铸铁	70~80	50~60	30~45
$[p]$	动连接	钢	50	40	30
$[\tau]$	静连接	钢	120	100	65

【例 4-1】　选择图 4-7 中的减速器输出轴与齿轮间的平键连接。其中,已知传递的转矩 $T=300$ N·m,齿轮的材料为铸钢,载荷有轻微冲击。

解:

(1)键的类型与尺寸选择。

根据轴和轮毂的结构特点、使用要求和工作条件可知,齿轮传动要求齿轮与轴对中性

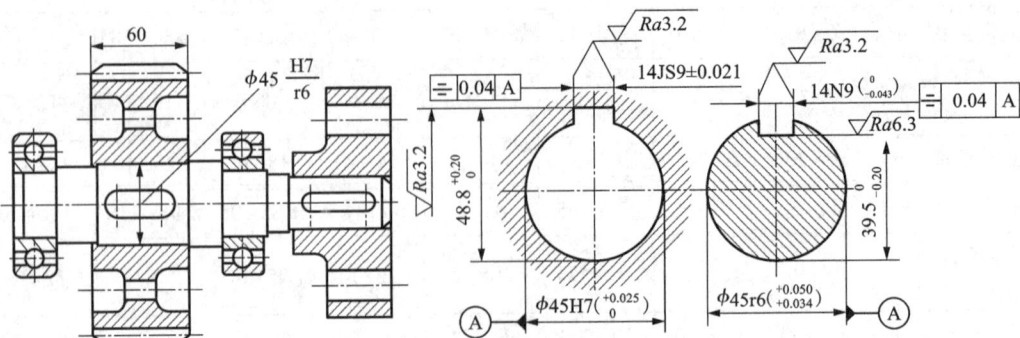

图 4-7 键连接与轴毂连接图

好，以避免啮合不良，该连接属静连接，故选用普通平键 A 型。

根据轴的直径 d = 45 mm，轮毂宽度为 60 mm，查表 4-1 得 b = 14 mm，h = 9 mm，L = 56 mm。标记为：键 14×56 GB/T 1096—2003（一般 A 型键可不标出"A"，但对于 B 型或 C 型键，需标记"键 B"或"键 C"）。

（2）强度计算。

由表 4-2 查得 $[\sigma_p]$ = 100 MPa；键的工作长度 $l = L-b = 56-14 = 42$ mm，则

$$\sigma_P = \frac{4T}{dhl} = \frac{4\times300\times10^3}{45\times9\times42} = 70.55 \text{ MPa} < [\sigma_p]$$

故此平键连接满足强度要求。由有关手册查出轴和毂的槽深以及极限偏差并加以标注，轴毂连接图如图 4-7 所示。

4.2 花键连接

拓展资料

4.2.1 花键连接的特点

花键连接是由轴和毂孔上的多个键齿和键槽组成的，工作面为齿侧面，可用于静连接或动连接。花键连接在结构上可以近似看成多个均布的平键连接，只不过键与轴毂是做成一体的。此外，与平键连接相比，花键连接的齿槽较浅，对轴和轮毂的强度削弱较小，应力集中小。花键连接具有对中性好和导向性好的特点。花键连接由内花键和外花键组

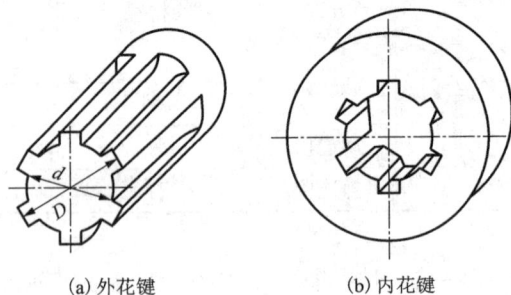

(a) 外花键　　　　(b) 内花键

图 4-8　花键连接组成

成（图 4-8），外花键可以用铣床或齿轮加工机床进行加工，需要专用的加工设备、刀具和量具，所以花键连接成本较高。它适用于承受重载荷或变载荷及定心精度高的静、动连接。

4.2.2　类型选择

花键连接有矩形花键连接和渐开线花键连接等 2 种形式。

1. 矩形花键连接

如图 4-9(a)所示为矩形花键连接。矩形花键的齿廓为矩形，键齿两侧为平面。矩形花键形状简单，加工方便。矩形花键连接的定心方式为小径定心，即外花键和内花键的小径为配合面，由于外花键和内花键的小径易于磨削，故矩形花键连接的定心精度较高。《矩形花键尺寸、公差和检验》(GB/T 1144—2001)规定，矩形花键的表示方法为 $N \times d \times D \times B$，即代表键齿数×小径×大径×键齿宽。根据花键齿高的不同，矩形花键的齿形尺寸分为轻、中两个系列。轻系列一般用于轻载或静连接；中系列一般用于重载或动连接。花键通常要进行热处理，表面硬度一般应高于 40 HRC。

2. 渐开线花键连接

如图 4-9(b)所示为渐开线花键连接。渐开线花键的齿廓为渐开线，可以利用渐开线齿轮切制的加工方法来加工，工艺性较好。按分度圆压力角进行分类，有压力角为 30°和 45°的 2 种渐开线花键。压力角为 45°的渐开线花键与压力角为 30°的渐开线花键相比，齿数多、模数小、齿形短，对连接件强度的削弱小，但承载能力也较低，多用于轻载和直径小的静连接，特别适用于轴与薄壁零件的连接。渐开线花键连接的定心方式为齿形定心。当齿受载时，齿上的径向力能起到自动定心作用，有利于各齿均匀承载。

另外，渐开线花键与渐开线齿轮相比，其齿廓均为渐开线，区别是压力角不同和齿高不同，渐开线花键的齿高较短，也因齿高较短，渐开线花键不产生根切的齿数也较少。

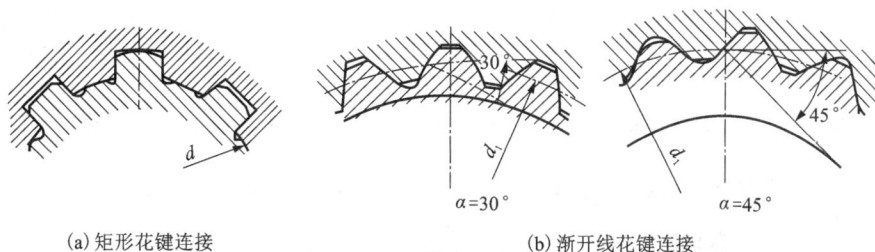

(a)矩形花键连接　　　　　　　　　(b)渐开线花键连接

图 4-9　花键连接类型

3. 花键连接的强度计算

花键连接的强度计算与键连接相似，其主要失效形式是工作面的压溃(静连接)或工作面的过度磨损(动连接)。因此，静连接通常按工作面上的挤压应力进行强度计算，动连接则按工作面上的压强进行条件性的耐磨性计算。

计算时，假设载荷在键的工作面上均匀分布，每个齿工作面上压力的合力 F 作用在平均直径 d_m 处(图 4-10)，即传递的转矩 T 为

$$T = zF\frac{d_m}{2}$$

引入系数 ψ 来考虑实际载荷在各花键齿上分配不均的影响，则花键连接的强度条件为

静连接

$$\sigma_{\mathrm{p}} = \frac{2T \times 10^3}{\psi z h l d_{\mathrm{m}}} \leqslant [\sigma_{\mathrm{p}}] \qquad (4\text{-}3)$$

动连接

$$p = \frac{2T \times 10^3}{\psi z h l d_{\mathrm{m}}} \leqslant [p] \qquad (4\text{-}4)$$

式中：ψ 为载荷分配不均系数，与齿数多少有关，一般取 $\psi = 0.7 \sim 0.8$，齿数多时取偏小值；z 为花键的齿数；T 为传递的转矩，$\mathrm{N \cdot m}$；l 为齿的工作长度，mm；h 为花键齿侧面的工作高度，mm，为矩形花键时，$h = \dfrac{D-d}{2} - 2C$，此处，D 为外花键的大径，d 为内花键的小径，C 为倒角尺寸（图 4-10），为渐开线花键时，$\alpha = 30°$ 有 $h = m$，$\alpha = 45°$ 有 $h = 0.8m$，其中，m 为模数；d_{m} 为花键的平均直径，为矩形花键时，$d_{\mathrm{m}} = \dfrac{D+d}{2}$，为渐开线花键时，$d_{\mathrm{m}} = d_i$，其中，$d_i$ 为分度圆直径，mm；$[\sigma_{\mathrm{p}}]$ 为花键连接的许用挤压应力，MPa，见表 4-3；$[p]$ 为花键连接的许用压强，MPa，见表 4-3。

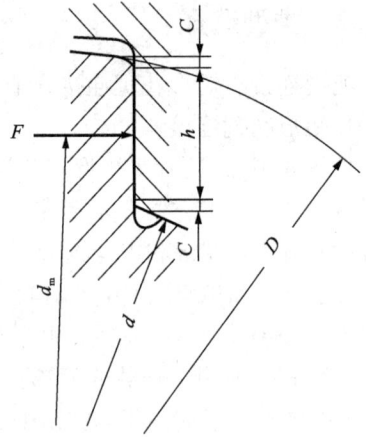

图 4-10　花键连接受力情况

表 4-3　花键连接的许用挤压应力、许用压强　　　　　单位：MPa

许用值	连接工作方式	使用和制造情况	齿面未经热处理	齿面经热处理
$[\sigma_{\mathrm{p}}]$	静连接	不良 中等 良好	35~50 60~100 80~120	40~70 100~140 120~200
$[p]$	空载下移动的动连接	不良 中等 良好	15~20 20~30 25~40	20~35 30~60 40~70
	在载荷作用下移动的动连接	不良 中等 良好	— — —	3~10 5~15 10~20

注：（1）使用和制造情况不良，系指受变载荷，有双向冲击、振动频率高和振幅大、润滑不良（对动连接）、材料硬度不高或精度不高等；

（2）同一情况下，$[\sigma_{\mathrm{p}}]$ 或 $[p]$ 的较小值用于工作时间长和较重要的场合；

（3）内、外花键材料的抗拉强度极限不低于 590 MPa。

4.3　销连接

常用的销连接一般用来连接零件并传递不大的载荷，定位销的用途是在组合装置中定位，安全销用作安全装置中的过载剪断元件。销的类型很多，且销均已标准化，在实际工作中以圆柱销和圆锥销应用最多（图 4-11）。

普通圆柱销：如图 4-11(a)所示，多用于定位，靠过盈配合固定在销孔中，配合精度较高，经多次装拆后定位精度的可靠性会降低。

普通圆锥销：如图 4-11(b)所示，具有 1:50 的锥度，安装方便，可自锁，定位精度比圆柱销高，多次装拆对定位精度的影响也较小，应用广泛。

带螺纹圆柱槽的圆锥销：如图 4-11(c)所示，在销的一端带有螺纹，常用于盲孔或拆卸困难的场合。

开尾圆锥销：如图 4-11(d)所示，在圆锥销的尾部开有一个槽，安装时槽会产生弹性变形，常用于有冲击、振动和高速运行的场合。

圆柱槽销或圆锥槽销：常用于有振动、变载荷和经常装拆的场合，在很多情况下可代替键连接和螺栓连接。

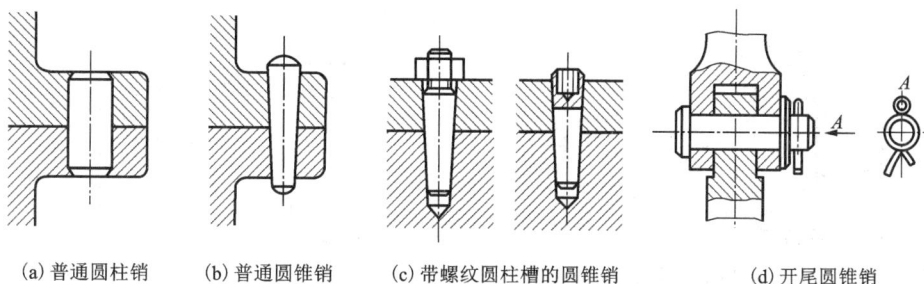

(a) 普通圆柱销　　(b) 普通圆锥销　　(c) 带螺纹圆柱槽的圆锥销　　(d) 开尾圆锥销

图 4-11　销连接

4.4　无键连接

无键连接通常有过盈连接、型面连接和胀紧连接等 3 种形式，下面分别进行简单介绍。

4.4.1　过盈连接

利用两个被连接零件间的过盈配合来实现的连接称为过盈连接(图 4-12)。组成连接的两个零件一个为包容件，另一个为被包容件。它们装配后，在结合处由于过盈量 δ 的存在而使材料产生弹性变形，从而在配合表面间产生很大的正压力，工作时依靠正压力产生的摩擦力来传递载荷。载荷可以是轴向力、扭矩或弯矩。过盈连接分为圆柱面过盈连接和圆锥面过盈连接等 2 种形式，其配合表面分别为圆柱面和圆锥面。

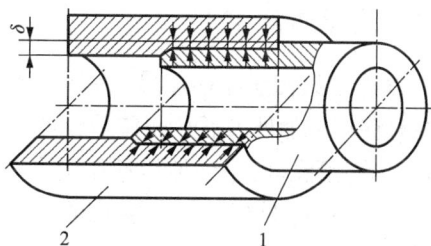

1—被包容件；2—包容件；δ—过盈量。

图 4-12　过盈连接

过盈连接的优点是结构简单，定心性好，承载能力高，承受变载荷和冲击的性能好；主要缺点是配合面的加工精度要求较高，且装配困难。过盈连接常用于机车车轮的轮毂与轮心的连接，齿轮、蜗轮的齿圈与轮心的连接等。

过盈连接的装配采用压入法和温差法等。拆卸时一般因需要很大的外力而常常使零件被破坏，因此这种连接一般是不可拆连接，但圆锥面过盈连接常常是可拆卸的。对于功率大、过盈量大的圆锥面过盈连接，可利用液压进行装拆。

过盈连接的承载能力取决于连接件配合表面间产生的正压力的大小。在选择配合时，要使连接件配合表面间产生的正压力足够大，以保证在载荷作用下不发生相对滑动，同时要注意被连接件的强度，让零件在装配应力下不致被破坏。

4.4.2 型面连接

型面连接是利用非圆截面的轴与非圆截面的毂孔构成的连接。沿轴向看去，轴与轮毂孔可以做成柱面[图4-13(a)]，也可以做成锥面[图4-13(b)]。这两种表面都能传递转矩。除此之外，前者还可以形成沿轴向移动的动连接，后者则能承受单方向的轴向力。

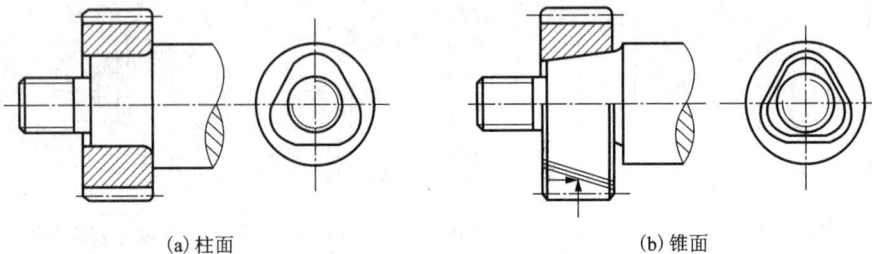

(a) 柱面　　　　　　　　　　　　　　　　(b) 锥面

图4-13　型面连接

型面连接的优点是装拆方便、定心性好、没有应力集中源、承载能力大。但它的加工工艺比较复杂，特别是为了保证配合精度，非圆截面轴先经车削或铣削，毂孔先经钻镗或拉削，最后工序一般都要在专用机床上进行磨削加工，故目前型面连接的应用还不广泛。

型面连接常用的型面曲线有摆线和等距曲线等2种形式。另外，型面连接还有方形、正六边形及带切口的非圆形截面形状等。

4.4.3 胀紧连接

胀紧连接又称弹性环连接，是利用装在轴与毂之间的以锥面贴合的一对内、外弹性钢环，在对钢环施加外力后从而使轴毂被挤紧的一种连接。如图4-14所示，当拧紧螺母时，在轴向压力作用下，两个弹性钢环压紧，内环缩小而箍紧轴，外环胀大而撑紧毂，于是轴与内环、内环与外环、外环与毂在接触面间产生很大的正压力，利用此压力引起的摩擦力矩来传递载荷。

胀紧连接中的弹性环又称胀套，可以是一对，也可以是数对。当采用多对弹性环时，由于摩擦力的作用，轴向压紧力传到后面的弹性环时会有所降低，从而使在接触面间产生的正压力降低，进而减小接触面的摩擦力。所以，胀紧连接中的弹性环对数不宜太多，一般以3～4对为宜。

胀紧连接主要特点为：定心性能好、装拆方便、应力集中小、承载能力大等。但由于要在轴与毂之间安装弹性环，受轴与毂之间的尺寸影响，其应用受到一定的限制。

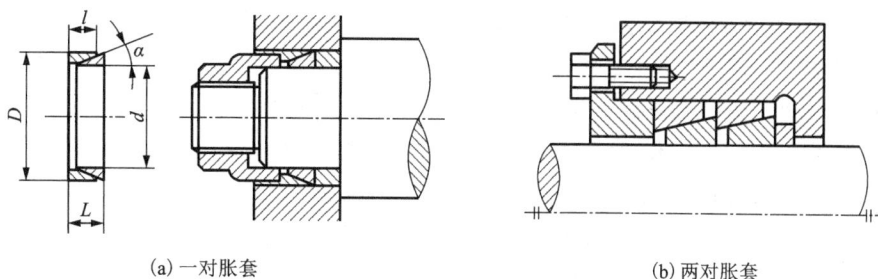

(a) 一对胀套　　　　　　　　　　　　(b) 两对胀套

图 4-14　胀紧连接

思考题和习题

4-1　普通平键、花键连接有哪些特点?

4-2　简要回答各种键连接适用于哪些场合。

4-3　简要回答平键和花键连接的失效形式和强度校核方法。

4-4　如何选择普通平键的尺寸? 其公称长度与工作长度之间有什么关系?

4-5　矩形花键根据什么条件进行尺寸的选择?

4-6　销连接通常用于什么场合? 当销用作定位元件时有哪些要求?

4-7　查阅有关手册,列出 8~10 种销的用途。

4-8　某机械的轴与套筒联轴器采用平键连接,已知轴径 $d=60$ mm,联轴器的轮毂长度为 110 mm,联轴器材料为铸铁,轴材料为 45 钢。试选择键的规格尺寸,并计算该连接所能传递的最大转矩。

自测题

一、选择题

1. 切向键连接时,两个切向键最好沿圆周方向分布成(　　　)。

A. 60°　　　　　　　　B. 120°~130°　　　　　　C. 180°　　　　　　D. 110°

2. 普通平键中应用最广的是(　　　)。

A. A 型　　　　　　　B. B 型　　　　　　　　C. C 型　　　　　　D. 薄型平键

3. 下列哪种键连接对轴的削弱较大,常用于较大轴径中? (　　　)

A. 切向键连接　　　　B. 楔键连接　　　　　　C. 平键连接　　　　D. 半圆键连接

4. 一般情况下,平键的长度应(　　　)轮毂宽度。

A. 小于　　　　　　　B. 大于　　　　　　　　C. 等于　　　　　　D. 都可以

5. 如需在轴上安装一对半圆键,则应将它们布置成(　　　)。

A. 相隔 90°　　　　　B. 相隔 120°　　　　　　C. 相隔 180°　　　　D. 在同一母线上

6. 能构成紧连接的两种键是(　　　)。

A. 楔键和半圆键　　　B. 半圆键和切向键　　　C. 楔键和切向键　　　D. 平键和楔键

7. 一般采用(　　)，加工 B 型普通平键的键槽。

A. 指状铣刀　　　　　B. 盘形铣刀　　　　　C. 插刀　　　　　D. 车刀

8. 花键连接的主要缺点是(　　)。

A. 应力集中　　　　　B. 成本高　　　　　C. 对中性与导向性差　　D. 对轴削弱

9. 在下列轴一级连接中，定心精度最高的是(　　)。

A. 平键连接　　　　　B. 半圆键连接　　　　　C. 楔键连接　　　　　D. 花键连接

10. 设计键连接时，键的截面尺寸 $b \times h$ 通常根据(　　)从标准中选择。

A. 传递转矩的大小　　B. 传递功率的大小　　C. 轴的直径　　　　　D. 轴的长度

二、填空题

1. 根据平键的用途不同，可分为_____、_____、_____和_____四种。

2. 普通平键和薄型平键用于_____，导向平键和滑键用于_____。

3. 花键连接有_____和_____两种形式。

4. 平键连接的主要失效形式有_____和_____。

5. 无键连接通常有_____、_____和_____3 种形式。

6. 平键长度主要根据_____选择，然后按失效形式校核强度。

7. 当轴做单向回转时，平键的工作面在_____。

8. 花键连接的强度取决于_____。

9. 矩形花键中，加工方便且定心精度高的是_____。

10. 键的剖面尺寸通常是根据_____从标准中选取。

三、判断题

1. 平键连接的一个优点是轴与轮毂的对中性好。(　　)

2. 进行普通平键的设计时，若采用两个按 180°对称布置的平键时，强度比采用一个平键要大。(　　)

3. 在平键连接中，平键的两侧面是工作面。(　　)

4. 花键连接通常用于要求轴与轮毂严格对中的场合。(　　)

5. 按标准选择的普通平键的主要失效形式是剪断。(　　)

6. 两端为圆形的平键槽用圆盘形铣刀加工。(　　)

7. 平键连接一般应按不被剪断来进行剪切强度计算。(　　)

8. 普通平键(静连接)工作时，键的主要失效形式为键被压溃或剪断。(　　)

9. 切向键是由两个斜度为 1∶100 的单边倾斜键组成的。(　　)

10. 45°渐开线花键应用于薄壁零件的轴毂连接。(　　)

第三篇

机械传动设计

第 5 章
带传动设计

✐ **本章思维导图**

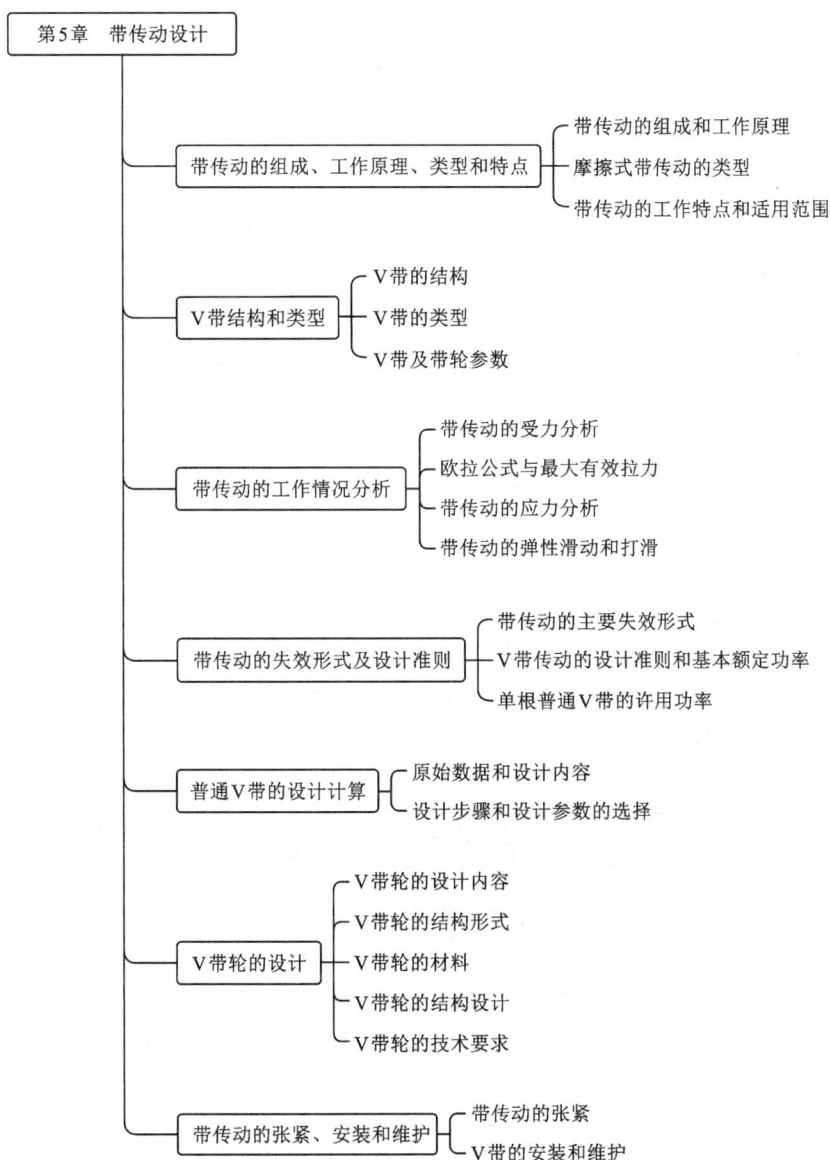

```
第5章 带传动设计
├── 带传动的组成、工作原理、类型和特点
│   ├── 带传动的组成和工作原理
│   ├── 摩擦式带传动的类型
│   └── 带传动的工作特点和适用范围
├── V带结构和类型
│   ├── V带的结构
│   ├── V带的类型
│   └── V带及带轮参数
├── 带传动的工作情况分析
│   ├── 带传动的受力分析
│   ├── 欧拉公式与最大有效拉力
│   ├── 带传动的应力分析
│   └── 带传动的弹性滑动和打滑
├── 带传动的失效形式及设计准则
│   ├── 带传动的主要失效形式
│   ├── V带传动的设计准则和基本额定功率
│   └── 单根普通V带的许用功率
├── 普通V带的设计计算
│   ├── 原始数据和设计内容
│   └── 设计步骤和设计参数的选择
├── V带轮的设计
│   ├── V带轮的设计内容
│   ├── V带轮的结构形式
│   ├── V带轮的材料
│   ├── V带轮的结构设计
│   └── V带轮的技术要求
└── 带传动的张紧、安装和维护
    ├── 带传动的张紧
    └── V带的安装和维护
```

5.1 带传动的组成、工作原理、类型和特点

5.1.1 带传动的组成和工作原理

带传动是工程上应用很广的一种机械传动。它由主动带轮 1、从动带轮 2 和紧套在两带轮上的环形传动带 3 组成,如图 5-1 所示。根据工作原理不同,它可以分为摩擦式带传动和啮合式带传动两种。

摩擦式带传动如图 5-1(a)所示。当原动机驱动主动带轮 1 以 n_1 旋转时,由于传动带和带轮接触面间正压力产生的摩擦力作用,主动带轮拖动传动带,传动带又驱动从动带轮 2 以 n_2 旋转,从而把主动带轮(轴)的运动和动力传递到从动带轮(轴)。

啮合式带传动如图 5-1(b)所示。工作时,它是依靠传动带内表面上的凸齿和带轮外缘上的轮齿相啮合来传递运动和动力的。由于传动带与带轮间没有相对滑动,传动比恒定,故又称为同步带传动。

本章只介绍摩擦式带传动。

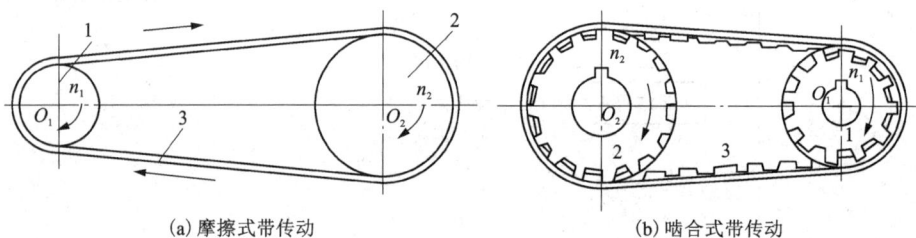

(a) 摩擦式带传动   (b) 啮合式带传动

1—主动带轮;2—从动带轮;3—环形传动带。

图 5-1 带传动工作原理

应用案例

5.1.2 摩擦式带传动的类型

在带传动中,摩擦式带传动应用最广。根据带的横截面形状不同,摩擦式带传动可分为 4 种类型,如图 5-2 所示。

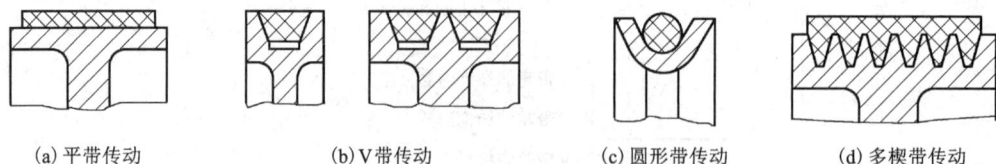

(a) 平带传动   (b)V带传动   (c)圆形带传动   (d)多楔带传动

图 5-2 摩擦式带传动的类型

1. 平带传动

平带的横截面形状为矩形[图 5-2(a)],其工作面为内表面,已标准化。平带传动结构

最简单,带轮制造容易,主要用于中心距较大的场合,如大理石切割机。平带除了用于两轴平行且回转方向相同的传动(开口式)外,还可实现交叉传动和半交叉传动,如图 5-3 所示。常用的平带有帆布芯平带、编织平带、锦纶片复合平带。

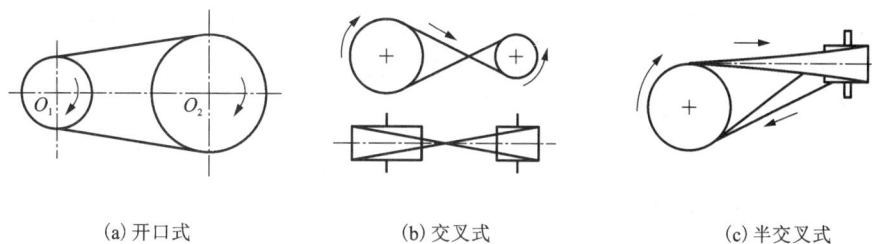

(a) 开口式　　　　　(b) 交叉式　　　　　(c) 半交叉式

图 5-3　平带的传动形式

2. V 带传动

V 带的横截面形状为等腰梯形[图 5-2(b)],带轮上也做出了相应的轮槽。传动时,V 带的两个侧面与 V 带轮槽的两侧面楔紧,从而产生摩擦力来传递运动和动力,故 V 带的工作面是两个侧面。由理论力学可知,在相同的预紧力 F_0 作用下,由于 V 带的楔形增压原理,产生的摩擦力要比平带产生的摩擦力大得多,如图 5-4 所示。为保证 V

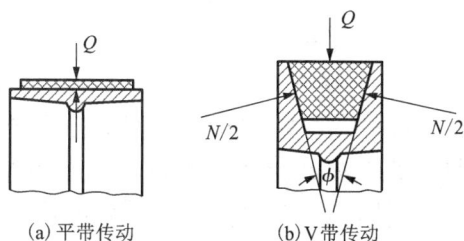

(a) 平带传动　　　(b) V 带传动

图 5-4　平带和 V 带的比较

带两侧面工作可靠,V 带与槽底应有间隙。V 带传动平稳,允许的传动比大,结构紧凑,且已标准化。因此 V 带获得了广泛的应用。

3. 圆形带传动

圆形带的横截面形状为圆形[图 5-2(c)]。圆形带结构简单,传递功率小,因此圆形带传动只适用低速、轻载的机械,如家用缝纫机、真空吸尘器、磁带盘等传动机构。

4. 多楔带传动

多楔带是以平带为基体、内表面具有若干等距纵向 V 形楔的环形传动带[图 5-2(d)],其工作面为楔的侧面。多楔带兼有平带和 V 带的优点,柔性好、摩擦力大,并解决了多根 V 带长短不一而使各带受力不均匀的问题。它主要用于传递功率大,且要求结构紧凑的场合。

5.1.3　带传动的工作特点和适用范围

1. 带传动的优点

(1)带是挠性件,能吸振、缓冲,故传动平稳,噪声小。
(2)当传动过载时,带在带轮上打滑,可防止机械其他零件损坏,起到安全保护作用。
(3)结构简单,制造、安装、维护方便,成本低廉。
(4)可用于两轴中心距较大的传动。

2. 带传动的缺点

(1)因带与带轮间有弹性滑动,不能保证准确的传动比(同步带除外)。

(2)外廓尺寸较大。

(3)因带必须张紧在带轮上,故支承带轮的轴及轴承受力较大。

(4)传动效率较低,带的使用寿命较短。

(5)不宜用于转速高、易燃等场所。

综上所述,带传动主要适用于功率 $P \leqslant 50$ kW;带的工作速度一般为 $v = 5 \sim 25$ m/s,特种高速带 v 可达 60 m/s;使用锦纶片复合平带 v 可达 80 m/s;传动比 $i \leqslant 5$,最大可达到 10;且要求传动平稳,但传动比不要求准确的机械中。

5.2 V 带结构和类型

5.2.1 V 带的结构

标准普通 V 带是用多种材料制成的无接头的环状带,结构如图 5-5 所示。V 带主要是由顶胶、底胶、抗拉体和包布等 4 部分组成的。包布的材料是帆布,它是 V 带的保护层。顶胶和底胶的材料主要是橡胶,当 V 带在带轮上弯曲时外侧受拉、内侧受压,抗拉体主要承受带的拉力。根据抗拉体结构的不同,V 带分为帘布芯 V 带和线绳芯 V 带两种。帘布结构的 V 带制造方便,抗拉强度高,价格低廉,应用较广。线绳结构的 V 带

(a) 帘布结构   (b) 线绳结构

图 5-5 普通 V 带的结构

柔韧性好,抗弯强度高,主要适用于带轮直径小、载荷不大和转速较高的场合。为了提高带的承载能力,近年来已普遍采用化学纤维线绳结构的 V 带。

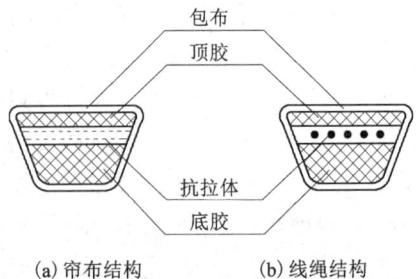

5.2.2 V 带的类型

V 带有普通 V 带、窄 V 带、联组 V 带、齿形 V 带、大楔角 V 带、宽 V 带等多种类型。其中普通 V 带和窄 V 带已标准化。普通 V 带的截面尺寸和单位长度质量见表 5-1。普通 V 带按截面的大小分为 Y、Z、A、B、C、D、E 等 7 种型号,其截面尺寸依次增加,截面大时同样条件下带的传动功率大,如图 5-6 所示。

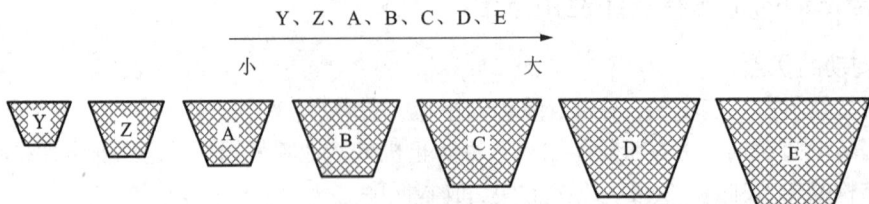

图 5-6 普通 V 带的型号

窄 V 带则有 SPZ、SPA、SPB、SPC 和 9N(3V)、15 N(5V)、25N(8V)两种系列型号。普通 V 带：$h/b_p=0.7$。窄 V 带：$h/b_p=0.9$。与同型号的普通 V 带相比，窄 V 带的高度是普通 V 带高度的 1.3 倍，其承载能力较相同宽度的普通 V 带高 1.5~2.5 倍。

表 5-1　普通 V 带的截面尺寸和单位长度质量

型号	Y	Z	A	B	C	D	E	
顶宽 b/mm	6	10	13	17	22	32	38	
节宽 b_p/mm	5.3	8.5	11	14	19	27	32	
高度 h/mm	4.0	6.0	8.0	11	14	19	25	
楔角 φ	40°							
每米质量 $q/(\text{kg}\cdot\text{m}^{-1})$	0.02	0.06	0.10	0.18	0.30	0.61	0.92	

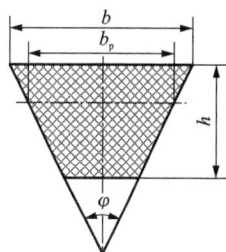

5.2.3　V 带及带轮参数

V 带是一根无接头的环形带。安装时，V 带张紧地套在两带轮上，此时顶胶将伸长，底胶将缩短，在二者之间有一层既不伸长也不缩短的中性层，称为节面，如图 5-7(a)所示。

节宽 b_p：节面的宽度，弯曲后仍保持不变。

基准宽度 b_d：在带轮轮槽中与节宽 b_p 相对应位置的宽度，如图 5-7(b)所示。

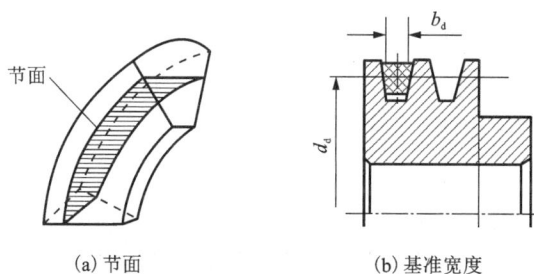

(a) 节面　　　　(b) 基准宽度

图 5-7　V 带及带轮的参数

基准直径 d_d：在 V 带轮上，与所配用 V 带的节面相对应的带轮直径。

基准长度 L_d：V 带在规定的张紧力作用下，位于带轮基准直径上的周线长度称为基准长度(已标准化)，见表 5-2。

V 带的标记由型号、基准长度和标准编号等 3 部分组成。

例如标记为：A1400　GB/T 1171—2017，则表示 A 型 V 带，基准长度为 1400 mm。

由于 V 带应用最广，设计方法与理论具有普遍性，故本章将重点讨论普通 V 带的设计方法，其他类型的 V 带设计可参阅有关资料。

表 5-2　普通 V 带的基准长度 L_d 及带长修正系数 K_L（摘自 GB/T 13575.1—2022）

Y		Z		A		B		C		D		E	
L_d/mm	K_L	L_d/mm	K_L	L_d/mm	K_L	L_d/mm	K_L	L_d/mm	K_L	L_d/mm	K_L	L_d/mm	K_L
200	0.81	405	0.87	630	0.81	930	0.83	1565	0.82	2740	0.82	4660	0.91
224	0.82	475	0.90	700	0.83	1000	0.84	1760	0.85	3100	0.86	5040	0.92
250	0.84	530	0.93	790	0.85	1100	0.86	1950	0.87	3330	0.87	5420	0.94
280	0.87	625	0.96	890	0.87	1210	0.87	2195	0.90	3730	0.90	6100	0.96
315	0.89	700	0.99	990	0.89	1370	0.90	2420	0.92	4080	0.91	6850	0.99
355	0.92	780	1.00	1100	0.91	1560	0.92	2715	0.94	4620	0.94	7650	1.01
400	0.96	920	1.04	1250	0.93	1760	0.94	2880	0.95	5400	0.97	9150	1.05
450	1.00	1080	1.07	1430	0.96	1950	0.97	3080	0.97	6100	0.99	12230	1.11
500	1.02	1330	1.13	1550	0.98	2180	0.99	3520	0.99	6840	1.02	13750	1.15
		1420	1.14	1640	0.99	2300	1.01	4060	1.02	7620	1.05	15280	1.17
		1540	1.54	1750	1.00	2500	1.03	4600	1.05	9140	1.08	16800	1.19
				1940	1.02	2700	1.04	5380	1.08	10700	1.13		
				2050	1.04	2870	1.05	6100	1.11	12200	1.16		
				2200	1.06	3200	1.07	6815	1.14	13700	1.19		
				2300	1.07	3600	1.09	7600	1.17	15200	1.21		
				2480	1.09	4060	1.13	9100	1.21				
				2700	1.10	4430	1.15	10700	1.24				
						4820	1.17						
						5370	1.20						
						6070	1.24						

5.3　带传动的工作情况分析

5.3.1　带传动的受力分析

摩擦式带传动在安装时，带必须张紧地套在两带轮上，使带受到力的作用，这种力称为初拉力（也称预紧力，或张紧力），用 F_0 表示。当带传动处于静止时，带中各处所受的拉力相等，均等于 F_0，如图 5-8(a) 所示。

带传动工作时，设主动带轮以转速 n_1 转动，主动带轮对带的摩擦力与带的运动方向一致，使带绕入主动带轮的一边被拉紧，称为紧边，其拉力由 F_0 增大到 F_1；从动带轮对带的摩擦力与带的运动方向相反，使带绕入从动带轮的一边被放松，称为松边，其拉力由 F_0 减小到

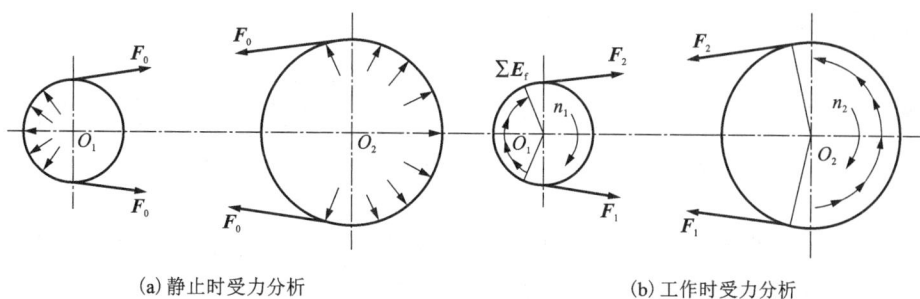

(a)静止时受力分析　　　　　　　(b)工作时受力分析

图 5-8　带传动的受力分析

F_2，如图 5-8(b)所示。如果近似地认为带工作时的总长度不变，则紧边拉力的增加量应等于松边拉力的减少量，即

$$F_1 - F_0 = F_0 - F_2$$

或

$$F_1 + F_2 = 2F_0 \qquad (5-1)$$

带传动工作时，紧边与松边的拉力差值是带传动中起着传递功率作用的拉力，此拉力称为带传动的有效拉力，用 F_e 表示。F_e 不是集中力，而是带与带轮接触面上各点摩擦力的总和 F_f，故有

$$F_e = F_f = F_1 - F_2 \qquad (5-2)$$

此时，带所能传递的功率 P 为

$$P = \frac{F_e v}{1000} \qquad (5-3)$$

式中：v 为带速，m/s；F_e 为带传动的有效拉力，N。

5.3.2　欧拉公式与最大有效拉力

1. 带传动中的欧拉公式

带传动中，当其他条件不变且初拉力 F_0 一定时，带和带轮之间的摩擦力有一极限值，该极限值就限制着带传动的传动能力。当带有打滑趋势时，摩擦力达到最大，即带传动的有效拉力 F_e 达到最大值。此时紧边拉力 F_1 与松边拉力 F_2 之间的关系，可用欧拉公式表示，即

$$\frac{F_1}{F_2} = e^{f_v \alpha_1} \qquad (5-4)$$

式中：e 为自然对数底，e = 2.718…；α_1 为带在主动带轮(一般情况下，主动带轮为小带轮，从动带轮为大带轮)上的包角(rad)，即带与带轮接触弧所对应的中心角(图 5-8)；f_v 为当量摩擦系数，$f_v = \dfrac{f}{\sin \dfrac{\varphi}{2}}$ (φ 为轮槽角)。

由式(5-1)、式(5-2)和式(5-4)可得，带传动的最大有效拉力 F_{ec} 为

$$F_{ec} = 2F_0 \frac{1 - 1/e^{f_v \alpha_1}}{1 + 1/e^{f_v \alpha_1}} \qquad (5-5)$$

2. 影响带传动最大有效拉力的因素

由式(5-5)可知,带传动的最大有效拉力 F_{ec} 与下列因素有关:

(1)初拉力 F_0。带传动的最大有效拉力 F_{ec} 与初拉力 F_0 成正比,即初拉力 F_0 越大,带传动的最大有效拉力 F_{ec} 也越大。但 F_0 过大时,将使带的磨损加剧,以致带过快松弛,会缩短带的使用寿命。若 F_0 过小,则带所能传递的功率 P 减小,运转时容易发生跳动和打滑的现象。

(2)主动带轮上的包角 α_1。带传动的最大有效拉力 F_{ec} 随着包角 α_1 的增大而增大。因为 α_1 越大,带和带轮的接触面积也越大,所产生的总摩擦力就越大,传动能力提高。为了保证带具有一定的传动能力,在设计中一般要求主动带轮上的包角 $\alpha_1 \geqslant 120°$。

(3)当量摩擦系数 f_v。带传动的最大有效拉力 F_{ec} 随着当量摩擦系数 f_v 的增大而增大。这是因为当量摩擦系数 f_v 越大,则摩擦力就越大,传动能力也就越强。而当量摩擦系数 f_v 与带及带轮的材料和表面状况、工作环境条件等有关。

5.3.3 带传动的应力分析

带在工作过程中,受到 3 种应力的作用。

1. 拉应力

带工作时,由于紧边与松边的拉力不同,其横截面上的拉应力也不相同。由材料力学可知,紧边拉应力 σ_1 与松边拉应力 σ_2 分别为

$$\left.\begin{array}{l} \sigma_1 = \dfrac{F_1}{A} \\[2mm] \sigma_2 = \dfrac{F_2}{A} \end{array}\right\} \tag{5-6}$$

式中: A 为带的横截面面积, m^2。

沿着带轮的转动方向,绕在主动带轮上带横截面的拉应力由 σ_1 逐渐地降到 σ_2;绕在从动带轮上带横截面的拉应力由 σ_2 逐渐地增大到 σ_1,如图5-9所示。

2. 离心拉应力

带工作时,带随着带轮做圆周运动而产生离心力,离心力将使带受拉,在横截面上产生离心拉应力,其大小为

$$\sigma_c = \frac{qv^2}{A} \tag{5-7}$$

式中: q 为带的单位长度的质量, kg/m,各种普通 V 带的单位长度质量见表5-1。

由式(5-7)可知,带速 v 越高,离心拉应力 σ_c 越大,从而降低了带的使用寿命;反之,由式(5-3)可知,若带的传递功率不变,带速 v 越低,则带的有效拉力越大,则所需的 V 带根数增多。因此,在设计中一般要求带速 v 应控制为 $5\sim25$ m/s。

3. 弯曲应力

带绕过带轮时,由于带的弯曲变形而产生弯曲应力,一般主、从带轮的基准直径不同,带在两带轮上产生的弯曲应力也不相同。由材料力学可知,其弯曲应力分别为

$$\left. \begin{array}{l} \sigma_{b1} = \dfrac{2Eh}{d_{d1}} \\[3mm] \sigma_{b2} = \dfrac{2Eh}{d_{d2}} \end{array} \right\} \tag{5-8}$$

式中：E 为带材料的拉压弹性模量，MPa；h 为带的中性层到最外层的距离，mm；d_{d1}、d_{d2} 分别为主动带轮(即小带轮)、从动带轮(即大带轮)的基准直径，mm。

由式(5-8)可知，带越厚、带轮基准直径越小，带的弯曲应力就越大。所以，在设计时，一般要求小带轮的基准直径 d_{d1} 应大于或等于该型号带所规定的带轮最小基准直径 d_{dmin} (表 5-8)，即 $d_{d1} \geq d_{dmin}$。

综上所述，带工作时，其横截面上的应力是不同的，其应力分布情况如图 5-9 所示。由图 5-9 可知，以带绕入主动带轮(即小带轮)处横截面上的应力为最大，其值为

$$\sigma_{max} = \sigma_1 + \sigma_c + \sigma_{b1} \tag{5-9}$$

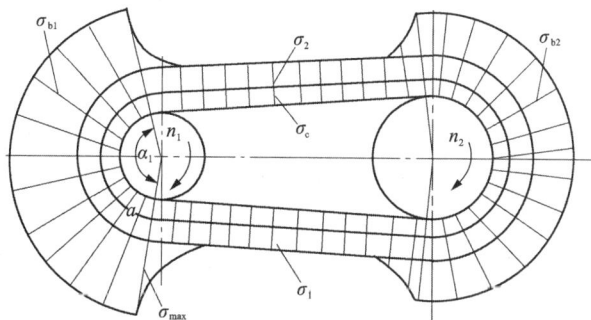

图 5-9　带传动的应力分析

5.3.4　带传动的弹性滑动和打滑

1. 弹性滑动

带是弹性元件，在拉力作用下会产生弹性伸长，其弹性伸长量随拉力大小而变化。工作时，由于 $F_1 > F_2$，因此紧边产生的弹性伸长量大于松边弹性伸长量。如图 5-10 所示，带绕入主动带轮时，带上的 B 点和轮上的 A 点重合且速度相等。主动带轮以圆周速度 v_1 由 A 点转到 A_1 点时，带所受到的拉力由 F_1 逐渐降到 F_2，带的弹性伸长量也逐渐减少，从而使带沿带轮表面逐渐向后收缩而产生相对滑动，这种由拉力差和带的弹性变形引起的相对滑动称为弹性滑动。由于存在弹性滑动，使带上的 B 点滞后于主动带轮上的 A 点而运动到 B_1 点，从而使带速 v 小于主动带轮圆周速度 v_1。同理，弹性滑动也发生在从动带轮上，但情况恰恰相反，即从动带轮上的 C 点转到 C_1 点时，由于拉力逐渐增大，带将逐渐伸长，使带沿带轮表面逐渐向前滑动一微小距离 $C_1 D_1$，使带速 v 大于从动带轮圆周速度 v_2。

通过上述分析可知，弹性滑动是摩擦式带传动中不可避免的现象，它使从动带轮的圆周速度 v_2 小于主动带轮的圆周速度 v_1，而产生速度损失。从动带轮圆周速度的降低程度可用滑动率 ε 表示，即

$$\varepsilon = \frac{(v_1 - v_2)}{v_1} = \frac{\pi d_{d1} n_1 - \pi d_{d2} n_2}{\pi d_{d1} n_1} \qquad (5-10)$$

因此，从动带轮实际转速为

$$n_2 = \frac{d_{d1}(1-\varepsilon)n_1}{d_{d2}} \qquad (5-11)$$

带传动的实际传动比为

$$i = \frac{n_1}{n_2} = \frac{d_{d2}}{d_{d1}(1-\varepsilon)} \qquad (5-12)$$

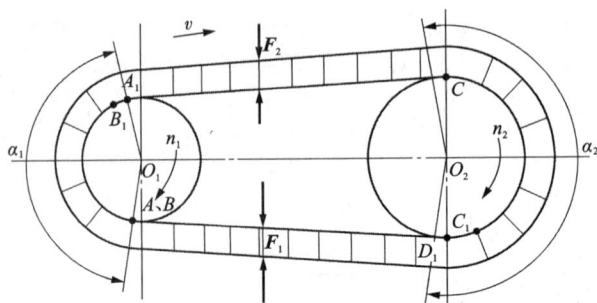

图 5-10　带传动的弹性滑动

在一般传动中，由于带的滑动率 ε 很小(其值为 1%~2%)，故在计算时可忽略不计，而取传动比为

$$i = \frac{n_1}{n_2} \approx \frac{d_{d2}}{d_{d1}} \qquad (5-13)$$

2. 打滑

当传递的外载荷增大时，所需的有效拉力 F_e 也随之增加，当 F_e 达到一定数值时，带与带轮接触面间的摩擦力总和达到极限值。若外载荷再继续增大，带将在主动带轮上发生全面滑动，这种现象称为打滑。打滑使从动带轮转速急剧下降，带的磨损严重加剧，是带传动的一种失效形式，在工作中应予以避免。

5.4　带传动的失效形式及设计准则

5.4.1　带传动的主要失效形式

根据带的受力分析和应力分析可知，带传动的主要失效形式有：

(1)带工作时，若所需的有效拉力 F_e 超过了带与带轮接触面间摩擦力的极限值，带将在主动带轮上打滑，使带不能传递动力而发生失效。

(2)带工作时其横截面上的应力是交变应力，当这种交变应力的循环次数超过一定数值后，会发生疲劳破坏，导致带传动失效。

(3)带工作时,存在弹性滑动和打滑的现象,使带产生磨损,一旦磨损过度,将导致带传动失效。

失效的原因和防止失效的措施见表 5-3。

表 5-3 带传动的失效分析

失效形式	原因	避免失效的措施
打滑	$F_e > F_{emax}$	1. 使带传递的最大功率不超过许用值,取适当的带型号、带轮直径和足够的根数; 2. 控制初拉力 F_0 和小带轮包角 α_1
疲劳破坏	$\sigma_{max} \geq [\sigma]$	1. 减少 σ_{max},如限制 V 带带轮的最小直径以控制 σ_{b1}; 2. 改变带的材料,提高 $[\sigma]$
磨损	弹性滑动、打滑	1. 提高 V 带的耐磨性; 2. 降低带轮表面的粗糙度值

5.4.2 V 带传动的设计准则和基本额定功率

由于带传动的主要失效形式是带在主动带轮上打滑、带的疲劳破坏和过度磨损。因此带传动的设计准则为:在保证带传动不打滑的条件下,使带具有一定的疲劳强度和使用寿命。

由式(5-1)、式(5-2)、式(5-5)、式(5-6)可得带不打滑时的最大有效拉力为

$$F_{ec} = F_1(1 - 1/e^{f_v \alpha_1}) = \sigma_1 A(1 - 1/e^{f_v \alpha_1}) \tag{5-14}$$

由式(5-9)可知,V 带的疲劳强度条件为

$$\sigma_{max} = \sigma_1 + \sigma_c + \sigma_{b1} \leq [\sigma] \tag{5-15}$$

即带传动设计应满足以下准则

$$\sigma_1 \leq [\sigma] - \sigma_c - \sigma_{b1} \tag{5-16}$$

式中:$[\sigma]$ 为一定条件下,由带的疲劳强度决定的许用应力。它与带的材质和应力循环次数 N 有关。

将式(5-16)代入式(5-14),则得

$$F_{ec} = ([\sigma] - \sigma_c - \sigma_{b1})A(1 - 1/e^{f_v \alpha_1}) \tag{5-17}$$

将式(5-17)代入式(5-3),即可得出单根普通 V 带所允许传递的最大功率为

$$P_0 = \frac{([\sigma] - \sigma_c - \sigma_{b1})(1 - 1/e^{f_v \alpha_1})Av}{1000} \tag{5-18}$$

式中:P_0 为单根普通 V 带的基本额定功率,kW。

单根普通 V 带所允许传递的最大功率 P_0 称为基本额定功率。在试验条件为载荷平稳,包角 $\alpha_1 = \alpha_2 = 180°$、带长 L_d 为特定基准长度,抗拉体为化学纤维线绳结构的情况下,据式(5-18),可求得单根普通 V 带的基本额定功率 P_0,具体数据见表 5-4。

表 5-4 单根普通 V 带基本额定功率 P_0/kW

带型	小带轮基准直径 /mm	小带轮转速 n_1/(r · min^{-1})										
		200	400	800	950	1200	1450	1600	1800	2000	2400	2800
Z	50	0.04	0.06	0.10	0.12	0.14	0.16	0.17	0.19	0.20	0.22	0.26
	56	0.04	0.06	0.12	0.14	0.17	0.19	0.20	0.23	0.25	0.30	0.33
	63	0.05	0.08	0.15	0.18	0.22	0.25	0.27	0.30	0.32	0.37	0.41
	71	0.06	0.09	0.20	0.23	0.27	0.30	0.33	0.36	0.39	0.46	0.50
	80	0.10	0.14	0.22	0.26	0.30	0.35	0.39	0.42	0.44	0.50	0.56
	90	0.10	0.14	0.24	0.28	0.33	0.36	0.40	0.44	0.48	0.54	0.60
A	75	0.15	0.26	0.45	0.51	0.60	0.68	0.73	0.79	0.84	0.92	1.00
	90	0.22	0.39	0.68	0.77	0.93	1.07	1.15	1.25	1.34	1.50	1.64
	100	0.26	0.47	0.83	0.95	1.14	1.32	1.42	1.58	1.66	1.87	2.05
	112	0.31	0.56	1.00	1.15	1.39	1.61	1.74	1.89	2.04	2.30	2.51
	125	0.37	0.67	1.19	1.37	1.66	1.92	2.07	2.26	2.44	2.74	2.98
	140	0.43	0.78	1.41	1.62	1.96	2.28	2.45	2.66	2.87	3.22	3.48
	160	0.51	0.94	1.69	1.95	2.36	2.73	2.54	2.98	3.42	3.80	4.06
	180	0.59	1.09	1.97	2.27	2.74	3.16	3.40	3.67	3.93	4.32	4.54
B	125	0.48	0.84	1.44	1.64	1.93	2.19	2.33	2.50	2.64	2.85	2.96
	140	0.59	1.05	1.82	2.08	2.47	2.82	3.00	3.23	3.42	3.70	3.85
	160	0.74	1.32	2.32	2.66	3.17	3.62	3.86	4.15	4.40	4.75	4.89
	180	0.88	1.59	2.81	3.22	3.85	4.39	4.68	5.02	5.30	5.67	5.76
	200	1.02	1.85	3.30	3.77	4.50	5.13	5.46	5.83	6.13	6.47	6.43
	224	1.19	2.17	3.86	4.42	5.26	5.97	6.33	6.73	7.02	7.25	6.95
	250	1.37	2.50	4.46	5.10	6.04	6.82	7.20	7.63	7.87	7.89	7.14
	280	1.58	2.89	5.13	5.85	6.90	7.76	8.13	8.48	8.60	8.22	6.80
C	200	1.39	2.41	4.07	4.58	5.29	5.84	6.07	6.28	6.34	6.02	5.01
	224	1.70	2.99	5.12	5.78	6.71	7.45	7.75	8.00	8.06	7.57	6.08
	250	2.03	3.62	6.23	7.04	8.21	9.08	9.38	9.63	9.62	8.75	6.56
	280	2.42	4.32	7.52	8.49	9.81	10.72	11.06	11.22	11.04	9.50	6.13
	315	2.84	5.14	8.92	10.05	11.53	12.46	12.72	12.67	12.14	9.43	4.16
	355	3.36	6.05	10.46	11.73	13.31	14.12	14.19	13.73	12.59	7.98	—
	400	3.91	7.06	12.10	13.48	15.04	15.53	15.24	14.08	11.95	4.34	—
	450	4.51	8.20	13.80	15.23	16.59	16.47	15.57	13.29	9.64	—	—

注：这里仅列出 Z、A、B、C 的单根普通 V 带基本额定功率 P_0，其他的型号可以查阅相关资料。

5.4.3　单根普通 V 带的许用功率

实际上，大多数 V 带的工作条件与上述特定条件不同，故需要对 P_0 值进行修正，我们将单根普通 V 带在实际工作条件下所能传递的功率称为许用功率，记为 $[P_0]$。其计算式为

$$[P_0] = (P_0 + \Delta P_0)K_\alpha K_L \tag{5-19}$$

式中：ΔP_0 为当传动比不等于 1 时，单根普通 V 带的基本额定功率增量，其值见表 5-5；K_α 为包角系数，考虑包角 $\alpha_1 \neq 180°$ 时对传动能力的影响，其值见表 5-6；K_L 为长度修正系数，考虑到实际带长不等于特定基准长度时对传动能力的影响，其值见表 5-2。

表 5-5　单根普通 V 带的基本额定功率增量 $\Delta P_0/\mathrm{kW}$

带型	传动比 i	小带轮转速 $n_1/(\mathrm{r \cdot min^{-1}})$									
		400	700	800	950	1200	1450	1600	2000	2400	2800
Z	1.00~1.01	0.00	0.00	0.00	0.00	0.00	0.00	0.00	0.00	0.00	0.00
	1.02~1.04	0.00	0.00	0.00	0.00	0.00	0.00	0.01	0.01	0.01	0.01
	1.05~1.08	0.00	0.00	0.00	0.00	0.01	0.01	0.01	0.01	0.02	0.02
	1.09~1.12	0.00	0.00	0.00	0.01	0.01	0.01	0.01	0.02	0.02	0.02
	1.13~1.18	0.00	0.00	0.01	0.01	0.01	0.01	0.01	0.02	0.02	0.03
	1.19~1.24	0.00	0.00	0.01	0.01	0.01	0.02	0.02	0.02	0.03	0.03
	1.25~1.34	0.00	0.01	0.01	0.01	0.02	0.02	0.02	0.02	0.03	0.03
	1.35~1.50	0.00	0.01	0.01	0.02	0.02	0.02	0.02	0.03	0.03	0.04
	1.51~1.99	0.01	0.01	0.02	0.02	0.02	0.02	0.03	0.03	0.04	0.04
	≥2.0	0.01	0.02	0.02	0.02	0.03	0.02	0.03	0.04	0.04	0.04
A	1.00~1.01	0.00	0.00	0.00	0.00	0.00	0.00	0.00	0.00	0.00	0.00
	1.02~1.04	0.00	0.01	0.01	0.01	0.01	0.02	0.02	0.03	0.03	0.04
	1.05~1.08	0.01	0.02	0.02	0.03	0.03	0.04	0.04	0.06	0.07	0.08
	1.09~1.12	0.02	0.03	0.03	0.04	0.05	0.06	0.06	0.08	0.10	0.11
	1.13~1.18	0.02	0.04	0.04	0.05	0.07	0.08	0.09	0.11	0.13	0.15
	1.19~1.24	0.03	0.05	0.05	0.06	0.08	0.09	0.11	0.13	0.16	0.19
	1.25~1.34	0.03	0.06	0.06	0.07	0.10	0.11	0.13	0.16	0.19	0.23
	1.35~1.50	0.04	0.07	0.08	0.08	0.11	0.13	0.15	0.19	0.23	0.26
	1.51~1.99	0.04	0.08	0.09	0.10	0.13	0.15	0.17	0.22	0.26	0.30
	≥2.0	0.05	0.09	0.10	0.11	0.15	0.17	0.19	0.24	0.29	0.34

带型	传动比 i	小带轮转速 $n_1/(\text{r}\cdot\text{min}^{-1})$									
		400	700	800	950	1200	1450	1600	2000	2400	2800
B	1.00~1.01	0.00	0.00	0.00	0.00	0.00	0.00	0.00	0.00	0.00	0.00
	1.02~1.04	0.01	0.02	0.03	0.03	0.04	0.05	0.06	0.07	0.08	0.10
	1.05~1.08	0.03	0.05	0.06	0.07	0.08	0.10	0.11	0.14	0.17	0.20
	1.09~1.12	0.04	0.07	0.08	0.10	0.13	0.15	0.17	0.21	0.25	0.29
	1.13~1.18	0.06	0.10	0.11	0.13	0.17	0.20	0.23	0.28	0.34	0.39
	1.19~1.24	0.07	0.12	0.14	0.17	0.21	0.25	0.28	0.35	0.42	0.49
	1.25~1.34	0.08	0.15	0.17	0.20	0.25	0.31	0.34	0.42	0.51	0.59
	1.35~1.50	0.10	0.17	0.20	0.23	0.30	0.36	0.39	0.49	0.59	0.69
	1.51~1.99	0.11	0.20	0.23	0.26	0.34	0.40	0.45	0.56	0.68	0.79
	≥2.0	0.13	0.22	0.25	0.30	0.38	0.46	0.51	0.63	0.76	0.89
C	1.00~1.01	0.00	0.00	0.00	0.00	0.00	0.00	0.00	0.00	0.00	0.00
	1.02~1.04	0.04	0.07	0.08	0.09	0.12	0.14	0.16	0.20	0.23	0.27
	1.05~1.08	0.08	0.14	0.16	0.19	0.24	0.28	0.31	0.39	0.47	0.55
	1.09~1.12	0.12	0.21	0.23	0.27	0.35	0.42	0.47	0.59	0.70	0.82
	1.13~1.18	0.16	0.27	0.31	0.37	0.47	0.58	0.63	0.78	0.94	1.10
	1.19~1.24	0.20	0.34	0.39	0.47	0.59	0.71	0.78	0.98	1.18	1.37
	1.25~1.34	0.23	0.41	0.47	0.56	0.70	0.85	0.94	1.17	1.41	1.64
	1.35~1.50	0.27	0.48	0.55	0.65	0.82	0.99	1.10	1.37	1.65	1.92
	1.51~1.99	0.31	0.55	0.63	0.74	0.94	1.14	1.25	1.57	1.88	2.19
	≥2.0	0.35	0.62	0.71	0.83	1.06	1.27	1.41	1.76	2.12	2.47
D	1.00~1.01	0.00	0.00	0.00	0.00	0.00	0.00	0.00	—	—	—
	1.02~1.04	0.14	0.24	0.28	0.33	0.42	0.51	0.56	—	—	—
	1.05~1.08	0.28	0.49	0.56	0.66	0.84	1.01	1.11	—	—	—
	1.09~1.12	0.42	0.73	0.83	0.99	1.25	1.51	1.67	—	—	—
	1.13~1.18	0.56	0.97	1.11	1.32	1.67	2.02	2.23	—	—	—
	1.19~1.24	0.70	1.22	1.39	1.60	1.09	2.52	2.78	—	—	—
	1.25~1.34	0.83	1.46	1.67	1.92	2.50	3.02	3.33	—	—	—
	1.35~1.50	0.97	1.70	1.95	2.31	2.92	3.52	3.89	—	—	—
	1.51~1.99	1.11	1.95	2.22	2.64	3.34	4.03	4.45	—	—	—
	≥2.0	1.25	2.19	2.50	2.97	3.75	4.53	5.00	—	—	—

注：这里仅列出 Z、A、B、C、D 单根普通 V 带的基本额定功率 ΔP_0，其他的型号可以查阅相关资料。

表 5-6 包角系数 K_α

小带轮包角 α_1	180°	175°	170°	165°	160°	155°	150°	145°	140°	135°	130°	125°	120°
K_α	1.00	0.99	0.98	0.96	0.95	0.93	0.92	0.91	0.89	0.88	0.86	0.84	0.82

5.5 普通 V 带的设计计算

5.5.1 原始数据和设计内容

1. 原始数据

在 V 带传动设计时，一般原始数据为：V 带传动用途和工作条件，载荷性质，传递的功率 P，带轮的转速 n_1、n_2（或 n_1 和传动比 i）及对传动外廓尺寸的要求等。

2. 设计内容

主要设计内容为：确定 V 带的型号、基准长度和根数，确定带传动的中心距，带轮基准直径及结构尺寸，计算带的预紧力 F_0 及对轴的压力等。

5.5.2 设计步骤和设计参数的选择

1. 确定计算功率 P_c

计算功率 P_c 是根据传递的功率 P，并考虑载荷性质和每天工作时间等因素的影响而确定的，即

$$P_c = K_A P \tag{5-20}$$

式中：P 为所需传递的额定功率（如电动机的额定功率或名义的负载功率），kW；K_A 为工作情况系数，见表 5-7。

表 5-7 工作情况系数 K_A

载荷性质	工作机	K_A					
		空、轻载启动			重载启动		
		每天工作小时数/h					
		<10	10~16	>16	<10	10~16	>16
载荷变动较小	液体搅拌机、通风机和鼓风机（≤7.5 kW）、离心式水泵和压缩机、轻负荷输送机	1.0	1.1	1.2	1.1	1.2	1.3
载荷变动小	带式输送机（不均匀载荷）、通风机（>7.5 kW）、旋转式水泵和压缩机（非离心式）、发动机、金属切削机床、印刷机、旋转筛、锯木机和木工机械	1.1	1.2	1.3	1.2	1.3	1.4

载荷性质	工作机	K_A					
		空、轻载启动			重载启动		
		每天工作小时数/h					
		<10	10~16	>16	<10	10~16	>16
载荷变动较大	制砖机、斗式提升机、往复式水泵和压缩机、起重机、磨粉机、冲剪机床、橡胶机械、振动筛、织布机械、重载输送机	1.2	1.3	1.4	1.4	1.5	1.6
载荷变动很大	破碎机(旋转式、颚式)、磨碎机(球磨、棒磨、管磨)	1.3	1.4	1.5	1.5	1.6	1.8

注：(1)空、轻载启动——电动机(交流启动、星三角启动、直流并励)、四缸以上的内燃机，装有离心式离合器、液力联轴器的动力机；

(2)重载启动——电动机(联机交流启动、直流复励或串励)、四缸以下的内燃机；

(3)反复启动、正反转频繁、工作条件恶劣等场合，K_A 应乘1.2；

(4)在增速传动时，K_A 应乘下列系数

增速比 i：　1.25~1.74　1.75~2.49　2.5~3.49　≥3.5

系数：　　　1.05　　　1.11　　　1.18　　　1.25

2. 选择 V 带型号

根据计算功率 P_c 和小带轮的转速 n_1，由图 5-11 选取普通 V 带的型号。

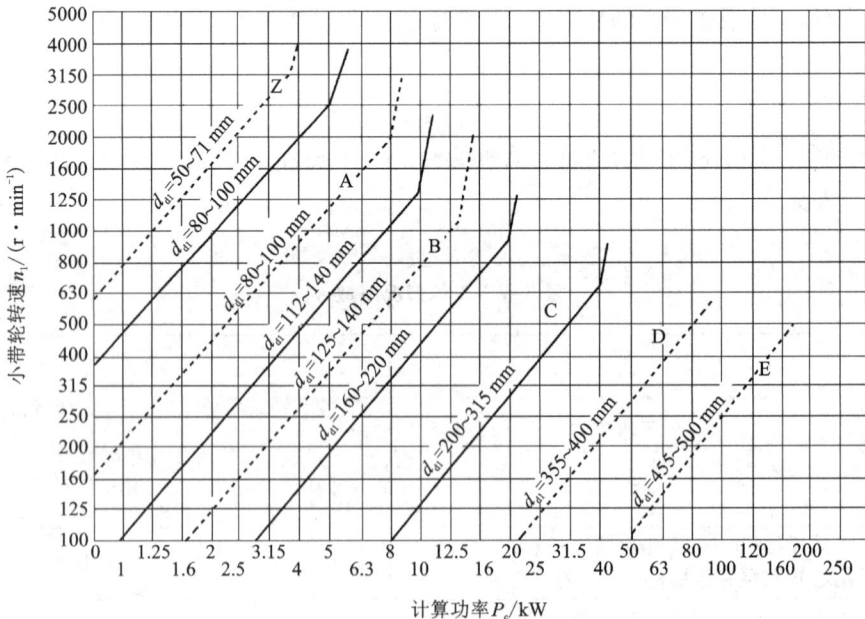

注：因为 Y 型用于传递运动，所以没有列出。

图 5-11　普通 V 带选型图

3. 确定大、小带轮基准直径，并验算带速

（1）初选小带轮基准直径 d_{d1}。

小带轮基准直径愈小，V 带的弯曲应力愈大，会降低带的使用寿命；反之，若小带轮基准直径过大，则带传动的整体外廓尺寸增大，使结构不紧凑。故设计时小带轮基准直径 d_{d1} 应根据图 5-11 中的 d_{d1} 推荐值，并参考表 5-8 和表 5-9 确定，并使 $d_{d1} \geq d_{dmin}$。

表 5-8　V 带轮最小基准直径　　　　　　　　　　　　　　　　　单位：mm

带型	Y	Z	A	B	C	D	E
d_{dmin}	20	50	75	125	200	355	500

表 5-9　普通 V 带轮的基准直径系列　　　　　　　　　　　　单位：mm

带型	基准直径 d_d
Y	20, 22.4, 25, 28, 31.5, 35.5, 40, 45, 50, 56, 63, 71, 80, 90, 100, 112, 125
Z	50, 56, 63, 71, 75, 80, 90, 100, 112, 125, 132, 140, 150, 160, 180, 200, 224, 250, 280, 315, 355, 400, 500, 630
A	75, 80, 85, 90, 95, 100, 106, 112, 118, 125, 132, 140, 150, 160, 180, 200, 224, 250, 280, 315, 355, 400, 450, 500, 560, 630, 710, 800
B	125, 132, 140, 150, 160, 170, 180, 200, 224, 250, 280, 315, 355, 400, 450, 500, 560, 600, 630, 710, 750, 800, 900, 1000, 1120
C	200, 212, 224, 236, 250, 265, 280, 300, 315, 335, 355, 400, 450, 500, 560, 600, 630, 710, 750, 800, 900, 1000, 1120, 1250, 1400, 1600, 2000
D	355, 375, 400, 425, 450, 475, 500, 560, 600, 630, 710, 750, 800, 900, 1000, 1060, 1120, 1250, 1400, 1500, 1600, 1800, 2000
E	500, 530, 560, 600, 630, 670, 710, 800, 900, 1000, 1120, 1250, 1400, 1500, 1600, 1800, 2000, 2240, 2500

（2）验算带速 v。

$$v = \frac{d_{d1} n_1 \pi}{60 \times 1000} = \frac{d_{d2} n_2 \pi}{60 \times 1000} \tag{5-21}$$

一般应使带速 v 控制为 5~25 m/s，若 v 过大，则离心力大，降低带的使用寿命；反之，若 v 过小，传递功率不变，则所需的 V 带的根数增多。若 v 过低或过高，可以调整小带轮直径和转速的大小。

（3）计算大带轮基准直径 d_{d2}。

$$d_{d2} = d_{d1} \times i = \frac{d_{d1} n_1}{n_2}$$

由上式计算出来的 d_{d2} 值，最后应圆整为表 5-9 中的基准直径系列值。

4. 确定中心距, 并选择 V 带的基准长度

(1) 初定中心距 a_0。

若中心距未给定, 可先根据结构需要初定中心距 a_0。中心距过大, 则传动结构尺寸大, 且 V 带易颤动; 中心距过小, 小带轮包角 α_1 减小, 降低传动能力, 且带的绕转次数增多, 降低带的使用寿命。因此中心距通常按下式初定, 即

$$0.7(d_{d1}+d_{d2}) \leqslant a_0 \leqslant 2(d_{d1}+d_{d2}) \tag{5-22}$$

(2) 计算带长 L_0。

a_0 取定后, 根据带传动的几何关系, 按下式计算带长 L_0, 即

$$L_0 = 2a_0 + \frac{\pi(d_{d1}+d_{d2})}{2} + \frac{(d_{d2}-d_{d1})^2}{4a_0} \tag{5-23}$$

(3) 确定带的基准长度 L_d。

根据 L_0 和 V 带型号, 由表 5-2 选取相应带的基准长度 L_d。

(4) 确定实际中心距 a。

根据选取的基准长度 L_d, 按下式近似计算实际中心距, 即

$$a \approx a_0 + \frac{L_d - L_0}{2} \tag{5-24}$$

(5) 确定中心距的变化范围。

考虑安装、更换 V 带和调整、补偿初拉力(例如带伸长而松弛后的张紧), V 带传动通常设计成中心距可调的形式, 中心距变动范围为

$$a_{min} = a - 0.015L_d$$
$$a_{max} = a + 0.03L_d$$

5. 验算小带轮(即主动带轮)上的包角 α_1

$$\alpha_1 = 180° - \frac{d_{d2}-d_{d1}}{a} \times 57.3° \tag{5-25}$$

小带轮上的包角 α_1 小于大带轮上的包角 α_2, 小带轮上的总摩擦力相应地小于大带轮上的总摩擦力。因此, 打滑只可能发生在小带轮上, 为提高带传动能力, 一般要求 $\alpha_1 \geqslant 120°$, 否则应采用加大中心距或减小传动比以及加张紧轮等方式来增大 α_1 值。

6. 确定 V 带根数 Z

V 带的根数 Z 可按下式计算, 即

$$Z = \frac{P_c}{[P_0]} = \frac{P_c}{(P_0 + \Delta P_0)K_\alpha K_L} \tag{5-26}$$

计算出的 Z 值最后应圆整为整数, 为了使每根 V 带所受的载荷比较均匀, V 带的根数不能过多, 一般取 $Z = 3 \sim 6$ 根为宜, 最多不超过 10 根, 否则应改选带的型号并重新计算。

7. 确定单根带的初拉力 F_0

由式(5-5), 并计入离心力和包角的影响, 可得单根 V 带的最小初拉力为

$$F_0 = \frac{500P_c}{vZ}\left(\frac{2.5}{K_\alpha} - 1\right) + qv^2 \tag{5-27}$$

在 V 带传动中, 若初拉力 F_0 过小, 则产生的摩擦力小, 易出现打滑。安装时, 应保证初

拉力大于上述值，但初拉力 F_0 过大，则会降低带的使用寿命，增大对轴的压力。

8. 计算 V 带对轴的压力 Q

带对轴的压力 Q 是设计带轮所在的轴与轴承的依据。为了简化计算，可近似按两边的预紧力 F_0 的合力来计算，如图 5-12 所示。

$$Q = 2ZF_0 \sin \frac{\alpha_1}{2} \tag{5-28}$$

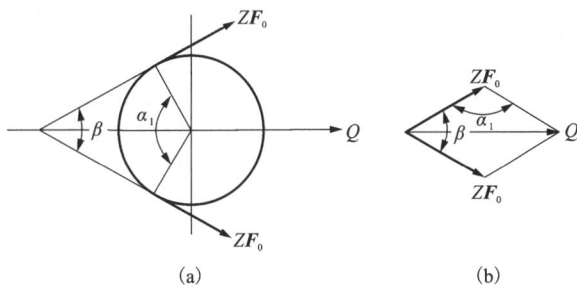

(a) (b)

图 5-12　V 带对轴的压力 Q

5.6　V 带轮的设计

5.6.1　V 带轮的设计内容

根据带轮的基准直径和带轮转速等已知条件，确定带轮的材料、结构形式、轮槽、轮辐和轮毂的几何尺寸、公差和表面粗糙度及相关技术要求。

5.6.2　V 带轮的结构形式

V 带轮一般由轮缘、轮毂和轮辐 3 部分组成。根据轮辐的结构不同，V 带轮可分为如下4 种形式。

（1）实心式。主要适用于带轮基准直径 $d_d \leqslant (2.5 \sim 3)d_s$ 的场合（d_s 为带轮轴孔直径），其结构形式和主要尺寸如图 5-13（a）所示。

（2）腹板式。主要适用于带轮基准直径 $d_d \leqslant 300$ mm 的场合，其结构形式和主要尺寸如图 5-13（b）所示。

（3）孔板式。主要适用于带轮基准直径 $d_d \leqslant 300$ mm 且 $d_1 - d_b \geqslant 100$ mm 的场合，其结构形式和主要尺寸如图 5-13（c）所示。

（4）轮辐式。主要适用于带轮基准直径 $d_d > 300$ mm 的场合，其结构形式和主要尺寸如图 5-13（d）所示。

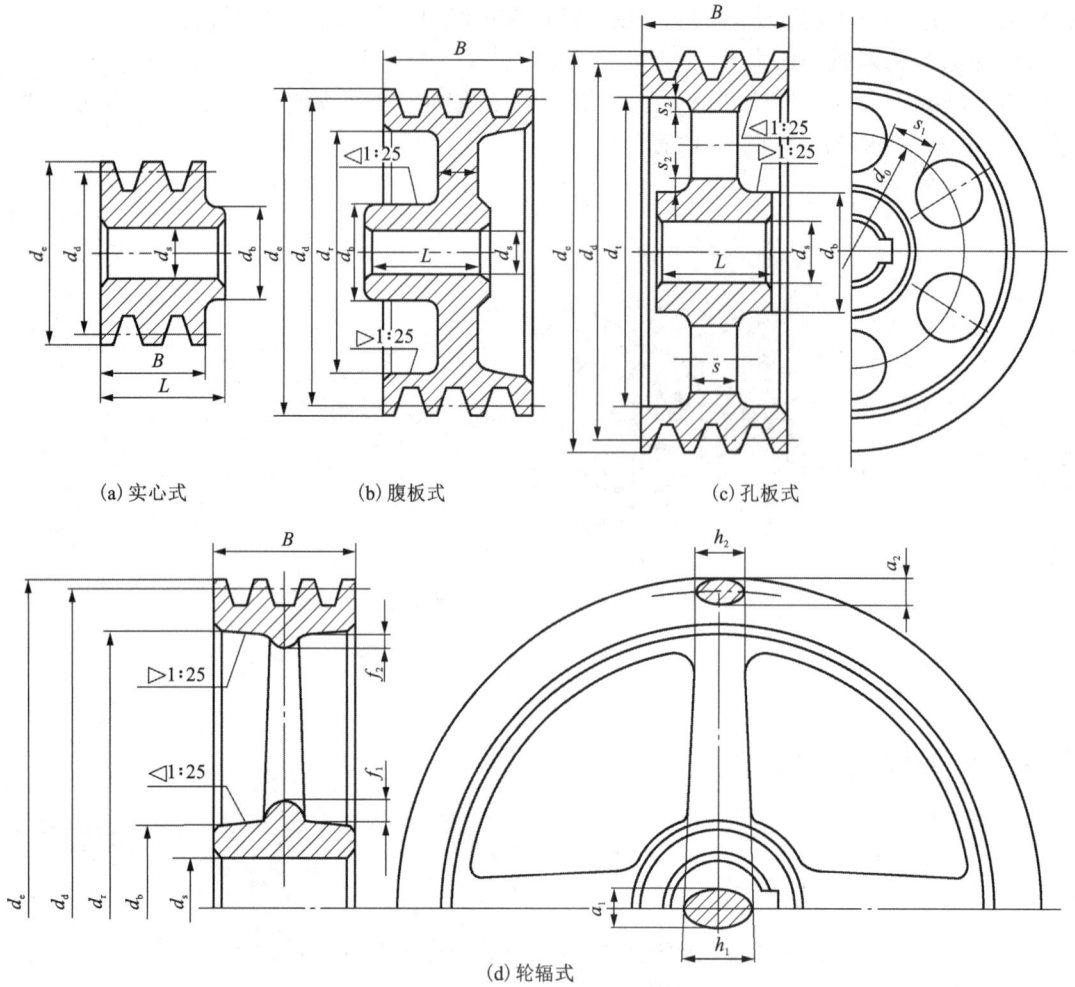

(a) 实心式　　　　(b) 腹板式　　　　(c) 孔板式

(d) 轮辐式

$d_b = (1.8 \sim 2) d_s$；$d_r = d_e - 2(h_f + \delta)$；$h_1 = 290 \sqrt[3]{\dfrac{P}{nA}}$；$h_2 = 0.8 h_1$；$d_0 = \dfrac{d_b + d_t}{2}$；

h_f，δ 见表 5-10；$a_1 = 0.4 h_1$；$s = (0.2 \sim 0.3) B$；$L = (1.5 \sim 2) d_s$；

$a_2 = 0.8 a_1$；$s_1 \geqslant 1.5 s$；$s_2 \geqslant 0.5 s$；$f_1 = f_2 = 0.2 h_1$；

P—传递的功率，kW；n—带轮的转速；A—轮辐数。

图 5-13　V 带轮的结构及尺寸

5.6.3　V 带轮的材料

在工程上，V 带轮的材料通常为灰铸铁，当带速 $v < 25$ m/s 时，采用 HT150；带速 $v = 25 \sim 30$ m/s 时，采用 HT200；当带速 v 更高时，宜采用铸钢或钢的焊接结构；传递小功率时，V 带轮也可采用铝合金或塑料等。

5.6.4　V 带轮的结构设计

在 V 带轮的结构设计中，其设计步骤如下：

114

（1）根据带轮基准直径 d_d 选择 V 带轮的结构形式。

（2）根据 V 带型号确定其轮槽横截面尺寸，其中 V 带轮的轮槽横截面尺寸见表 5-10。

（3）参考图 5-13 所列的经验公式计算 V 带轮的其他结构尺寸。

（4）确定了 V 带轮各部分的尺寸后，就可绘制出 V 带轮的零件工作图。

总之，V 带轮结构设计的基本要求为：具有足够的强度，结构工艺性好，质量分布均匀，重量轻，轮槽两侧工作面具有一定的表面粗糙度和尺寸精度，以减少带的磨损和载荷分布的不均匀。

表 5-10　V 带轮的轮槽横截面尺寸　　　　　　　　　　　　　　　　单位：mm

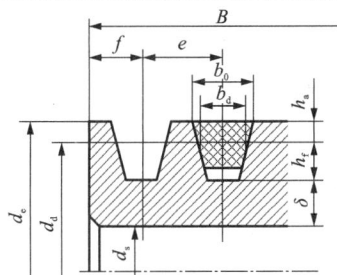

		Y	Z	A	B	C	D	E
b_d		5.3	8.5	11.0	14.0	19	27	32
h_{amin}		1.6	2.0	2.75	3.5	4.8	8.1	9.6
h_{fmin}		4.7	7.0	8.7	10.8	14.3	19.9	23.1
e		8±0.3	12±0.1	15±0.3	19±0.4	25.5±0.5	37±0.6	44.5±0.7
f_{min}		6	7	9	11.5	16	23	28
δ_{min}		5	5.5	6	7.5	10	12	15
B		\multicolumn{7}{c}{$B=(z-1)e+2f$（z 为轮槽数）}
d_e		\multicolumn{7}{c}{$d_e=d_d+2h_d$}
φ	32°	对应的 d_d ≤60	—					
	34°	—	≤80	≤118	≤190	≤315	—	
	36°	>60	—				≤475	≤600
	38°	—	>80	>118	>190	>315	>475	>600

5.6.5　V 带轮的技术要求

铸造、焊接的带轮轮槽工作面不应有砂眼、气孔，轮辐及轮毂不应有缩孔和较大的凹陷。带轮外缘棱角要倒圆和倒钝。轮毂孔公差多取 H7 或 H8，毂长上偏差为 IT14，下偏差为零。转速高于极限转速的带轮要做静平衡，反之要做动平衡。其他条件参见 GB/T 13575.1—2022 中的规定。

【例 5-1】 设计某带式输送机传动系统中第一级用的普通 V 带传动。电动机功率 $P=4$ kW，普通异步电动机驱动，主动带轮转速 $n_1=1440$ r/min，传动比 $i=3.4$，每天工作 8 小时。

解：

(1)确定计算功率 P_c。

由表 5-7 查得 $K_A=1.1$。

由式(5-20)得 $P_c=K_A P=1.1×4=4.4$ kW。

(2)选择 V 带型号。

根据 $P_c=4.4$ kW，$n_1=1440$ r/min，由图 5-11 选取 A 型 V 带。

(3)确定带轮基准直径，并验算带速 v。

①初选小带轮直径。

由图 5-11 可知，小带轮基准直径的推荐值为 80~100 mm。

由表 5-8 和表 5-9，则取 $d_{d1}=90$ mm。

②验算带速 v。

由式(5-21)得带速

$$v=\frac{\pi d_{d1} n_1}{60×1000}=\frac{3.14×90×1440}{60×1000}=6.78 \text{ m/s}$$

因为 v 值在 5 m/s 至 25 m/s 范围内，带速合适。

③计算大带轮直径

$$d_{d2}=i×d_{d1}=3.4×90=306 \text{ mm}$$

根据表 5-9，取 $d_{d2}=315$ mm。

(4)确定带长 L_d 和中心距 a。

①由式(5-22)初定中心距

$$0.7(d_{d1}+d_{d2})≤a_0≤2(d_{d1}+d_{d2})$$

$$283.5 \text{ mm}≤a_0≤810 \text{ mm}$$

初取中心距 $a_0=500$ mm。

②由式(5-23)计算带所需的基准长度。

$$L_0=2a_0+\frac{\pi(d_{d1}+d_{d2})}{2}+\frac{(d_{d2}-d_{d1})^2}{4a_0}==2×500+\frac{3.14}{2}×(90+315)+\frac{(315-90)^2}{4×500}≈1661 \text{ mm}$$

由表 5-2，取 $L_d=1600$ mm。

③由式(5-24)计算实际中心距 a。

$$a≈a_0+\frac{L_d-L_0}{2}=500+\frac{1600-1661}{2}≈470 \text{ mm}$$

(5)验算小带轮上的包角 α_1。

$$\alpha_1=180°-\frac{d_{d2}-d_{d1}}{a}×57.3°=180°-\frac{315-90}{470}×57.3°≈152.57°>120°$$

(6)确定 V 带根数 Z。

①计算单根 V 带的许用功率 $[P_0]$。

查表 5-4，由线性插值法可得 $P_0=0.93+\frac{1.07-0.93}{1450-1200}×(1440-1200)=1.064$ kW。

查表 5-5，由线性插值法可得 $\Delta P_0 = 0.15 + \dfrac{0.17 - 0.15}{1450 - 1200} \times (1440 - 1200) = 0.17$ kW。

查表 5-6，由线性插值法可得 $K_\alpha = 0.92 + \dfrac{0.93 - 0.92}{155 - 150} \times (152.57 - 150) = 0.925$。

查表 5-2，可得 $K_L = 0.99$。

$$[P_0] = (P_0 + \Delta P_0) K_\alpha K_L = (1.064 + 0.17) \times 0.925 \times 0.99 = 1.13$$

②计算 V 带的根数。

由式(5-26)得 V 带根数 Z

$$Z = \frac{P_c}{[P_0]} = \frac{4.4}{1.13} = 3.89$$

取整数，故 $Z = 4$ 根。

(7)计算单根 V 带的初拉力 F_0。

查表 5-1 得 A 型带的单位长度质量 $q = 0.1$ kg/m，由式(5-27)得单根 V 带的初拉力 F_0

$$F_0 = \frac{500 P_c}{Z v}\left(\frac{2.5}{K_\alpha} - 1\right) + q v^2 = \frac{500 \times 4.4}{4 \times 6.78} \times \left(\frac{2.5}{0.925} - 1\right) + 0.1 \times 6.78^2 \approx 143 \text{ N}$$

(8)计算 V 带对轴的压力 Q。

由式(5-28)得 V 带对轴的压力 Q 为

$$Q = 2 Z F_0 \sin\frac{\alpha_1}{2} = 2 \times 4 \times 143 \times \sin\left(\frac{152.57°}{2}\right) \approx 1110 \text{ N}$$

(9)V 带轮的结构设计，并绘制 V 带轮的零件工作图(略)。

5.7 带传动的张紧、安装和维护

5.7.1 带传动的张紧

带工作一段时间后，其塑性变形和磨损会导致带松弛，张紧力减小，带的传动能力因之下降。为了保证带传动能正常工作，就必须对其重新张紧。目前常见的张紧方法和装置如下。

1. 定期张紧装置

如图 5-14(a)所示，通常用调节螺杆来改变电动机在滑道上的位置，以增大中心距，从而达到张紧的目的。此方法常用于水平布置的带传动。

如图 5-14(b)所示，通过调节螺杆来改变摆动架的位置，以增人中心距，从而达到张紧的目的。此方法常用于近似垂直布置的带传动。

2. 自动张紧装置

如图 5-14(c)所示，靠电动机和机座的自重，使带轮绕固定轴摆动，以自动调整中心距达到张紧的目的。此方法常用于小功率近似垂直布置的带传动。

3. 采用张紧轮的张紧装置

如图 5-14(d)所示，是利用张紧轮张紧，张紧轮一般安装在带的松边内侧，尽量靠近大带轮，以避免使带受到双向弯曲以及小带轮包角 α_1 减小太多。此方法常用于中心距不可调节的场合。

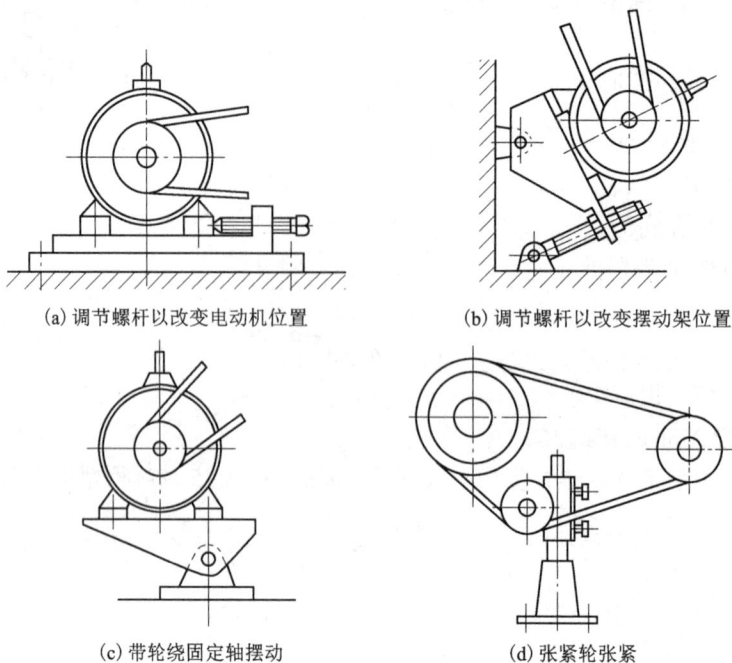

(a)调节螺杆以改变电动机位置　　　　　(b)调节螺杆以改变摆动架位置

(c)带轮绕固定轴摆动　　　　　(d)张紧轮张紧

图 5-14　常见的张紧方法和装置

5.7.2　V 带的安装和维护

为了保证带传动的正常工作，延长 V 带的使用寿命，必须正确地安装、使用和维护 V 带。在 V 带安装和使用时，应注意如下几点：

(1)安装时，两带轮轴线应平行，轮槽应对齐；对于水平安装的带传动，应尽可能使紧边在下，松边在上，以增大小带轮的包角。

(2)安装时，应先缩小中心距，将带套入带轮槽中后，再增大中心距并张紧，严禁硬撬，以免损坏带的工作表面和降低带的弹性。

(3)定期检查 V 带，当发现其中一根需要更换时，必须全部同时更换；另为了使每根 V 带受力均匀，同组 V 带的型号、基准长度、公差等级及生产厂家应相同。

(4)V 带传动需要有防护罩，以免发生意外事故。

(5)安装 V 带时，应保证和控制适当的初拉力 F_0，一般可凭经验来确定，即在 V 带与两带轮切点的跨度中点，以大拇指能按下 15 mm 为宜。

(6)V 带一般不宜与酸、碱、油等化学物质接触，工作温度不宜超过 60 ℃，以避免带的损坏。

思考题和习题

5-1　带传动中的弹性滑动与打滑有何区别？对传动有何影响？如何避免打滑？

5-2　带传动的主要失效形式有哪些？带传动的设计准则是什么？

5-3　带传动张紧的目的是什么? 采用张紧轮张紧时, 对张紧轮的布置有什么要求?

5-4　V 带传动的传递功率 $P = 10$ kW, 带的速度 $v = 12$ m/s, 紧边拉力 F_1 是松边拉力 F_2 的 2 倍, 即 $F_1 = 2F_2$, 试求紧边拉力 F_1、松边拉力 F_2、有效拉力 F_e 和初拉力 F_0。

5-5　已知普通 V 带传动的 $n_1 = 960$ r/min, $n_2 = 350$ r/min, $d_{d1} = 180$ mm, 两轮中心距 $a = 1200$ mm, V 带型号为 A 型, 带的根数 $Z = 4$ 根, 工作时有振动, 一天工作 16 h(即两班制工作), 电机驱动, 试求该 V 带能传递的最大功率。

5-6　试设计一带式输送机中的普通 V 带传动。已知电动机的额定功率 $P = 12$ kW, 小带轮转速 $n_1 = 1460$ r/min, 大带轮转速 $n_2 = 550$ r/min, 转速允许误差为 $\pm 5\%$, 两班制工作, 要求两轮中心距约为 500 mm。

自测题

一、选择题

1. 带传动中, 选择 V 带型号是根据(　　)。

A. 计算功率和小带轮转速　　　　　　B. 转速

C. 小带轮直径　　　　　　　　　　　D. 传递功率

2. 带正常工作时, 紧边拉力 F_1 和松边拉力 F_2 满足关系(　　)。

A. $F_1 > F_2$　　　　B. $F_1 = F_2$　　　　C. $F_1 < F_2$　　　　D. 均有可能

3. 带传动在工作时产生弹性滑动是由于(　　)。

A. 包角太小　　　　　　　　　　　　B. 初拉力 F_0 太小

C. 紧边拉力与松边拉力不等　　　　　D. 传动过载

4. 当带的传动比与小带轮直径一定时, 若增大中心距, 则小带轮上的包角(　　)。

A. 减小　　　　B. 增大　　　　C. 不变　　　　D. 无法判断

5. 带传动采用张紧轮的目的是(　　)。

A. 减轻带的弹性滑动　　　　　　　　B. 提高带的寿命

C. 改变带的运动方向　　　　　　　　D. 调节带的初拉力

6. V 带的楔角等于(　　)。

A. $40°$　　　　B. $35°$　　　　C. $30°$　　　　D. $20°$

7. 当带的线速度 $u < 30$ m/s 时, 一般采用(　　)来制造带轮。

A. 铸铁　　　　B. 优质铸铁　　　　C. 铸钢　　　　D. 铝合金

8. 带传动中, 两带轮与带的摩擦系数相同, 直径不等, 如有打滑则先发生在(　　)轮上。

A. 大　　　　B. 小　　　　C. 两带　　　　D. 无法确定

9. V 带的参数中, (　　)尚未标准化。

A. 截面尺寸　　　　　　　　　　　　B. 长度

C. 楔角　　　　　　　　　　　　　　D. 带厚度与小带轮直径的比值

10. 带传动正常工作时, 紧边拉力 F_1 和松边拉力 F_2 满足关系(　　)。

A. $F_1 = F_2$　　B. $F_1 - F_2 = F_e$　　C. $F_1/F_2 = e^{f\alpha}$　　D. $F_1 = F_2 = F_0$

二、填空题

1. V 带传动的主要失效形式有_____和_____。

2. 带传动是工程上应用很广的一种机械，它是由_____、_____和_____组成的。

3. 根据带的截面形状不同，摩擦式带传动可分为_____、_____、_____和_____。

4. 带传动的设计准则是在保证带传动不打滑的情况下，使带具有一定的_____和_____。

5. 皮带传动中，初拉力 F_0 过小，则带与带轮之间的_____减小，皮带容易出现_____现象而导致传动失效。

6. 普通 V 带传动中，已知初拉力为 2500 N，传递圆周力为 800 N，若不计带的离心力，则工作时的紧边拉力为_____，松边拉力为_____。

7. 皮带传动中，带横截面内的最大应力发生在_____，带传动的打滑总是发生在_____之间。

8. 带传动工作时，带上应力由_____、_____和_____三部分组成。

9. 带内产生的瞬时最大应力由_____和_____两种应力组成。

10. 在带传动中，弹性滑动是_____避免的，打滑是_____避免的。

三、判断题

1. 带的弹性滑动使传动比不准确，传动效率低，带损加快，因此在设计中应避免带出现弹性滑动。（　　）

2. 在传动系统中，皮带传动往往放在高速级是因为它可以传递较大的转矩。（　　）

3. 当带传动的载荷稳定不变时，其弹性滑动等于零。（　　）

4. 带传动中的弹性滑动不可避免的原因是瞬时传动比不稳定。（　　）

5. V 带传动中其他条件相同时，小带轮包角越大，承载能力越大。（　　）

6. 带传动中，带的离心拉应力与带轮直径有关。（　　）

7. 弹性滑动对带传动性能的影响为：传动比不准确，主、从动带轮的圆周速度不等，传动效率低，带的磨损加快，温度升高，因而弹性滑动是种失效形式。（　　）

8. 带传动的弹性打滑是由带的初拉力不够引起的。（　　）

9. 当带传动的传递功率过大引起打滑时，松边拉力为零。（　　）

10. V 带的公称长度是指它的内周长。（　　）

第 6 章
链传动设计

✎ **本章思维导图**

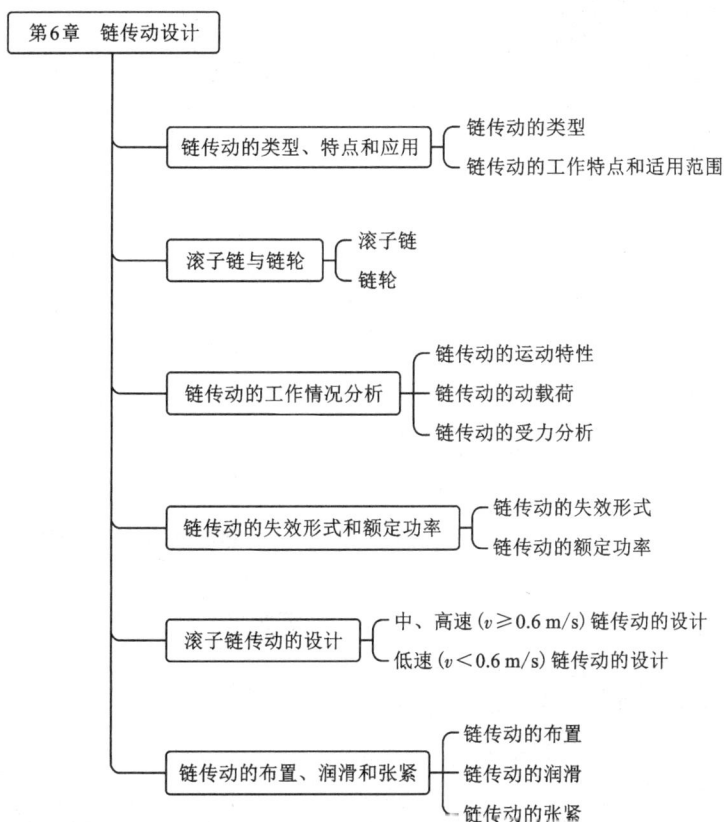

6.1　链传动的类型、特点和应用

6.1.1　链传动的类型

　　在工程上，链传动是一种应用较广的机械传动。它由主动链轮 1、从动链轮 2 和绕在链轮上的链条 3 组成，如图 6-1 所示。工作时，依靠挠性件链条与链轮轮齿的啮合来传递运动和动力。

根据用途不同，链传动可分为起重链、输送链和传动链 3 种。起重链主要用在起重机械中提升重物，其工作速度 $v \leqslant 0.25$ m/s；输送链主要用在运输机械中移动重物，其工作速度 $v \leqslant 2 \sim 4$ m/s；在一般机械传动中，常用的是传动链。

传动链又可分为短节距精密滚子链(简称滚子链，图 6-1)、齿形链(图 6-2)等类型。齿形链是用销轴将多对具有 60° 角的工作面的链片组装而成。链片的工作面与链轮相啮合。为防止链条在工作时从链轮上脱落，链条上装有内导片或外导片。啮合时导片与链轮上相应的导槽嵌合。齿形链传动平稳，噪声很小，故又名无声链，常用于高速传动。但它结构复杂，质量大，价格贵，拆装困难，除特别的工作环境要求使用外，目前应用较少。滚子链的结构简单，成本较低，是机械传动中应用最广泛的标准链。本章只讨论滚子链。

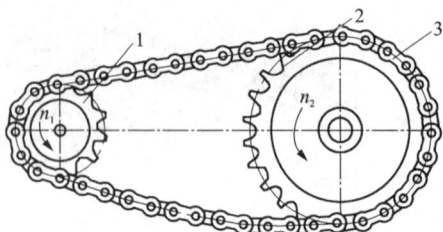

1—主动链轮；2—从动链轮；3—链条；
n_1—主动链轮转速；n_2—从动链轮转速。

图 6-1　滚子链

1—齿形链；2—链轮。

图 6-2　齿形链

应用案例

6.1.2　链传动的工作特点和适用范围

链传动与带传动相比，具有以下特点：
(1)链传动是啮合传动，无弹性滑动和打滑的现象，平均传动比恒定。
(2)链条不需要张紧，作用在轴上的径向力小，轴承磨损较小，传动效率较高。
(3)结构紧凑。
(4)链传动能在高温、多粉尘、多油污、湿度大等恶劣环境下工作。

链传动与齿轮传动相比，具有以下特点：
(1)链传动的制造和安装精度要求较低。
(2)中心距较大时其传动结构简单、轻便。

链传动的主要缺点：
(1)瞬时传动比不恒定，产生动载荷，传动不够平稳，工作时有冲击、振动和噪声。
(2)只限于两平行轴之间的同向回转传动。
(3)磨损后易发生跳齿。
(4)不宜用在载荷变化大或急速反转的场合。

由于链传动的上述特点，链传动主要用于要求工作可靠，两轴线相距较远、低速重载及工作条件恶劣的场合。它被广泛地应用于矿山、冶金、石油化工和农业等机械设备中。例如摩托车上应用了链传动，机构大为简化，使用方便可靠；掘土机的运行机构采用了链传动，它虽然经常受到土块、泥浆和瞬时过载的影响，依然能很好地工作。

链传动常用于传动系统的低速级，传动功率 $P \leqslant 100$ kW，链速 $v \leqslant 15$ m/s，传动比 $i \leqslant 8$。

6.2　滚子链与链轮

6.2.1　滚子链

1. 滚子链的结构

滚子链的结构如图 6-3 所示，由内链板 1、外链板 2、销轴 3、套筒 4 和滚子 5 组成。销轴与外链板、套筒与内链板之间分别用过盈配合连接；而销轴与套筒、滚子与套筒之间均为间隙配合。这样形成了一个铰链，使内、外链板可以相对转动。滚子是活套在套筒上的，当链条与链轮轮齿啮合时，滚子与轮齿间的摩擦基本上为滚动摩擦；套筒与销轴间、滚子与套筒间的摩擦为滑动摩擦。另在内、外链板间应留有少许间隙，以便润滑油渗入套筒与销轴的摩擦面间。

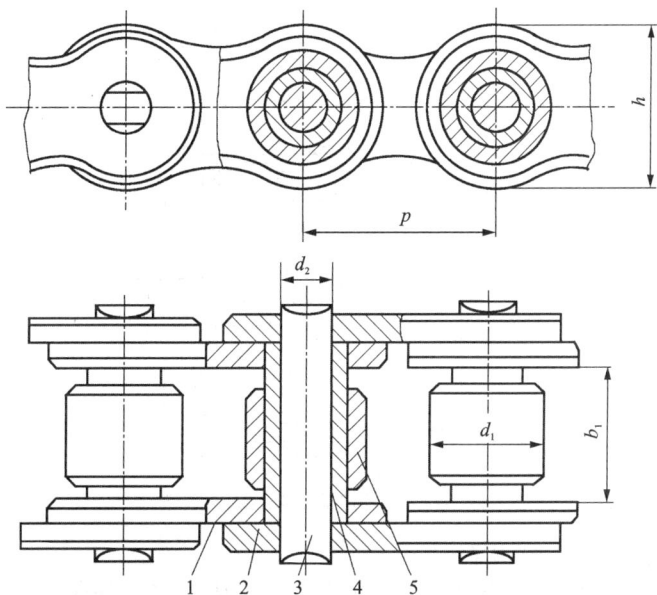

1—内链板；2—外链板；3—销轴；4—套筒；5—滚子。

图 6-3　滚子链结构

为了减轻链条重量、减少运动时的惯性力和保持链条各横截面的抗拉强度大致相等，内、外链板通常制成 "8" 字形。一般链条各元件由碳钢或合金钢制成，并进行热处理以提高其强度和耐磨性。

为了形成链节首尾相接的环形链条，要用接头加以连接。滚子链的接头形式如图 6-4 所示。当链节数为偶数时，内链节与外链节首尾相接，可以用开口销，如图 6-4(a) 所示，或用弹簧卡，将销轴锁紧，如图 6-4(b) 所示，一般前者用于大节距，后者用于小节距；当链节数为奇数时，必须用带有弯板的过渡链节进行连接，如图 6-4(c) 所示。弯板在链条受拉时要受附加弯矩作用，强度比普通链板降低 20% 左右，故设计时应尽量采用偶数链节的链条。

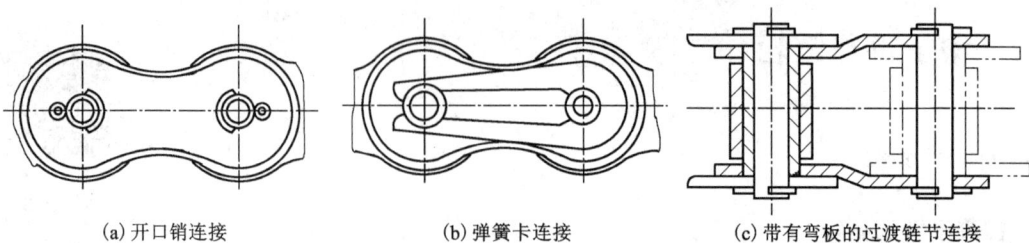

(a) 开口销连接　　　　　(b) 弹簧卡连接　　　　　(c) 带有弯板的过渡链节连接

图 6-4　链板的连接方式

2. 滚子链的基本参数

滚子链是标准件, 基本参数是节距 p、滚子外径 d_1、内链节内宽 b_1、节数、排数 p_t, 如图 6-5 所示。

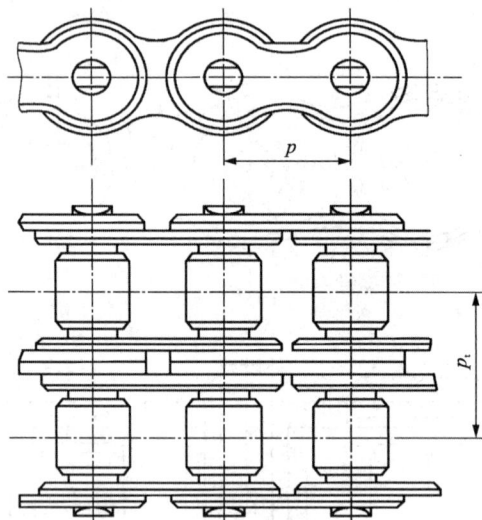

图 6-5　双排链

其主要参数是节距 p, 它是指链条上相邻两销轴中心之间的距离。节距越大, 链条各零件的结构尺寸也越大, 承载能力也越强, 但传动越不平稳, 且重量会增加。

把一根以上的单列链并列, 用长销轴连接起来的链称为多排链, 当需要传递大功率时, 可采用多排链。多排链的承载能力与排数成正比, 但由于受精度的影响以及各排受载容易不均匀, 一般不超过 4 排。

3. 滚子链的标准

国际上许多国家的链节距均用英制单位, 结合我国链条生产现状,《传动用短节距精密滚子链、套筒链、附件和链轮》(GB/T 1243—2006) 中规定节距用英制折算成米制的单位。滚子链的结构、基本参数和尺寸都已标准化, 现摘录部分于表 6-1 中。表中的链号与相应的国际标准一致, 链号数×25.4/16(mm) 即节距值 p。

滚子链分 A、B、H 三个系列。A 系列适用于以美国为中心的西半球区域, B 系列适用于欧洲区域, H 为加重系列。在我国, 滚子链标准以 A 系列为主体。

滚子链的标记为：链号-排数-整链链节数 国标编号。

例如：08A-1-88 GB/T 1243—2006，表示 A 系列、节距为 12.7 mm、单排、88 节的滚子链。

表 6-1　滚子链的基本参数

链号	节距 p	滚子直径 d_1 max	内链节内宽 b_1 min	销轴直径 d_2 max	内链板高度 h_2 max	排距 p_t	抗拉载荷 单排 min	双排 min
				mm			kN	
05B	8.00	5.00	3.00	2.31	7.11	5.64	4.40	7.80
06B	9.53	6.35	5.72	3.28	8.26	10.24	8.90	16.90
08A	12.70	7.92	7.85	3.98	12.07	14.38	13.80	27.60
08B	12.70	8.51	7.75	4.45	11.81	13.92	17.80	31.10
10A	15.88	10.16	9.40	5.09	15.09	18.11	21.80	43.60
10B	15.88	10.16	9.65	5.08	14.73	16.59	22.20	44.50
12A	19.05	11.91	12.57	5.96	18.08	22.78	31.10	62.30
12B	19.05	12.07	11.68	5.72	16.13	19.46	28.90	57.80
16A	25.4	15.88	15.75	7.94	24.13	29.29	55.60	111.20
16B	25.40	15.88	17.02	8.28	21.08	31.88	60.00	106.00
20A	31.75	19.05	18.90	9.54	30.18	35.76	86.70	173.50
20B	31.75	19.05	19.56	10.19	26.42	36.45	95.00	170.00
24A	38.10	22.23	25.22	11.11	36.20	45.44	124.60	249.10
24B	38.10	25.40	25.40	14.63	33.40	48.36	160.00	280.00
28A	44.45	25.40	25.22	12.71	42.24	48.87	169.00	338.10
28B	44.45	27.94	30.99	15.90	37.08	59.56	200.00	360.00
32A	50.80	28.58	31.55	14.29	48.26	58.55	222.40	444.80
32B	50.80	29.21	30.99	17.81	42.29	58.55	250.00	450.00
36A	57.15	35.71	35.48	17.46	54.31	65.84	280.20	560.50
40A	63.50	39.68	37.85	19.85	60.33	71.55	347.00	693.90
40B	63.50	39.37	38.10	22.89	52.96	72.29	355.00	630.00
48A	76.20	47.63	47.35	23.81	72.39	87.83	500.40	1000.80
48B	76.20	48.26	45.72	29.24	63.88	91.21	560.00	1000.00
56B	88.90	53.98	53.34	34.32	77.85	106.60	850.00	1600.00
64B	101.60	63.50	60.96	39.40	90.17	119.89	1120.00	2000.00
72B	114.30	72.39	68.58	44.48	103.63	136.27	1400.00	2500.00

6.2.2 链轮

1. 链轮的齿形

滚子链与链轮的啮合属于非共轭啮合,其链轮齿形的设计有较大的灵活性。《传动用短节距精密滚子链、套筒链、附件和链轮》(GB/T 1243—2006)中没有规定具体的链轮齿形,仅仅规定了链轮的最大齿槽形状和最小齿槽形状及其极限参数,见表6-2。凡在两个极限齿槽形状之间的各种标准齿形均可采用。试验和使用表明,齿槽形状在一定范围内变动,在一般工况下对链传动的性能不会有很大影响。

表6-2 滚子链链轮的齿槽形状

名称	符号	计算公式	
		最小齿槽	最大齿槽
齿槽圆弧半径	r_e	$r_{emax}=0.12d_1(z+2)$	$r_{emin}=0.008d_1(z^2+180)$
齿沟圆弧半径	r_i	$r_{imin}=0.505d_1$	$r_{imax}=0.505d_1+0.069\sqrt[3]{d_1}$
齿沟角	α	$\alpha_{max}=140°-\dfrac{90°}{z}$	$\alpha_{min}=120°-\dfrac{90°}{z}$

注:半径精确到0.01 mm;角度精确到分。

设计链轮齿形时应保证链节能够平稳而自由地进入和退出啮合,且受力均匀、形状简单、便于加工。目前常用的一种齿形是三圆弧一直线齿形(图6-6),又称凹齿形,它由三段圆弧 $\overset{\frown}{aa}$、$\overset{\frown}{ab}$、$\overset{\frown}{cd}$ 和一段直线 bc 所组成。这种齿形与滚子啮合时接触应力较小,承载能力较高,缺点是切齿滚刀的制造比较麻烦。当选用这种齿形并用标准刀具加工时,在链轮工作图上不用绘制端面齿形,只需在图上注明"齿形按 GB/T 1243—2006 规定制造"即可。

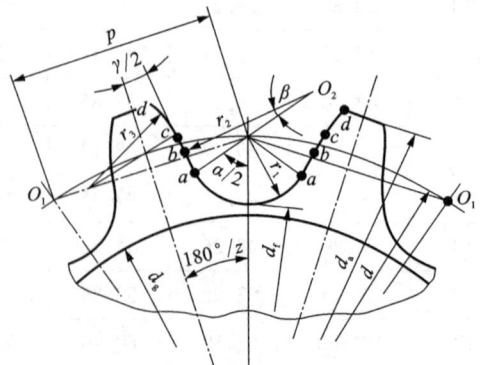

图6-6 三圆弧一直线齿形

2. 链轮的基本参数和主要尺寸

链轮的基本参数是节距 p、滚子外径 d_1、排距 p_t 和齿数 z 等。链轮的主要尺寸及计算公式见表 6-3 和表 6-4，其中分度圆是指链轮上被链条标准节距等分的圆。

表 6-3　滚子链链轮的主要尺寸及计算公式

名称	符号	计算公式	备注
分度圆直径	d	$d = p/\sin(180°/z)$	
齿顶圆直径	d_a	$d_{amin} = d + (1 - 1.6/z)p - d_1$ $d_{amax} = d + 1.25p - d_1$ 若为三圆弧一直线齿形，则 $d_a = p[0.54 + \cot(180°/z)]$	d_{amin} 和 d_{amax} 可用于最小齿槽形状和最大齿槽形状，d_{amax} 受到刀具限制
分度圆弦齿高	h_a	$h_{amin} = 0.5(p - d_1)$ $h_{amax} = 0625p - 0.5d_1 + 0.8p/z$ 若为三圆弧一直线齿形，则 $h_a = 0.27p$	h_a 是为简化放大齿形图的绘制而引入的辅助尺寸。 h_{amin} 与 d_{amin} 对应；h_{amax} 与 d_{amax} 对应
齿根圆直径	d_f	$d_f = d - d_1$	
齿侧凸缘直径	d_g	$d_g \leqslant p\cot(180°/z) - 1.04h_2 - 0.76$	h_2 为内链板高度

注：d_a、d_g 值取整，其他尺寸精确到 0.01 mm。

表 6-4　滚子链链轮的轴向齿廓尺寸

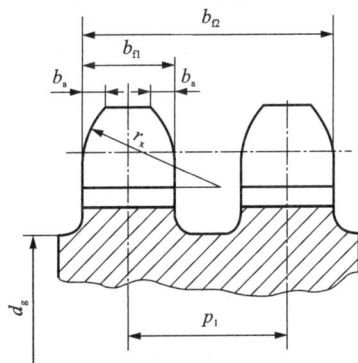

名称		符号	计算公式		备注
			$p \leqslant 12.7$ mm	$p > 12.7$ mm	
齿宽	单排	b_{f1}	$0.93b_1$	$0.95b_1$	$p > 12.7$ mm 时，使用者和客户同意，也可以使用 $p \leqslant 12.7$ mm 时的齿宽。b_1 为内链节内宽
	双排、三排		$0.91b_1$	$0.93b_1$	
齿侧倒角		$b_{a公称}$	$b_{a公称} = 0.13p$		
齿侧半径		$r_{x公称}$	$r_{x公称} = p$		
齿侧凸缘（或排间槽）圆角半径		r_a	$r_a \approx 0.04p$		
齿全宽		b_{fn}	$b_{fn} = (n-1)p_t + b_n$		n 为排数，p_t 为排距

3. 链轮的结构

链轮的结构可根据其齿顶圆直径大小来确定。小直径的链轮可采用整体实心式，如图6-7(a)所示；中等直径的链轮可采用腹板式或孔板式，如图6-7(b)所示；当链轮直径较大时，可采用组合式，如图6-7(c)所示，组合式链轮的齿圈和轮芯可用不同材料制成，齿圈和轮毂可用螺栓、铆接等方式连成一体。

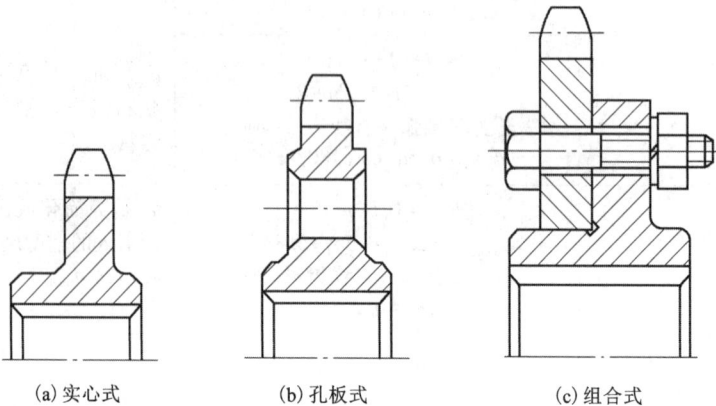

(a)实心式　　　　(b)孔板式　　　　(c)组合式

图6-7　链轮的结构

4. 链轮的材料

链轮的材料应保证轮齿具有足够的接触疲劳强度和耐磨性。由于小链轮的啮合次数比大链轮多，且所受冲击较严重，所以小链轮的材料应优于大链轮的材料。链轮常用材料和应用范围见表6-5。

表6-5　链轮常用材料及齿面硬度

材料	热处理	热处理后的硬度	应用范围
15、20	渗碳、淬火、回火	50~60 HRC	$z \leqslant 25$，有冲击载荷的主、从动链轮
35	正火	160~200 HBS	在正常工作条件下，齿数较多($z>25$)的链轮
40、50、ZG310-570	淬火、回火	40~45 HRC	无剧烈振动及冲击的链轮
15Cr、20Cr	渗碳、淬火、回火	50~60 HRC	有动载荷及传递较大功率的重要链轮($z<25$)
35SiMn、40Cr、35CrMo	淬火、回火	40~50 HRC	使用优质链条的重要链轮
Q235、Q275	焊接后退火	140 HBS	中等速度、传递中等功率的较大链轮
普通灰铸铁	淬火、回火	260~280 HBS	$z>25$ 的从动链轮
夹布胶木	—	—	功率小于 6 kW，速度较高，要求传动平稳和噪声小的链轮

128

6.3　链传动的工作情况分析

6.3.1　链传动的运动特性

1. 平均链速和平均传动比

滚子链结构的特点是刚性链节通过销轴铰接而成,当链条与链轮啮合后便形成折线,因此链传动实质上相当于一对正多边形轮上的带传动,如图 6-8 所示。这个正多边形的边长即为链条节距 p,边数为链轮的齿数 z。链轮每转动一周,链条移动的距离为 zp,则链条的平均速度 v 为

$$v = \frac{z_1 p n_1}{60 \times 1000} = \frac{z_2 p n_2}{60 \times 1000} \tag{6-1}$$

式中:z_1、z_2 分别为主、从动链轮的齿数;n_1、n_2 分别为主、从动链轮的转速,r/min。

链条的平均传动比为

$$i_{12} = \frac{n_1}{n_2} = \frac{z_2}{z_1} = 常数 \tag{6-2}$$

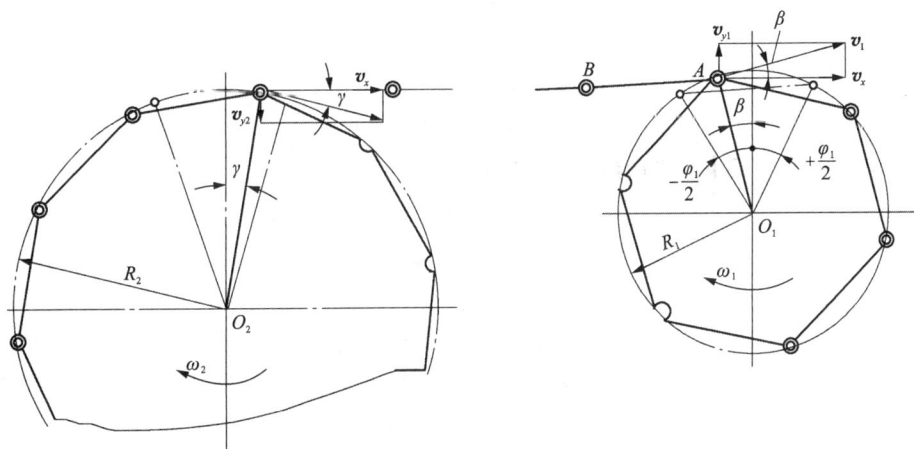

图 6-8　链传动的平均速度和瞬时速度分析

2. 瞬时链速和瞬时传动比

为便于分析,假定链条的紧边在传动时总处于水平位置,如图 6-8 所示。当主动链轮以 ω_1 等速回转时,链轮上 A 点的圆周速度 v_1 可以分解为沿着链条前进方向的分速度 v_x 和垂直链条前进方向的分速度 v_{y1},其值分别为

$$\left. \begin{array}{l} v_x = v_1 \cos\beta = R_1 \omega_1 \cos\beta \\ v_{y1} = v_1 \sin\beta = R_1 \omega_1 \sin\beta \end{array} \right\} \tag{6-3}$$

式中:β 是主动链轮上最后进入啮合的链节铰链的销轴 A 的圆周速度 v_1 与水平方向的夹角,它也是啮合过程中链节铰链在主动链轮上的相位角。从销轴 A 进入铰链啮合位置到销轴 B

也进入铰链啮合位置为止，β 角在 $-\dfrac{\varphi_1}{2} \sim +\dfrac{\varphi_1}{2}$ 之间变化，其中 $\varphi_1 = 360°/z_1$。

当 $\beta = \pm\dfrac{\varphi_1}{2}$ 时

$$v_x = v_{x\min} = R_1\omega_1 \times \cos\frac{180°}{z_1}$$

$$v_{y1} = v_{y1\max} = R_1\omega_1 \times \sin\frac{180°}{z_1}$$

当 $\beta = 0$ 时

$$v_x = v_{x\max} = R_1\omega_1$$

$$v_{y1} = v_{y1\min} = 0$$

由此可知，主动链轮虽然作等速转动，但链条前进的瞬时速度 v_x 却周期性地由小变大，又由大变小。每转过一个链节，链速的变化就重复一次。链轮的节距愈大，齿数愈少，β 角的变化范围就愈大，链速变化也就愈大。与此同时，铰链销轴作上下运动的垂直分速度 v_{y1} 也在周期性变化，导致链条沿垂直方向产生有规律的振动。同理，每一链节在与从动链轮轮齿啮合的过程中，链节铰链在从动链轮上的相位角 γ 也不断地在 $\pm\dfrac{180°}{z_2}$ 的范围内变化（图 6-8），所以从动链轮的角速度为

$$\omega_2 = \frac{v_x}{R_2\cos\gamma} = \frac{R_1\omega_1\cos\beta}{R_2\cos\gamma} \tag{6-4}$$

由式（6-4）可知，链传动的瞬时传动比为

$$i' = \frac{\omega_1}{\omega_2} = \frac{R_2\cos\gamma}{R_1\cos\beta} \tag{6-5}$$

由式（6-5）可知，随着 β 角和 γ 角的不断变化，链传动的瞬时传动比也是不断变化的。当主动链轮作等速转动时，从动链轮的角速度将周期性变化，这种特性称为链传动的多边形效应。链轮齿数 z 越少，链条节距 p 越大，链传动的运动不均匀性越严重。

只有在 $z_1 = z_2$（即 $R_1 = R_2$），且传动中心距恰好为节距 p 的整数倍时（这时 β 角和 γ 角的变化才会时时相等），传动比才能在整个啮合过程中保持不变，即恒为 1。

6.3.2　链传动的动载荷

链传动在工作时产生动载荷的主要原因如下。

(1) 链条和从动链轮角速度周期性变化，从而引起变化的惯性力及相应的动载荷。

链速变化引起的惯性力为

$$F_{d1} = ma_c \tag{6-6}$$

式中：m 为紧边链条的质量，kg；a_c 为链条变速运动的加速度，m/s^2。

若视主动链轮为匀速转动，则

$$a_c = \frac{\mathrm{d}v_x}{\mathrm{d}t} = \frac{\mathrm{d}}{\mathrm{d}t}(R_1\omega_1\cos\beta) = -R_1\omega_1^2\sin\beta$$

当 $\beta = \pm \dfrac{\varphi_1}{2} = \pm \dfrac{180°}{z_1}$ 时

$$(a_c)_{max} = -R_1\omega_1^2 \sin\left(\pm\frac{180°}{z_1}\right) = \mp R_1\omega_1^2\sin\left(\frac{180°}{z_1}\right) = \mp\frac{\omega_1^2 p}{2}$$

式中：$R_1 = \dfrac{p}{2\sin(180°/z_1)}$。

从动链轮因角加速度变化引起的惯性力为

$$F_{d2} = \frac{J}{R_2}\frac{d\omega_2}{dt} \qquad\qquad (6-7)$$

式中：J 为从动系统转化到从动链轮轴上的转动惯量，$kg \cdot m^2$；ω_2 为从动链轮的角速度，rad/s。

链轮的转速愈高、链条节距愈大、链轮齿数愈少，则惯性力越大，相应的动载荷都将增大。

（2）链沿垂直方向的分速度也周期性变化，使链产生横向振动，这也是链传动产生动载荷的原因之一。

（3）链节进入链轮的瞬间，链节与链轮轮齿以一定的相对速度啮合，链与轮齿将受到冲击，并产生附加动载荷，如图 6-9 所示。根据相对运动原理，把链轮看作静止的，链节则以角速度 $-\omega$ 进入轮齿而产生冲击。这种现象随着链轮转速的增加和链条节距的加大而加剧，使传动产生振动和噪声。

（4）若链条过度松弛，在启动、制动、反转、载荷突变的情况下，将引起惯性冲击，从而使链传动产生较大的动载荷。

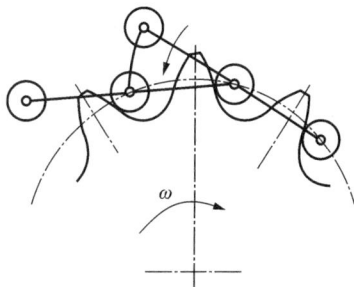

图 6-9　链节与链轮啮合瞬间的冲击

由于链传动的动载荷效应，链传动不宜用于高速。

6.3.3　链传动的受力分析

链传动和带传动相似，在安装时链条也受到一定的张紧力，张紧力是通过使链条保持适当的垂度所产生的悬垂拉力来获得的。链传动张紧的目的主要是使链条工作时的松边不致过松，以免出现链条的不正确啮合，产生跳齿和脱链。所以，链条的张紧力不大，受力分析时可忽略其影响。

若不考虑传动中的动载荷，作用在链条上的力主要有：有效圆周力 F_e、离心力引起的拉力 F_c 和悬垂拉力 F_f。链在工作过程中，紧边与松边的拉力是不等的。

（1）链条的紧边拉力为

$$F_1 = F_e + F_c + F_f$$

（2）链条的松边拉力为

$$F_2 = F_c + F_f$$

$\qquad\qquad (6-8)$

式中：F_e 为有效圆周力，N；F_c 为离心力引起的拉力，N；F_f 为悬垂拉力，N。

有效圆周力为

$$F_e = 1000\frac{P}{v} \tag{6-9}$$

离心力引起的拉力为

$$F_c = qv^2 \tag{6-10}$$

式中：q 为链条单位长度的质量，kg/m。

悬垂拉力为

$$F_f = \max(F_f', F_f'') \tag{6-11}$$

其中

$$F_f' = K_f q a \times 10^2$$
$$F_f'' = (K_f + \sin\alpha) q a \times 10^2$$

式中：a 为链传动的中心距，mm；K_f 为垂度系数，如图 6-10 所示，图中 f 为下垂度，α 为中心线与水平面夹角。

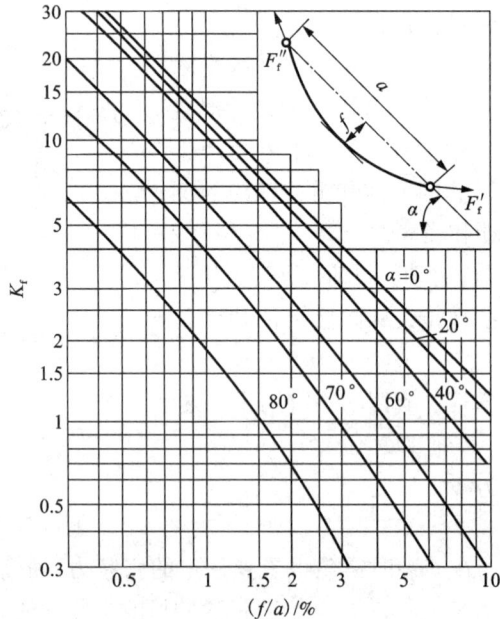

图 6-10　垂度系数

6.4　链传动的失效形式和额定功率

6.4.1　链传动的失效形式

在正常安装和润滑情况下，根据链传动的运动特点，其主要失效形式有以下几种。

（1）链条的疲劳破坏。链条在工作时，周而复始地由松边到紧边不断运动着，因而它的各个元件都是在交变应力作用下工作的，经过一定的循环次数后，链条各零件将发生疲劳破坏，其中链板的疲劳破坏是链传动的主要失效形式之一。

（2）链条铰链的磨损。在工作过程中，由于铰链的销轴和套筒间承受较大的压力，传动时彼此间又产生相对转动而发生磨损，当润滑密封不良时，其磨损加剧。铰链磨损后链节变长，在工作中易出现跳齿或脱链的现象。磨损是开式链传动的主要失效形式。

（3）冲击疲劳破坏。若链传动频繁地启动、制动及反转，滚子、套筒和销轴间将引起重复冲击载荷，当这种应力的循环次数超过一定数值后，滚子、套筒和销轴间将发生冲击疲劳破坏。

（4）链条铰链的胶合。当润滑不良、速度过高或载荷过大时，链节啮入时受到的冲击能量增大，销轴与套筒间润滑油膜被破坏，使两者的工作表面在很高温度和压力下直接接触，从而导致胶合。因此，胶合在一定程度上限制了链传动的极限转速。

（5）链条的静力拉断。在低速（$v<0.6$ m/s）、重载或过载的传动中，若载荷超过链条的静力强度，链条就会被拉断。

6.4.2　链传动的额定功率

1. 极限功率曲线

滚子链传动的各种失效形式都与链速有关。图 6-11 所示为试验条件下单排链的极限功率曲线图。曲线 1 为铰链磨损限定的极限功率线；曲线 2 为链板疲劳强度限定的极限功率线；曲线 3 为滚子、套筒冲击疲劳强度限定的极限功率线；曲线 4 为销轴和套筒胶合限定的极限功率线；曲线 5 为良好润滑情况下的额定功率曲线；曲线 6 为润滑不良或工况恶劣时的极限功率曲线，在这种情况下链磨损严重，所能传递的功率比良好润滑情况下的功率低得多。图中阴影部分为实际使用的区域。

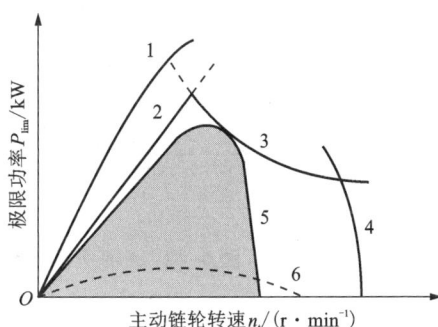

图 6-11　链传动失效形式的极限功率曲线图

由图 6-11 可知：在润滑良好、中等速度下，链传动的承载能力主要取决于链板的疲劳强度；随着转速的升高，链传动的动载荷增大，传动能力主要取决于滚子和套筒的冲击疲劳强度；当转速很高时，胶合将限制链传动的承载能力。

2. 额定功率曲线

在特定的试验条件下，链传动不发生失效破坏时所能传递的功率，称为链传动的额定功率，用 P_0 表示（图 6-12）。为保证链传动工作的可靠性，额定功率曲线应在极限功率曲线的范围内。

特定的试验条件是指：小链轮齿数 $z_1 = 19$、链节数 $L_p = 100$ 节、单排链、载荷平稳、两链轮安装在水平轴上，推荐的润滑方式如图 6-13 所示，工作寿命为 15000 h。

设计时，若不能采用推荐的润滑方式进行润滑，则 P_0 降至下列数值：

当 $v \leqslant 1.5$ m/s，润滑不良时，降至 $(0.3\sim0.6)P_0$；

当 1.5 m/s$<v\leqslant7$ m/s，润滑不良时，降至 $(0.15\sim0.3)P_0$；

当 $v>7$ m/s，润滑不良时，则传动不可靠，不宜采用。

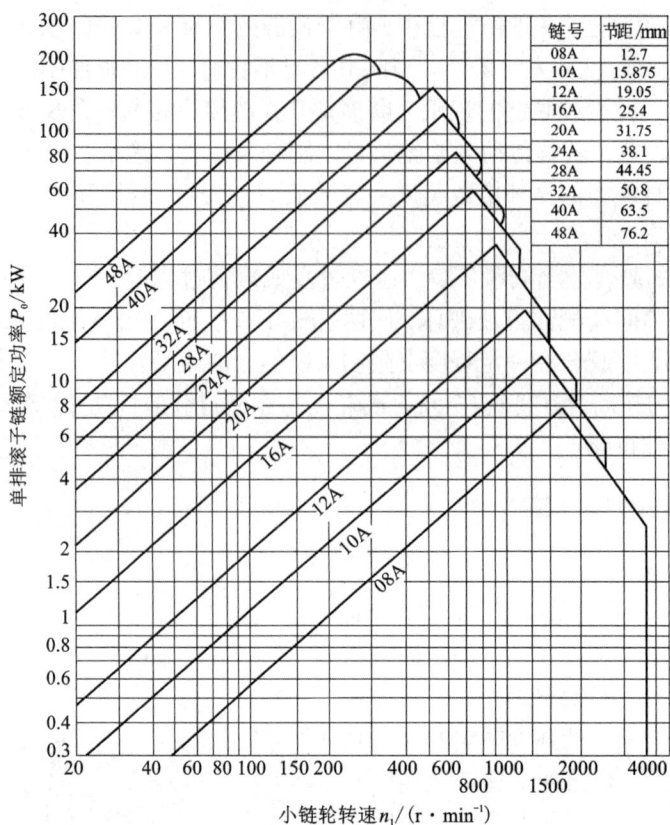

图 6-12　A 系列滚子链的额定功率曲线图($v> 0.6$ m/s)

当要求的实际工作寿命低于 15000 h 时，可按有限寿命进行设计，此时允许传递的功率可高一些。

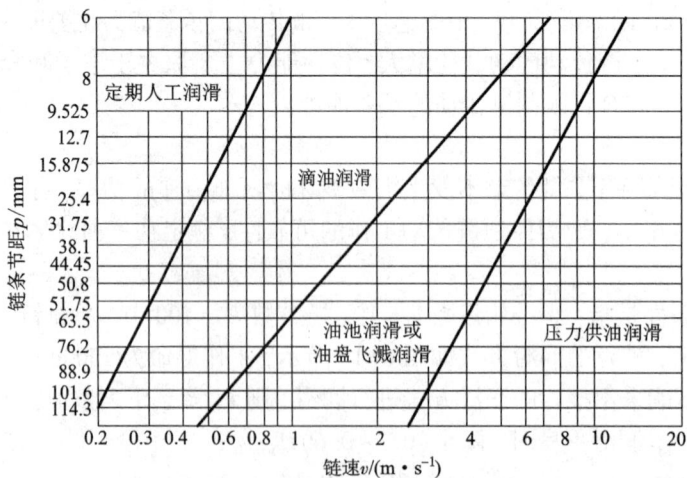

图 6-13　推荐的润滑方式

6.5　滚子链传动的设计

6.5.1　中、高速($v \geqslant 0.6$ m/s)链传动的设计

链传动设计的原始条件为：传递的功率 P，小链轮和大链轮的转速 n_1、n_2（或 n_1 和传动比 i_{12}），传动用途，原动机种类，工作情况及对结构尺寸的要求等。

链传动的设计内容为：确定链条的型号、节距、排数，大、小链轮的齿数，传动中心距，作用在轴上的压力及选择润滑方式等。其设计步骤如下。

1. 链轮齿数 z_1、z_2 的确定

链轮齿数的多少对传动平稳性和使用寿命有很大影响。小链轮齿数 z_1 过少，会增加链传动的不均匀性和动载荷，冲击加大，链传动寿命降低，链节在进入和退出啮合时，相对转角增大，磨损增加，功率损耗也增大。因此，小链轮齿数 z_1 不宜过少。设计时可根据估算的链速从表 6-6 中选取。

小链轮齿数 z_1 也不宜过多。如 z_1 选得太大，大链轮齿数 z_2 根据传动比来确定，即 $z_2 = i_{12}z_1$，大链轮齿数 z_2 则将更大，这样除了增加结构尺寸和质量外，也会因磨损使链条节距伸长而发生脱链，导致使用寿命降低。

如图 6-14 所示，若链条的铰链发生磨损，将使链条节距变长、链轮节圆 d' 向齿顶移动。节距增长量 Δp 与节圆外移量 $\Delta d'$ 的关系

$$\Delta d' = \frac{\Delta p}{\sin \dfrac{180°}{z_1}} \quad (6\text{-}12)$$

由此可知 Δp 一定时，齿数越多，节圆外移量 $\Delta d'$ 就越大，也越容易发生跳齿和脱链现象。一般应使 $z_{2max} \leqslant 120$。

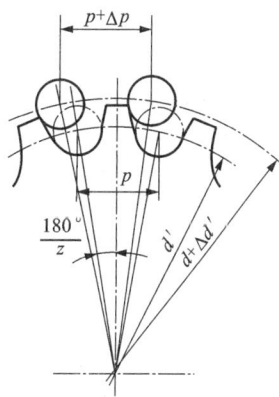

图 6-14　链节增长量和铰链外移量与链轮啮合瞬间的冲击

表 6-6　小链轮齿数 z_1 的选择

链速 $v/(\mathrm{m \cdot s^{-1}})$	0.6~3	3~8	8~25	>25
齿数 z_1	$\geqslant 17$	$\geqslant 21$	$\geqslant 25$	$\geqslant 35$

为了使两链轮与链条磨损均匀，两链轮齿数 z_1、z_2 尽可能取奇数且最好与链节数互为质数，一般链轮齿数优先选用以下数值：17、19、21、23、25、38、57、76、95、114 等。

2. 确定计算功率 P_c

计算功率 P_c 根据传递的功率 P，并考虑原动机种类和载荷性质来确定，即

$$P_c = K_A P \quad (6\text{-}13)$$

式中：K_A 为工作情况系数，见表 6-7。

表 6-7　工作情况系数 K_A

工况		输入动力种类		
		内燃机(液力传动)	电动机或汽轮机	内燃机(机械传动)
平稳载荷	液体搅拌机、中小型离心式鼓风机、离心式压缩机、谷物机械、均匀载荷输送机、发电机、均匀载荷不反转的一般机械	1.0	1.0	1.2
中等冲击	半液体搅拌机、三缸以上往复压缩机、大型或不均匀负载输送机、中型起重机和升降机、重载天轴传动、金属切削机床、食品机械、木工机械、印染织布机械、大型风机、中等脉动载荷不反转的一般机械	1.2	1.3	1.4
严重冲击	船用螺旋桨、制砖机、单、双缸往复压缩机、挖掘机、往复式、振动式输送机、破碎机、重型起重机械、石油钻井机械、锻压机械、线材拉拔机械、冲床、严重冲击、有反转的机械	1.4	1.5	1.7

3. 节距 p 和排数

节距 p 的大小反映链条和链轮各零件的相关尺寸的大小。在一定条件下,节距 p 愈大,链条和链轮各零件的相关尺寸也愈大,其承载能力愈强。但 p 愈大,链传动的运动不均匀性和冲击愈严重,因此,在设计时应尽量选小节距单排滚子链;高速重载链传动时,可选小节距的多排滚子链。允许采用的节距 p 可根据额定功率 P_0 和小链轮转速 n_1 并参考图 6-12、表6-1 选取。

由于链传动的实际工作条件与特定的试验条件不完全一致,故需要对额定功率 P_0 进行修正,其计算公式为

$$P_0 = \frac{P_c}{K_z K_p K_L} = \frac{K_A P}{K_z K_p K_L} \tag{6-14}$$

式中: K_z 为小链轮齿数系数,其值见表 6-8; K_L 为链长系数,其值见表 6-8; K_p 为多排链系数,其值见表 6-9。

表 6-8　小链轮齿数系数 K_z 和链长系数 K_L

链传动工作位于功率曲线的位置	位于功率曲线顶点左侧时(链板疲劳)	位于功率曲线顶点右侧时(滚子、套筒冲击疲劳)
小链轮齿数系数 K_z	$\left(\dfrac{z_1}{19}\right)^{1.08}$	$\left(\dfrac{z_1}{19}\right)^{1.5}$
链长系数 K_L	$\left(\dfrac{L_p}{100}\right)^{0.26}$	$\left(\dfrac{L_p}{100}\right)^{0.5}$

表 6-9 多排链系数 K_p

排数	1	2	3	4	5	6
K_p	1.0	1.7	2.5	3.3	4.1	5.0

4. 中心距和链节数

中心距过小,会使链条在小链轮上的包角减小,轮齿受力增加,同时,单位时间内链条绕过链轮的次数增多,加速零件的磨损和疲劳,缩短链条的使用寿命。中心距过大,易引起链条松边上下颤动。因此在设计时,若中心距没有其他条件限制,一般可取中心距 $a_0 = (30 \sim 50)p$,最大中心距 $a_{0max} = 80p$。

链条长度 L 以链节数 L_p 来表示,即 $L_p = L/p$。链节数 L_p 与中心距 a_0 的关系为

$$L_p = \frac{2a_0}{p} + \frac{z_1 + z_2}{2} + \left(\frac{z_2 - z_1}{2\pi}\right)^2 \frac{p}{a_0} \tag{6-15}$$

计算出的链节数 L_p 应圆整为整数,最好取为偶数,这样就可以避免使用过渡链节。

根据圆整后的链节数 L_p,可得理论中心距 a 为

$$a = \frac{p}{4}\left[\left(L_p - \frac{z_1 + z_2}{2}\right) + \sqrt{\left(L_p - \frac{z_1 + z_2}{2}\right)^2 - 8 \times \left(\frac{z_2 - z_1}{2\pi}\right)^2}\right] \tag{6-16}$$

为了保证链条松边有一个合适的安装垂度 $f = (0.01 \sim 0.02)a$,实际中心距 a' 应比理论中心距 a 小一些,即

$$a' = a - \Delta a$$

其中,理论中心距 a 的减小量 $\Delta a = (0.002 \sim 0.004)a$。对于中心距可调整的链传动,$\Delta a$ 可取大的值;对于中心距不可调整的和没有张紧装置的链传动,则 Δa 应取小的值。

5. 链速 v 的验算,润滑方式的选择

由于小链轮的齿数 z_1 是根据估算的链速选取的,所以节距 p 确定后,应验算链速 v。计算公式如下

$$v = \frac{n_1 z_1 p}{60 \times 1000} = \frac{n_2 z_2 p}{60 \times 1000} \tag{6-17}$$

若链速 v 不在估算的范围内,则应重新设计。

若验算合理,则按链速 v 和节距 p,根据图 6-13 选用适当的润滑方式。

6. 链条对轴的压力 F_Q

链传动不需要太大的预紧力,因此对轴的压力也较小,一般可近似地取

$$F_Q = (1.2 \sim 1.3)F_e \tag{6-18}$$

式中:F_e 为有效圆周力,N,其大小为 $F_e = 1000 \times \dfrac{P_c}{v}$。

7. 链轮结构设计,并绘制出链轮零件工作图

6.5.2 低速($v < 0.6$ m/s)链传动的设计

对于低速($v < 0.6$ m/s)链传动,其主要的失效形式是链条的过载拉断,所以应按静强度

条件确定链条的节距和排数。其静强度的安全系数 S 为

$$S = \frac{F_{\lim}n}{K_A F_e} \geqslant (4 \sim 8) \tag{6-19}$$

式中：$F_{\lim}$ 为单排链的极限拉伸载荷，N，见表 6-1；n 为链条排数；K_A 为链传动的工作情况系数，见表 6-7；F_e 为有效圆周力，N。

【例 6-1】 试设计一带式输送机用的滚子链传动。已知电动机的功率 $P = 10$ kW，转速 $n = 970$ r/min，传动比 $i_{12} = 3$，载荷平稳，链传动的中心距不小于 550 mm。

解：

根据题意，该链传动属中、高速传动。其设计步骤如下：

（1）确定链轮齿数 z_1 和 z_2。

假定链速 $v = 3 \sim 8$ m/s，由表 6-6 初步选取小链轮齿数 $z_1 = 21$，则大链轮齿数 z_2 为

$$z_2 = i_{12}z_1 = 3 \times 21 = 63$$

（2）确定计算功率 P_c。

查表 6-7 得工作情况系数 $K_A = 1$，由式（6-13）得

$$P_c = K_A P = 1 \times 10 = 10 \text{ kW}$$

（3）确定链节数 L_p。

初定中心距 $a_0 = 40p$，由式（6-15）得链节数 L_p 为

$$L_p = \frac{2a_0}{p} + \frac{z_1+z_2}{2} + \left(\frac{z_2-z_1}{2\pi}\right)^2 \frac{p}{a_0} = \frac{2 \times 40p}{p} + \frac{21+63}{2} + \left(\frac{63-21}{2 \times 3.14}\right)^2 \times \frac{p}{40p} = 123.12 \text{ 节}$$

将上述链节数 L_p 圆整为整数（最好取为偶数），即取 $L_p = 124$ 节。

（4）确定链条的节距 p。

由图 6-12 按小链轮转速估计，链工作在功率曲线顶点的左侧，可能出现链板疲劳破坏。

由表 6-8 查得小链轮齿数系数 $K_z = \left(\frac{z_1}{19}\right)^{1.08} = \left(\frac{21}{19}\right)^{1.08} = 1.11$，由表 6-8 查得链长系数 $K_L = \left(\frac{L_p}{100}\right)^{0.26} = \left(\frac{124}{100}\right)^{0.26} = 1.06$。

初选单排链，由表 6-9 得多排链系数 $K_p = 1.0$。

由式（6-14）得额定功率 P_0 为

$$P_0 = \frac{P_c}{K_z K_p K_L} = \frac{10}{1.11 \times 1.0 \times 1.06} = 8.5 \text{ kW}$$

根据小链轮转速 $n_1 = 970$ r/min 及 $P_0 = 8.5$ kW，由图 6-12 查得链号为 10A 单排链，同时也证实原估计链工作在功率曲线顶点的左侧是正确的。

再由表 6-1 查得节距 $p = 15.875$ mm。

（5）确定实际中心距 a'。

由式（6-16）得理论中心距 a 为

$$a = \frac{p}{4}\left[\left(L_p - \frac{z_1+z_2}{2}\right) + \sqrt{\left(L_p - \frac{z_1+z_2}{2}\right)^2 - 8 \times \left(\frac{z_2-z_1}{2\pi}\right)^2}\right]$$

$$= \frac{15.875}{4}\left[\left(124 - \frac{21+63}{2}\right) + \sqrt{\left(124 - \frac{21+63}{2}\right)^2 - 8 \times \left(\frac{63-21}{2 \times 3.14}\right)^2}\right] = 642 \text{ mm}$$

理论中心距的减小量

$$\Delta a = (0.002 \sim 0.004)a$$
$$= (0.002 \sim 0.004) \times 642$$
$$= 1.3 \sim 2.6 \text{ mm}$$

实际中心距

$$a' = a - \Delta a = 642 - (1.3 \sim 2.6)$$
$$= 640.7 \sim 639.4 \text{ mm}$$

取 $a' = 640 \text{ mm}$（满足题意，即中心距不小于 550 mm）。

（6）验算链速 v，选择润滑方式。

由式（6-17）得

$$v = \frac{n_1 z_1 p}{60 \times 1000} = \frac{970 \times 21 \times 15.875}{60 \times 1000} = 5.4 \text{ m/s}$$

链速 v 在估算的范围内，与原假设相符。

按链速 v 和节距 p，根据图 6-13 选择油池润滑。

（7）计算链条对轴的压力 F_Q。

链条的有效圆周力

$$F_e = 1000 \times \frac{P_c}{v} = 1000 \times \frac{10}{5.4} = 1852 \text{ N}$$

由式（6-18）得

$$F_Q = (1.2 \sim 1.3)F_e = 1.25 \times 1852 = 2315 \text{ N}$$

（8）链轮结构设计，并绘制出链轮零件工作图（略）。

6.6 链传动的布置、润滑和张紧

6.6.1 链传动的布置

链传动一般布置在铅垂平面内（表 6-10），尽可能避免布置在水平或倾斜平面内。链传动在铅垂平面内有 3 种布置方式：①两轴线水平布置；②两轴线倾斜布置；③两轴线垂直布置。其中两轴线水平布置最好，尽量避免两轴线垂直布置。

此外，在链传动布置中还应考虑如下几个方面：

（1）两链轮的轴线应相互平行，两链轮的端面应位于同一铅垂平面内。

（2）安装时应将链条的紧边放在上面，松边放在下面，以免因松边下垂量过大而干扰链条与链轮的正常啮合。

（3）两链轮的中心线与水平线的夹角 α 应尽量小于 45°，以免下链轮啮合不良或脱离啮合 [图 6-15(a)]；若 α 为 90°，即两轴线垂直布置，应使两链轮的轴线左右偏移一段距离 e [图 6-15(b)]。

6.6.2 链传动的润滑

链传动的良好润滑能减少磨损，缓和冲击，延长链传动的使用寿命。对于工作条件恶劣的开式和低速链传动，当难以采用油润滑时，可采用脂润滑。常推荐的润滑油有 L-AN32、L-AN46、L-AN68 等机械油，环境温度高时选取黏度大的机械油，推荐使用的润滑方式如图 6-13 所示。对于开式和低速链传动，可在润滑油中加入 MoS_2、WS_2 等添加剂。

为了工作安全、保持环境清洁、防止灰尘侵入、减小噪声及润滑需要等，链传动常采用护罩或链条箱等。

表 6-10　链传动的布置方式

传动参数	正确布置	不正确布置	说明
$i>2$ $a=(30\sim50)p$			两轴线处于同一水平面，安装时链条的紧边在上、在下均可，但最好在上
$i>2$ $a<30p$			两轴线不在同一水平面，松边应在下，否则链条易与链轮卡死
$i<1.5$ $a>60p$			即使两轴线处于同一水平面，松边也应在下，以免松边碰紧边
i、a 为任意值			两轴线的连线不应铅垂于水平面，以增加链轮的有效啮合齿数，或增设可调张紧装置

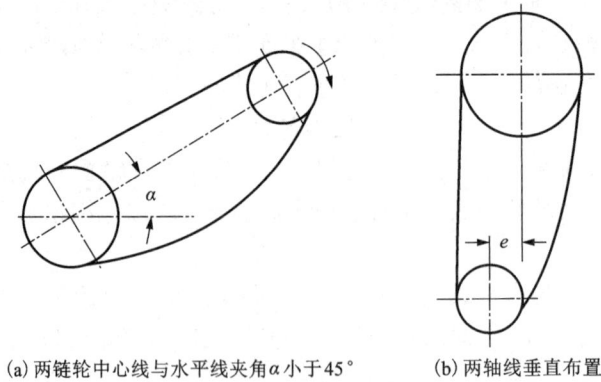

(a) 两链轮中心线与水平线夹角 α 小于45°　　(b) 两轴线垂直布置

图 6-15　链传动的布置

6.6.3　链传动的张紧

链传动运行一段时间后因链条的磨损，节距变长，使松边垂度增大，从而引起较强的振动，严重时将出现跳齿和脱链的现象，最后导致链传动失效。目前常用的张紧方法有：

（1）通过调整两链轮中心距来张紧链条。

（2）采用张紧轮装置，张紧轮常设在链条松边的内、外侧，如图 6-16 所示。

（3）拆除 1~2 个链节，缩短链长，使链条张紧。

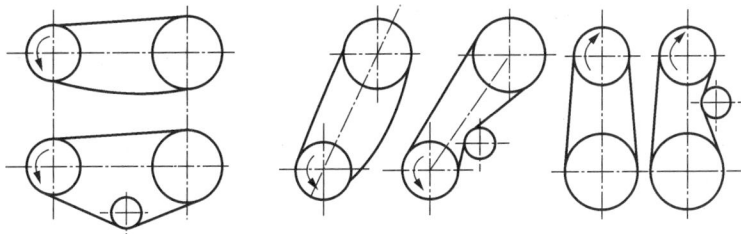

图 6-16　张紧轮的布置

思考题和习题

6-1　链传动有哪些主要特点？适用于什么场合？

6-2　链传动的主要失效形式有哪些？

6-3　试述链传动主要参数(链轮齿数 z_1、z_2，链条的节距 p、传动比 i_{12} 和中心距 a 等)的选择原则。

6-4　链传动的布置如图 6-17 所示，小链轮为主动轮。(1)尝试在图上标出两链轮正确的转动方向；(2)图 6-17(c)的布置有何缺点？应采取什么措施？

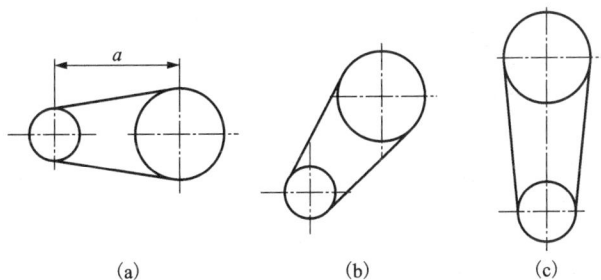

(a)　　　　　　　(b)　　　　　　　(c)

图 6-17　思考题和习题 6-4 图

6-5　已知一滚子链传动由电动机驱动，工作平稳，主动链轮的转速 $n_1 = 420$ r/min，齿数 $z_1 = 21$，链条的型号为 10A-1-112 GB/T 1243—2006，试求该滚子链传动能传递的功率。

6-6　试设计一滚子链传动。已知传递的功率为 $P = 4.5$ kW，主动链轮的转速 $n_1 =$

740 r/min，传动比 $i_{12}=3$，电动机驱动，工作时有中等冲击。

6-7 已知一滚子链传动的传递功率为 $P=10$ kW，主动链轮的转速 $n_1=680$ r/min，从动链轮的转速 $n_2=240$ r/min，电动机驱动，工作平稳。试设计此链传动。

自测题

一、选择题

1. 滚子链传动当中，滚子的作用是(　　　)。

A. 缓和冲击　　　　　　　　　　　　B. 减少套筒与轮齿之间的磨损

C. 提高链的破坏载荷　　　　　　　　D. 保证链条与轮齿间的良好啮合

2. 为了限制链传动的动载荷，在节距 p 和小链轮齿数 z_1 一定时，应限制(　　　)。

A. 小链轮转速 n_1　　　B. 传动功率 P　　　C. 传递的圆周力　　　D. 无要求

3. 小链轮的啮合次数与大链轮的啮合次数相比是(　　　)。

A. 多　　　　　　　　　B. 少　　　　　　　　C. 相同　　　　　　　D. 无法判断

4. 链条磨损导致的结果是(　　　)。

A. 销轴破坏　　　　　　　　　　　　B. 链片破坏

C. 套筒破坏　　　　　　　　　　　　D. 影响链与链轮的啮合致使脱链

5. 链条由于静强度不够被拉断的现象，多数发生在(　　　)。

A. 低速重载　　　　　　B. 高速重载　　　　　　C. 高速轻载　　　　　　D. 低速低载

6. 链传动的瞬时传动比等于常数的充分必要条件是(　　　)。

A. 大链轮齿数 z_2 是小齿轮齿数 z_1 的整数倍

B. $z_2=z_1$

C. $z_2=z_1$，中心距 a 是节距 p 的整数倍

D. $z_2=z_1$，$a=40p$

7. 为了避免链条上某些链节和链轮上的某些齿重复啮合，(　　　)以保证链节磨损均匀。

A. 链节数和链轮齿数均要取奇数

B. 链节数和链轮齿数均要取偶数

C. 链节数取奇数，链轮齿数取偶数

D. 链节数取偶数，链轮齿数取奇数

8. 套筒滚子链传动中，大链轮齿数 z_2 不能过大，若 z_2 过大则会造成(　　　)。

A. 链传动的动载荷增大

B. 传递的功率减小

C. 容易发生脱链或跳齿现象

D. 链条上应力的循环次数增加

9. 链传动中，若传动比过大，则链在小链轮上的包角过小。包角过小的缺点是(　　　)。

A. 同时啮合的齿数少，链条和轮齿的磨损快，容易出现跳齿

B. 链条易被拉断，承载能力低

C. 传动的运动不均匀性和动载荷大

D. 链条铰链易胶合

10. 链条的节数宜采用(   )。

A. 奇数　　　　　　　B. 偶数　　　　　　　C. 5 的倍数　　　　　　　D. 10 的倍数

二、填空题

1. 链传动设计当中，链条节数应该优先选择_____，主要是为了避免_____。

2. 根据用途不同，链传动可以分为_____、_____和_____3 种。

3. 链条和从动链轮角速度周期性变化，从而引起变化的_____和相应的_____。

4. 链传动一般布置在_____平面内，尽可能避免布置在_____或者_____。

5. 正常工作时链传动的_____传动比是不变的，_____传动比是改变的。

6. 链传动中大链轮齿数_____，越容易发生_____。

7. 链传动在工作时，链板所受的拉应力是_____循环变应力。

8. p 表示链条的节距，z 表示链轮齿数，当转速一定时，要减少链传动的运动不均匀性和动载荷，采取的措施是_____。

9. 链传动通常放在传动系统的_____。

10. 链传动算出的实际中心距，在安装时还需要缩短 2~5 mm，这是为了_____。

三、判断题

1. 链传动中，当一根链的链节数为偶数时需采用过渡链节。(   )

2. 链传动的运动不均匀性是造成瞬时传动比不恒定的原因。(   )

3. 链传动的平均传动比恒定不变。(   )

4. 链传动设计时，链条的型号是通过抗拉强度计算公式确定的。(   )

5. 旧自行车上链条容易脱落的主要原因是链条磨损后链节增大，以及大链轮齿数过多。(   )

6. 在套筒滚子链中，当链节距 p 一定时，小链轮齿数 z 越大其多边形效应越严重。(   )

7. 由于链传动是啮合传动，所以它对轴产生的压力比带传动大。(   )

8. 旧自行车的后链轮(小链轮)比前链轮(大链轮)容易脱链。(   )

9. 链传动设计主要解决的一个问题是消除其运动的不均匀性。(   )

10. 链传动的链节数最好取偶数。(   )

第7章
齿轮传动

本章思维导图

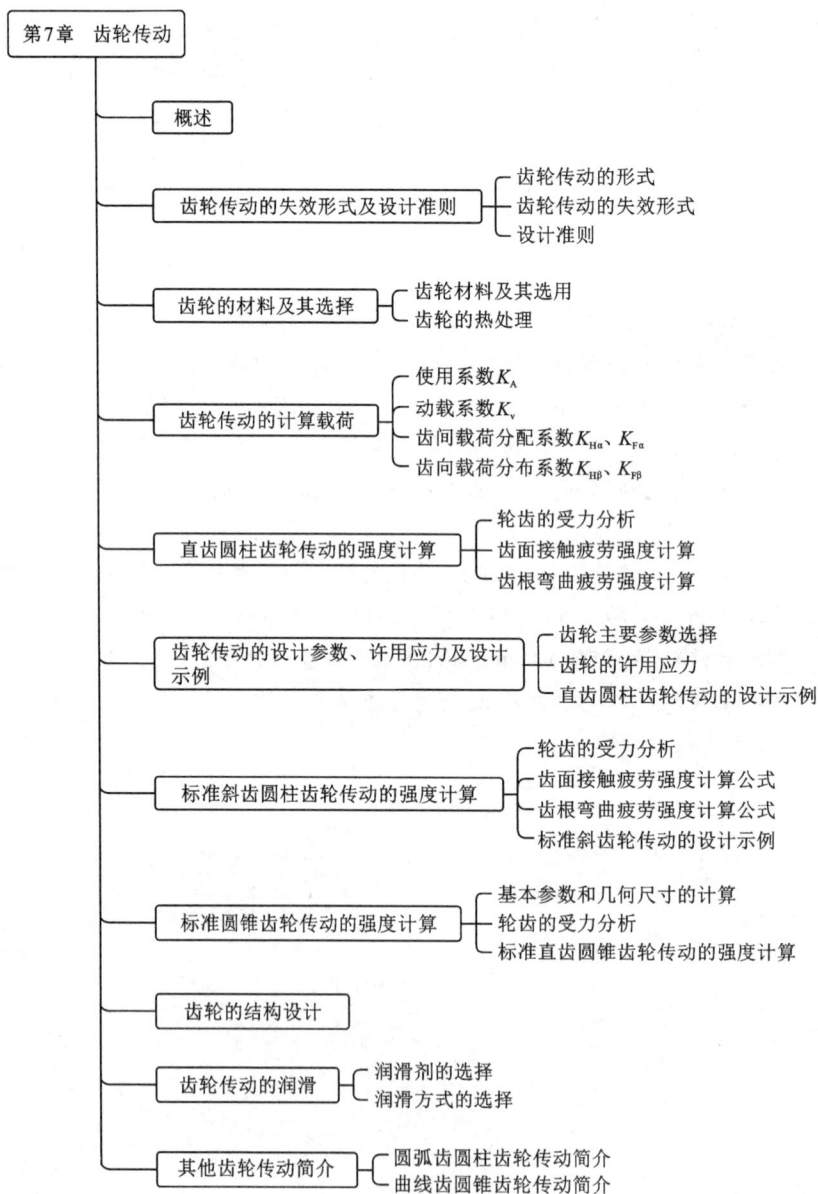

第7章　齿轮传动
- 概述
- 齿轮传动的失效形式及设计准则
  - 齿轮传动的形式
  - 齿轮传动的失效形式
  - 设计准则
- 齿轮的材料及其选择
  - 齿轮材料及其选用
  - 齿轮的热处理
- 齿轮传动的计算载荷
  - 使用系数 K_A
  - 动载系数 K_v
  - 齿间载荷分配系数 $K_{H\alpha}$、$K_{F\alpha}$
  - 齿向载荷分布系数 $K_{H\beta}$、$K_{F\beta}$
- 直齿圆柱齿轮传动的强度计算
  - 轮齿的受力分析
  - 齿面接触疲劳强度计算
  - 齿根弯曲疲劳强度计算
- 齿轮传动的设计参数、许用应力及设计示例
  - 齿轮主要参数选择
  - 齿轮的许用应力
  - 直齿圆柱齿轮传动的设计示例
- 标准斜齿圆柱齿轮传动的强度计算
  - 轮齿的受力分析
  - 齿面接触疲劳强度计算公式
  - 齿根弯曲疲劳强度计算公式
  - 标准斜齿轮传动的设计示例
- 标准圆锥齿轮传动的强度计算
  - 基本参数和几何尺寸的计算
  - 轮齿的受力分析
  - 标准直齿圆锥齿轮传动的强度计算
- 齿轮的结构设计
- 齿轮传动的润滑
  - 润滑剂的选择
  - 润滑方式的选择
- 其他齿轮传动简介
  - 圆弧齿圆柱齿轮传动简介
  - 曲线齿圆锥齿轮传动简介

7.1　概述

齿轮传动是机械传动中应用最广泛的一种传动形式。齿轮传动的主要优点为：传动功率和速度的范围广，传动比准确、可靠，传动效率高，寿命长，结构紧凑等。其主要缺点为：制造、安装精度要求高，制造时需要专用设备，成本高，不宜在两轴中心距很大的场合下使用等。随着加工技术的进步，齿轮传动机构的性能越来越高，齿轮的最大直径可达 10 m，最大圆周速度可达 200 m/s，传递的功率可达数十万千瓦。

从传递运动和动力的要求出发，齿轮传动必须解决以下两个基本问题：

（1）传动平稳。这要求瞬时传动比恒定，以减小齿轮啮合中的振动、冲击和噪声。

（2）承载能力足够。这要求齿轮传动有足够的强度、耐磨性等，以保证其能在规定的使用期限内正常工作，不发生失效。

在"机械原理"课程中，论述了与传动平稳相关的问题，对齿轮机构的啮合原理、尺寸计算等内容进行了详细的论述，本章则着重论述与齿轮承载能力和结构设计有关的内容，主要有齿轮的失效形式与材料的选择、齿轮的受力分析、齿轮的强度设计准则与设计方法等，并在此基础上解决设计中如何确定齿轮传动的基本参数和主要尺寸问题。

7.2　齿轮传动的失效形式及设计准则

7.2.1　齿轮传动的形式

在齿轮传动设计中常将齿轮传动分成不同类型，下面介绍两种常见的分类方法。

1. 根据工作条件分类

（1）闭式齿轮传动。闭式齿轮传动是指将传动齿轮安装在润滑和密封条件良好的箱体内的传动，一般重要的齿轮传动都采用闭式传动。

（2）开式齿轮传动。开式齿轮传动是指将传动齿轮暴露在外的传动，由于工作时易落入灰尘，且润滑不良，轮齿齿面极容易被磨损，故此传动只适用于简单的机械设备和低速的场合。

2. 根据齿轮的齿面硬度分类

（1）软齿面传动。若两啮合齿轮的齿面硬度小于或等于 350 HBS（或 38 HRC），此种齿轮传动称为软齿面传动。

（2）硬齿面传动。若两啮合齿轮的齿面硬度均大于 350 HBS（或 38 HRC），此种齿轮传动称为硬齿面传动。

7.2.2　齿轮传动的失效形式

一般来说，齿轮传动的失效主要是轮齿的失效，而轮齿的失效形式又是多种多样的，下面仅介绍其中五种主要的失效形式：轮齿折断、疲劳点蚀、齿面磨损、齿面胶合和齿面塑性变形等。

1. 轮齿折断

一般情况下，轮齿折断可分为疲劳折断和过载折断两种情况。

齿轮在传递动力时，轮齿相当于一个悬臂梁，承受弯曲载荷，在其齿根部弯曲应力最大，此应力随着时间的变化而变化。对于单向转动的齿轮，此应力为脉动循环应力；对于双向转动的齿轮，此应力为对称循环应力，且在齿根过渡圆角处存在应力集中。当弯曲应力超过齿根的弯曲疲劳极限时，在载荷的多次重复作用下，齿根部位将产生疲劳裂纹，随着工作的继续，裂纹逐渐扩展，直至轮齿被折断，此种情况属于疲劳折断。过载折断则是短期严重过载或受到很大的冲击，使齿根弯曲应力超过强度极限而引起的脆性断裂。实践表明，轮齿折断常出现在轮齿较脆的情况下，如齿轮经整体淬火、齿面硬度很高的钢制齿轮和铸铁齿轮。对于宽度较小的直齿轮，轮齿一般沿整个齿宽折断；对于斜齿轮、人字齿轮和宽度较大的直齿轮，多发生轮齿的局部折断，如图7-1所示。

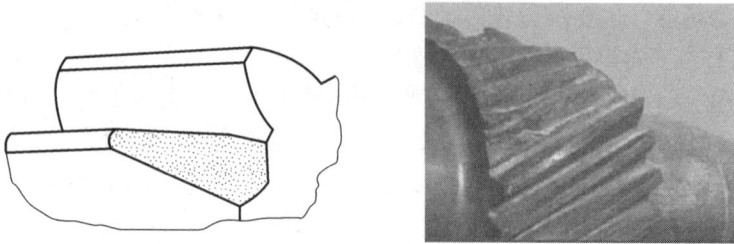

图7-1　轮齿折断

目前防止轮齿折断的措施有：采用合适的齿轮材料和热处理方法，使齿芯材料具有足够的韧性；增大齿根过渡圆角半径和消除加工刀痕，以减弱齿根的应力集中；增强轴及支承的刚度，使载荷沿齿宽分布均匀；保证齿轮有足够大的模数，或采用正变位齿轮，以增加齿根的厚度等。

2. 疲劳点蚀

轮齿在啮合时，齿面实际上只是小面积接触，并在接触表面上产生较大的接触应力，此接触应力按脉动循环变化，当接触应力超过齿面材料的接触疲劳极限时，在载荷的多次重复作用下，齿面表层将产生微小的疲劳裂纹，随着工作的继续，疲劳裂纹将逐渐扩展，致使金属微粒剥落，形成凹坑，这种现象称为疲劳点蚀，如图7-2所示。当齿面点蚀严重时，轮齿的工作表面遭到破坏，啮合情况恶化，造成传动不平稳并产生噪声，使齿轮不能正常工作。实践表明，疲劳点蚀常出现在闭式软齿面传动的靠近轮齿节线的齿根处，这主要是因为当轮齿在靠近节线处啮合时，相对滑动速度低，形成油膜的条件差，润滑不良，摩擦力较大，特别是直齿轮在节线处通常只有一对轮齿啮合，轮齿所受接触应力较大。

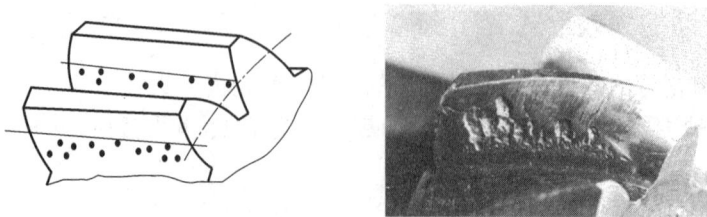

图7-2　疲劳点蚀

对于开式传动，由于磨损较快，很少出现疲劳点蚀。

防止疲劳点蚀的措施有：提高齿面硬度及接触精度；降低齿面的粗糙度；提高润滑油黏度等。

3. 齿面磨损

因灰尘、金属屑等硬颗粒进入齿面啮合处而引起的磨粒磨损，如图 7-3 所示。磨粒磨损是开式传动的主要失效形式之一。磨损过大时，齿厚明显变薄，齿侧间隙大幅地增加，一方面降低了轮齿的抗弯强度，严重时引起轮齿折断；另一方面产生冲击和噪声，使工作情况恶化，传动不平稳。

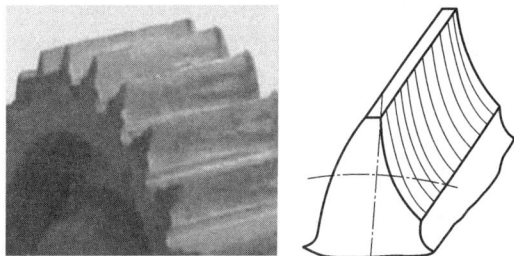

图 7-3　齿面过度磨损

防止齿面磨损的措施有：采用闭式传动；提高齿面硬度；降低齿面粗糙度；采用良好的润滑方式等。

4. 齿面胶合

在高速重载的齿轮传动中，若润滑不良或齿面压力过大，会引起油膜破裂，致使齿面金属直接接触，在局部接触区产生高温熔化或软化而引起相互黏结，当两轮齿相互滑动时，较软的齿面沿滑动方向被撕成沟纹状，这种现象称为热胶合，如图 7-4 所示。在低速重载齿轮传动中，由于齿面间润滑油膜难以形成，或由于局部偏载使油膜被破坏，也可能发生胶合，但此时齿面间并无明显的瞬时高温，故称为冷胶合。齿面一旦出现胶合，就会破坏齿轮的工作表面，致使啮合情况恶化，传动不平稳，产生噪声，严重时导致齿轮传动失效。

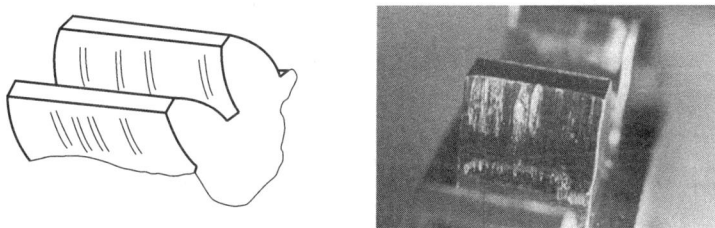

图 7-4　齿面胶合

防止齿面胶合的措施有：减小模数，降低齿高，减小滑动系数，提高齿面的硬度；降低齿面的粗糙度；采用抗胶合能力强的齿轮副材料；采用抗胶合性能好的润滑油等。

5. 齿面塑性变形

在低速、重载且启动频繁的齿轮传动中，较软的齿面在过大的应力作用下，轮齿材料会由于屈服而产生塑性流动，从而形成齿面局部的塑性变形，破坏轮齿的工作齿廓，严重影响传动的平稳性如图 7-5 所示。

防止齿面塑性变形的措施有：提高齿面的硬度；避免频繁启动和过载等。

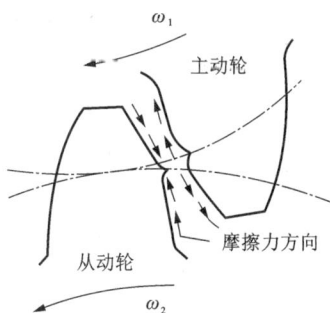

图 7-5　齿面塑性变形

147

7.2.3 设计准则

在设计齿轮传动时，应依据齿轮可能出现的失效形式来确定设计准则。

由于目前对于轮齿的齿面磨损、塑性变形尚未建立起实用、完整的设计计算方法和数据，对于一般齿轮传动，没有必要计算齿轮抗胶合能力且其计算方法复杂，所以目前设计一般的齿轮传动时，通常只按保证齿根弯曲疲劳强度和齿面接触疲劳强度两种准则进行设计。

闭式软齿面齿轮传动的主要失效形式主要是齿面疲劳点蚀，其次是轮齿折断，故通常先按齿面接触疲劳强度进行设计，确定齿轮的主要几何参数后，再校核齿根弯曲疲劳强度。

闭式硬齿面齿轮传动的主要失效形式主要是轮齿折断，其次是疲劳点蚀，故通常先按齿根弯曲疲劳强度进行设计，确定齿轮的主要几何参数后，再校核齿面接触疲劳强度。

开式齿轮传动的主要失效形式是齿面磨损后，轮齿变薄，使轮齿折断，故目前多按齿根弯曲疲劳强度进行设计，且考虑到磨损对齿厚的影响，须适当增大(一般为10%~15%)模数。

7.3 齿轮的材料及其选择

由轮齿的失效形式分析可以看出，对齿轮材料的基本要求为：轮齿必须具有一定的抗弯强度；齿面具有一定的硬度和耐磨性；轮齿的芯部应有一定的韧性，以具备足够的抗冲击能力；容易加工，热处理变形小等。

7.3.1 齿轮材料及其选用

目前工程上，常用的齿轮材料是锻钢，其次是铸钢和铸铁，在某些情况下也可以采用有色金属和非金属材料。

1. 钢

钢材的韧性好、耐冲击、强度高，还可通过适当的热处理或化学处理改善其力学性能及提高齿面的硬度，故钢材是最理想的齿轮材料。

(1)锻钢。钢材毛坯经过锻造以后，可以改善材料性能，使其内部形成有利的纤维方向，有利于提高轮齿强度。其力学性能比铸钢好。除尺寸过大或结构形状复杂只宜铸造外，一般都用锻钢制造齿轮。制造齿轮的锻钢可分为以下两类：

①软齿面齿轮。这类齿轮常用的材料有45、40Cr、35SiMn等，经调质或正火处理后再进行切削加工，为了便于切齿，一般要求齿轮的齿面硬度≤350 HBW。另考虑到小齿轮参加啮合次数较多，因此其齿面硬度比大齿轮应高30~50 HBW(或更高一些)。两齿轮的传动比越大，则两齿轮齿面硬度差就越大。此类齿轮材料制造简便、经济、生产率高、承载能力一般，适用于强度、速度及精度都要求不高的一般齿轮。

②硬齿面齿轮。这类齿轮常用20Cr、20CrMnTi(表面渗碳淬火)和45、40Cr(表面或整体淬火)等钢制造，其齿面硬度为45~65 HRC。由于齿面硬度高，一般要切齿后经热处理再磨齿。这类齿轮材料承载能力强，但制造工艺较复杂，多用于高速、重载和要求结构紧凑的场合。

（2）铸钢。铸钢的耐磨性及强度均较好，但切齿前需经过退火、正火处理，必要时也可进行调质。铸钢常用于尺寸较大（齿顶圆直径 $d_a \geq 400$ mm）或结构形状复杂的齿轮。常用铸钢材料为 ZG310-570、ZG340-640 等。

2. 铸铁

铸铁较脆，抗弯强度及耐冲击性能都较差，但由于其耐磨性、铸造性能好，价格低廉，因此主要用于开式、低速轻载的齿轮传动中。对于齿轮传动结构尺寸不受限制的场合，有时也用来代替铸钢。常用的铸铁有 HT250、HT300、QT500-5 等。

3. 有色金属和非金属材料

有色金属如铜、铝、铜合金、铝合金等常用于制造有特殊要求的齿轮。

对于高速、轻载及精度要求不高的齿轮传动，为了减少噪声，可采用特制的尼龙、塑料和夹布胶木等材料来制造齿轮。非金属材料的弹性模量小，能很好地补偿因制造和安装误差所引起的不利后果，故振动小、噪声小。但由于非金属材料的导热性差，故要与齿面光洁的金属齿轮配对使用，以利散热。

7.3.2　齿轮的热处理

齿轮常用的热处理方法有以下几种。

1. 调质与正火

调质一般用于中碳钢和中碳合金钢，如 45、40Cr、40MnB 等。经过调质处理后，其机械强度、韧性等综合性能提升，齿面硬度一般为 220~260 HBS。因硬度不高，故可在热处理后精切齿形，以消除热处理变形，且在使用中易于跑合。

正火处理可使材料晶粒细化，消除内应力，改善切削性能。对机械强度要求不高的齿轮可用中碳钢正火处理。对于大直径的齿轮可采用铸钢正火处理。

设计中，对于大小齿轮都是软齿面的齿轮传动，考虑到小齿轮的齿根较薄，弯曲强度较低，且小齿轮应力循环次数比大齿轮多，为使大小齿轮寿命比较接近，一般应使小齿轮齿面硬度比大齿轮高 30~50 HBS，且传动比越大，其硬度差也应越大。为了提高抗胶合性能，建议小齿轮和大齿轮采用不同牌号的钢来制造。

2. 表面热处理

表面热处理主要有表面淬火、渗碳淬火、渗氮和碳氮共渗等。经表面淬火、渗碳淬火、渗氮及碳氮共渗等处理后可获得硬齿面齿轮。

用中碳钢或中碳合金钢进行表面淬火。齿面硬度为 48~54 HRC。由于芯部韧度高，故接触强度高，耐磨性好，能承受中等冲击载荷。

用含碳量 0.15%~0.25% 的低碳钢或低碳合金钢，例如 20、20Cr 等进行渗碳淬火。低碳钢渗碳淬火后，因其芯部强度较低，且与渗碳层不易很好结合，载荷较大时有剥离的可能，轮齿的弯曲强度也较低，重要场合宜采用低碳合金钢，其齿面硬度可达 58~62 HRC。齿轮经过渗碳淬火后，轮齿变形较大，应进行磨齿。

齿面经渗氮（氮化）处理后，齿面硬度可达 60~62 HRC。因氮化处理温度低，轮齿的变形小，不需磨齿。常用氮化钢为 38CrMoAl。

常用的齿轮材料及其力学性能见表 7-1。

表 7-1　常用的齿轮材料及其力学性能

材料牌号	热处理	材料力学性能/MPa		硬度		应用范围
		σ_b	σ_s	HBW	HRC	
45	正火	588	294	169~217	40~50	一般传动
	调质	647	373	229~286		
	表面淬火					小型闭式传动，重载有冲击
40MnB	调质	750	500	241~286	45~55	中低速、中载齿轮
42SiMn	调质	784	510	229~286		
	表面淬火					重载、有冲击
40Cr	调质	700	500	241~286		一般传动
	表面淬火				48~55	重载、有冲击
20Cr	渗碳淬火+低温回火	637	392		56~62	冲击载荷
20CrMnTi	渗碳淬火+低温回火	1079	883		56~62	
38CrMoAl	调质、渗氮	1000	850	229	渗氮 HV>850	无冲击载荷
ZG310-570	正火	570	310	≥153		低速重载
HT300			300	190~240		低速中载、无冲击
QT500-5	正火	500	300	147~241		代替铸钢
夹布胶木		100		25~35		高速轻载

7.4　齿轮传动的计算载荷

在计算齿轮的受力时，由齿轮传递的功率计算出的载荷称为名义载荷。而实际工作时，受原动机和工作机的性能、齿轮制造和安装误差、齿轮及其支承件变形等因素的影响，齿轮上的载荷要比名义载荷大。为此，在强度计算时通常引用载荷系数 K 来考虑上述因素的影响。因此，在计算齿轮传动强度时，应将名义载荷乘以载荷系数，即按计算载荷进行计算。以齿轮的法向力 F_n 为例，其计算载荷 F_{nc} 为

$$F_{nc} = KF_n \tag{7-1}$$

$$K = K_A K_v K_\alpha K_\beta \tag{7-2}$$

式中：K 为载荷系数，它包括使用系数 K_A、动载系数 K_v、齿间载荷分配系数 K_α 及齿向载荷分布系数 K_β。

7.4.1　使用系数 K_A

使用系数 K_A 是考虑由齿轮外部因素引起的附加动载荷影响的系数。这种外部附加动载荷取决于原动机和工作机的特性、轴和联轴器系统的质量和刚度及运行状态。如有可能，K_A 可通过实测并对传动系统的全面分析来确定。当上述方法不能实现，齿轮只能按名义载荷计算强度时，K_A 值可由表 7-2 查取。

表 7-2　使用系数 K_A

工作机		原动机		
		均匀平稳	轻微冲击	中等冲击
工作特性	举例	电动机汽轮机	蒸汽机、电动机（经常起动）	多缸内燃机
均匀平稳	发电机、均匀传送的带式输送机、螺旋输送机、轻型升降机、通风机、机床进给机构、均匀密度材料搅拌机等	1.00	1.10	1.25
轻微冲击	不均匀传送的带式或板式输送机、机床的主传动机构、重型升降机、工业与矿用风机、变密度材料搅拌机等	1.25	1.35	1.50
中等冲击	橡胶挤压机、木工机械、轻型球磨机、提升装置、单缸活塞泵、钢坯初轧机等	1.50	1.60	1.75
严重冲击	挖掘机、破碎机、重型球磨机、重型给水泵、带材冷轧机、旋转式钻探装置、压砖机等	1.75	1.85	2.00

注：(1) 表中所列 K_A 值仅适用于减速传动，对增速传动，K_A 值应取为表值的 1.1 倍；

(2) 非经常起动或起动转矩不大的电动机、小型汽轮机按均匀平稳考虑；

(3) 当外部机械与齿轮装置间有挠性连接时，K_A 可适当减少。

7.4.2　动载系数 K_v

动载系数 K_v 是考虑齿轮制造精度、运转精度误差引起的轮齿内部动载荷的影响系数。其主要影响因素有齿轮加工和载荷引起的轮齿变形产生的基节误差、齿形误差等。

图 7-6 说明了内部动载荷产生的原理。由于从动轮的基节 P_{b2} 与主动轮基节 P_{b1} 不相等，从而引起一对轮齿节点位置改变，瞬时传动比发生变化，即使主动轮转速稳定不变，从动轮转速也会发生变化，故而产生动载荷。齿轮的速度越快，加工精度越低，齿轮动载荷越大，所以 K_v 取决于齿轮制造精度及圆周速度。一般工业齿轮传动计算，可由图 7-7 查取，图中 v 为齿轮节线速度；6，7，…，12 为齿轮传动精度系数，与齿轮精度有关，如将其看作齿轮精度查取 K_v 值，是偏于安全的。若为直齿圆锥齿轮传动，应按图 7-7 中低一级精度线及锥齿轮平均分度圆处的圆周速度 v_m 查取 K_v 值，直齿锥齿轮通用动载系数的详尽计算方法参见 GB/T 10062.1—2003。

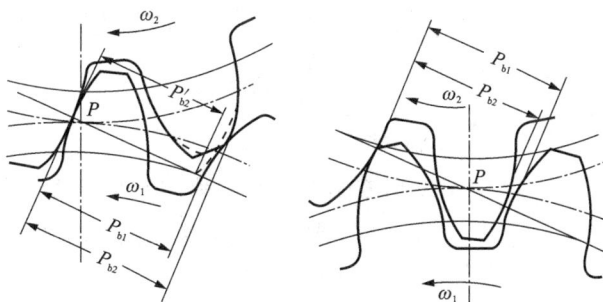

图 7-6　基节误差对传动平稳性的影响

为了减小动载荷，可适当提高齿轮制造精度，增加轮齿及支承件的刚度，对齿轮进行适当的齿顶修形等。

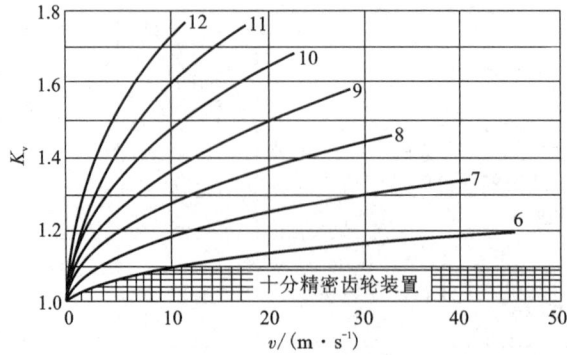

图 7-7 动载系数 K_v

7.4.3 齿间载荷分配系数 $K_{H\alpha}$、$K_{F\alpha}$

齿间载荷分配系数 $K_{H\alpha}$、$K_{F\alpha}$ 是分别考虑同时啮合的各对轮齿间载荷分配不均匀对齿面接触应力与轮齿弯曲应力影响的系数。其主要影响因素有：轮齿受载变形、制造误差（特别是基节偏差）、齿面硬度、齿廓修形和跑合情况等。在计算一般工业用齿轮传动时可认为 $K_{H\alpha}$ = $K_{F\alpha}$，用 K_α 统一表示，由表7-3查得。如要精确计算，可查相关机械设计手册。齿轮精度越低，则齿间载荷分配不均匀越严重。齿轮硬度高，则跑合以减轻载荷分配不均匀的效果较差，齿间载荷分配系数 K_α 较大。

表 7-3　齿间载荷分配系数 K_α

$K_A F_t / b$		≥100 N/mm				<100 N/mm
精度等级（GB/T 10095.1—2022）		5	6	7	8	
直齿轮	经表面硬化	1.0	1.0	1.1	1.2	≥1.2
	未经表面硬化	1.0	1.0	1.0	1.1	≥1.2
斜齿轮	经表面硬化	1.0	1.1	1.2	1.4	≥1.4
	未经表面硬化	1.0	1.0	1.1	1.2	≥1.4

注：若两齿轮分别由软、硬齿面构成，K_α 取平均值；若两齿轮精度等级不同，则按精度等级较低的取值。

7.4.4 齿向载荷分布系数 $K_{H\beta}$、$K_{F\beta}$

齿向载荷分布系数 $K_{H\beta}$、$K_{F\beta}$ 是分别考虑齿宽方向载荷分布不均匀对齿面接触应力与轮齿弯曲应力影响的系数。影响 $K_{H\beta}$、$K_{F\beta}$ 的主要因素有：齿轮的制造和安装误差、齿轮在轴上的布置方式、支承刚度、齿轮的宽度和齿面硬度等。

当轴承相对于齿轮作不对称配置时，齿轮受载后产生弯曲变形，引起轴上的齿轮偏斜，导致作用在齿面上的载荷沿齿宽方向分布不均匀，如图 7-8 所示。轴因受转矩作用而发生扭转变形时，也会产生载荷沿齿宽分布不均匀现象，如图 7-9 所示，越靠近扭矩输入端，载荷分布不均现象越严重。此外，轴承、支座的变形及制造、装配的误差等也影响齿面上的载荷分布。

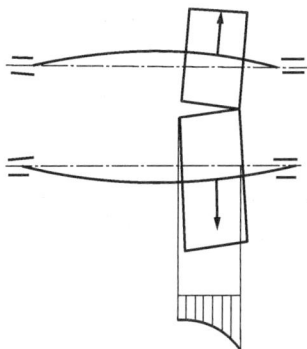

图 7-8　轴弯曲变形造成轮齿受载不均

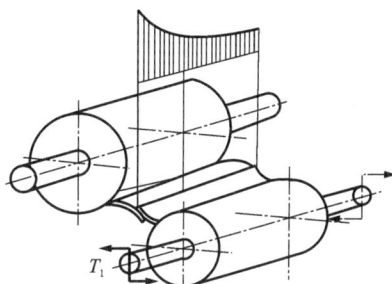

T_1—小齿轮传递的扭矩，N·mm。

图 7-9　轴扭转变形造成轮齿受载不均

分析表明，采用以下措施可以减轻载荷分布不均匀的程度：

①如图 7-10 所示，将一对齿轮中的一个齿轮的轮齿做成鼓形齿，轴产生弯曲变形而导致齿轮偏斜时，齿宽中部先接触，再扩大到全齿宽，以改善载荷分布不均匀现象。

②选择合理的齿轮布置形式及合理的齿宽。

③增加轴承、轴、轴座的刚度。

④提高制造与安装精度。

在一般计算时，可利用表 7-4 计算 $K_{H\beta}$，$K_{F\beta}$ 可根据 $K_{H\beta}$ 查图 7-11 确定，图中 b 为齿宽，h 为全齿高。

表 7-4　齿向载荷分布系数 $K_{H\beta}$ 简化计算式

	精度等级	对称布置		非对称布置	悬臂布置
软齿面	5	$1.1+0.18\varphi_d^2+1.2\times10^{-4}b$	（A）	式（A）$+0.108\varphi_d^4$	式（A）$+1.205\varphi_d^4$
	6	$1.11+0.18\varphi_d^2+1.5\times10^{-4}b$	（B）	式（B）$+0.108\varphi_d^4$	式（A）$+1.205\varphi_d^4$
	7	$1.12+0.18\varphi_d^2+2.3\times10^{-4}b$	（C）	式（C）$+0.108\varphi_d^4$	式（A）$+1.205\varphi_d^4$
	8	$1.15+0.18\varphi_d^2+3.1\times10^{-4}b$	（D）	式（D）$+0.108\varphi_d^4$	式（A）$+1.205\varphi_d^4$
	精度等级	$K_{H\beta}$ 可用范围	对称布置	非对称布置	悬臂布置
硬齿面	5	≤1.34	$1.05+0.26\varphi_d^2+10^{-4}b$　（E）	式（E）$+0.156\varphi_d^4$	式（E）$+1.742\varphi_d^4$
		>1.34	$0.99+0.31\varphi_d^2+1.2\times10^{-4}b$　（F）	式（F）$+0.186\varphi_d^4$	式（F）$+2.077\varphi_d^4$
	6	≤1.34	$1.05+0.26\varphi_d^2+1.6\times10^{-4}b$　（G）	式（G）$+0.156\varphi_d^4$	式（G）$+1.742\varphi_d^4$
		>1.34	$1+0.31\varphi_d^2+1.9\times10^{-4}b$　（H）	式（H）$+0.186\varphi_d^4$	式（H）$+2.077\varphi_d^4$

注：（1）表中齿宽 b 的单位为 mm；

（2）经过齿向修形的齿轮，$K_{H\beta}=1.2\sim1.3$；

（3）当 $K_{H\beta}>1.5$ 时，应采取措施减小 $K_{H\beta}$ 值。

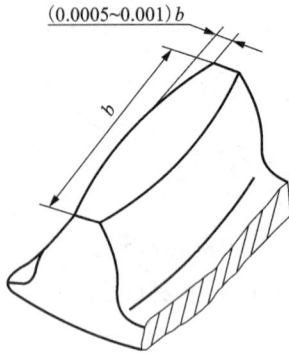

图 7-10 鼓形齿

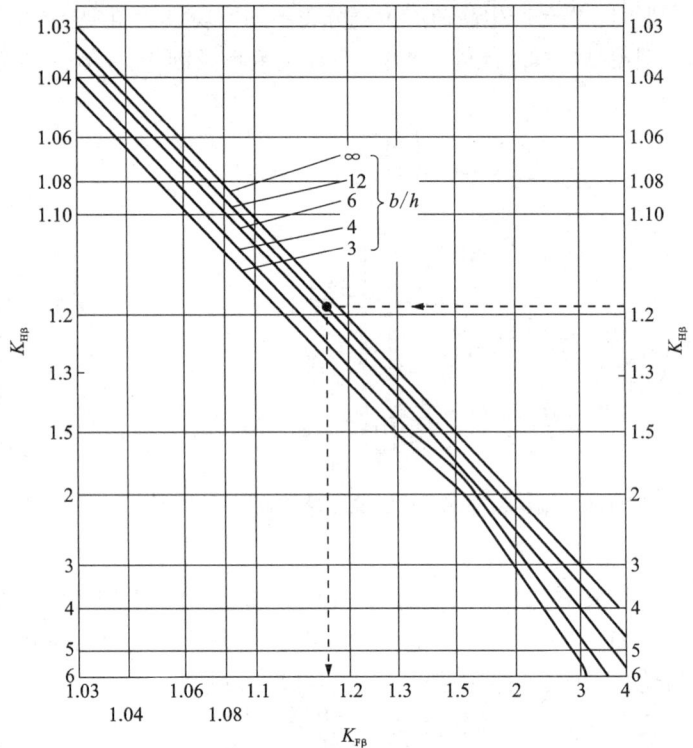

图 7-11 齿向载荷分布系数 $K_{F\beta}$

7.5 直齿圆柱齿轮传动的强度计算

7.5.1 轮齿的受力分析

进行轮齿的受力分析是齿轮强度计算的前提，也是轴和轴承设计的基础。

1. 力的大小

一对外啮合标准直齿轮传动如图 7-12 所示，在工作中一般齿轮传动采用润滑油（或脂）进行润滑，故两啮合轮齿间的摩擦力通常很小，可以忽略不计。由力学可知，此时主动轮齿作用在从动轮齿上的力为一法向力 F_{n2}，其反作用力 F_{n1} 也是法向力，沿着啮合线 N_1N_2 方向。为了便于分析，通常将 F_{n1} 分解为两个相互垂直的分力，即圆周力 F_{t1} 和径向力 F_{r1}。它们的大小分别为

$$\left.\begin{array}{l} F_{t1} = 2T_1/d_1 = F_{t2} \\ F_{r1} = F_{t1}\tan\alpha' = F_{r2} \\ F_{n1} = F_{t1}/\cos\alpha' = F_{n2} \end{array}\right\} \tag{7-3}$$

式中：T_1 为小齿轮传递的名义转矩，N·mm，其大小为 $T_1 = 9.55 \times 10^6 \times \dfrac{P_1}{n_1}$，$P_1$ 为小齿轮传递

154

的名义功率，kW，n_1 为小齿轮的转速，r/min；d_1 为小齿轮的分度圆直径，mm；α' 为啮合角，对于标准齿轮，$\alpha' = 20°$，变位齿轮的 α' 计算可参考"机械原理"教材。

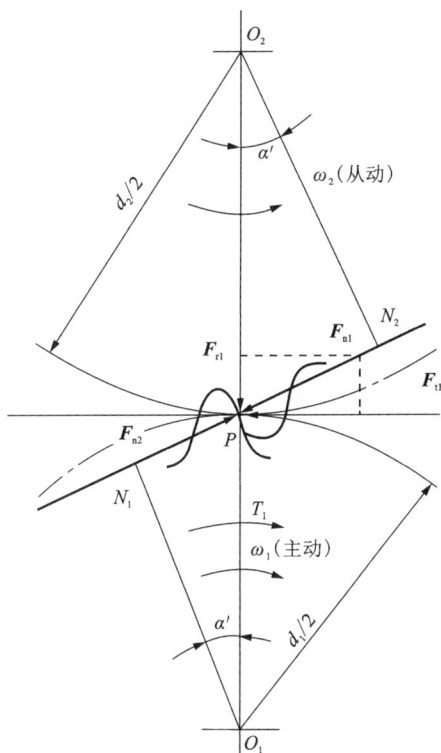

ω_1—主动轮角速度；ω_2—从动轮角速度；N_1、N_2—啮合极限点；P—节点。

图 7-12　直齿轮传动时轮齿受力分析

2. 力的方向

根据作用力与反作用力的关系，作用在主动轮齿和从动轮齿上的同名力大小相等、方向相反，即 $F_{r1} = -F_{r2}$、$F_{t1} = -F_{t2}$。主动轮齿所受圆周力 F_{t1} 的方向与该轮啮合点的圆周速度方向相反；从动轮齿所受圆周力 F_{t2} 的方向与该轮啮合点的圆周速度方向相同。径向力 F_{r1}、F_{r2} 的方向分别由啮合点指向各自的轮心。

7.5.2　齿面接触疲劳强度计算

齿面疲劳点蚀与齿面接触应力的大小有关。为防止齿面在预定寿命期限内发生疲劳点蚀，设计齿轮时应计算齿面接触疲劳强度，使齿面最大接触应力 σ_H 小于或等于材料许用接触应力 $[\sigma_H]$，即 $\sigma_H \leqslant [\sigma_H]$。

1. 齿面接触疲劳强度计算公式

一对齿轮的啮合，可以看作以啮合点处两齿廓曲率半径 ρ_1、ρ_2 为半径的两圆柱体的接触。齿面最大接触应力 σ_H 可由第 2 章式(2-44)求得，齿面接触应力计算公式为

$$\sigma_H = \sqrt{\frac{F_{nc}\left(\dfrac{1}{\rho_1}\pm\dfrac{1}{\rho_2}\right)}{\pi L\left(\dfrac{1-\mu_1^2}{E_1}+\dfrac{1-\mu_2^2}{E_2}\right)}}$$

式中：F_{nc} 为轮齿所受的法向计算载荷，N；L 为轮齿接触线长，mm；E_1、E_2 为圆柱体 1、2 材料的弹性模量，MPa；μ_1、μ_2 分别为圆柱体 1、2 材料的泊松比；ρ_1、ρ_2 分别为圆柱体 1、2 的曲率半径，mm。

另在上式中，"+"用于外啮合，"−"用于内啮合。

为计算方便，令 $\dfrac{1}{\rho}=\dfrac{1}{\rho_1}\pm\dfrac{1}{\rho_2}$，$Z_E=\sqrt{\dfrac{1}{\pi\left(\dfrac{1-\mu_1^2}{E_1}+\dfrac{1-\mu_2^2}{E_2}\right)}}$

则齿面接触疲劳强度条件式可写为

$$\sigma_H = Z_E\cdot\sqrt{\frac{F_{nc}}{L\rho}}\leqslant[\sigma_H] \tag{7-4}$$

式中：Z_E 为材料弹性影响系数，$MPa^{1/2}$；ρ 为综合曲率半径，mm；$[\sigma_H]$ 为材料许用接触应力，MPa。

（1）综合曲率半径 ρ。在齿轮工作过程中，齿廓啮合点的位置是变化的，又有渐开线齿廓上各点的曲率半径不等，因此啮合点的综合曲率半径将随其位置的变化而变化。图 7-13 中给出了渐开线齿轮沿啮合线各点的综合曲率 $1/\rho$ 及接触应力 σ_H 的变化情况。图 7-13 中可见综合曲率半径最小处恰好是多对齿啮合区，载荷由它们共同承担。在单对齿啮合区，全部载荷由一对齿承担。节点 P 处的综合曲率半径 ρ 虽不是最小，但该点处于单对齿啮合区，只有一对齿受力，且疲劳点蚀往往先出现在节线附近偏向齿根一侧，故通常取节点处计算齿面的接触应力。

由图 7-13 可知，节点 P 处的齿廓曲率半径为

$$\rho_1=N_1P=\frac{d_1}{2}\sin\alpha'$$

$$\rho_2=N_2P=\frac{d_2}{2}\sin\alpha'$$

令 $u=\dfrac{d_2}{d_1}=\dfrac{z_2}{z_1}$，则

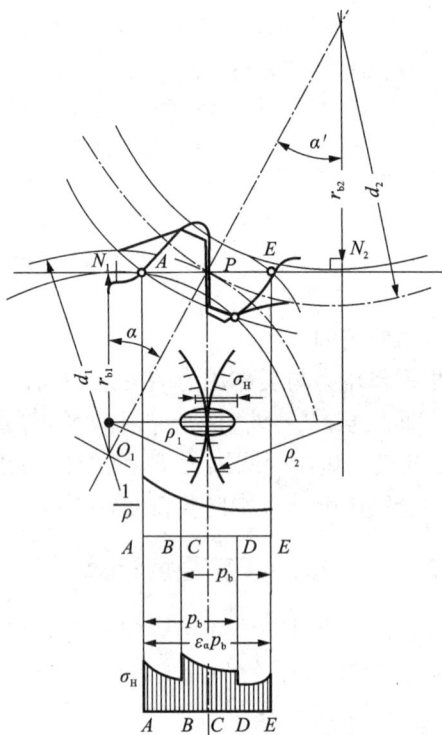

图 7-13　齿面接触应力

$$\frac{1}{\rho}=\frac{1}{\rho_1}\pm\frac{1}{\rho_2}=\frac{\rho_2\pm\rho_1}{\rho_1\rho_2}=\frac{2(d_2\pm d_1)}{d_1 d_2 \sin \alpha'}$$

$$\frac{1}{\rho}=\frac{u\pm 1}{u}\cdot\frac{2}{d_1 \sin \alpha'} \tag{7-5}$$

（2）轮齿计算载荷。轮齿法向计算载荷 F_{nc} 为

$$F_{nc}=KF_n=\frac{KF_t}{\cos \alpha'} \tag{7-6}$$

（3）轮齿接触线长 L。对于标准直齿圆柱齿轮传动，当重合度 $\varepsilon_\alpha=1$ 时，轮齿接触线长 L 等于齿轮宽度 b；当重合度 $\varepsilon_\alpha>1$ 时，参与啮合的齿数增加，故 $L>b$。可以认为：重合度 ε_α 越大，承载的接触线总长度越大，单位接触载荷则越小。轮齿接触线长 L 可按式（7-7）计算，即

$$L=\frac{b}{Z_\varepsilon^2}(\text{mm}) \tag{7-7}$$

式中：L 为轮齿接触线长，mm；b 为齿轮宽度，mm；Z_ε 为齿轮重合度系数，按式（7-8）计算，即

$$Z_\varepsilon=\sqrt{(4-\varepsilon_\alpha)/3} \tag{7-8}$$

直齿轮的重合度 ε_α 可近似按下式计算

$$\varepsilon_\alpha=1.88-3.2\left(\frac{1}{Z_1}\pm\frac{1}{Z_2}\right) \tag{7-9}$$

式中："+" 用于外啮合，"-" 用于内啮合。

（4）齿面接触疲劳强度公式。将式（7-5）~式（7 7）代入式（7-4）并整理得

$$\sigma_H=Z_\varepsilon Z_E \cdot \sqrt{\frac{KF_t}{bd_1}\cdot\frac{u\pm 1}{u}}\cdot\sqrt{\frac{2}{\sin\alpha\cos\alpha}}\leqslant[\sigma_H]$$

令节点区域系数 $Z_H=\sqrt{\dfrac{2}{\sin\alpha\cos\alpha}}$，并将 $F_t=\dfrac{2T_1}{d_1}$ 代入上式，得齿面接触疲劳强度校核公式为

$$\sigma_H=Z_\varepsilon Z_E Z_H \cdot \sqrt{\frac{2KT_1}{bd_1^2}\cdot\frac{u\pm 1}{u}}\leqslant[\sigma_H] \tag{7-10}$$

引入齿宽系数 $\varphi_d=b/d_1$，得齿面接触疲劳强度设计公式为

$$d_1\geqslant\sqrt[3]{\frac{2KT_1}{\varphi_d}\cdot\frac{u\pm 1}{u}\cdot\left(\frac{Z_\varepsilon Z_E Z_H}{[\sigma_H]}\right)^2} \tag{7-11}$$

式中：T_1 为小齿轮传递的名义转矩，N·mm；Z_E 为材料弹性影响系数，MPa$^{1/2}$，由表 7-5 确定；Z_H 为节点区域系数，由图 7-14 确定；Z_ε 为齿轮重合度系数，按式（7-8）计算。

2. 齿面接触疲劳强度计算说明

（1）式（7-10）与式（7-11）中"±"的意义为"+"用于外啮合，"-"用于内啮合。

（2）两相啮合的齿轮其齿面接触应力是相等的，即 $\sigma_{H1}=\sigma_{H2}$；但由于两齿轮的材料、齿面硬度不同，故其许用接触应力不相等，即 $[\sigma_{H1}]\neq[\sigma_{H2}]$；若两个齿轮中有一个齿轮产生疲劳点蚀，则判定传动失效，所以在应用公式（7-11）进行设计时，$[\sigma_H]$ 应取 $[\sigma_{H1}]$、$[\sigma_{H2}]$ 二者中的较小者。

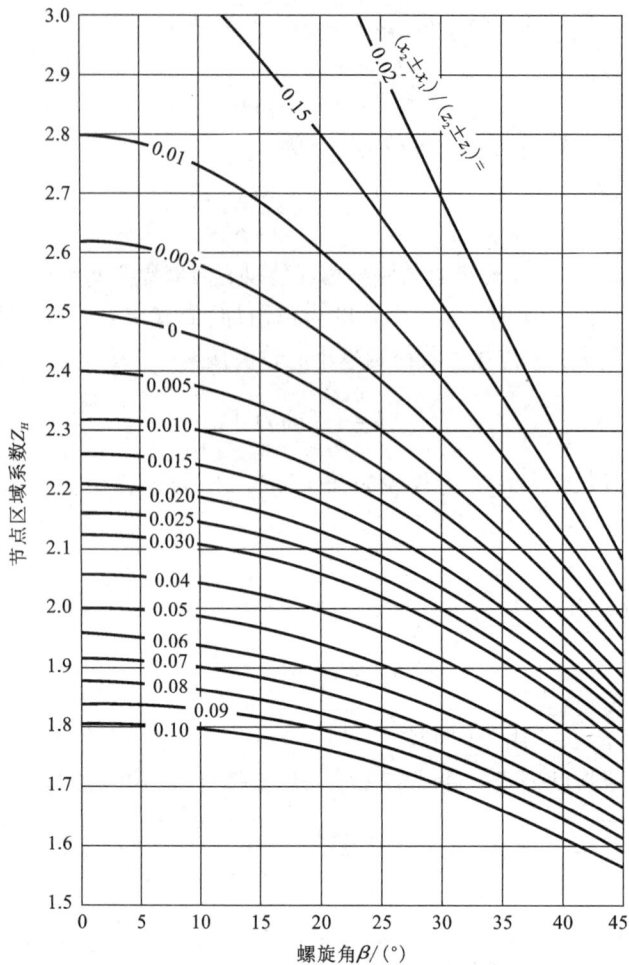

图 7-14 节点区域系数 Z_H ($\alpha_n = 20°$)

（3）当用设计公式(7-11)初步计算齿轮的分度圆直径 d_1 时，动载系数 K_v 不能预先确定，此时可试选一载荷系数 K_t (如取 $K_t = 1.3 \sim 1.6$)，这样算出来的分度圆直径是一个试算值 d_{1t}，然后按 d_{1t} 计算齿轮的圆周速度，查取动载系数 K_v，再计算载荷系数 K。如果算得的 K 与试选的 K_t 相差不多，就不必再修改原计算；若两者相差较大，应按式(7-12)校正试算所得的分度圆直径 d_{1t}

$$d_1 = d_{1t} \sqrt[3]{\frac{K}{K_t}} \tag{7-12}$$

（4）提高接触强度措施。增大中心距 a 或分度圆直径 d_1；提高许用应力 $[\sigma_H]$；适当增加齿宽 b。

表 7-5　材料弹性影响系数 Z_E 　　　　　　　　　　　　　　单位：$MPa^{1/2}$

小齿轮材料	大齿轮材料				
	锻钢	铸钢	球墨铸铁	灰铸铁	夹布胶木
锻钢	189.8	188.9	186.4	162	56.4
铸钢		188	180.5	161.4	
球墨铸铁			173.9	156.6	
灰铸铁				143.7	

7.5.3　齿根弯曲疲劳强度计算

计算齿根弯曲疲劳强度的目的是防止在预定寿命期限内发生轮齿折断。其强度条件为

$$\sigma_F \leqslant [\sigma_F]$$

式中：σ_F 为齿根弯曲应力，MPa；$[\sigma_F]$ 为材料许用齿根弯曲应力，MPa。

1. 齿根弯曲应力计算的力学模型

由于齿轮轮缘的强度和刚度很大，可将轮齿视为一宽度为 b 的悬臂梁。如图 7-15 所示，假定由一对轮齿传递载荷并且载荷作用于齿顶（实际此时参与啮合的轮齿对数较多），为简化计算，先按力作用于齿顶加载计算齿根弯曲应力 σ_F，再通过引入重合度系数 Y_ε 对齿根弯曲应力予以修正，使之较接近实际的齿根弯曲应力 σ_F。

轮齿的弯曲强度在齿根部最弱。在工程上齿根处的危险截面一般采用 30°切线法确定，如图 7-15 所示，即作与轮齿对称线成 30°的两直线与齿根圆角过渡曲线相切，过两切点并平行于齿轮轴线的截面即为齿根的危险截面。

在齿根危险截面上存在弯曲应力 σ_F、切应力 τ 与压应力 σ_p，与齿根弯曲应力相比，切应力 τ 与压应力 σ_p 都很小，通常忽略。

2. 齿根弯曲疲劳强度计算

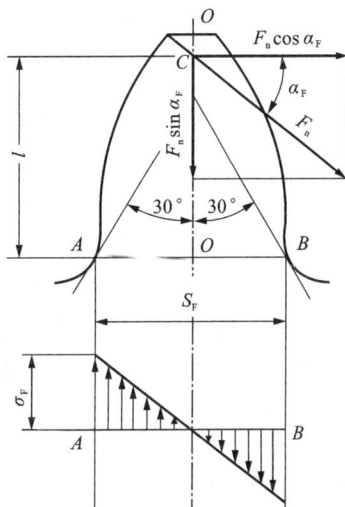

α_F—载荷作用于齿顶时的压力角；

F_n—齿轮上的名义法向力；S_F—直线 $\overline{AB}$ 的长度。

图 7-15　齿根弯曲应力

实践表明裂纹首先在受拉侧产生，所以只考虑弯曲应力的影响。由材料力学中的悬臂梁弯曲应力计算公式，可得齿根危险截面的弯曲应力为

$$\sigma_F = \frac{M}{W} \leqslant [\sigma_F] \tag{7-13}$$

齿根危险截面的弯曲力矩为

$$M = KF_n l \cos \alpha_F = K \frac{2T_1}{d_1 \cos \alpha} l \cos \alpha_F \tag{7-14}$$

式中：l 为 C 点到直线 $\overline{AB}$ 的距离。

齿根危险截面的弯曲截面系数为

$$W = \frac{bS_{\mathrm{F}}^2}{6} \qquad (7-15)$$

式中: b 为齿宽, mm; S_{F} 为危险截面处齿厚, mm。

把式(7-14)、式(7-15)代入式(7-13)得

$$\sigma_{\mathrm{F}} = \frac{M}{W} = \frac{2KT_1}{bd_1} \frac{6l\cos\alpha_{\mathrm{F}}}{S_{\mathrm{F}}^2\cos\alpha} = \frac{2KT_1}{bd_1 m} \frac{6\left(\dfrac{l}{m}\cos\alpha_{\mathrm{F}}\right)}{\left(\dfrac{S_{\mathrm{F}}}{m}\right)^2\cos\alpha} \leqslant [\sigma_{\mathrm{F}}]$$

式中: m 为齿轮模数。

令齿形系数为 $Y_{\mathrm{Fa}} = \dfrac{6\left(\dfrac{l}{m}\cos\alpha_{\mathrm{F}}\right)}{\left(\dfrac{S_{\mathrm{F}}}{m}\right)^2\cos\alpha}$, 再考虑齿根处应力集中等因素影响, 引入应力修正系数

Y_{Sa} 及重合度系数 Y_{ε} , 可得轮齿齿根弯曲疲劳强度校核公式为

$$\sigma_{\mathrm{F}} = \frac{2KT_1}{bd_1 m} Y_{\mathrm{Fa}} Y_{\mathrm{Sa}} Y_{\varepsilon} \leqslant [\sigma_{\mathrm{F}}] \qquad (7-16)$$

将齿宽系数 $\varphi_{\mathrm{d}} = b/d_1$, $d_1 = mz_1$ 代入式(7-16)经整理可得齿根弯曲疲劳强度的设计公式为

$$m \geqslant \sqrt[3]{\frac{2KT_1}{\varphi_{\mathrm{d}} z_1^2} \cdot \frac{Y_{\mathrm{Fa}} Y_{\mathrm{Sa}} Y_{\varepsilon}}{[\sigma_{\mathrm{F}}]}} \qquad (7-17)$$

式中: Y_{Fa} 为齿形系数, 为无量纲量, 直齿圆柱外齿轮的 Y_{Fa} 只取决于轮齿的形状; Y_{Fa} 与齿轮齿数 z 和变位系数 x 有关, 与模数大小无关。齿数多、正变位齿轮, 齿根厚度大, Y_{Fa} 变小, 弯曲强度提高。对于直齿圆柱外齿轮, 齿形系数 Y_{Fa} 可由图 7-16 查取, 从图中可以看出, x 越大, Y_{Fa} 越小, 标准齿轮按齿轮齿数 z 和 $x=0$ 的线取值, 变位齿轮按齿轮齿数 z 和实际变位系数 x 取值; 对于直齿圆柱内齿轮, 取 $Y_{\mathrm{Fa}} = 2.053$ 。 Y_{Sa} 为应力修正系数, 应力修正系数 Y_{Sa} 是考虑齿根过渡曲线处的应力集中效应及弯曲应力以外的其他应力对齿根应力的影响系数。外齿轮的应力修正系数 Y_{Sa} 可由图 7-17 查取; 对于内齿轮, 取 $Y_{\mathrm{Sa}} = 2.65$ 。 Y_{ε} 为重合度系数, Y_{ε} 可理解为载荷作用于单对齿啮合区的上界点与载荷作用于齿顶时引起的应力之比。它可按式(7-18)计算, 即

$$Y_{\varepsilon} = 0.25 + \frac{0.75}{\varepsilon_{\alpha}} \qquad (7-18)$$

式中: ε_{α} 按式(7-9)计算。

3. 齿根弯曲疲劳强度计算说明

(1)一般情况下, 由于两啮合齿轮的齿数不等, 其齿根弯曲应力也不等, 即 $\sigma_{\mathrm{F1}} \neq \sigma_{\mathrm{F2}}$; 又由于大小齿轮材料、热处理方法不同, 其许用弯曲应力也不等, 即 $[\sigma_{\mathrm{F1}}] \neq [\sigma_{\mathrm{F2}}]$; 所以在应用式(7-17)时, 应将 $\dfrac{Y_{\mathrm{Fa1}} Y_{\mathrm{Sa1}}}{[\sigma_{\mathrm{F1}}]}$ 与 $\dfrac{Y_{\mathrm{Fa2}} Y_{\mathrm{Sa2}}}{[\sigma_{\mathrm{F2}}]}$ 两者中较大值代入计算; 在应用式(7-16)时, 要分别校核两齿轮的轮齿齿根弯曲疲劳强度, 以满足 $\sigma_{\mathrm{F1}} \leqslant [\sigma_{\mathrm{F1}}]$ 和 $\sigma_{\mathrm{F2}} \leqslant [\sigma_{\mathrm{F2}}]$ 。

(2)无论是对大齿轮还是对小齿轮进行计算, 式(7-16)、式(7-17)中均代入小齿轮的转矩 T_1 、分度圆直径 d_1 、齿数 z_1 。用式(7-16)验算大齿轮的弯曲强度时, 大齿轮的齿形系数

160

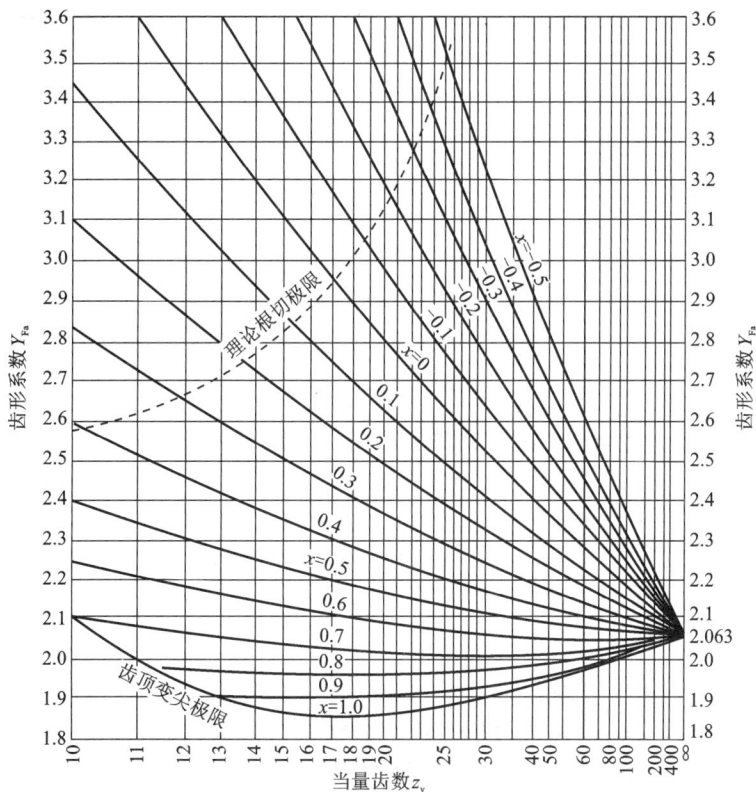

图 7-16　外齿轮齿形系数 Y_{Fa}

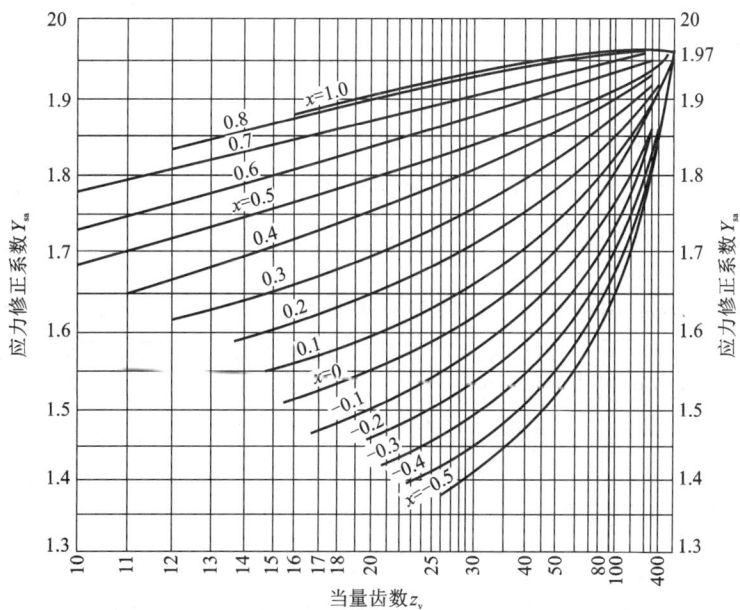

基准齿形的参数 $\alpha = 20°$，$h_a^* = 1$，$c^* = 0.25$，$\rho = 0.38m$（m 为模数）；内齿轮，可取 $Y_{Sa} = 2.65$。

图 7-17　外齿轮的应力修正系数 Y_{Sa}

Y_{Fa2} 和应力修正系数 Y_{Sa2} 应按大齿轮的齿数 z_2 和变位系数 x_2 查取,许用齿根弯曲疲劳应力 $[\sigma_F]$ 也按大齿轮材料计算。

(3)与齿面接触疲劳强度设计相似,用式(7-17)进行设计时,可试选一载荷系数 K_t,计算得出模数 m_t,然后计算分度圆直径 d_1 及齿轮的圆周速度 v,查取动载系数 K_v,再计算载荷系数 K。如果算得的 K 与试选的 K_t 相差较大,应按式(7-19)校正试算所得的模数

$$m = m_t \sqrt[3]{\frac{K}{K_t}} \qquad (7-19)$$

(4)用式(7-17)求得模数后,应圆整成标准模数系列值。传递动力的齿轮模数一般不小于 1.5 mm。

7.6 齿轮传动的设计参数、许用应力及设计示例

7.6.1 齿轮主要参数选择

直齿轮传动设计的主要参数有:齿数比 u、齿数 z、模数 m、中心距 a、齿宽系数 φ_d 等。

1. 齿数比 u

齿数比 u 过大会使两齿轮强度差异加大,机构尺寸过大。根据设计规范查得,通常闭式圆柱齿轮传动的齿数比 $u \leqslant 6$,开式圆柱齿轮传动的齿数比 $u \leqslant 7$。当需要更大齿数比时,可采用二级或多级齿轮传动。

2. 齿数 z、模数 m、中心距 a

(1)齿数 z。闭式软齿面齿轮传动中,在保证轮齿弯曲强度足够、中心距不变的前提下,增加齿数、减小模数,可以增大重合度,提高齿轮传动的平稳性;同时还可以减小切削量,节省材料,使结构紧凑,提高齿面抗胶合的能力,故小齿轮齿数一般取 $z_1 = 20 \sim 40$。

在开式齿轮传动和闭式硬齿面传动中,容易磨损或断齿,所以为保证足够的齿根弯曲强度,应适当增大模数,减少齿数;另外为了避免发生根切,小齿轮齿数通常取 $z_1 = 17 \sim 20$。不论何种形式的齿轮传动,为了使两齿轮的轮齿磨损均匀,传动平稳,最好设法使大、小齿轮的齿数 z_1、z_2 互为质数。齿数圆整或调整后,传动比 i 可能与要求有出入,一般允许误差不超过 $\pm(3\% \sim 5\%)$。

(2)模数 m。模数 m 由强度计算或结构设计确定,要求按国标圆整为标准值。对于传递动力的齿轮,其模数 m 不应小于 1.5 mm。对于开式齿轮传动,主要失效形式是磨损,所以按齿根弯曲疲劳强度计算出的模数 m 应再加大 $10\% \sim 15\%$。

(3)中心距 a。中心距 a 按承载能力求得后,如不为整数,应尽可能调整齿数使中心距 a 为整数,最好尾数为 0 或 5。中心距 a 数值不得小于按齿面接触承载能力计算出的中心距值,否则齿面接触承载能力可能不足。

3. 齿宽系数 φ_d

增大齿宽系数 φ_d 可减小齿轮的直径和中心距,降低圆周速度,但是齿宽 b 过大,则结构的刚性不够、齿轮制造、安装不准确等会使载荷沿齿向分布不均的现象严重,从而使齿轮承载能力降低,故齿宽系数 φ_d 应选取适当。对于一般用途的齿轮,齿宽系数 φ_d 可按表 7-6 选取。

表 7-6　齿宽系数 φ_{d}

齿轮相对轴承位置	软齿面	硬齿面
对称布置	0.8~1.4	0.4~0.9
非对称布置	0.6~1.2	0.3~0.6
悬臂布置	0.3~0.4	0.2~0.25

注：直齿轮取较小值，斜齿轮取较大值；载荷平稳、支承刚度大时取较大值，否则取较小值。对于多级齿轮传动，由于转矩从低速级向高速级逐渐递增，为使各级传动尺寸趋于协调，一般低速级的齿宽系数适当取大些。

根据 d_1 和 φ_{d} 可计算出齿轮的工作齿宽 b。为防止齿轮因装配误差产生轴向错位，保证齿轮传动时有足够的啮合宽度，一般取小齿轮的齿宽 $b_1=b+(5\sim10)\,\mathrm{mm}$，取大齿轮的齿宽 $b_2=b$，b 为啮合宽度（圆整为整数）。

4. 齿轮精度的选择

齿轮精度等级应根据齿轮传动的用途、工作条件、传递功率、圆周速度的大小及其他技术要求等来选择。一般在传递功率大、圆周速度高、要求传动平稳、噪声小等场合，应选用较高的精度等级；反之，为了降低制造成本，精度等级可选得低些。表 7-7 列出了精度等级适用的速度范围，可供选择时参考。

表 7-7　齿轮的精度等级的适用范围　　　　　　单位：m/s

齿轮精度	圆柱齿轮的线速度		锥齿轮的线速度	
	直齿轮	斜齿轮	直齿	曲齿
5 级及以上	≥15	≥30	≥12	≥20
6 级	<15	<30	<12	<20
7 级	<10	<15	<8	<10
8 级	<6	<10	<4	<7
9 级	<2	<4	<1.5	<3

7.6.2　齿轮的许用应力

1. 许用齿面接触应力 $[\sigma_{\mathrm{H}}]$

齿轮传动的许用齿面接触应力 $[\sigma_{\mathrm{H}}]$ 根据试验齿轮的接触疲劳极限确定，试验齿轮的疲劳极限又是在一定试验条件下获得的。当实际工作条件与试验条件不同时，应对试验数据进行修正。对于一般传动用途的齿轮，两齿轮的许用齿面接触应力可按式（7-20）计算，即

$$[\sigma_{\mathrm{H}}]=\frac{Z_{\mathrm{N}}Z_{\mathrm{X}}\sigma_{\mathrm{Hlim}}}{S_{\mathrm{H}}}\qquad(7\text{-}20)$$

式中：σ_{Hlim} 为试验齿轮的齿面接触疲劳极限，MPa，各种材料的接触疲劳极限 σ_{Hlim} 按图 7-18 查取；Z_{N} 为齿面接触疲劳强度计算的寿命系数，数值按图 7-19 查取；S_{H} 为齿面接触疲劳强度计算的安全系数，其选取查表 7-8；Z_{X} 为接触强度计算的尺寸系数，是考虑实际齿轮的尺寸大于试验齿轮尺寸时，尺寸效应使齿轮齿面接触疲劳极限降低的系数，按图 7-20 查取。

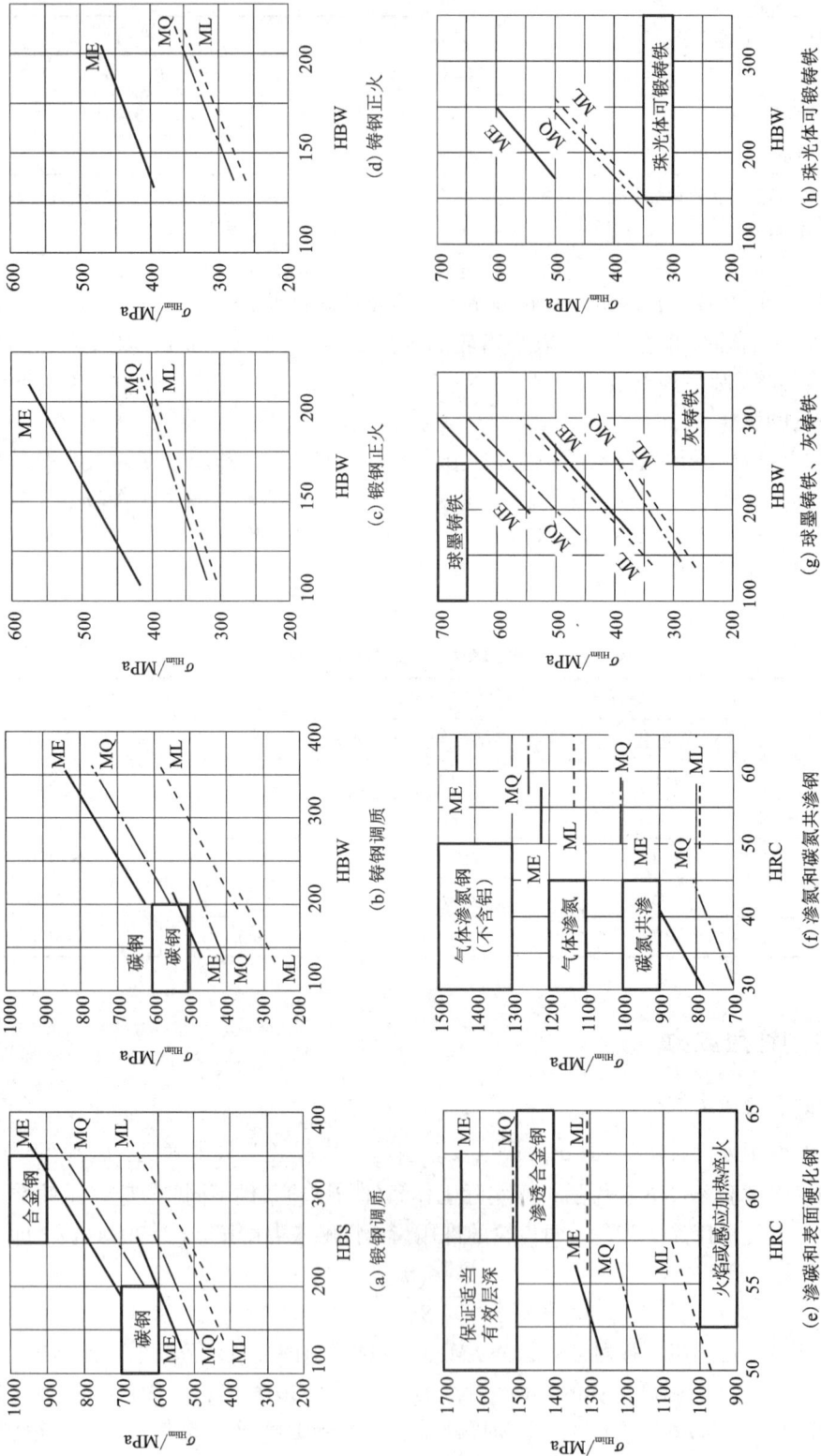

图 7-18　齿面接触疲劳极限 σ_{Hlim}

(a) 锻钢调质

(b) 铸钢调质

(c) 锻钢正火

(d) 铸钢正火

(e) 渗碳和表面硬化钢

(f) 渗氮和碳氮共渗钢

(g) 球墨铸铁、灰铸铁

(h) 珠光体可锻铸铁

164

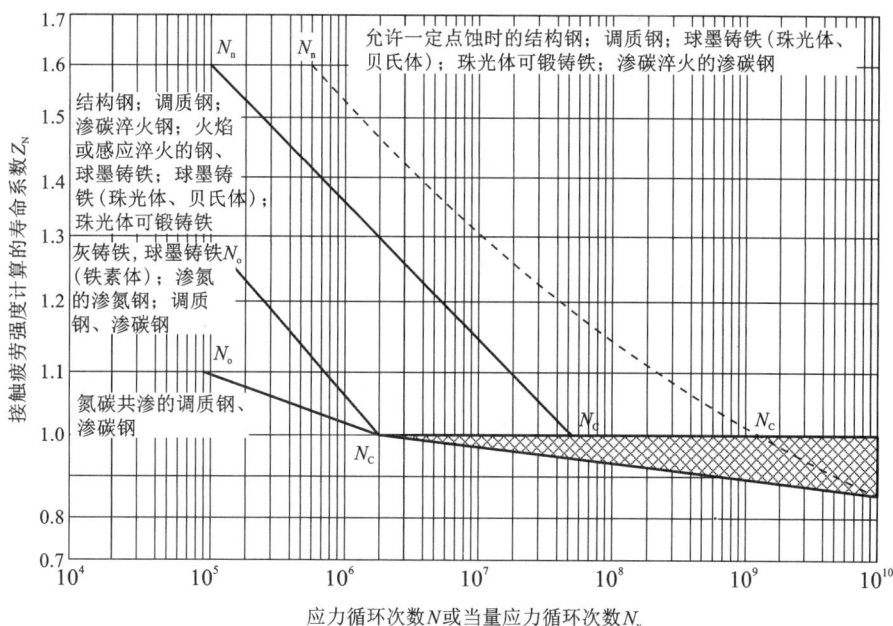

图 7-19　接触疲劳强度计算的寿命系数 Z_N

表 7-8　最小安全系数参考值

可靠度要求	齿轮使用场合	最小安全系数	
		S_{Hmin}	S_{Fmin}
高可靠度(失效概率不大于$\frac{1}{10000}$)	特殊工作条件下要求可靠度很高的齿轮	1.50~1.60	2.00
较高可靠度(失效概率不大于$\frac{1}{1000}$)	长期运转和较长的维修间隔;齿轮失效会造成严重的事故和损失	1.25~1.30	1.60
一般可靠度(失效概率不大于$\frac{1}{100}$)	通用齿轮和多数工业齿轮	1.0~1.10	1.25

注:经过了使用验证或对材料强度、载荷工况及制造精度拥有较准确的数据时,可取下限值。

（1）齿面接触疲劳极限 σ_{Hlim}。图 7-18 中所示的齿面接触疲劳极限是试验齿轮在试验条件下,按失效概率为 1%,经过长期持续的循环载荷作用确定的。图 7-18 中对齿轮的齿面接触疲劳强度极限共给出了代表材料品质的三个等级 ME、MQ 和 ML;其中 ME 是齿轮材料品质和热处理质量很高时的齿面接触疲劳强度极限取值线,MQ 是齿轮材料品质和热处理质量达到中等要求时的齿面接触疲劳强度极限取值线,ML 是齿轮材料品质和热处理质量达到最低要求时的齿面接触疲劳强度极限取值线。一般情况选取其中间偏下值,即在 MQ 和 ML 中间取值。若齿面硬度超出图 7-18 所推荐的范围,可按外插法取相应的极限应力值。

（2）齿面接触疲劳强度计算的寿命系数 Z_N。它是考虑应力循环次数 N 对齿轮寿命与其许用应力的影响系数，图 7-19 中横坐标应力循环次数 N 或当量应力循环次数 N_V 的计算方法有两种情况：

①载荷稳定时：

$$N = 60njL_h \tag{7-21}$$

式中：j 为齿轮每转一周同一侧齿面的啮合次数；n 为齿轮转速，r/min；L_h 为齿轮的设计寿命，h（小时）。

②载荷不稳定时：当量应力循环次数 N_V 值按第 2 章式（2-40）计算。

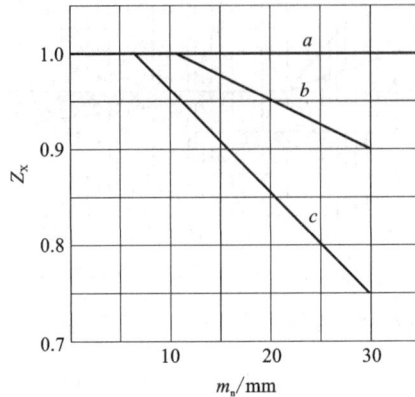

a—调质钢、正火钢；b—氮化钢；c—渗碳淬火、表面淬火钢。

图 7-20　接触强度计算的尺寸系数 Z_X

2. 许用齿根弯曲应力$[\sigma_F]$

齿轮材料的许用弯曲应力公式为

$$[\sigma_F] = \frac{\sigma_{Flim} Y_{Sa} Y_N Y_X}{S_F} \tag{7-22}$$

式中：σ_{Flim} 为齿根弯曲疲劳极限，各种材料的齿根弯曲疲劳极限 σ_{Flim} 查图 7-21；S_F 为齿根弯曲疲劳安全系数，可按表 7-8 取值，当计算方法粗略、数据准确性不高时，可将查出的 S_{Fmin} 值适当增大到 1.3~2 倍；Y_{Sa} 为试验齿轮的应力修正系数，按国家标准 $Y_{Sa}=2$；Y_N 为弯曲寿命系数，按图 7-22 选取，图中横坐标应力循环次数 N 按式（7-21）计算；Y_X 为尺寸系数，是考虑计算齿轮的尺寸比试验的齿轮大时，使材料强度降低而引入的修正系数，Y_X 可由图 7-23 确定。σ_{Flim} 为试验齿轮在持久寿命内失效概率为 1% 时的齿根弯曲疲劳极限应力。σ_{Flim} 的取值原则上同 σ_{Hlim}，对工业齿轮，一般按图 7-21 中的 MQ 级质量取值。试验齿轮的齿根弯曲疲劳极限图是用各种材料的齿轮在单侧工作条件下测得的，对于受双向弯曲载荷的齿轮（如行星轮、惰轮等），因齿根弯曲应力为对称循环变应力，应将从图 7-21 中查出的 σ_{Flim} 的数据乘以 0.7。对于双向运转工作的齿轮，所乘系数可稍大于 0.7。

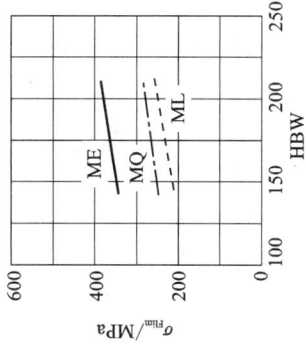

(a) 锻钢调质

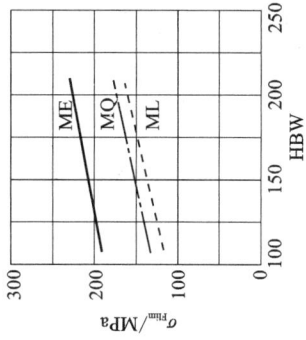

(c) 锻钢正火

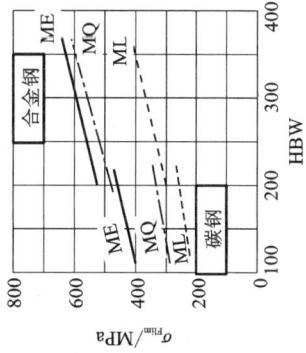

(b) 铸钢调质

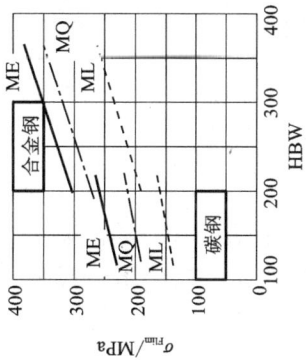

(d) 铸钢正火

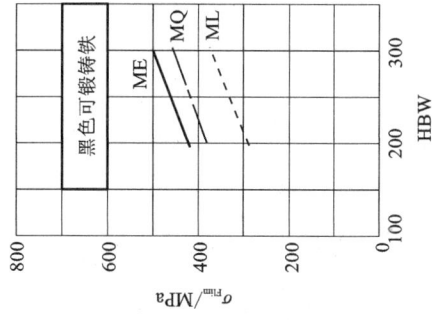

(e) 渗碳和表面硬化钢

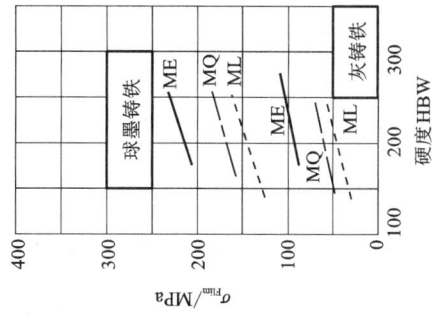

(f) 渗氮和碳、氮共渗钢

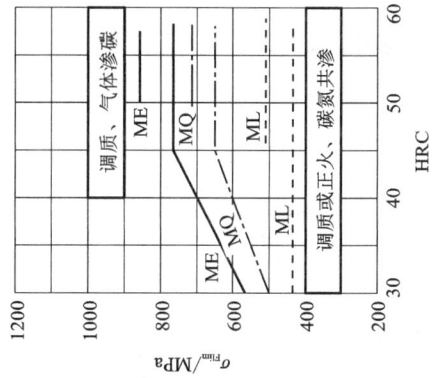

(g) 球墨铸铁和灰铸铁

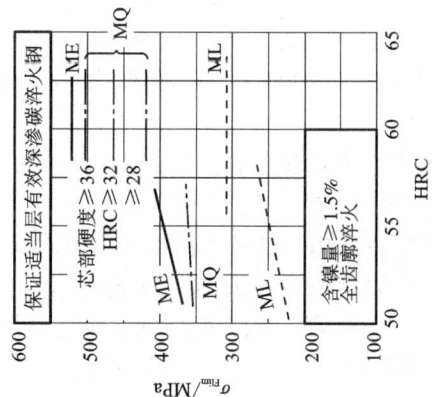

(h) 珠光体可锻铸铁

图 7-21 齿根弯曲疲劳极限 σ_{Flim}

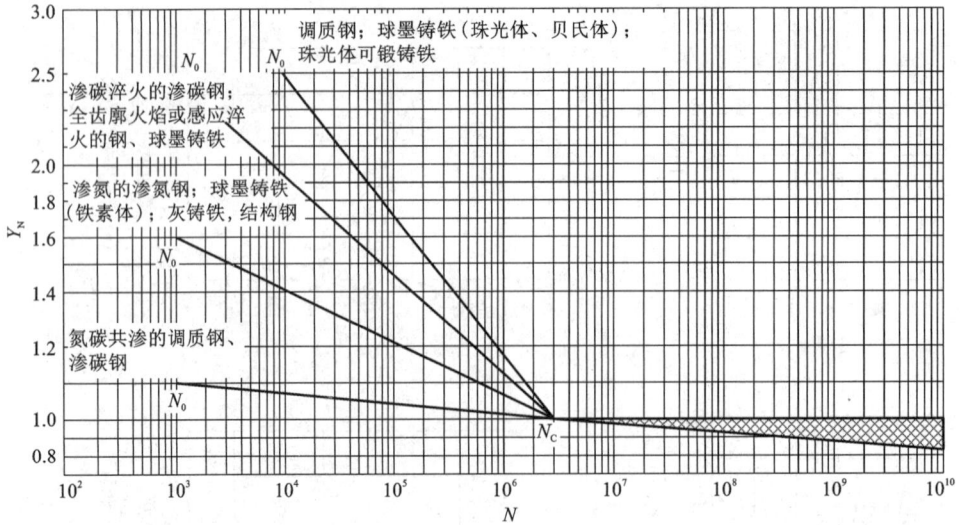

图 7-22 弯曲强度计算的寿命系数 Y_N

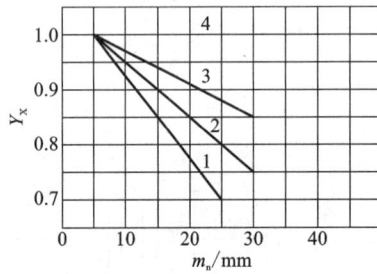

1—灰铸铁；2—表面硬化钢；

3—结构钢、调质钢、珠光体球墨铸铁、可锻铸铁；

4—所有材料（静强度）。

图 7-23 弯曲强度计算的尺寸系数 Y_X

7.6.3 直齿圆柱齿轮传动的设计示例

【例 7-1】 试设计某二级直齿圆柱齿轮减速器中的低速级齿轮传动。已知减速器由电动机驱动，工作寿命 15 年（设每年工作 300 天），两班制，载荷平稳，单向转动。传递功率为 $P = 15$ kW，小齿轮转速 $n_1 = 300$ r/min，齿数比 $u = 3.2$。

解：

1. 选择齿轮材料、热处理方法、精度等级及齿数

（1）选择齿轮材料与热处理方法。

根据工作条件，一般用途的减速器可采用闭式软齿面传动。查表 7-1，取小齿轮材料为 40Cr 钢，调质处理，硬度 $HBS_1 = 260$；大齿轮材料为 45 钢，调质处理，硬度 $HBS_2 = 230$；两齿轮齿面硬度差为 30 HBS，符合软齿面传动的设计要求。

（2）选择齿轮的精度。

此减速器为一般工作机，速度不高，参阅表 7-7，初定为 8 级精度。

（3）初选齿数。

取 $z_1 = 24$，$z_2 = uz_1 = 3.2 \times 24 \approx 77$。

2. 确定材料许用接触应力

（1）确定接触疲劳极限 σ_{Hlim}。

由图 7-18（a）查 MQ 线得 $\sigma_{Hlim1} = 720$ MPa，$\sigma_{Hlim2} = 580$ MPa。

（2）确定寿命系数 Z_N。

小齿轮循环次数

$$N_1 = 60n_1jL_h = 60 \times 300 \times 1 \times (2 \times 8 \times 300 \times 15) = 1.3 \times 10^9$$

大齿轮循环次数

$$N_2 = 1.3 \times 10^9 / 3.2 = 4 \times 10^8$$

由图 7-19 查得 $Z_{N1} = 1$，$Z_{N2} = 1$。

（3）确定尺寸系数 Z_X，由图 7-20 查得 $Z_{X1} = Z_{X2} = 1$。

（4）确定安全系数 S_H，由表 7-8 取 $S_H = 1.05$。

（5）计算许用接触应力 $[\sigma_H]$。

根据式（7-20）得

$$[\sigma_{H1}] = \frac{Z_{N1}Z_{X1}\sigma_{Hlim1}}{S_H} = \frac{1 \times 1 \times 720}{1.05} \approx 686 \text{ MPa}$$

$$[\sigma_{H2}] = \frac{Z_{N2}Z_{X2}\sigma_{Hlim2}}{S_H} = \frac{1 \times 1 \times 580}{1.05} \approx 552 \text{ MPa}$$

3. 根据设计准则，按齿面接触疲劳强度设计

按式（7-11）计算齿面接触疲劳强度，公式如下

$$d_1 \geqslant \sqrt[3]{\frac{2KT_1}{\varphi_d} \cdot \frac{u \pm 1}{u} \cdot \left(\frac{Z_\varepsilon Z_E Z_H}{[\sigma_H]}\right)^2}$$

确定上式中的各计算数值，如下：

（1）试选载荷系数 $K_t = 1.3$。

（2）计算小齿轮传递的转矩

$$T_1 = \frac{9.55 \times 10^6 P}{n_1} = \frac{9.55 \times 10^6 \times 15}{300} = 4.78 \times 10^5 \text{ N} \cdot \text{mm}$$

（3）确定齿宽系数 φ_d，由表 7-6 选取 $\varphi_d = 0.8$。

（4）确定材料弹性影响系数 Z_E，由表 7-5 查得 $Z_E = 189.8$ MPa$^{1/2}$。

（5）确定节点区域系数 Z_H，由图 7-14 得 $Z_H = 2.5$。

（6）确定齿轮重合度系数 Z_ε，由式（7-9）计算重合度为

$$\varepsilon_\alpha = 1.88 - 3.2\left(\frac{1}{Z_1} + \frac{1}{Z_2}\right) = 1.88 - 3.2 \times \left(\frac{1}{24} + \frac{1}{77}\right) = 1.7$$

由式（7-8）计算齿轮重合度系数 $Z_\varepsilon = \sqrt{(4-\varepsilon_\alpha)/3} = \sqrt{(4-1.7)/3} = 0.876$。

（7）试算所需小齿轮直径 d_1。

$$d_{1t} \geqslant \sqrt[3]{\frac{2KT_1}{\varphi_d} \cdot \frac{u+1}{u} \cdot \left(\frac{Z_\varepsilon Z_E Z_H}{[\sigma_H]}\right)^2}$$

$$= \sqrt[3]{\frac{2\times1.3\times4.78\times10^5}{0.8}\times\frac{4.2}{3.2}\times\left(\frac{0.876\times189.8\times2.5}{552}\right)^2} = 105 \text{ mm}$$

4. 确定实际载荷系数 K 与修正所计算的分度圆直径

(1) 确定使用系数 K_A，按电动机驱动，载荷平稳，查表 7-2 取 $K_A = 1.00$。

(2) 确定动载系数 K_v。

计算圆周速度

$$v = \frac{\pi d_{1t} n_1}{60\times1000} = \frac{\pi\times105\times300}{60\times1000} = 1.64 \text{ m/s}$$

故前面取 8 级精度合理。

由齿轮的圆周速度与精度查图 7-7 得 $K_v = 1.12$。

(3) 确定齿间载荷分配系数 K_α。

齿宽初定 $b = \varphi_d d_{1t} = 0.8\times105 = 84 \text{ mm}$。

单位载荷 $\dfrac{K_A F_t}{b} = \dfrac{2K_A T_1}{b d_{1t}} = \dfrac{2\times1.00\times4.78\times10^5}{84\times105} = 108 \text{ N/mm} > 100 \text{ N/mm}$。

由表 7-3 查得 $K_\alpha = 1.1$。

(4) 确定齿向载荷分布系数 $K_{H\beta}$，由表 7-4 得

$$K_{H\beta} = 1.15 + 0.18\varphi_d^2 + 3.1\times10^{-4}b + 0.108\varphi_d^4$$
$$= 1.15 + 0.18\times0.8^2 + 3.1\times10^{-4}\times84 + 0.108\times0.8^4 = 1.34$$

(5) 计算载荷系数 $K = K_A K_v K_\alpha K_{H\beta} = 1.00\times1.12\times1.1\times1.34 = 1.65$。

(6) 根据实际载荷系数按式(7-12)修正所算的分度圆直径为

$$d_1 = d_{1t}\sqrt[3]{\frac{K}{K_t}} = 105\times\sqrt[3]{\frac{1.65}{1.3}} = 113.7 \text{ mm}$$

(7) 计算模数

$$m = \frac{d_1}{z_1} = \frac{113.7}{24} = 4.7 \text{ mm}$$

5. 齿根弯曲疲劳强度计算

齿根弯曲疲劳强度按式(7-17)计算，其公式如下

$$m \geqslant \sqrt[3]{\frac{2KT_1}{\varphi_d z_1^2}\cdot\frac{Y_{Fa}Y_{Sa}Y_\varepsilon}{[\sigma_F]}}$$

确定上式中的各计算数值，如下：

(1) 确定齿根弯曲应力极限值。

由图 7-21(a) 取 $\sigma_{Flim1} = 300 \text{ MPa}$，$\sigma_{Flim2} = 220 \text{ MPa}$。

(2) 确定弯曲寿命系数，由图 7-22 查得 $Y_{N1} = Y_{N2} = 1$。

(3) 确定弯曲疲劳安全系数，由表 7-8 查得 $S_F = 1.25$。

(4) 确定尺寸系数，由图 7-23 得 $Y_X = 1$。

(5) 按式(7-22)计算许用弯曲应力为

$$[\sigma_{F1}] = \frac{\sigma_{Flim1}Y_{Sa}Y_{N1}Y_X}{S_F} = \frac{300\times2\times1\times1}{1.25} = 480 \text{ MPa}$$

$$[\sigma_{F2}] = \frac{\sigma_{Flim2}Y_{Sa}Y_{N2}Y_X}{S_F} = \frac{220 \times 2 \times 1 \times 1}{1.25} = 352 \text{ MPa}$$

(6)确定计算载荷系数 K。

初步确定齿高 $h = 2.25m = 2.25 \times 4.7 = 10.6$ mm，$b/h = 84/10.6 = 7.9$，查图 7-11 取 $K_{F\beta} = 1.26$，计算载荷系数 $K = K_A K_v K_\alpha K_{F\beta} = 1.00 \times 1.12 \times 1.1 \times 1.26 = 1.55$。

(7)确定齿形系数，由图 7-16 查得 $Y_{Fa1} = 2.65$，$Y_{Fa2} = 2.23$。

(8)确定应力校正系数，由图 7-17 查得 $Y_{Sa1} = 1.58$，$Y_{Sa2} = 1.76$。

(9)计算大小齿轮的 $\dfrac{Y_{Fa}Y_{Sa}}{[\sigma_F]}$ 值。

$$\frac{Y_{Fa1}Y_{Sa1}}{[\sigma_{F1}]} = \frac{2.65 \times 1.58}{480} = 0.0087, \quad \frac{Y_{Fa2}Y_{Sa2}}{[\sigma_{F2}]} = \frac{2.23 \times 1.76}{352} = 0.0112$$

大齿轮的数值大，应该把大齿轮的数据代入公式计算。

(10)计算重合度系数，按式(7-18)计算得

$$Y_\varepsilon = 0.25 + \frac{0.75}{\varepsilon_\alpha} = 0.25 + \frac{0.75}{1.7} \approx 0.7$$

(11)把以上数值代入公式计算，得

$$m \geqslant \sqrt[3]{\frac{2KT_1}{\varphi_d z_1^2} \cdot \frac{Y_{Fa}Y_{Sa}Y_\varepsilon}{[\sigma_F]}} = \sqrt[3]{\frac{2 \times 1.55 \times 4.78 \times 10^5}{0.8 \times 24^2} \cdot \frac{2.23 \times 1.76 \times 0.7}{352}} \approx 2.9 \text{ mm}$$

由于齿轮的模数 m 的大小主要取决于弯曲强度，所以将计算出来的数值 2.9 mm 按国标圆整为 3 mm，并根据接触强度计算出的分度圆直径 $d_1 = 113.7$ mm，协调相关参数与尺寸为

$$z_1 = \frac{d_1}{m} = \frac{113.7}{3} \approx 38, \quad z_2 = uz_1 = 3.2 \times 38 \approx 122$$

这样设计出来的齿轮能在保证满足弯曲强度的前提下，取较多的齿数，做到结构紧凑，减少浪费，且重合度增加，传动平稳。

6. 齿轮几何尺寸计算

分度圆直径

$$d_1 = mz_1 = 3 \times 38 = 114 \text{ mm}$$
$$d_2 = mz_2 = 3 \times 122 = 366 \text{ mm}$$

齿顶圆直径

$$d_{a1} = d_1 + 2h_a = 114 + 2 \times 3 = 120 \text{ mm}$$
$$d_{a2} = d_2 + 2h_a = 366 + 2 \times 3 = 372 \text{ mm}$$

齿根圆直径

$$d_{f1} = d_1 - 2h_f = 114 - 2 \times (1.25 \times 3) = 106.5 \text{ mm}$$
$$d_{f2} = d_2 - 2h_f = 366 - 2 \times (1.25 \times 3) = 358.5 \text{ mm}$$

中心距

$$a = (d_1 + d_2)/2 = (114 + 366)/2 = 240 \text{ mm}$$

齿宽取 $b_2 = \varphi_d d_1 = 92$ mm，$b_1 = 96$ mm。

7. 确定齿轮结构形式和其他结构尺寸，并绘制齿轮零件工作图(略)

7.7　标准斜齿圆柱齿轮传动的强度计算

斜齿圆柱齿轮传动,因轮齿的接触线是倾斜的,重合度大,同时啮合的轮齿多,故具有传动平稳、噪声小、承载能力较强的特点,常用于速度较高、载荷较大的传动系统中。

7.7.1　轮齿的受力分析

1. 力的大小

图 7-24 所示的标准斜齿圆柱齿轮传动中,若不计摩擦,作用在齿面间的法向力 F_n 可以分解为三个分力,即圆周力 F_t、径向力 F_r 和轴向力 F_a。各力的大小为

$$\left.\begin{array}{l} F_{t1} = 2T_1/d_1 = F_{t2} \\ F_{r1} = F' \tan \alpha_n = F_{t1} \tan \alpha_n / \cos \beta = F_{r2} \\ F_{a1} = F_{t1} \tan \beta = F_{a2} \end{array}\right\} \tag{7-23}$$

式中: β 为标准斜齿轮的螺旋角,一般 $\beta = 8° \sim 20°$; α_n 为法面压力角,对于标准斜齿轮,规定 $\alpha_n = 20°$。式中其他符号的意义、单位及确定方法与直齿圆柱齿轮传动相同。

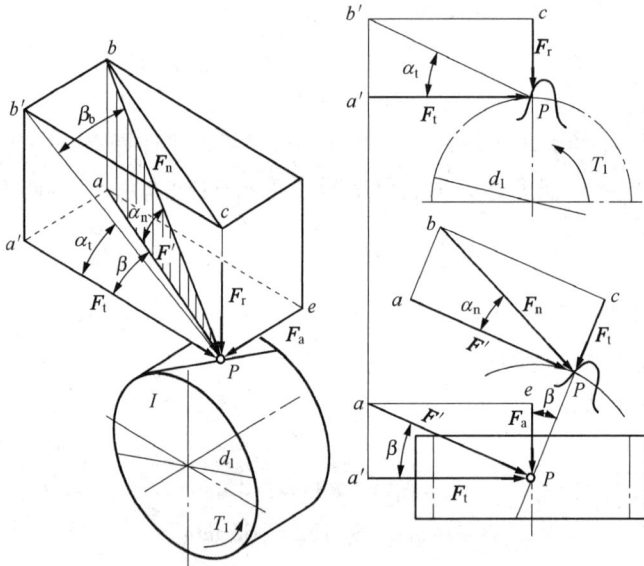

图 7-24　斜齿轮的轮齿受力分析

2. 力的方向

圆周力 F_t、径向力 F_r 方向的判断与直齿圆柱齿轮传动相同,即主动轮所受圆周力 F_{t1} 的方向与该轮啮合点的圆周速度方向相反;从动轮所受圆周力 F_{t2} 的方向与该轮啮合点的圆周速度方向相同。径向力 F_{r1}、F_{r2} 的方向分别由啮合点指向各自的轮心。

主动轮的轴向力 F_{a1} 的方向与斜齿轮的转向和旋向有关,用"主动轮左右手法则"来判断。主动轮的轮齿为右旋时用右手,左旋时用左手,即用右(左)手握住主动轮的轴线,四指代表主动轮的转向,大拇指的指向则为主动轮的轴向力 F_{a1} 的方向。从动轮所受的轴向力 F_{a2} 与 F_{a1} 大小相等,方向相反。

7.7.2 齿面接触疲劳强度计算公式

斜齿圆柱齿轮传动的强度计算是按其当量直齿圆柱齿轮进行分析推导的。齿面接触疲劳强度计算的原理和方法与直齿圆柱齿轮基本相同，仍按齿轮节点处进行计算。斜齿轮传动与直齿轮传动的不同：斜齿轮节点处的曲率半径应按法面计算；法面内斜齿轮的当量齿轮的分度圆半径较大；斜齿轮轮齿的接触线是倾斜的，接触线总长度 L 比直齿轮大，且其大小一般是变动的；斜齿轮传动的总重合度 ε 大于直齿轮。因此，斜齿轮的接触应力比直齿轮小一些。

斜齿轮齿面接触疲劳强度计算式为（推导从略）

$$\sigma_H = Z_\varepsilon Z_E Z_H Z_\beta \cdot \sqrt{\frac{2KT_1}{bd_1^2} \cdot \frac{u \pm 1}{u}} \leqslant [\sigma_H] \tag{7-24}$$

引入齿宽系数 $\varphi_d = b/d_1$，得斜齿轮齿面接触疲劳强度设计公式为

$$d_1 \geqslant \sqrt[3]{\frac{2KT_1}{\varphi_d} \cdot \frac{u \pm 1}{u} \cdot \left(\frac{Z_\varepsilon Z_E Z_H Z_\beta}{[\sigma_H]}\right)^2} \tag{7-25}$$

式中：Z_β 为螺旋角系数，按 $Z_\beta = \sqrt{\cos\beta}$ 计算；Z_ε 为重合度系数，按式（7-26）计算。

$$\left. \begin{array}{l} \varepsilon_\beta < 1, \quad Z_\varepsilon = \sqrt{\dfrac{4-\varepsilon_\alpha}{3}(1-\varepsilon_\beta) + \dfrac{\varepsilon_\beta}{\varepsilon_\alpha}} \\[4mm] \varepsilon_\beta \geqslant 1, \quad Z_\varepsilon = \sqrt{\dfrac{1}{\varepsilon_\alpha}} \end{array} \right\} \tag{7-26}$$

对于标准和未修缘的斜齿轮传动，重合度可按式（7-27）近似计算，即

$$\left. \begin{array}{ll} \text{端面重合度} & \varepsilon_\alpha = \left[1.88 - 3.2\left(\dfrac{1}{z_1} \pm \dfrac{1}{z_2}\right)\right]\cos\beta \\[4mm] \text{轴面重合度} & \varepsilon_\beta = \dfrac{b\sin\beta}{\pi m_n} = \dfrac{\varphi_d z_1}{\pi}\tan\beta \end{array} \right\} \tag{7-27}$$

式中：m_n 为斜齿轮法面模数，其他参数的意义、量纲与直齿圆柱齿轮传动相同。

7.7.3 齿根弯曲疲劳强度计算公式

斜齿轮的接触线是倾斜的，故轮齿受载时往往是局部折断。又因啮合过程中接触线和危险截面的位置都在不断变化，故按局部折断进行弯曲强度计算相当困难，工程上通常按其法面当量直齿轮进行分析计算，设计的模数为法向模数 m_n。此外考虑螺旋角和重合度的影响，引入螺旋角系数 Y_β 和重合度系数 Y_ε。斜齿圆柱齿轮轮齿弯曲疲劳强度计算公式为

$$\sigma_F = \frac{2KT_1 Y_{Fa} Y_{sa} Y_\varepsilon Y_\beta}{bd_1 m_n} \leqslant [\sigma_F] \tag{7-28}$$

引入齿宽系数 $\varphi_d = b/d_1$，则斜齿轮弯曲疲劳强度设计公式为

$$m_n \geqslant \sqrt[3]{\frac{2KT_1\cos^2\beta \cdot Y_\beta Y_\varepsilon}{\varphi_d z_1^2}\left(\frac{Y_{Fa} Y_{Sa}}{[\sigma_F]}\right)} \tag{7-29}$$

式中：m_n 为斜齿轮的法面模数，mm；Y_{Fa} 为斜齿轮的齿形系数，可根据斜齿轮的当量齿数 $z_v = z/\cos^3\beta$ 由图 7-16 查取；Y_{Sa} 为斜齿轮的应力修正系数，可根据斜齿轮的当量齿数 z_v 由

图 7-17 查取；Y_β 为斜齿轮的螺旋角影响系数，考虑螺旋角造成接触线倾斜对齿根应力产生影响的系数，其值可根据轴面重合度 ε_β 和螺旋角 β 由图 7-25 确定；Y_ε 为重合度系数，按式 (7-30) 计算，即

$$Y_\varepsilon = 0.25 + \frac{0.75}{\varepsilon_{an}} \tag{7-30}$$

式中：ε_{an} 为当量齿轮的端面重合度，按式 (7-31) 计算，即

$$\varepsilon_{an} = \frac{\varepsilon_\alpha}{\cos^2 \beta_b} \tag{7-31}$$

式中：$\cos \beta_b$ 为基圆螺旋角的余弦值，计算式为 $\cos \beta_b = \cos \beta \cos \alpha_n / \cos \alpha_t$。

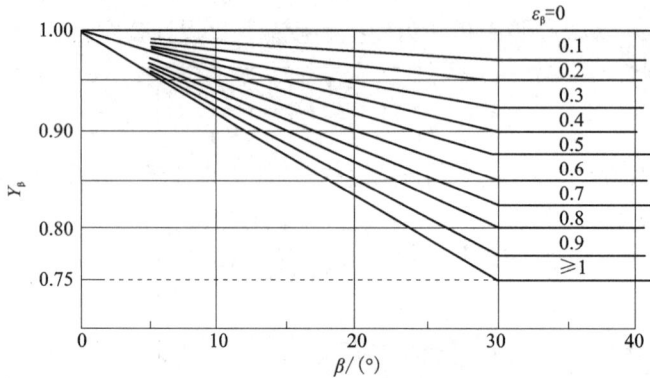

图 7-25 螺旋角影响系数 Y_β

7.7.4 标准斜齿轮传动的设计示例

【例 7-2】 若例 7-1 中的条件不变，改用斜齿圆柱齿轮传动，试重新设计此传动。

解：

其设计步骤同例 7-1，只是应采用斜齿圆柱齿轮的设计和校核公式。

1. 选择齿轮材料、热处理方法、精度等级及齿数

(1) 选择齿轮材料与热处理方法。

根据工作条件，一般用途的减速器可采用闭式软齿面传动。查表 7-1 取小齿轮材料为 40Cr 钢，调质处理，硬度 $HBW_1 = 260$；大齿轮材料为 45 钢，调质处理，硬度 $HBW_2 = 230$；两齿轮齿面硬度差为 30 HBW，符合软齿面传动的设计要求。

(2) 选择齿轮的精度。

此减速器为一般工作机，速度不高，参阅表 7-7，初定为 8 级精度。

(3) 初选齿数。

取 $z_1 = 24$，$z_2 = u z_1 = 3.2 \times 24 \approx 77$。

2. 确定材料许用接触应力

(1) 确定接触疲劳极限 σ_{Hlim}，由图 7-18(a) 查 MQ 线得

$$\sigma_{Hlim1} = 720 \text{ MPa}, \quad \sigma_{Hlim2} = 580 \text{ MPa}$$

（2）确定寿命系数 Z_N。

小齿轮循环次数 $N_1 = 60n_1jL_h = 60 \times 300 \times 1 \times (2 \times 8 \times 300 \times 15) = 1.3 \times 10^9$。

大齿轮循环次数 $N_2 = 1.3 \times 10^9 / 3.2 = 4 \times 10^8$。

由图 7-19 查得 $Z_{N1} = Z_{N2} = 1$。

（3）确定尺寸系数 Z_X，由图 7-20 取 $Z_{X1} = Z_{X2} = 1$。

（4）确定安全系数 S_H，由表 7-8 取 $S_H = 1.05$。

（5）计算许用接触应力 $[\sigma_H]$，按式（7-20）计算，得

$$[\sigma_{H1}] = \frac{Z_{N1}Z_{X1}\sigma_{Hlim1}}{S_H} = \frac{1 \times 1 \times 720}{1.05} \approx 686 \text{ MPa}$$

$$[\sigma_{H2}] = \frac{Z_{N2}Z_{X2}\sigma_{Hlim2}}{S_H} = \frac{1 \times 1 \times 580}{1.05} \approx 552 \text{ MPa}$$

3. 根据设计准则，按齿面接触疲劳强度设计

齿面接触疲劳强度按式（7-25）计算，其公式为

$$d_1 \geqslant \sqrt[3]{\frac{2KT_1}{\varphi_d} \cdot \frac{u \pm 1}{u} \cdot \left(\frac{Z_\varepsilon Z_E Z_H Z_\beta}{[\sigma_H]}\right)^2}$$

确定上式中的各计算数值，如下：

（1）初定螺旋角 $\beta = 15°$，并试选载荷系数 $K_t = 1.3$。

（2）计算小齿轮传递的转矩。

$$T_1 = \frac{9.55 \times 10^6 P_1}{n_1} = \frac{9.55 \times 10^6 \times 15}{300} = 4.78 \times 10^5 \text{ N} \cdot \text{mm}$$

（3）确定齿宽系数 φ_d，由表 7-6 选取 $\varphi_d = 0.8$。

（4）确定材料弹性影响系数 Z_E，由表 7-5 查得 $Z_E = 189.8 \text{ MPa}^{1/2}$。

（5）确定节点区域系数 Z_H，由图 7-14 得 $Z_H = 2.43$。

（6）确定重合度系数 Z_ε。

由式（7-27）可得端面重合度为

$$\varepsilon_\alpha = \left[1.88 - 3.2\left(\frac{1}{z_1} + \frac{1}{z_2}\right)\right]\cos\beta = \left[1.88 - 3.2\left(\frac{1}{24} + \frac{1}{77}\right)\right]\cos 15° = 1.647$$

轴面重合度

$$\varepsilon_\beta = \frac{\varphi_d z_1}{\pi}\tan\beta = \frac{0.8 \times 24}{\pi}\tan 15° = 1.63$$

因 $\varepsilon_\beta > 1$，由式（7-26）得重合度系数 $Z_\varepsilon = \sqrt{\frac{1}{\varepsilon_\alpha}} = \sqrt{\frac{1}{1.647}} = 0.779$。

（7）确定螺旋角系数 $Z_\beta = \sqrt{\cos\beta} = \sqrt{\cos 15°} = 0.98$。

（8）试算所需小齿轮直径 d_{1t}。

$$d_{1t} \geqslant \sqrt[3]{\frac{2KT_1}{\varphi_d} \cdot \frac{u \pm 1}{u} \cdot \left(\frac{Z_\varepsilon Z_E Z_H Z_\beta}{[\sigma_H]}\right)^2}$$

$$= \sqrt[3]{\frac{2 \times 1.3 \times 4.78 \times 10^5}{0.8} \times \frac{4.2}{3.2} \times \left(\frac{0.779 \times 189.8 \times 2.43 \times 0.98}{552}\right)^2} = 94 \text{ mm}$$

4. 确定实际载荷系数 K 与修正所计算的分度圆直径

(1)确定使用系数 K_A,按电动机驱动,载荷平稳,查表 7-2 取 $K_A=1.00$。

(2)确定动载系数 K_v。

计算圆周速度

$$v=\frac{\pi d_{1t} n_1}{60\times1000}=\frac{\pi\times94\times300}{60\times1000}=1.47\ \mathrm{m/s}$$

故前面取 8 级精度合理,由齿轮的圆周速度与精度查图 7-7 得 $K_v=1.11$。

(3)确定齿间载荷分配系数 K_α。

齿宽初定 $b=\varphi_d d_{1t}=0.8\times94\approx76\ \mathrm{mm}$

计算单位宽度载荷值为

$$\frac{K_A F_t}{b}=\frac{2K_A T_1}{b d_{1t}}=\frac{2\times1.00\times4.78\times10^5}{76\times94}=133\ \mathrm{N/mm}>100\ \mathrm{N/mm}$$

查表 7-3 取 $K_\alpha=1.1$。

(4)确定齿向载荷分布系数 $K_{H\beta}$,由表 7-4 得

$$K_{H\beta}=1.15+0.18\varphi_d^2+3.1\times10^{-4}b+0.108\varphi_d^4$$
$$=1.15+0.18\times0.8^2+3.1\times10^{-4}\times76+0.108\times0.8^4=1.33$$

(5)计算载荷系数 $K=K_A K_v K_\alpha K_{H\beta}=1.00\times1.11\times1.1\times1.33=1.63$。

(6)按实际载荷系数修正所算的分度圆直径,由式(7-12)得

$$d_1=d_{1t}\sqrt[3]{\frac{K}{K_t}}=94\times\sqrt[3]{\frac{1.63}{1.3}}=101.4\ \mathrm{mm}$$

(7)计算模数。

$$m=\frac{d_1}{z_1}=\frac{101.4}{24}=4.23\ \mathrm{mm}$$

5. 齿根弯曲疲劳强度计算

由式(7-29)得弯曲疲劳强度的设计公式为

$$m_n\geqslant\sqrt[3]{\frac{2KT_1\cos^2\beta\cdot Y_\beta Y_\varepsilon}{\varphi_d z_1^2}\left(\frac{Y_{Fa}Y_{Sa}}{[\sigma_F]}\right)}$$

确定上式中的各计算数值,如下:

(1)由图 7-21(a)取 $\sigma_{Flim1}=300\ \mathrm{MPa}$,$\sigma_{Flim2}=220\ \mathrm{MPa}$。

(2)由图 7-22 查得弯曲寿命系数 $Y_{N1}=Y_{N2}=1$。

(3)由表 7-8 查得弯曲疲劳安全系数 $S_F=1.25$。

(4)由图 7-23 得尺寸系数 $Y_X=1$。

(5)由式(7-22)得许用弯曲应力。

$$[\sigma_{F1}]=\frac{\sigma_{Flim1}Y_{Sa}Y_{N1}Y_X}{S_F}=\frac{300\times2\times1\times1}{1.25}=480\ \mathrm{MPa}$$

$$[\sigma_{F2}]=\frac{\sigma_{Flim2}Y_{Sa}Y_{N2}Y_X}{S_F}=\frac{220\times2\times1\times1}{1.25}=352\ \mathrm{MPa}$$

(6)确定计算载荷系数 K。

初步确定齿高 $h = 2.25m = 2.25 \times 4.23 = 9.52$ mm，$b/h = 0.8 \times 101.4/9.52 = 8.5$。

查图 7-11 得 $K_{F\beta} = 1.23$，计算载荷系数 $K = K_A K_v K_\alpha K_{F\beta} = 1.00 \times 1.11 \times 1.1 \times 1.23 = 1.52$。

(7)确定齿形系数 Y_{Fa}。

当量齿数为 $z_{v1} = 24/\cos^3 15° = 26.6$，$z_{v2} = 77/\cos^3 15° = 85.5$。

由图 7-16 查得 $Y_{Fa1} = 2.6$，$Y_{Fa2} = 2.22$。

(8)由图 7-17 查得应力校正系数 $Y_{sa1} = 1.59$，$Y_{Sa2} = 1.76$。

(9)计算大小齿轮的 $\dfrac{Y_{Fa} Y_{Sa}}{[\sigma_F]}$ 值。

$$\frac{Y_{Fa1} Y_{Sa1}}{[\sigma_{F1}]} = \frac{2.6 \times 1.59}{480} = 0.0086, \quad \frac{Y_{Fa2} Y_{Sa2}}{[\sigma_{F2}]} = \frac{2.22 \times 1.76}{352} = 0.0112$$

大齿轮的数值大，应把大齿轮的数据代入公式计算。

(10)求重合度系数 Y_ε。

端面压力角

$$\alpha_t = \arctan\left(\frac{\tan \alpha_n}{\cos \beta}\right) = \arctan\left(\frac{\tan 20°}{\cos 15°}\right) = 20.647°$$

基圆螺旋角的余弦值为

$$\cos \beta_b = \cos \beta \cos \alpha_n / \cos \alpha_t = \cos 15° \cos 20° / \cos 20.647° = 0.97$$

当量齿轮的端面重合度，由式(7-31)得 $\varepsilon_{an} = \dfrac{\varepsilon_\alpha}{\cos^2 \beta_b} = \dfrac{1.647}{0.97^2} = 1.75$。

按式(7-30)计算得 $Y_\varepsilon = 0.25 + \dfrac{0.75}{\varepsilon_{an}} = 0.25 + \dfrac{0.75}{1.75} = 0.679$。

(11)由图 7-25 得螺旋角影响系数 $Y_\beta = 0.87$。

(12)将上述各值代入公式计算，得

$$m_n \geqslant \sqrt[3]{\frac{2KT_1 \cos^2 \beta \cdot Y_\beta Y_\varepsilon}{\varphi_d z_1^2}\left(\frac{Y_{Fa2} Y_{Sa2}}{[\sigma_{F2}]}\right)}$$

$$= \sqrt[3]{\frac{2 \times 1.52 \times 4.78 \times 10^5 \times \cos^2 15° \times 0.87 \times 0.679}{0.8 \times 24^2} \times (0.0112)} = 2.69 \text{ mm}$$

由于齿轮的法面模数 m_n 的大小主要取决于弯曲强度，所以将计算出来的 2.69 mm 按国标圆整为 3 mm，并根据接触强度计算出的分度圆直径 $d_1 = 101.4$ mm，协调相关参数与尺寸为

$$z_1 = \frac{d_1 \cos \beta}{m_n} = \frac{101.4 \times \cos 15°}{3} = 33$$

$$z_2 = u z_1 = 3.2 \times 33 = 105.6，取 z_2 = 106$$

这样设计出来的齿轮能在保证满足弯曲强度的前提下，取较多的齿数，做到结构紧凑，减少浪费，且重合度增加，传动平稳。

6. 齿轮几何尺寸计算

(1)中心距。

$$a = \frac{(z_1 + z_2) m_n}{2 \cos \beta} = \frac{(33 + 106) \times 3}{2 \times \cos 15°} = 215.9 \text{ mm}$$

把中心距圆整成 216 mm。

（2）修正螺旋角。

$$\beta = \arccos \frac{(z_1+z_2)m_n}{2a} = \arccos \frac{(33+106)\times 3}{2\times 216} = 15.143°$$

螺旋角变化不大，所以相关参数不必修正。

（3）分度圆直径。

$$d_1 = \frac{z_1 m_n}{\cos \beta} = \frac{33\times 3}{\cos 15.143°} = 102.561 \text{ mm}$$

$$d_2 = \frac{z_2 m_n}{\cos \beta} = \frac{106\times 3}{\cos 15.143°} = 329.439 \text{ mm}$$

（4）确定齿宽。

$$b = \varphi d_1 = 0.8\times 102.561 = 82.049 \text{ mm}, \text{ 取 } b_2 = 83 \text{ mm}, b_1 = 90 \text{ mm}$$

7. 确定齿轮结构形式和其他结构尺寸，并绘制齿轮零件工作图（略）

比较例 7-1 和例 7-2 可知，在工作条件完全相同的情况下，和直齿轮传动相比，斜齿轮的尺寸要小一些。

【例 7-3】 若例 7-2 中的条件不变，改用硬齿面齿轮传动，试重新设计此传动。

解：

重新选择材料进行计算，其设计准则为：先按轮齿弯曲强度进行设计，再按齿面接触强度进行校核。

1. 选择齿轮材料、热处理方法、精度等级及齿数

（1）选择齿轮材料与热处理方法。

查表 7-1 取小齿轮材料为 20Cr，渗碳淬火，齿面硬度为 60 HRC；大齿轮材料为 40Cr，表面淬火，齿面硬度为 54 HRC。

（2）选择齿轮的精度，参阅表 7-7，初定为 7 级精度。

（3）初选齿数。

因为是硬齿面传动，取 $z_1 = 20$，$z_2 = uz_1 = 3.2\times 20 = 64$。

2. 根据设计准则，按齿根弯曲疲劳强度设计

由式（7-29）得弯曲疲劳强度的设计公式为

$$m_n \geqslant \sqrt[3]{\frac{2KT_1\cos^2\beta \cdot Y_\beta Y_\varepsilon}{\varphi_d z_1^2}\left(\frac{Y_{Fa}Y_{Sa}}{[\sigma_F]}\right)}$$

确定上式中的各计算数值，如下：

（1）确定弯曲应力极限值。

由图 7-21（e）取 $\sigma_{Flim1} = 470$ MPa，$\sigma_{Flim2} = 370$ MPa。

（2）确定弯曲寿命系数 Y_N。

小齿轮循环次数 $N_1 = 60n_1 j L_h = 60\times 300\times 1\times (2\times 8\times 300\times 15) = 1.3\times 10^9$。

大齿轮循环次数 $N_2 = 1.3\times 10^9/3.2 = 4\times 10^8$。

由图 7-22 查得弯曲寿命系数 $Y_{N1} = Y_{N2} = 1$。

（3）由表 7-8 查得弯曲疲劳安全系数 $S_F = 1.25$。

(4)由图 7-23 查得尺寸系数 $Y_X = 1$。

(5)由式(7-22)计算许用弯曲应力。

$$[\sigma_{F1}] = \frac{\sigma_{Flim1} Y_{Sa} Y_{N1} Y_X}{S_F} = \frac{470 \times 2 \times 1 \times 1}{1.25} = 752 \text{ MPa}$$

$$[\sigma_{F2}] = \frac{\sigma_{Flim2} Y_{Sa} Y_{N2} Y_X}{S_F} = \frac{370 \times 2 \times 1 \times 1}{1.25} = 592 \text{ MPa}$$

(6)初选载荷系数 $K = 1.4$ 及初选螺旋角 $\beta = 15°$。

(7)由表 7-6 选取齿宽系数 $\varphi_d = 0.8$。

(8)确定齿形系数 Y_{Fa}。

当量齿数为

$$z_{v1} = 20/\cos^3 15° = 22.2, \quad z_{v2} = 64/\cos^3 15° = 71$$

由图 7-16 查得 $Y_{Fa1} = 2.73$，$Y_{Fa2} = 2.3$。

(9)由图 7-17 查得应力校正系数 $Y_{Sa1} = 1.57$，$Y_{Sa2} = 1.72$。

(10)计算大小齿轮的 $\dfrac{Y_{Fa} Y_{Sa}}{[\sigma_F]}$ 值。

$$\frac{Y_{Fa1} Y_{Sa1}}{[\sigma_{F1}]} = \frac{2.73 \times 1.57}{752} = 0.0057, \quad \frac{Y_{Fa2} Y_{Sa2}}{[\sigma_{F2}]} = \frac{2.3 \times 1.72}{592} = 0.0067$$

大齿轮的数值大，应把大齿轮的数据代入公式计算。

(11)求重合度系数 Y_ε。

端面压力角

$$\alpha_t = \arctan\left(\frac{\tan \alpha_n}{\cos \beta}\right) = \arctan\left(\frac{\tan 20°}{\cos 15°}\right) = 20.647°$$

基圆螺旋角的余弦值为

$$\cos \beta_b = \cos \beta \cos \alpha_n / \cos \alpha_t = \cos 15° \cos 20° / \cos 20.647° = 0.97$$

按式(7-27)计算端面重合度为

$$\varepsilon_\alpha = \left[1.88 - 3.2\left(\frac{1}{z_1} + \frac{1}{z_2}\right)\right]\cos \beta = \left[1.88 - 3.2\left(\frac{1}{20} + \frac{1}{64}\right)\right]\cos 15° = 1.61$$

按式(7-31)计算当量齿轮的端面重合度 $\varepsilon_{an} = \dfrac{\varepsilon_\alpha}{\cos^2 \beta_b} = \dfrac{1.61}{0.97^2} = 1.71$。

轴面重合度

$$\varepsilon_\beta = \frac{\varphi_d z_1}{\pi} \tan \beta = \frac{0.8 \times 20}{\pi} \tan 15° = 1.36$$

按式(7-30)计算重合度系数 $Y_\varepsilon = 0.25 + \dfrac{0.75}{\varepsilon_{an}} = 0.25 + \dfrac{0.75}{1.71} = 0.68$。

(12)查图 7-25 取螺旋角影响系数 $Y_\beta = 0.87$。

(13)小齿轮转矩。

$$T_1 = \frac{9.55 \times 10^6 P_1}{n_1} = \frac{9.55 \times 10^6 \times 15}{300} = 4.78 \times 10^5 \text{ N} \cdot \text{mm}$$

(14)将以上各数值代入公式计算齿轮模数，得

$$m_{tn} \geq \sqrt[3]{\frac{2KT_1\cos^2\beta \cdot Y_\beta Y_\varepsilon}{\varphi_d z_1^2}\left(\frac{Y_{Fa2}Y_{Sa2}}{[\sigma_{F2}]}\right)}$$

$$= \sqrt[3]{\frac{2 \times 1.4 \times 4.78 \times 10^5 \times \cos^2 15° \times 0.87 \times 0.68}{0.8 \times 20^2} \times 0.0067} = 2.49 \text{ mm}$$

试算小齿轮分度圆直径 $d_{1t} = mz_1/\cos\beta \approx 2.5 \times 20/\cos 15° = 51.76$ mm。

3. 确定实际载荷系数 K 与修正所计算的模数

(1)确定使用系数 K_A,按电动机驱动,载荷平稳,查表7-2,取 $K_A = 1.00$。

(2)确定动载系数 K_v。

计算圆周速度

$$v = \frac{\pi d_{1t}n_1}{60 \times 1000} = \frac{\pi \times 51.76 \times 300}{60 \times 1000} = 0.93 \text{ m/s}$$

故前面取7级精度可行,由齿轮的圆周速度与精度查图7-7得 $K_v = 1.05$。

(3)确定齿间载荷分配系数 K_α。

齿宽初定 $b = \varphi_d d_{1t} = 0.8 \times 51.76 \approx 41.408$,取 $b = 42$ mm。

单位载荷值 $\dfrac{K_A F_t}{b} = \dfrac{2K_A T_1}{bd_{1t}} = \dfrac{2 \times 1.00 \times 4.78 \times 10^5}{42 \times 52} = 438$ N/mm > 100 N/mm。

由表7-3查得 $K_\alpha = 1.2$。

(4)确定齿向载荷分布系数 $K_{H\beta}$,由表7-4取 $K_{H\beta} = K_{F\beta} = 1.3$。

(5)计算载荷系数 $K = K_A K_v K_\alpha K_{F\beta} = 1.00 \times 1.05 \times 1.2 \times 1.3 = 1.638$。

(6)按式(7-19)修正模数为

$$m = m_t \sqrt[3]{\frac{K}{K_t}} = 2.49\sqrt[3]{\frac{1.638}{1.4}} = 2.62$$

所以实际模数应该按照国家标准取为 $m_n = 3$ mm。

4. 按齿面接触疲劳强度计算

按式(7-25)计算,即

$$d_1 \geq \sqrt[3]{\frac{2KT_1}{\varphi_d} \cdot \frac{u \pm 1}{u} \cdot \left(\frac{Z_\varepsilon Z_E Z_H Z_\beta}{[\sigma_H]}\right)^2}$$

确定上式中的各计算数值,如下:

(1)确定接触疲劳极限 σ_{Hlim},由图7-18(e)查 MQ 线得

$$\sigma_{Hlim1} = 1500 \text{ MPa}, \quad \sigma_{Hlim2} = 1200 \text{ MPa}$$

(2)确定寿命系数 Z_N,由图7-19取 $Z_{N1} = Z_{N2} = 1$。

(3)由图7-20查得尺寸系数 $Z_{X1} = Z_{X2} = 1$。

(4)由表7-8取安全系数 $S_H = 1.05$。

(5)许用接触应力 $[\sigma_H]$ 计算,按式(7-20)计算得

$$[\sigma_{H1}] = \frac{Z_{N1}Z_{X1}\sigma_{Hlim1}}{S_H} = \frac{1 \times 1 \times 1500}{1.05} \approx 1428 \text{ MPa}$$

$$[\sigma_{H2}] = \frac{Z_{N2}Z_{X2}\sigma_{Hlim2}}{S_H} = \frac{1 \times 1 \times 1200}{1.05} \approx 1142 \text{ MPa}$$

（6）由表 7-5 查得材料弹性影响系数 $Z_E = 189.8$ MPa$^{1/2}$。

（7）由图 7-14 取节点区域系数 $Z_H = 2.43$。

（8）确定重合度系数 Z_ε。

因 $\varepsilon_\beta > 1$，由式（7-26）计算重合度系数为

$$Z_\varepsilon = \sqrt{\frac{1}{\varepsilon_\alpha}} = \sqrt{\frac{1}{1.61}} = 0.765$$

（9）螺旋角系数 $Z_\beta = \sqrt{\cos\beta} = \sqrt{\cos 15°} = 0.98$。

（10）计算所需小齿轮直径 d_1。

$$d_1 \geqslant \sqrt[3]{\frac{2KT_1}{\varphi_d} \cdot \frac{u \pm 1}{u} \cdot \left(\frac{Z_\varepsilon Z_E Z_H Z_\beta}{[\sigma_{H2}]}\right)^2}$$

$$= \sqrt[3]{\frac{2 \times 1.638 \times 4.78 \times 10^5}{0.8} \times \frac{4.2}{3.2} \times \left(\frac{0.765 \times 189.8 \times 2.43 \times 0.98}{1142}\right)^2} = 61.75 \text{ mm}$$

根据计算出来的数值，协调相关参数与尺寸

$$z_1 = \frac{d_1 \cos\beta}{m_n} = \frac{61.75 \times \cos 15°}{3} = 20, \ z_2 = uz_1 = 3.2 \times 20 \approx 65$$

因为齿数与前面初估的一致，所以相关系数不再修正。

5. 齿轮几何尺寸计算

（1）中心距。

$$a = \frac{(z_1 + z_2)m_n}{2\cos\beta} = \frac{(20 + 65) \times 3}{2 \times \cos 15°} = 131.99 \text{ mm}$$

把中心距圆整成 132 mm。

（2）修正螺旋角。

$$\beta = \arccos \frac{(z_1 + z_2)m_n}{2a} = \arccos \frac{(20 + 65) \times 3}{2 \times 132} = 15.004°$$

螺旋角变化不大，所以相关参数不必修正。

（3）分度圆直径。

$$d_1 = \frac{z_1 m_n}{\cos\beta} = \frac{20 \times 3}{\cos 15.004°} = 62.118 \text{ mm}$$

$$d_2 = \frac{z_2 m_n}{\cos\beta} = \frac{65 \times 3}{\cos 15.004°} = 201.882 \text{ mm}$$

（4）确定齿宽 $b = \varphi d_1 = 0.8 \times 62.118 = 49.6944$ mm。

取大齿轮齿宽 $b_2 = 50$ mm，小齿轮齿宽 $b_1 = 56$ mm。

比较例 7-2 和例 7-3 可知，在工作条件完全相同的情况下，硬齿面齿轮传动尺寸明显小于轮齿面齿轮传动。因此近年来随着原材料的价格上涨和生产技术的提高，硬齿面齿轮传动应用得越来越多。

7.8　标准圆锥齿轮传动的强度计算

锥齿轮用于传递两相交轴之间的运动和动力，其类型按齿形分为直齿、斜齿和曲线齿三

种。本节仅介绍最常用的轴交角 $\Sigma = 90°$ 的标准直齿圆锥齿轮传动的强度计算。

7.8.1 基本参数和几何尺寸的计算

1. 基本参数和标准

直齿圆锥齿轮有大端和小端，由于大端的尺寸较大，测量和计算时的相对误差较小，故国家标准规定取大端的参数为标准值，即大端端面模数为标准模数（表 7-9），大端压力角 $\alpha = 20°$。齿顶高系数和顶隙系数分别为：正常齿制，$h_a^* = 1.0$、$c^* = 0.2$；短齿制，$h_a^* = 0.8$、$c^* = 0.3$。

表 7-9 锥齿轮大端端面模数（摘自 GB/T 12368—1990） 单位：mm

1	1.125	1.25	1.375	1.5	1.75	2	2.25	2.5	2.75
3	3.25	3.5	3.75	4	4.5	5	5.5	6	6.5
7	8	9	10	11	12	14	16	18	20
22	25	28	30	32	36	40	45	50	

注：其他模数可查阅标准。

在设计中，一般推荐小锥齿轮的齿数为 $z_1 = 16 \sim 30$，若为软齿面传动取大值；反之，若为硬齿面传动或开式齿轮传动则取小值。

2. 主要几何尺寸

轴交角 $\Sigma = 90°$ 标准直齿圆锥齿轮传动如图 7-26 所示，将直齿圆锥齿轮齿宽中点处的背锥展开，则可得两个当量直齿圆柱齿轮，此两当量齿轮的分度圆直径分别为 d_{v1}、d_{v2}，模数为齿宽中点处的平均模数 m_m，齿宽仍为锥齿轮的齿宽。锥齿轮及当量齿轮的主要几何尺寸计算式见表 7-10。

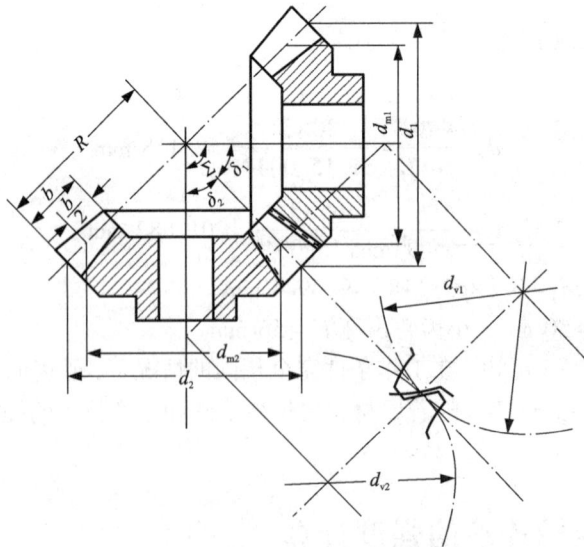

图 7-26 标准直齿圆锥齿轮传动的几何尺寸

表 7-10 锥齿轮及当量齿轮的主要几何尺寸计算式

名 称	几何尺寸计算式
齿数比 u	$u = z_2/z_1 = d_2/d_1 = c\tan \delta_1 = \tan \delta_2$
分度圆直径 d	$d_1 = mz_1$, $d_2 = mz_2$
分度圆锥角 δ	$\cos \delta_1 = r_2/R = u/\sqrt{u^2+1}$, $\cos \delta_2 = r_1/R = 1/\sqrt{u^2+1}$
锥距 R	$R = m\sqrt{z_1^2+z_2^2}/2 = d_1\sqrt{u^2+1}/2$
齿宽系数 φ_R	$\varphi_R = b/R$, 一般取 $\varphi_R = 0.25 \sim 0.3$
齿宽中点分度圆直径 d_m	$d_{m1} = d_1(1-0.5\varphi_R)$, $d_{m2} = d_2(1-0.5\varphi_R)$
平均模数 m_m	$m_m = d_m/z_1 = m(1-0.5\varphi_R)$
当量齿轮分度圆直径 d_v	$d_{v1} = d_{m1}/\cos \delta_1 = d_1(1-0.5\varphi_R)\sqrt{u^2+1}/u$, $d_{v2} = d_{m2}/\cos \delta_2 = d_2(1-0.5\varphi_R)\sqrt{u^2+1}$
当量齿数比 u_v	$u_v = d_{v2}/d_{v1} = u^2$

7.8.2 轮齿的受力分析

1. 力的大小

直齿圆锥齿轮传动的载荷沿齿宽分布不均匀(大端处的单位载荷大),但为了便于分析和计算,可以假定载荷沿齿宽分布均匀,且不计摩擦;工作时作用在直齿圆锥齿轮齿面上的力为一集中的法向力 F_n,作用在齿宽中点的节线处,如图 7-27 所示。法向力 F_n 可分解为三个分力,即圆周力 F_t、径向力 F_r 和轴向力 F_a。各力的大小为

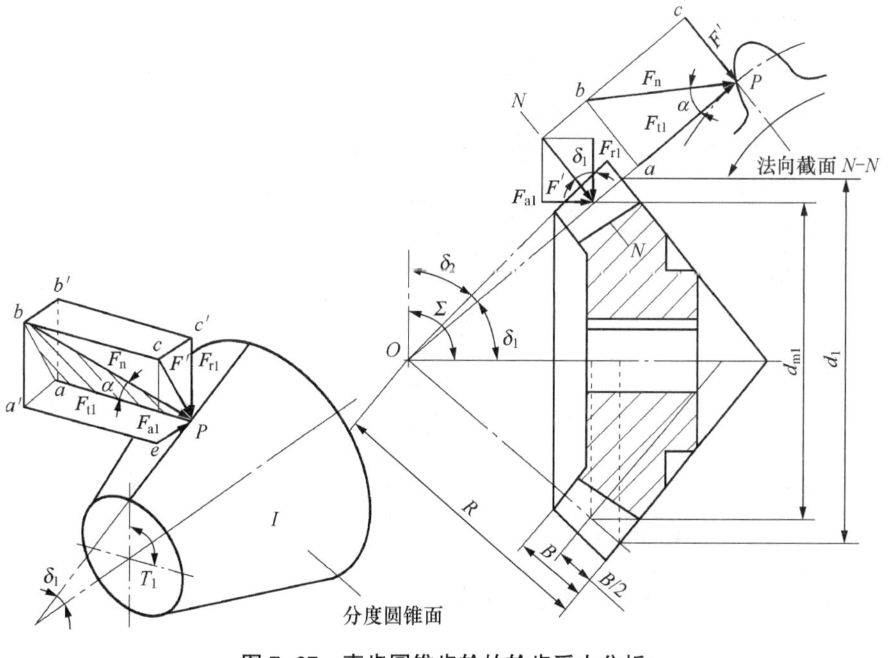

图 7-27 直齿圆锥齿轮的轮齿受力分析

$$F_{t1} = 2T_1/d_{m1} = F_{t2}$$
$$F_{r1} = F' \cos \delta_1 = F_{t1} \tan \alpha \cos \delta_1 = F_{a2} \Big\}$$
$$F_{a1} = F' \sin \delta_1 = F_{t1} \tan \alpha \sin \delta_1 = F_{r2}$$

$$(7-32)$$

2. 力的方向

如图 7-28 所示, 当两轴夹角为直角, 即 $\Sigma = \delta_1 + \delta_2 =$ 90°时, 两圆锥齿轮上的圆周力 F_{t1}、F_{t2} 互为作用力和反作用力; 两轮中任一齿轮的径向力 F_r 与另一齿轮的轴向力 F_a 大小相等, 方向相反。圆周力和径向力方向的判断同直齿轮传动; 轴向力 F_{a1}、F_{a2} 的方向沿着各自锥齿轮的轴线并由小端指向大端。

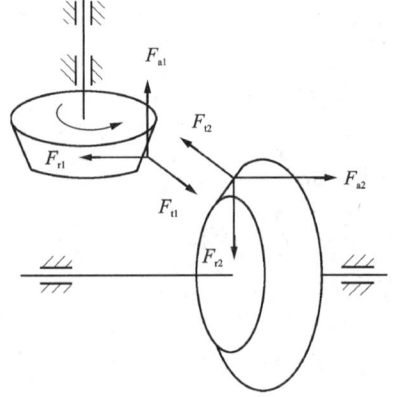

图 7-28 一对直齿圆锥齿轮的受力关系

7.8.3 标准直齿圆锥齿轮传动的强度计算

1. 齿面接触疲劳强度计算

直齿圆锥齿轮轮齿的失效形式、设计准则与直齿圆柱齿轮相同。由于锥轮齿大端刚度比小端大, 故受载后载荷沿齿宽分布不均匀, 其合力作用点偏向大端, 因而要精确地计算圆锥齿轮轮齿的强度比较困难。为简化计算, 可近似认为: 一对直齿圆锥齿轮传动和位于齿宽中点处的当量齿轮的强度相等; 整个啮合过程中的载荷由一对齿承担, 即无重合度影响。这样直齿圆锥齿轮传动的强度计算可近似地按图 7-26 中齿宽中点处的一对当量齿轮进行计算。参照直齿圆柱齿轮传动的接触疲劳强度计算公式, 将齿宽中点处的一对当量齿轮的有关参数代入式(7-10), 忽略 Z_ε 的影响, 可得当量齿轮的齿面接触疲劳强度公式如下

$$\sigma_H = Z_E Z_H \cdot \sqrt{\frac{2KT_{v1}}{bd_{v1}^2} \frac{u_v \pm 1}{u_v}} \leqslant [\sigma_H]$$

$$(7-33)$$

式中: T_{v1} 为当量小齿轮传递的扭矩, N·mm, 计算如下, $T_{v1} = F_{t1}d_{v1}/2 = F_{t1}d_{m1}/(2\cos\delta_1) = T_1/\cos\delta_1 = T_1\sqrt{u^2+1}/u$; d_v 为当量小齿轮的分度圆直径, mm, $d_{v1} = d_1(1-0.5\varphi_R)\sqrt{u^2+1}/u$; u_v 为当量齿轮传动的齿数比, $u_v = d_{v2}/d_{v1} = u^2$。

将上述 T_v、d_v、u_v 代入式(7-33), 整理得直齿圆锥齿轮齿面接触强度校核公式如下

$$\sigma_H = Z_E Z_H \sqrt{\frac{4KT_1}{\varphi_R(1-0.5\varphi_R)^2 d_1^3 u}} \leqslant [\sigma_H]$$

$$(7-34)$$

其设计公式为

$$d_1 \geqslant \sqrt[3]{\frac{4KT_1}{\varphi_R(1-0.5\varphi_R)^2 u}\left(\frac{Z_H Z_E}{[\sigma_H]}\right)^2}$$

$$(7-35)$$

式中: K 为直齿圆锥齿轮的载荷系数, $K = K_A K_v K_\alpha K_\beta$。其中 K_A 为使用系数, 查表 7-2; K_v 为动载系数, 按图 7-7 中低一级的精度线及平均直径处的圆周速度 $v_m(\text{m/s})$ 查取; K_α 为齿间载荷分配系数, 可按表 7-11 选取; K_β 为齿向载荷分布系数, 其大小按式(7-36)计算

当有效齿宽 $b_e > 0.85b$ 时, $K_{H\beta} = 1.5K_{H\beta e}$

$$\left.\begin{array}{l} \\ \end{array}\right\}$$

当有效齿宽 $b_e \leqslant 0.85b$ 时, $K_{H\beta} = 1.275K_{H\beta e}\dfrac{b}{b_e}$

$$(7-36)$$

式(7-36)中 $K_{H\beta e}$ 是锥齿轮装配系数，见表 7-12。

式(7-34)与式(7-35)中其他符号的意义、单位及确定方法与直齿圆柱齿轮传动相同。

表 7-11 直齿圆锥齿轮齿间载荷分配系数

单位载荷 F_t/b		≥100 N/mm			<100 N/mm
精度等级		7 级及以上	8	9	所有精度等级
硬齿面	$K_{H\alpha}$	1.0	1.1	1.2	1.2
	$K_{F\alpha}$				
软齿面	$K_{H\alpha}$	1.0	1.1		
	$K_{F\alpha}$				

表 7-12 锥齿轮装配系数 $K_{H\beta e}$

接触区检验条件	大、小齿轮装配条件		
	两轮都为两端支承	一个为两端支承，一个为悬臂	两轮均为悬臂
满载下装机全部检验	1.0	1.0	1.0
轻载下全部检验	1.05	1.1	1.25
满载下抽样检验	1.2	1.32	1.5

2. 齿根弯曲疲劳强度计算

类似上述方法，可得一对直齿圆锥齿轮轮齿齿根弯曲疲劳强度校核公式为(推导从略)

$$\sigma_F = \frac{4KT_1 Y_{Fa} Y_{Sa}}{\varphi_R(1-0.5\varphi_R)^2 m^3 z_1^2 \sqrt{u^2+1}} \leqslant [\sigma_F] \tag{7-37}$$

其设计公式为

$$m \geqslant \sqrt[3]{\frac{4KT_1}{\varphi_R(1-0.5\varphi_R)^2 z_1^2 \sqrt{u^2+1}}\left(\frac{Y_{Fa}Y_{Sa}}{[\sigma_F]}\right)} \tag{7-38}$$

式中：m 为锥齿轮大端的模数，mm；Y_{Fa}、Y_{sa} 分别是锥齿轮的齿形系数、应力校正系数，其值可根据当量齿数 $z_v = z/\cos\delta$，分别由图 7-16、图 7-17 查得。

式中其他符号的意义、单位及确定方法与直齿圆柱齿轮传动相同。应用以上各式时可参照直齿圆柱齿轮传动的说明和注意事项。

【例 7-4】 设计某机床主传动用 7 级直齿锥齿轮传动。已知：小齿轮传动转矩 $T_1 = 140$ N·m，小齿轮转速为 960 r/min，传动比 $i = 3$，小齿轮悬臂布置，大齿轮两支承。电动机驱动，单向转动，载荷平稳，按无限寿命计算。

解：

本题属于设计题，其设计步骤同例 7-1。由于直齿圆锥齿轮加工难于磨齿，故采用闭式软齿面齿轮传动。

1. 选择齿轮材料、热处理方法、齿数

(1)选择齿轮材料与热处理方法。

根据工作条件，一般用途的减速器可采用闭式软齿面传动。查表 7-1 取：小齿轮材料为

40Gr 钢，调质处理，硬度 $HBW_1=260$；大齿轮材料为 45 钢，调质处理，硬度 $HBW_2=230$；两齿轮齿面硬度差为 30 HBW，符合软齿面传动的设计要求。

（2）选齿数。

取 $z_1=25$，$z_2=uz_1=3\times25=75$。

2. 确定材料许用接触应力

（1）确定接触疲劳极限 σ_{Hlim}，由图 7-18（a）查 MQ 线得

$$\sigma_{Hlim1}=720 \text{ MPa}，\sigma_{Hlim2}=580 \text{ MPa}$$

（2）确定寿命系数 Z_N，由已知条件，取 $Z_{N1}=Z_{N2}=1$。

（3）确定尺寸系数 Z_X，由图 7-20 查得 $Z_{X1}=Z_{X2}=1$。

（4）确定安全系数 S_H，由表 7-8 取 $S_H=1.05$。

（5）计算许用接触应力 $[\sigma_H]$，按式（7-20）计算得

$$[\sigma_{H1}]=\frac{Z_{N1}Z_{X1}\sigma_{Hlim1}}{S_H}=\frac{1\times1\times720}{1.05}\approx686 \text{ MPa}$$

$$[\sigma_{H2}]=\frac{Z_{N2}Z_{X2}\sigma_{Hlim2}}{S_H}=\frac{1\times1\times580}{1.05}\approx552 \text{ MPa}$$

3. 根据设计准则，按齿面接触疲劳强度设计

按式（7-35）计算接触强度，其公式为

$$d_1\geqslant\sqrt[3]{\frac{4KT_1}{\varphi_R(1-0.5\varphi_R)^2u}\left(\frac{Z_HZ_E}{[\sigma_H]}\right)^2}$$

确定上式中的各计算数值，如下：

（1）试选载荷系数 $K_t=1.5$。

（2）选取齿宽系数 $\varphi_R=0.3$。

（3）由表 7-5 得材料弹性影响系数 $Z_E=189.8 \text{ MPa}^{1/2}$。

（4）由图 7-14 确定节点区域系数 $Z_H=2.5$。

（5）试算所需小齿轮直径 d_{1t}。

$$d_{1t}\geqslant\sqrt[3]{\frac{4KT_1}{\varphi_R(1-0.5\varphi_R)^2u}\left(\frac{Z_HZ_E}{[\sigma_H]}\right)^2}=\sqrt[3]{\frac{4\times1.5\times1.4\times10^5}{0.3(1-0.5\times0.3)^2\times3}\times\left(\frac{2.5\times189.8}{552}\right)^2}=98.5 \text{ mm}$$

4. 确定实际载荷系数 K 与修正所计算的分度圆直径

（1）确定使用系数 K_A，按电动机驱动，载荷平稳，查表 7-2 取 $K_A=1.00$。

（2）确定动载系数 K_v。

计算平均圆周速度

$$v_m=\frac{\pi d_{m1}n_1}{60\times1000}=\frac{\pi d_{1t}(1-0.5\varphi_R)n_1}{60\times1000}=\frac{\pi\times98.5\times(1-0.5\times0.3)\times960}{60\times1000}=4.2 \text{ m/s}$$

查表 7-7，题目给定的 7 级精度足够，由齿轮的圆周速度与精度查图 7-7 得 $K_v=1.19$。

（3）确定齿间载荷分配系数 K_α。

锥距 $R=d_{1t}\sqrt{u^2+1}/2=98.5\times\sqrt{3^2+1}/2=155.7 \text{ mm}$。

齿宽初定 $b=\varphi_RR=0.3\times155.7=47 \text{ mm}$。

圆周力计算 $F_t = \dfrac{2000T_1}{d_{m1}} = \dfrac{2000 \times 140}{98.5(1-0.5 \times 0.3)} = 3344$ N。

单位载荷计算 $\dfrac{F_t}{b} = \dfrac{3344}{47} = 71$ N/mm < 100 N/mm。

由表 7-11 查得 $K_\alpha = 1.2$。

(4)确定齿向载荷分布系数 $K_{H\beta}$。

由表 7-12 取 $K_{H\beta e} = 1.1$，有效工作齿宽 $b_e > 0.85b$，按式(7-36)计算得

$$K_{H\beta} = 1.5K_{H\beta e} = 1.5 \times 1.1 = 1.65$$

(5)计算载荷系数 $K = K_A K_v K_\alpha K_{H\beta} = 1.00 \times 1.19 \times 1.2 \times 1.65 = 2.36$。

(6)按实际载荷系数修正所算的分度圆直径，由式(7-12)计算得

$$d_1 = d_{1t} \sqrt[3]{\dfrac{K}{K_t}} = 98.5 \times \sqrt[3]{\dfrac{2.36}{1.5}} = 114.5 \text{ mm}$$

(7)试算模数。

$$m = \dfrac{d_1}{z_1} = \dfrac{114.5}{25} = 4.58 \text{ mm}$$

5. 齿根弯曲强度计算

按式(7-38)计算弯曲强度，其公式为

$$m \geq \sqrt[3]{\dfrac{4KT_1}{\varphi_R(1-0.5\varphi_R)^2 z_1^2 \sqrt{u^2+1}} \left(\dfrac{Y_{Fa}Y_{Sa}}{[\sigma_F]}\right)}$$

确定上式中的各计算数值，如下：

(1)由图 7-21(a)确定弯曲应力极限，取 $\sigma_{Flim1} = 300$ MPa，$\sigma_{Flim2} = 220$ MPa。

(2)由已知条件取弯曲寿命系数 $Y_{N1} = Y_{N2} = 1$。

(3)由表 7-8 确定弯曲疲劳安全系数 $S_F = 1.25$。

(4)由图 7-23 确定尺寸系数 $Y_X = 1$。

(5)按式(7-22)计算弯曲强度许用应力得

$$[\sigma_{F1}] = \dfrac{\sigma_{Flim1}Y_{Sa}Y_{N1}Y_X}{S_F} = \dfrac{300 \times 2 \times 1 \times 1}{1.25} = 480 \text{ MPa}$$

$$[\sigma_{F2}] = \dfrac{\sigma_{Flim2}Y_{Sa}Y_{N2}Y_X}{S_F} = \dfrac{220 \times 2 \times 1 \times 1}{1.25} = 352 \text{ MPa}$$

(6)确定齿形系数 Y_{Fa1}、Y_{Fa2}。

计算分度圆锥角

$$\delta_2 = \arctan u = \arctan 3 = 71.57°$$

$$\delta_1 = 90° - \delta_2 = 90° - 71.57° = 18.43°$$

计算当量齿数 z_{v1}、z_{v2} 为

$$z_{v1} = z_1 / \cos\delta_1 = 25 / \cos 18.43° = 26.4$$

$$z_{v2} = z_2 / \cos\delta_2 = 75 / \cos 71.57° = 237.2$$

查图 7-16 取 $Y_{Fa1} = 2.61$，$Y_{Fa2} = 2.12$。

(7)确定应力校正系数，根据 z_{v1}、z_{v2} 由图 7-17 查得 $Y_{Sa1} = 1.59$，$Y_{Sa2} = 1.85$。

(8)计算大小齿轮的$\dfrac{Y_{Fa}Y_{Sa}}{[\sigma_F]}$值。

$$\frac{Y_{Fa1}Y_{Sa1}}{[\sigma_{F1}]}=\frac{2.61\times1.59}{480}=0.0086,\ \frac{Y_{Fa2}Y_{Sa2}}{[\sigma_{F2}]}=\frac{2.12\times1.85}{352}=0.01114$$

大齿轮的数值大,应把大齿轮的数据代入公式计算。

(9)将以上各值代入公式计算得

$$m\geqslant\sqrt[3]{\frac{4KT_1}{\varphi_R(1-0.5\varphi_R)^2 z_1^2\sqrt{u^2+1}}\left(\frac{Y_{Fa2}Y_{Sa2}}{[\sigma_{F2}]}\right)}$$

$$=\sqrt[3]{\frac{4\times2.36\times1.4\times10^5}{0.3\times(1-0.5\times0.3)^2\times25^2\times\sqrt{3^2+1}}\times0.01114}=3.27\ \text{mm}$$

由于齿轮的模数 m 的大小主要取决于弯曲强度,所以将计算出来的 3.27 mm 按表 7-9 圆整为 3.5 mm。再根据接触疲劳强度计算出的分度圆直径 $d_1=114.5$ mm,协调相关参数与尺寸为

$$z_1=\frac{d_1}{m}=\frac{114.5}{3.5}=32.7,\ \text{取}\ z_1=34$$

$$z_2=uz_1=3\times34=102$$

锥齿轮分度圆直径为 $d_1=mz_1=3.5\times34=119$ mm,$d_2=mz_2=3.5\times102=357$ mm。

这样设计出来的齿轮能在保证满足弯曲强度的前提下,取较多的齿数,做到结构紧凑,减少浪费,且重合度增加,传动平稳。

6. 计算锥齿轮的尺寸与确定齿轮结构,并绘制齿轮零件工作图(略)

7.9 齿轮的结构设计

在齿轮的结构设计中,其结构形式与齿轮大小、材料种类、毛坯类型、制造方法、生产批量和经济性等因素有关。通常先按齿顶圆直径选择适宜的结构形式,然后再按推荐的经验公式和数据进行结构尺寸设计计算,最后绘制齿轮的零件工作图。常用的结构形式有以下几种。

1. 齿轮轴

对于直径很小的钢制圆柱齿轮,当齿根圆到键槽底部的距离 $\delta<2m_t$(m_t 为端面模数)时,应将齿轮与轴制成一体,称为齿轮轴,其结构及尺寸如图 7-29(a)所示。对于锥齿轮,当 $\delta<1.6$ m 时,锥齿轮可制成锥齿轮轴,如图 7-29(b)所示。

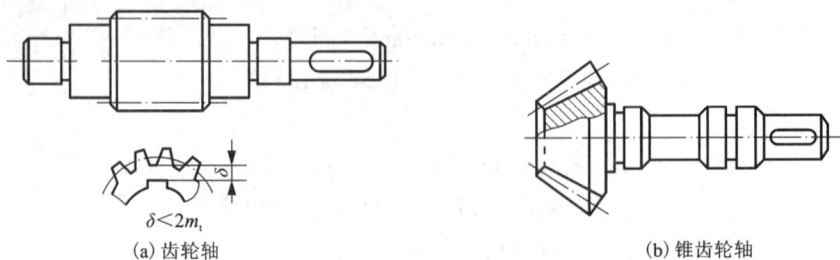

$\delta<2m_t$

(a)齿轮轴

(b)锥齿轮轴

图 7-29 齿轮轴的结构

2. 实心式齿轮

对于圆柱齿轮，当齿顶圆直径 $d_a \leqslant 160$ mm 时，可以采用轧制圆钢或锻钢制成的实心式结构齿轮，其结构如图 7-30(a) 所示。对于锥齿轮，当 $\delta \geqslant 1.6$ m 时，为了便于制造，应将齿轮和轴分开进行加工，这种锥齿轮可制成实心式结构，其结构如图 7-30(b) 所示。

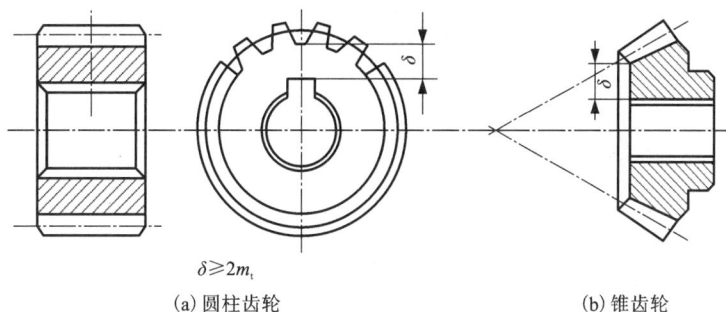

$$\delta \geqslant 2m_t$$

(a) 圆柱齿轮   (b) 锥齿轮

图 7-30　实心式结构齿轮

3. 腹板式齿轮

当齿顶圆直径 $d_a \leqslant 500$ mm 时，为了节约材料，减轻重量，常用锻钢制成的腹板式结构，其结构及尺寸如图 7-31 所示。

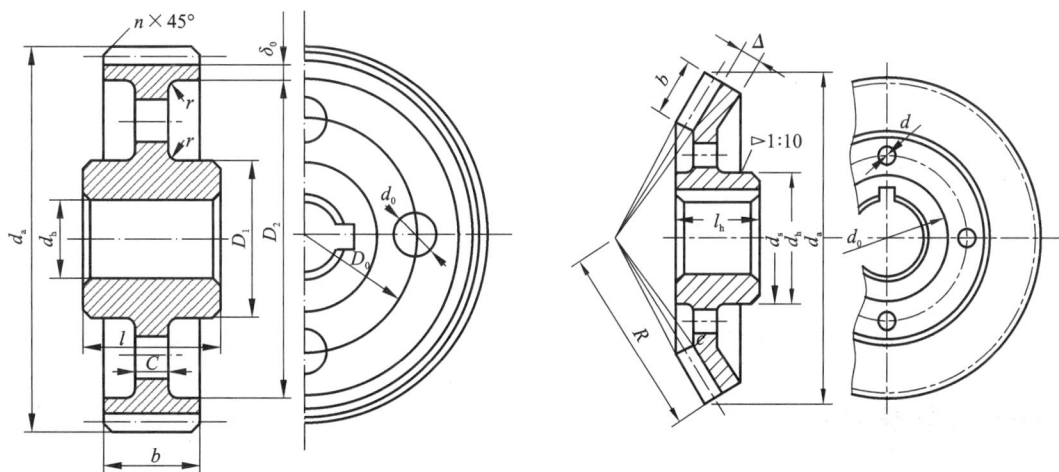

$D_1 = 1.6 d_h$；$D_2 = d_a - 10 m_n$；$l = (1.2 \sim 1.5) d_h$
$(l \geqslant b)$；$C = 0.3b \geqslant 10$ mm；$D_0 = 0.5(D_1 + D_2)$；
$d_0 = 0.25(D_2 - D_1)$，且 $d_0 \geqslant 15$ mm，当 d_0 太小时
不钻孔；$r = 0.5C$；$n = 0.5 m_n$；$\delta_0 = (2.5 \sim 4) m_n$
（但 δ_0 不小于 8 mm）。

$d_h = 1.6 d_s$；$l_h = (1.0 \sim 1.2) d_s$；$c = (0.1 \sim 0.17)R$；
$\Delta = (3 \sim 4) m_n$，但不小于 10 mm；
d_0 和 d 按结构取定。

图 7-31　腹板式齿轮

4. 轮辐式齿轮

当齿顶圆直径 400 mm ≤ d_a ≤ 1000 mm 时，由于锻造加工困难，常用铸钢或铸铁制成的轮辐式结构，其结构及尺寸如图 7-32 所示。

5. 组合式齿轮和焊接齿圈

当齿顶圆直径 d_a > 600 mm 时，为了节省贵重材料，齿轮轮缘采用优质碳钢或合金钢制造，轮芯用铸铁或铸钢制造，二者用静配合或采用螺钉等方式连接，其结构及尺寸如图 7-33 所示。

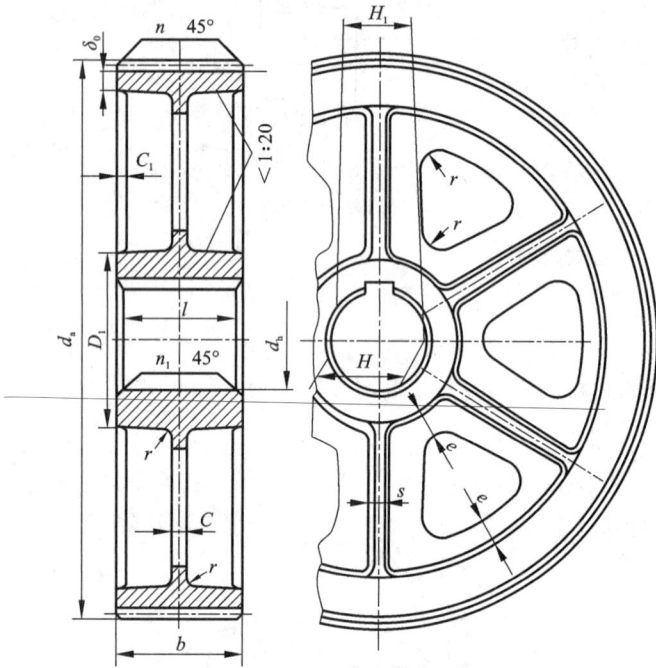

$H = 0.8d_h$; b ≤ 200 mm; $s = H/6$ ≥ 10 mm; $H_1 = 0.8H$;

$e = 0.5\delta_0$; $n = 0.5m_n$; $r ≈ 0.5C$; $\delta_0 = (5 \sim 6)m_n$;

$D_1 = 1.6d_h$（铸钢）; $C = H/5$ ≥ 10 mm; $D_1 = 1.8d_h$（铸铁）。

图 7-32　轮辐式齿轮

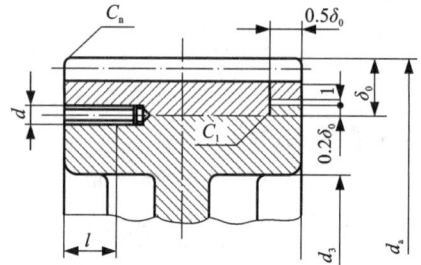

$\delta_0 = 5m_n$; $d_3 = d_a - 18m_n$; $d = 0.05d_h$（d_h 为轴孔直径）;

$l = 0.15d_h$; 骑缝螺钉数目为 4~8。

图 7-33　组合式齿轮

7.10　齿轮传动的润滑

齿轮传动时，相啮合的齿面间存在相对滑动，因此不可避免会产生摩擦和磨损，增加动力消耗，降低传动效率，特别是高速、重载齿轮传动，就更需要考虑齿轮的润滑。

一般来说，齿轮传动的润滑问题主要包括选择润滑剂和润滑方式，下面分别进行介绍。

7.10.1　润滑剂的选择

目前齿轮传动中常用的润滑剂有润滑油和润滑脂两种。润滑脂主要用于不易加油或低速、开式齿轮传动的场合。一般情况均采用润滑油进行润滑。此外，固体润滑剂有时作为添加剂加在润滑油（或润滑脂）中一起配合使用。

在闭式齿轮传动中，首先应根据齿轮的圆周速度 v 和材料的强度极限 σ_B 由表 7-13 选定润滑油的运动黏度值，然后按表 7-14 选取所需润滑油或润滑脂及其牌号。

表 7-13　齿轮传动润滑油黏度推荐值

齿轮材料	强度极限 σ_b/MPa	圆周速度 v/(m·s^{-1})						
		<0.5	0.5~1	1~2.5	2.5~5	5~12.5	12.5~25	>25
		运动黏度 v/cSt(50 ℃)						
塑料、铸铁、青铜	—	177	118	81.5	59	44	32.4	—
钢	450~1000	266	177	118	81.5	59	44	32.4
	1000~1250	266	266	177	118	81.5	59	44
渗碳或表面淬火的钢	1250~1580	444	266	266	177	118	81.5	59

注：(1) 对于多级齿轮传动，采用各级齿轮传动圆周速度的平均值来选取润滑油黏度；
(2) σ_b>800 MPa 的镍铬钢制齿轮(不渗碳)的润滑油黏度应取高一档的数值。

表 7-14　齿轮传动常用的润滑剂

名称	牌号	运动黏度 v/cSt(40 ℃)	应用
重负荷工业齿轮油 (GB 5903—2011)	L—CKD100 L—CKD150 L—CKD220 L—CKD320 L—CKD460	90~110 135~165 198~242 288~352 414~506	齿面接触应力 $\sigma_H \geq 1100$ MPa，适用于工业设备齿轮的润滑
中负荷工业齿轮油 (GB 5903—2011)	L—CKC68 L—CKC100 L—CKC150 L—CKC220 L—CKC320	61.2~74.8 90~110 135~165 198~242 288~352	齿面接触应力 500 MPa $\leq \sigma_H <$ 1100 MPa，适用于煤炭、水泥和冶金等工业部门的大型闭式齿轮传动装置的润滑
普通开式齿轮油 (SH/T 0363—1992)	68 100 150	100 ℃ 60~75 90~110 135~165	主要适用于开式齿轮、链条和钢丝绳的润滑
Pinnacle 极压齿轮油	150 220 320 460 680	150 216 316 451 652	齿面接触应力 $\sigma_H >$ 1100 MPa，润滑采用极压润滑剂的各种车用及工业设备的齿轮
钙钠基润滑脂 (SH/T 0368—1992)	1 号 2 号		适用于 80~100 ℃ 之间，有水分或较潮湿的环境中工作的齿轮传动，但不适用于低温工作情况

注：表中所列仅为齿轮油的一部分，必要时可参阅有关资料。

7.10.2 润滑方式的选择

（1）对于开式齿轮传动或低速（$v < 0.8 \sim 2$ m/s）、轻载不重要的闭式齿轮传动，通常采用周期性手工加油或加脂进行润滑。

（2）对于齿轮的圆周速度 $v = 2 \sim 12$ m/s 的闭式齿轮传动，通常采用油浴润滑（图 7-34）。为了避免齿轮搅油的功率损失过大，齿轮浸油深度 h 视圆周速度 v 而定，圆周速度越大，h 越小，但 h 不应小于 10 mm。通常，对单级圆柱齿轮 h 以 1 个齿高为宜，对锥齿轮应浸入全齿宽，但至少应有半个齿宽。对多级齿轮传动，低速级大齿轮的圆周速度较低时（$v \le 0.5 \sim 0.8$ m/s），浸油深度可适当增加。在多级齿轮传动中，可借助带油轮将油带到未浸入油池内的齿轮的齿面上。

一般应使油池中油的深度 $h > 30 \sim 50$ mm，以防止齿轮搅油时将油池底部的杂质搅起，加剧齿轮的磨粒磨损。充足的油量还可以加快散热，对单级圆柱齿轮传动，每传递 1 kW 功率，需油量 $0.35 \sim 0.7$ L；对于多级齿轮传动，需油量按级数成倍增加。

（3）对于齿轮的圆周速度 $v > 12$ m/s 的闭式齿轮传动，应采用喷油润滑（图 7-35）。当 $v \le 25$ m/s 时，喷嘴位于轮齿啮出边或啮入边均可；当 $v > 25$ m/s 时，喷嘴应位于啮出的一边，以便及时冷却刚脱离啮合的轮齿并加以润滑。喷油润滑供油充分、连续、冷却效果好，适用于高速、重载或需大量润滑油进行冷却的重要齿轮传动。但喷油润滑需要专门的供油回路，故费用较高。

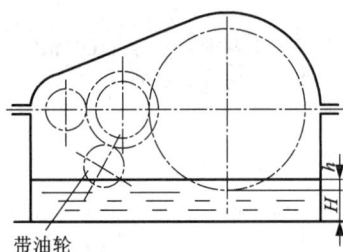

图 7-34 油浴润滑

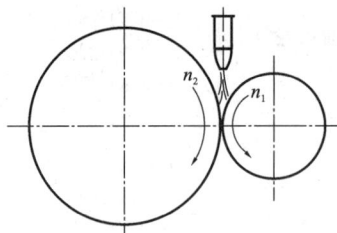

图 7-35 喷油润滑

7.11 其他齿轮传动简介

7.11.1 圆弧齿圆柱齿轮传动简介

减少齿轮传动尺寸和重量的主要途径是设法提高其承载能力。渐开线齿轮传动虽然具有易于精加工、便于安装、中心距可分性等优点，但它存在一些缺点，主要有：

（1）齿轮的接触应力与其综合曲率半径 ρ 直接相关，外啮合齿轮传动是凸齿对凸齿的啮合传动，在材料、热处理等条件不变时，要提高齿面接触强度，则需要增大 ρ，这加大了齿轮尺寸，难以满足较小尺寸重载齿轮的要求。

（2）齿轮啮合时，轮齿的接触是沿齿宽线接触，因而它对齿轮制造和安装误差、对轴和箱体的变形十分敏感,为增加刚度,就要加大这些零件的截面,使重量增加。

(3)齿轮啮合点离节点越远,则两啮合齿面之间的相对滑动速度就越大。这种滑动对齿面的磨损、发热、传动平稳性和效率以及传动的寿命都很不利,会造成齿轮啮合损失较大等。

这些缺点限制了渐开线齿轮承载能力的提高。为了克服渐开线齿轮的以上缺点,满足高速、重载和结构紧凑等要求,人们研究和发展了圆弧齿轮传动,其齿线是螺旋线,如图 7-36 所示。

1. 单圆弧齿轮传动

单圆弧齿轮传动一般小齿轮为凸轮,大齿轮为凹轮,切制同一模数相啮合的一对齿轮需要两把刀。凸轮的工作齿廓在节圆以外,齿廓圆心在节圆上;凹轮的工作齿廓半径在节圆以内,齿廓圆心在节圆以外,即凹齿的齿廓半径略大于凸齿的齿廓半径,即 $\rho_2 > \rho_1$,如图 7-36 所示。过两轮的啮合点 K 作公法线与中心连线交于节点 C。当小齿轮转过 $\Delta\varphi_1$,则大齿轮相应转过 $\Delta\varphi_2$ 之后,两齿廓之间就会产生间隙(如图 7-36 中虚线所示)而脱离接触。因此,一对单圆弧齿轮啮合时在端面上是点接触(图 7-37),端面重合度等于零。为了保证连续传动,必须做成斜齿轮,使轴面重合度 $\varepsilon_\beta > 1$。

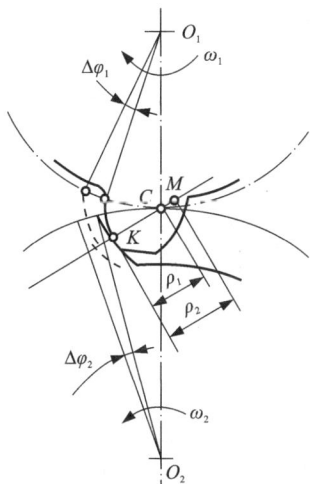

图 7-36　圆弧齿轮传动

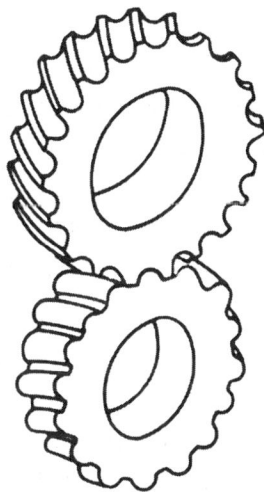

图 7-37　单圆弧齿轮传动的啮合

如果做成斜齿,如图 7-38 所示,则当前一对端面齿廓离开啮合点 k 时,与其相邻的端面齿廓进入啮合,其啮合点将沿着平行于轴线的 kk' 移动。图 7-38 中两条螺旋线上的 2 与 2′ 点将在 kk' 线上啮合,即两螺旋齿面沿 kk' 线作相对滚动。直线 kk' 线称为啮合线。螺旋线 kk_1 和 kk_2 是齿面上接触点的轨迹线,称为接触迹线。CC' 是节线,因为各啮合点的齿廓公法线都通过节点,所以节点 C 将沿着 CC' 直线作轴向移动。

2. 双圆弧齿轮传动

为提高单圆弧齿轮的齿根弯曲强度,人们研究开发了双圆弧齿轮。双圆弧齿轮的齿顶部为凸齿,齿根部为凹齿,相当于两对单圆弧齿的组合。两个齿轮采用同一种基本齿廓,故可用同一把滚刀加工。如图 7-39 所示,啮合过程中,一对齿在齿宽方向上同时有两点接触,故又称双点啮合圆弧齿轮传动。圆弧齿轮可以是端面或法面为圆弧齿廓。由于滚刀刃廓做成法面圆弧比较方便,故通常圆弧齿轮的法面齿廓为圆弧。

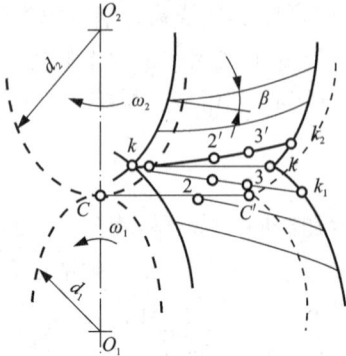

图7-38 圆弧齿轮传动的啮合过程

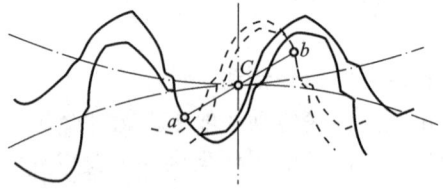

图7-39 双圆弧齿轮传动的啮合

与渐开线齿轮传动相比,圆弧齿轮传动有下列特点:

(1)啮合点的综合曲率半径较大(相当于内啮合),圆弧齿轮的齿轮具有较高的接触强度。单圆弧齿轮传动的接触强度承载能力一般比渐开线齿轮高1~1.5倍。双圆弧齿轮的接触强度承载能力更高。双圆弧齿轮凸、凹齿廓沿齿高的总接触弧长比单圆弧齿廓的弧长大得多,因此,齿面的接触应力相应地进一步减小。同时,由于双圆弧齿轮轮齿根部厚度较大,而分担的负荷较小,因此弯曲强度也有较大的提高。

(2)齿面间沿齿高方向各点处的相对滑动速度相等,因此齿面磨损小且均匀,具有良好的跑合性。经跑合后,齿面粗糙度降低,相啮合的轮齿能紧密贴合,实际啮合面积较大;啮合过程中主要是滚动摩擦,啮合点又以相当高的速度沿啮合线移动,有利于油膜的形成,油膜厚度比渐开线齿轮厚好几倍,这不仅有助于提高齿面的接触强度和耐磨性,而且可减小啮合摩擦损失,传动效率高(0.99~0.995)。

(3)没有根切现象,齿数可以很少($z_{min}=8\sim11$),可实现较大的传动比传动,最少齿数主要受轴的强度和刚度的限制。

(4)理论上圆弧齿轮是点接触,跑合以后呈区域接触。由于它的端面为非共轭齿廓,所以齿轮啮合时,不具有可分性(即中心距敏感性大)。因此,对中心距变动和切齿深度有较高要求。

由于圆弧齿轮传动的上述特点,在冶金、化工、矿山、运输等机械中得到广泛的应用。

7.11.2 曲线齿圆锥齿轮传动简介

曲线齿圆锥齿轮传动又称螺旋锥齿轮传动,由于轮齿倾斜,重合度增大,比直齿圆锥齿轮传动重合度大、承载能力高、传动效率高、传动平稳、动载荷和噪声小,因此获得了日益广泛的应用。

轮齿的齿面与分度圆锥的交线为齿线。曲线齿圆锥齿轮常见的齿线形状有两种类型:圆弧齿(或称为格里森制齿轮)和延伸外摆线齿(或称为奥利康制齿轮)。

圆弧齿锥齿轮传动,其轮齿沿齿长方向的齿线为圆弧,如图7-40所示,在格里森铣齿机上切齿,生产率高,且可进行磨齿以获得较高精度,弧齿锥齿轮的压力角$\alpha=20°$,平均分度

圆处的螺旋角 β 取为 $30°$（图 7-40）或者 $0°$（称为零度弧齿锥齿轮，图 7-41）。零度弧齿锥齿轮承载能力高于直齿锥齿轮，轴向力与转向无关，运转平稳性好。经磨削后，零度弧齿锥齿轮速度可达 50 m/s。

弧齿锥齿轮的轴向力大，且随转向变化，但其承载能力高，运转平稳；对安装误差和变形不敏感。磨齿后，可用于高速（$v_m = 40 \sim 100$ m/s）。

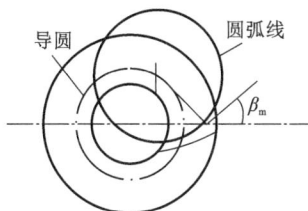

图 7-40　圆弧齿锥齿轮

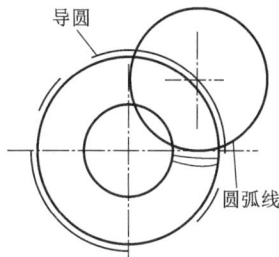

图 7-41　零度弧齿锥齿轮

延伸外摆线齿锥齿轮的齿线为长幅外摆线（图 7-42），滚圆在导圆 1 上滚动时，固联在滚圆外一点 M 所绘出的轨迹，即为延伸外摆线，可在奥利康机床上切齿，加工时机床调整方便，计算简单，生产率比弧齿锥齿轮高，但其磨齿困难，不宜用于高速传动。

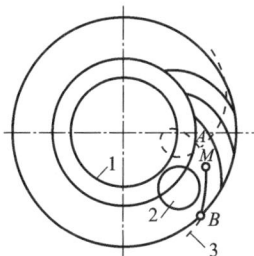

图 7-42　延伸外摆线齿锥齿轮

思考题和习题

7-1　轮齿的主要失效形式有哪几种？如何防止这些失效形式的发生？

7-2　在齿轮强度计算中，为什么不用名义载荷而用计算载荷？计算载荷与名义载荷的关系如何？

7-3　一对软齿面圆柱齿轮传动，为什么一般应使小齿轮的齿面硬度高于大齿轮的齿面硬度？

7-4　试述闭式软齿面传动、开式齿轮传动和闭式硬齿面传动的设计准则分别是什么？

7-5　试比较一对直齿轮、斜齿轮、锥齿轮的受力特点并确定各力的方向。

7-6　齿轮传动中相啮合的两齿轮的齿面接触应力和齿根弯曲应力是否相等？为什么？

7-7 试说明齿形系数 Y_{Fa} 的物理意义，它与齿轮的哪些参数有关，是如何影响齿轮抗弯强度的？

7-8 如图 7-43 所示的圆锥-斜齿轮减速器，锥齿轮 1 为主动轮，转向如图所示，欲使中间轴 II 上两齿轮 2、3 的轴向力方向相反，斜齿轮 3 的螺旋线旋向如何确定？

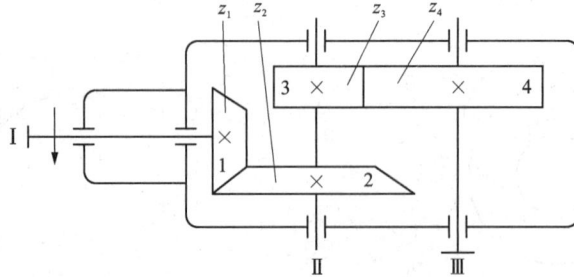

图 7-43 思考题和习题 7-8 图

7-9 试分析图 7-44 中齿轮传动时各轮所受的力，并用图表示出各力的作用线位置和方向。

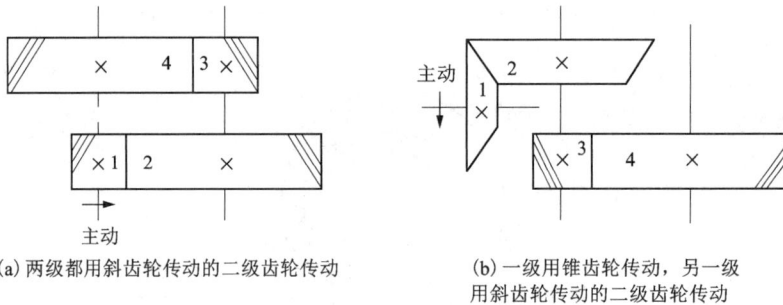

(a) 两级都用斜齿轮传动的二级齿轮传动

(b) 一级用锥齿轮传动，另一级用斜齿轮传动的二级齿轮传动

图 7-44 思考题和习题 7-9 图

7-10 试设计单级减速器的标准直齿圆柱齿轮传动。已知传递的功率 $P=4$ kW，输入轴转速 $n_1=700$ r/min，输出轴转速 $n_2=350$ r/min，减速器由电动机驱动，双向运转，载荷比较平稳，工作寿命 12 年(设每年工作 300 天)，两班制。

7-11 试设计用于带式输送机的双级圆柱齿轮减速器中的高速级斜齿轮传动。已知小齿轮的转速 $n_1=970$ r/min，齿数比 $u=4.1$，传递的功率 $P=7.5$ kW，由电动机驱动，单向转动，载荷有中等冲击，工作寿命 15 年(设每年工作 300 天)，两班制。

7-12 试设计一对标准直齿圆锥齿轮传动。其中轴交角 $\Sigma=90°$，传递功率 $P=5$ kW，$n_1=160$ r/min，齿数比 $u=3$，单向运转，有轻微冲击，小齿轮悬臂布置，用电动机驱动，按无限寿命计算。

自测题

一、选择题

1. 圆柱齿轮传动, 当齿轮直径不变, 而减小模数时, 可以 ( )。

A. 提高齿轮的弯曲强度　　　　　　　　B. 提高齿面的接触强度

C. 改善传动的工作平稳性　　　　　　　D. 增大齿轮传递的转矩

2. 直齿圆柱齿轮与斜齿圆柱齿轮相比, 其承载能力和运动平稳性 ( )。

A. 直齿轮好　　　　　　　　　　　　　B. 斜齿轮好

C. 二者都一样　　　　　　　　　　　　D. 随使用情况而定

3. 一对标准直齿圆柱齿轮传动, 已知 $z_1 = 20$, $z_2 = 60$, 其齿形系数是 ( )。

A. $Y_{Fa1} > Y_{Fa2}$　　　　B. $Y_{Fa1} = Y_{Fa2}$　　　　C. $Y_{Fa1} < Y_{Fa2}$　　　　D. 无法确定

4. 齿宽系数 φ_d 在 ( ) 情况下可取较小值。

A. 齿轮在轴上为悬臂布置　　　　　　　B. 齿轮在轴上非对称布置于两轴承之间

C. 齿轮对称布置于刚性轴的两轴承之间　D. 以上三种情况下取值相同

5. 齿面硬度为 56~62 HRC 的合金钢齿轮的加工工艺过程为 ( )。

A. 齿坯加工→淬火→磨齿→滚齿　　　　B. 齿坯加工→淬火→滚齿→磨齿

C. 齿坯加工→滚齿→渗碳淬火→磨齿　　D. 齿坯加工→滚齿→磨齿→淬火

6. 齿轮采用渗碳淬火的热处理方法, 则齿轮材料只可能是 ( )。

A. 45 钢　　　　　B. ZG340-640　　　　C. 20Cr　　　　D. 20CrMnTi

7. 齿轮传动中齿面的非扩展性点蚀一般出现在 ( )。

A. 跑合阶段　　　　　　　　　　　　　B. 稳定性磨损阶段

C. 剧烈磨损阶段　　　　　　　　　　　D. 齿面磨料磨损阶段

8. 高速重载齿轮传动, 当润滑不良时, 最可能出现的失效形式是 ( )。

A. 齿面胶合　　　　B. 疲劳点蚀　　　　C. 齿面磨损　　　　D. 轮齿折断

9. 对于开式齿轮传动, 在工程设计中, 一般 ( )。

A. 按接触强度设计齿轮尺寸, 再校核弯曲强度

B. 按弯曲强度设计齿轮尺寸, 再校核接触强度

C. 只需按接触强度设计

D. 只需按弯曲强度设计

10. 齿轮传动引起附加动载荷和冲击振动的根本原因是 ( )。

A. 齿面误差　　　　B. 周节误差　　　　C. 基节误差　　　　D. 中心距误差

二、填空题

1. 在齿轮传动中, 主动轮所受的圆周力与啮合点处速度方向_____; 而从动轮所受圆周力则与啮合点处速度方向_____。

2. 在两级齿轮传动中, 如其中有一级用斜齿圆柱齿轮传动, 另一级用直齿圆锥齿轮传动, 则由于锥齿轮_____, 故一般将锥齿轮传动用在_____。

3. 根据齿轮传动的失效形式，对齿轮材料性能的基本要求是_____与_____。

4. 计算齿轮强度用的载荷系数包括_____、_____、_____及_____。

5. 齿轮传动中，疲劳点蚀一般易出现在轮齿的_____处，轮齿折断易出现在轮齿的_____处。

6. 一对直齿圆柱齿轮传动比 $i>1$，大、小齿轮在啮合处的接触应力是_____；若大、小齿轮的材料及热处理相同，则其许用接触应力_____，两轮的接触疲劳强度_____。

7. 计算直齿圆柱齿轮接触强度时，取_____处的接触应力为计算依据，其载荷由_____对轮齿承担。

8. 设计一对减速软齿面齿轮时，从等强度要求出发，大、小齿轮的硬度选择应使_____齿轮硬度高些。

9. 多级齿轮传动减速器中传递的功率是一定的，但由于低速级轴的转速_____而使得该轴传递的扭矩_____，所以低速级轴的直径要比高速级轴的直径粗得多。

10. 设计软齿面圆柱齿轮传动时，应取小齿轮的齿面硬度_____大齿轮的齿面硬度；小齿轮的齿宽_____大齿轮的齿宽。

三、判断题

1. 有一对传动齿轮，已知主动轮的转速 $n_1 = 960$ r/min，齿数 $z_1 = 20$，从动齿轮的齿数 $z_2 = 50$，这对齿轮的传动比 $i_{12} = 2.5$，那么从动轮的转速应当为 $n_2 = 2400$ r/min。（　　）

2. 渐开线上各点的曲率半径都是相等的。（　　）

3. 渐开线的形状与基圆的大小无关。（　　）

4. 渐开线上任意一点的法线不可能都与基圆相切。（　　）

5. 渐开线上各点的压力角是不相等的，离基圆越远压力角越小，基圆上的压力角最大。（　　）

6. 齿轮的标准压力角和标准模数都在分度圆上。（　　）

7. 分度圆上压力角的变化对齿的形状有影响。（　　）

8. 在任意圆周上，相邻两轮齿同侧渐开线间的距离称为该圆上的周节。（　　）

9. 内齿轮的齿顶圆在分度圆以外，齿根圆在分度圆以内。（　　）

10. 标准斜齿圆柱齿轮的正确啮合条件为：两齿轮的端面模数和压力角相等，螺旋角相等，螺旋方向相反。（　　）

第 8 章
蜗杆传动

✏ **本章思维导图**

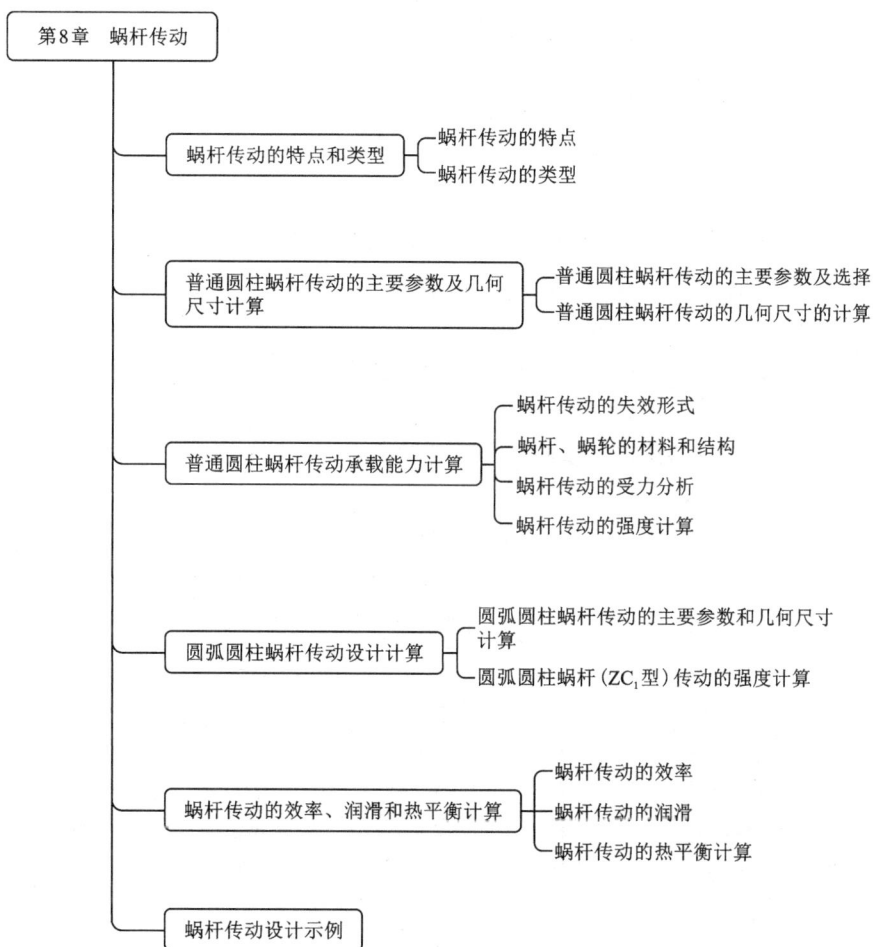

```
第8章 蜗杆传动
    │
    ├── 蜗杆传动的特点和类型 ──┬── 蜗杆传动的特点
    │                        └── 蜗杆传动的类型
    │
    ├── 普通圆柱蜗杆传动的主要参数及几何 ──┬── 普通圆柱蜗杆传动的主要参数及选择
    │   尺寸计算                          └── 普通圆柱蜗杆传动的几何尺寸的计算
    │
    ├── 普通圆柱蜗杆传动承载能力计算 ──┬── 蜗杆传动的失效形式
    │                              ├── 蜗杆、蜗轮的材料和结构
    │                              ├── 蜗杆传动的受力分析
    │                              └── 蜗杆传动的强度计算
    │
    ├── 圆弧圆柱蜗杆传动设计计算 ──┬── 圆弧圆柱蜗杆传动的主要参数和几何尺寸
    │                            │   计算
    │                            └── 圆弧圆柱蜗杆（ZC₁型）传动的强度计算
    │
    ├── 蜗杆传动的效率、润滑和热平衡计算 ──┬── 蜗杆传动的效率
    │                                   ├── 蜗杆传动的润滑
    │                                   └── 蜗杆传动的热平衡计算
    │
    └── 蜗杆传动设计示例
```

8.1 蜗杆传动的特点和类型

如图 8-1 所示,蜗杆传动由蜗杆、蜗轮和机架组成,可用来传递空间交错轴之间的运动和动力,广泛应用于机器和仪器设备中。

8.1.1 蜗杆传动的特点

1. 蜗杆传动的主要优点

(1)传动比大,结构紧凑。传递动力时,一般 $i_{12}=8\sim100$,传递运动或在分度机构中,i_{12} 可达 1000。

(2)传动平稳。蜗杆传动相当于螺旋传动,为多齿啮合传动,故传动平稳,振动小,噪声低。

(3)具有自锁性。当蜗杆的导程角小于当量摩擦角时,可实现反向自锁。

2. 蜗杆传动的主要缺点

(1)传动效率低,不宜用于大功率传动。因传动时啮合齿面间相对滑动速度大,故摩擦损失大,发热量大,效率低。若散热不良,则不能持续工作。一般效率为 $\eta=0.7\sim0.9$;具有自锁性时,其效率 $\eta<0.5$,仅为 0.4 左右。

(2)成本高。为减轻齿面的磨损及防止胶合,蜗轮一般使用贵重的减摩材料(如青铜等)制造。

(3)由于对制造和安装误差很敏感,安装时对中心距的尺寸精度要求较高。

1—蜗杆;2—蜗轮。

图 8-1 蜗杆传动

8.1.2 蜗杆传动的类型

按蜗杆形状的不同,蜗杆传动可分为圆柱蜗杆传动、环面蜗杆传动和锥蜗杆传动等 3 种类型,分别如图 8-2(a)、(b)、(c)所示。本章仅介绍应用较多的圆柱蜗杆传动。

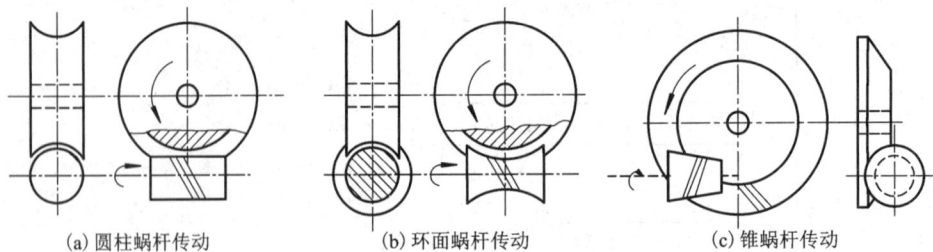

(a) 圆柱蜗杆传动　　　　(b) 环面蜗杆传动　　　　(c) 锥蜗杆传动

图 8-2 蜗杆传动的类型

圆柱蜗杆传动包括普通圆柱蜗杆传动和圆弧圆柱蜗杆传动两类。

1. 普通圆柱蜗杆传动

根据不同的齿廓曲线,普通圆柱蜗杆传动可分为阿基米德蜗杆(简称 ZA 蜗杆)传动、渐开线蜗杆(简称 ZI 蜗杆)传动、法向直廓蜗杆(简称 ZN 蜗杆)传动和锥面包络蜗杆(简称 ZK 蜗杆)传动等 4 种。

(1)阿基米德蜗杆(ZA 蜗杆)。在加工此蜗杆时,使刀刃顶平面始终通过蜗杆轴线。如图 8-3(a)所示,该蜗杆在轴向剖面 Ⅰ-Ⅰ 内具有梯形齿条形的直齿廓,而在法向剖面 N-N 内齿廓外凸,在垂直于轴线的截面(端面)上,齿廓曲线为阿基米德螺旋线。该蜗杆齿形称为齿形 A,故称为阿基米德蜗杆(ZA 蜗杆)。因其加工和测量较方便,故在导程角 γ 较小(一般 $\gamma \leqslant 15°$)和无磨削加工情况下应用广泛。

(2)渐开线蜗杆(ZI 蜗杆)。如图 8-3(b)所示,渐开线蜗杆的端面齿廓为渐开线,它相当于一个少齿数(齿数等于蜗杆头数)大螺旋角的渐开线圆柱斜齿轮。加工时,车刀刀刃平面与基圆相切。这种蜗杆可以在专用机床上磨削,容易保证加工精度,一般用于蜗杆头数较多、转速较高和精密的传动。

(3)法向直廓蜗杆(ZN 蜗杆)。如图 8-3(c)所示,蜗杆的端面齿廓为延伸渐开线,法面 N-N 齿廓为直线。ZN 蜗杆也是用直线刀刃的单刀或双刀在车床上车削加工,加工时,车刀刀刃平面置于螺旋线的法面上。这种蜗杆加工简单,可用砂轮磨削。常用于多头、精密的传动。

(4)锥面包络蜗杆(ZK 蜗杆)。如图 8-3(d)所示,蜗杆螺旋面由锥面盘状铣刀或砂轮包络而成。齿廓在各个截面都是曲线状。该蜗杆的切削与磨削容易,故容易获得较高的精度。

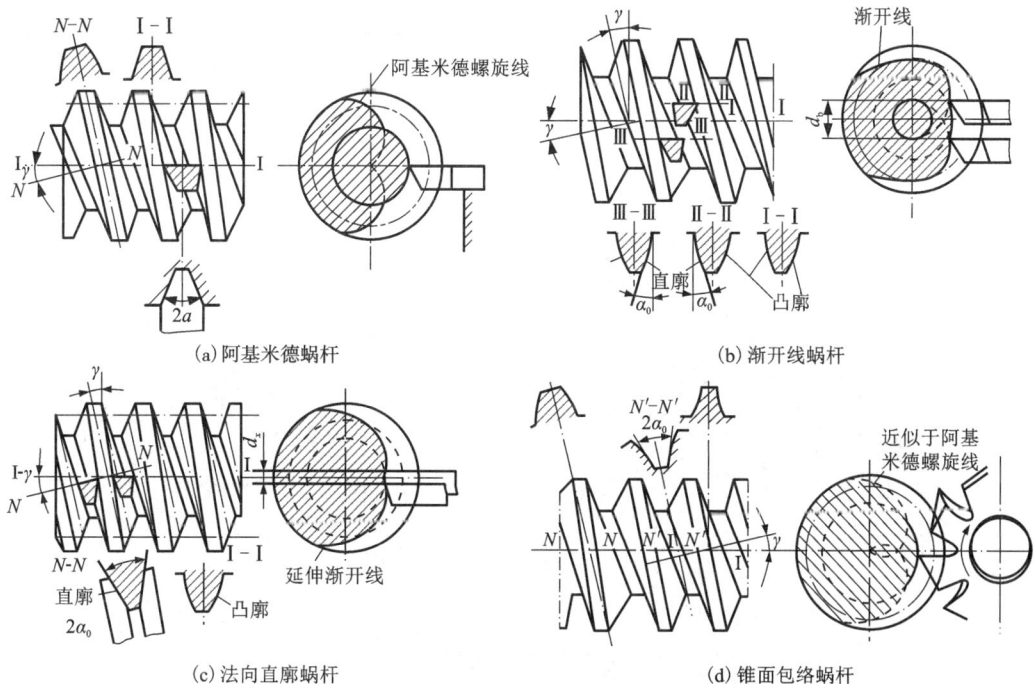

(a)阿基米德蜗杆　　　　　　　　　　　(b)渐开线蜗杆

(c)法向直廓蜗杆　　　　　　　　　　　(d)锥面包络蜗杆

图 8-3　普通圆柱蜗杆的类型

2. 圆弧圆柱蜗杆传动

圆弧圆柱蜗杆传动如图 8-4 所示,在中间平面上,蜗杆的齿廓为内凹弧形,与之相配的蜗轮齿廓则是凸弧形。蜗杆与蜗轮两共轭齿面是一种凹凸弧齿廓啮合，增大了综合曲率半径 ρ，接触强度承载能力提高，一般比普通圆柱蜗杆传动提高了 50% ~ 150%；同时其瞬时接触线与相对滑动速度方向交角大，容易形成和保持齿面间的油膜，摩擦小，齿面磨损小，传动效率高（不小于 90%）；制造工艺简单，能磨削加工，精度高；缺点是对中心距误差的敏感性大。由于以上特点，圆弧圆柱蜗杆传动广泛应用于冶金、矿山、起重等机械中。

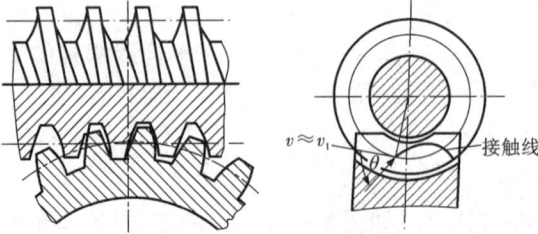

图 8-4　圆弧圆柱蜗杆传动

8.2　普通圆柱蜗杆传动的主要参数及几何尺寸计算

对于阿基米德蜗杆传动，在中间平面内，蜗轮蜗杆传动相当于齿轮齿条传动，如图 8-5 所示。国标中规定蜗杆传动在中间平面内的参数为标准参数。因此，传动的参数、主要几何尺寸及强度计算等均以中间平面为准。

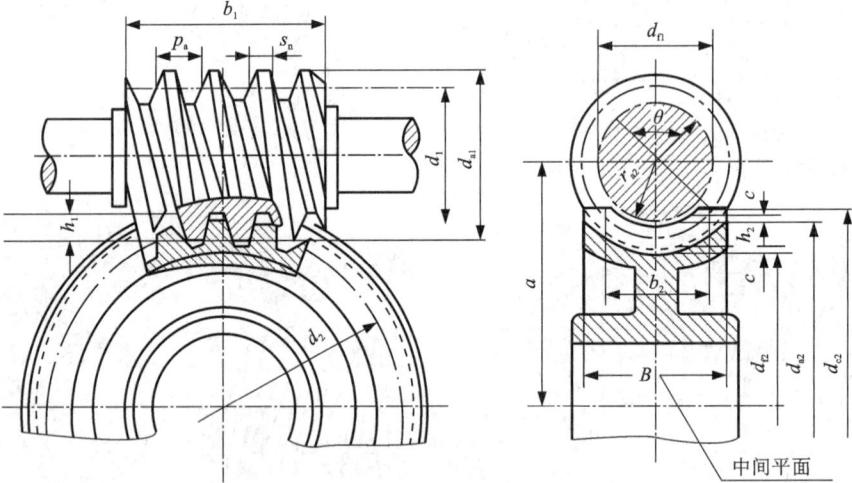

图 8-5　普通圆柱蜗杆传动的几何尺寸

8.2.1　普通圆柱蜗杆传动的主要参数及选择

蜗杆传动的主要参数有：模数 m、压力角 α、蜗杆导程角 γ、蜗杆分度圆直径 d_1、蜗杆直

径系数 q、蜗杆头数 z_1、蜗轮齿数 z_2、变位系数 x、传动比 i、齿顶高系数 h_a^*、顶隙系数 c^* 及螺旋角 β 等。

1. 模数 m 和压力角 α

蜗杆与蜗轮啮合时，蜗杆的轴面模数 m_{a1} 和轴面压力角 α_{a1} 与蜗轮的端面模数 m_{t2} 和端面压力角 α_{t2} 分别相等，即 $m_{a1} = m_{t2} = m$、$\alpha_{a1} = \alpha_{t2}$。

ZA 蜗杆的轴面压力角 α_{a1} 为标准值，常取 $\alpha_{a1} = 20°$；其余三种蜗杆(ZN 蜗杆、ZI 蜗杆、ZK 蜗杆)的法面压力角 α_{n1} 为标准值(常取 20°)。

2. 蜗杆导程角 γ

设蜗杆头数为 z_1，分度圆直径为 d_1，轴向齿距为 p_{a1}，导程为 p_z，则有 $p_z = z_1 p_{a1} = \pi m z_1$。若将蜗杆分度圆柱面展开如图 8-6 所示，且用 γ 表示该圆柱面上的螺旋线升角，即导程角。由图可得

$$\tan \gamma = \frac{p_z}{\pi d_1} = \frac{\pi m z_1}{\pi d_1} = \frac{m z_1}{d_1} \qquad (8-1)$$

常用导程角 $\gamma = 3.5° \sim 27°$。

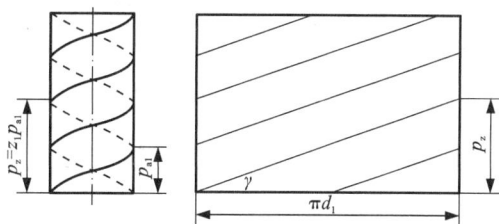

图 8-6 双头蜗杆分度圆柱面及其展开图

3. 蜗杆分度圆直径 d_1 和蜗杆直径系数 q

切制蜗轮的滚刀的尺寸及齿形与该蜗轮相配合的蜗杆相比，除外径大 $2c^* m$ 外，其余完全相同。而由式(8-1)可知，蜗杆分度圆直径 d_1 将随 m、z_1、γ 的变化而变化，这就意味着所需蜗轮滚刀的规格极多，这很不经济也不可能。为了减少刀具型号以利于刀具标准化，国标制定了蜗杆分度圆直径 d_1 的标准系列，因此蜗杆的分度圆直径为

$$d_1 = mq \qquad (8-2)$$

式中：m、q、d_1 的关系见表 8-1。

4. 蜗杆头数 z_1 和蜗轮齿数 z_2

蜗杆为主动件时，蜗杆传动的传动比为

$$i_{12} = \frac{n_1}{n_2} = \frac{z_2}{z_1} \qquad (8-3)$$

《圆柱蜗杆传动基本参数》(GB/T 10085—2018)规定圆柱蜗杆传动减速装置的传动比的公称值应按下列数值选取：5、7.5、10、12.5、15、20、25、30、40、50、60、70、80。其中 10、20、40 和 80 为基本传动比，应优先采用。

蜗杆头数 z_1 主要根据传动比和效率两个因素来选定。一般取 $z_1 = 1 \sim 6$，自锁蜗杆传动或分度机构因要求自锁或大传动比，多采用单头蜗杆(自锁时，$\eta < 0.5$)，而传递动力的蜗杆传动，为了提高效率，可取 $z_1 = 2 \sim 6$，为便于加工，常取偶数。此外蜗杆头数 z_1 愈多，制造蜗杆及蜗轮滚刀时，分度误差越大，加工精度越难保证。

蜗轮齿数 $z_2 = i z_1$，一般取 $z_2 = 28 \sim 80$。当 $z_2 < 28$ 时，加工蜗轮时易使轮齿产生根切和干涉，影响传动的平稳性；当 $z_2 > 80$，蜗轮直径一定时，模数会很小，削弱了弯曲强度；而当模数一定时，z_2 取值过大会导致蜗杆过长，刚度降低。故蜗轮齿数 z_2 取值参考表 8-2 选用。

表 8-1 蜗杆基本参数(轴交角 $\Sigma=90°$)(摘自 GB/T 10085—2018)

模数 m /mm	分度圆直径 d_1/mm	蜗杆头数 z_1	直径系数 q	$m^2 d_1$ /mm³	模数 m /mm	分度圆直径 d_1/mm	蜗杆头数 z_1	直径系数 q	$m^2 d_1$ /mm³
1	**18**	1	18.000	18	6.3	(80)	1, 2, 4	12.698	3175
1.25	20	1	16.000	31.25		**112**	1	17.778	4445
	22.4	1	17.920	35	8	(63)	1, 2, 4	7.875	4032
1.6	20	1, 2, 4	12.500	51.2		80	1, 2, 4, 6	10.000	5120
	28	1	17.500	71.68		(100)	1, 2, 4	12.500	6400
2	(18)	1, 2, 4	9.000	72		**140**	1	17.500	8960
	22.4	1, 2, 4, 6	11.200	89.6	10	(71)	1, 2, 4	7.100	7100
	(28)	1, 2, 4	14.000	112		90	1, 2, 4, 6	9.000	9000
	35.5	1	17.750	142		(112)	1, 2, 4	11.200	11200
2.5	(22.4)	1, 2, 4	8.960	140		**160**	1	16.000	16000
	28	1, 2, 4, 6	11.200	175		(90)	1, 2, 4	7.200	14062
	(35.5)	1, 2, 4	14.200	221.9	12.5	112	1, 2, 4	8.960	17500
	45	1	18.000	281		(140)	1, 2, 4	11.200	21875
3.15	(28)	1, 2, 4	8.889	278		**200**	1	16.000	31250
	35.5	1, 2, 4, 6	11.270	352		(112)	1, 2, 4	7.000	28672
	(**45**)	1, 2, 4	14.286	447.5	16	140	1, 2, 4	8.750	35840
	56	1	17.778	556		(180)	1, 2, 4	11.250	46080
4	(31.5)	1, 2, 4	7.875	504		**250**	1	15.625	64000
	40	1, 2, 4, 6	10.000	640		(140)	1, 2, 4	7.000	56000
	(50)	1, 2, 4	12.500	800	20	160	1, 2, 4	8.000	64000
	71	1	17.750	1136		(224)	1, 2, 4	11.200	89600
5	(40)	1, 2, 4	8.000	1000		**315**	1	15.750	126000
	50	1, 2, 4, 6	10.000	1250		(180)	1, 2, 4	7.200	112500
	(63)	1, 2, 4	12.600	1575	25	200	1, 2, 4	8.000	125000
	90	1	18.000	2250		(280)	1, 2, 4	11.200	175000
6.3	(50)	1, 2, 4	7.936	1985		**400**	1	16.000	250000
	63	1, 2, 4, 6	10.000	2500					

注:(1)表中模数均为第一系列,$m<1$ mm 的未列入,$m>25$ mm 的还有 31.5 mm、40 mm 两种。属于第二系列的模数有:1.5 mm、3 mm、3.5 mm、4.5 mm、5.5 mm、6 mm、7 mm、12 mm、14 mm。

(2)表中分度圆直径 d_1 均属第一系列,$d_1<18$ mm 的未列入,此外还有 335 mm。属于第二系列的有:30 mm、38 mm、48 mm、53 mm、60 mm、67 mm、75 mm、85 mm、95 mm、106 mm、118 mm、132 mm、144 mm、170 mm、190 mm、300 mm。

(3)模数和分度圆直径均应优先选用第一系列。括号中的值尽可能不采用。

(4)表中 d_1 值为黑体的蜗杆为 $\gamma<3°30'$ 的自锁蜗杆。

表 8-2　蜗杆头数 z_1、蜗轮齿数 z_2 和效率 η 的荐用值

传动比 $i=z_2/z_1$	蜗杆头数 z_1	蜗轮齿数 z_2	效率 η
≈5	6	29~31	0.95
7~15	4	29~61	0.87~0.92
14~30	2	29~61	0.75~0.82
29~82	1	29~82	0.7~0.75

5. 变位系数 x

普通圆柱蜗杆传动变位的目的是凑中心距或者凑传动比，使之满足所需的中心距或者提高承载能力和效率。在蜗杆蜗轮加工过程中，由于蜗杆的齿廓形状和尺寸要与蜗轮滚刀形状和尺寸相同，所以为了保证滚刀尺寸不变，蜗杆的尺寸是不变的，只能对蜗轮进行变位。

凑中心距时，蜗轮的变位系数 x_2 为

$$x_2 = (a'-a)/m \tag{8-4}$$

式中：a、a' 分别为标准中心距、变位后的中心距，mm。

凑传动比时，蜗轮的变位系数 x_2 为

$$x_2 = (z_2-z_2')/2 \tag{8-5}$$

式中：z_2' 为变位后齿轮的齿数。

蜗轮变位推荐值是 $-0.5 \leqslant x_2 \leqslant 0.5$，如果从提高接触强度方面考虑，采用正变位较好；如果从改善蜗杆传动的摩擦、磨损考虑，采用负变位较好。

8.2.2　普通圆柱蜗杆传动的几何尺寸的计算

蜗轮的分度圆直径 d_2 为

$$d_2 = m_{t2}z_2 = mz_2 \tag{8-6}$$

由图 8-5 可知，蜗杆蜗轮传动的标准中心距 a 为

$$a = \frac{1}{2}(d_1+d_2) = \frac{m}{2}(q+z_2) \tag{8-7}$$

一般圆柱蜗杆传动减速装置的中心距 a 应按下列数值选取：40 mm，50 mm，63 mm，80 mm，100 mm，125 mm，160 mm，200 mm，250 mm，315 mm，400 mm，500 mm。

普通圆柱蜗杆传动的主要几何尺寸参数如图 8-5 所示，其计算公式参见表 8-3。

表 8-3　普通圆柱蜗杆传动主要几何尺寸计算

名称	代号	计算方法
蜗杆轴面模数或蜗轮端面模数	m	由强度条件确定，取标准值(表 8-1)
中心距	a	$a = \dfrac{d_1+d_2+2x_2m}{2}$

名称	代号	计算方法
传动比	i	$i = z_2/z_1$
蜗杆轴向齿距	p_{a1}	$p_{a1} = \pi m$
蜗杆导程	p_z	$p_z = z_1 p_{a1}$
蜗杆分度圆导程角	γ	$\tan \gamma = z_1/q$
蜗杆分度圆直径	d_1	$d_1 = mq$
蜗杆轴面压力角	α	$\alpha_{a1} = 20°$（阿基米德蜗杆），其余 $\alpha_{n1} = 20°$
蜗杆齿顶高	h_{a1}	$h_{a1} = h_a^* m$
蜗杆齿根高	h_{f1}	$h_{f1} = (h_a^* + c^*) m$
蜗杆全齿高	h_1	$h_1 = h_{a1} + h_{f1} = (2h_a^* + c^*) m$
齿顶高系数	h_a^*	一般 $h_a^* = 1.0$，短齿 $h_a^* = 0.8$
顶隙系数	c^*	一般 $c^* = 0.2$
蜗杆齿顶圆直径	d_{a1}	$d_{a1} = d_1 + 2h_{a1} = d_1 + 2h_a^* m$
蜗杆齿根圆直径	d_{f1}	$d_{f1} = d_1 - 2h_{f1} = d_1 - 2(h_a^* + c^*) m$
蜗杆螺纹部分长度	b_1	当 $z_1 = 1, 2$ 时，$b_1 \geqslant (11 + 0.06z_2) m$ 当 $z_1 = 3, 4$ 时，$b_1 \geqslant (12.5 + 0.09z_2) m$ 磨削蜗杆加长量：当 $m < 10$ mm 时，$\Delta b_1 = 15 \sim 25$ mm 当 $m = 10 \sim 16$ mm 时，$\Delta b_1 = 35 \sim 40$ mm 当 $m > 16$ mm 时，$\Delta b_1 = 50$ mm
蜗轮分度圆直径	d_2	$d_2 = mz_2$
蜗轮齿顶高	h_{a2}	$h_{a2} = h_a^* m$
蜗轮齿根高	h_{f2}	$h_{f2} = (h_a^* + c^*) m$
蜗轮齿顶圆直径	d_{a2}	$d_{a2} = d_2 + 2h_a^* m$
蜗轮齿根圆直径	d_{f2}	$d_{f2} = d_2 - 2(h_a^* + c^*) m$
蜗轮外圆直径	d_{e2}	当 $z_1 = 1$ 时，$d_{e2} = d_{a2} + 2m$ 当 $z_1 = 2 \sim 3$ 时，$d_{e2} = d_{a2} + 1.5m$ 当 $z_1 = 4 \sim 6$ 时，$d_{e2} = d_{a2} + m$，或按结构设计
蜗轮齿宽	b_2	当 $z_1 \leqslant 3$ 时，$b_2 \leqslant 0.75d_{a1}$ 当 $z_1 = 4 \sim 6$ 时，$b_2 \leqslant 0.67d_{a1}$
蜗轮齿宽角	θ	$\sin(\theta/2) = b_2/d_1$
蜗轮咽喉母圆半径	r_{g2}	$r_{g2} = a - d_{a2}/2$

8.3 普通圆柱蜗杆传动承载能力计算

8.3.1 蜗杆传动的失效形式

1. 蜗杆传动的滑动速度

在蜗杆传动中,蜗杆蜗轮的啮合齿面间会产生很大的相对滑动速度 v_s,如图 8-7 所示。

$$v_s = \frac{v_1}{\cos\gamma} = \frac{v_2}{\sin\gamma} \qquad (8-8)$$

式中: v_1、v_2 分别为蜗杆、蜗轮分度圆上的圆周速度,m/s。

滑动速度对承载能力影响很大。当润滑不良时,v_s 的增大将加剧磨损和胶合。当润滑良好时,v_s 的增大又有利于润滑油膜的形成,可以减小摩擦。

2. 蜗杆传动的失效形式和设计准则

蜗杆传动的失效形式与齿轮传动基本相同,主要有点蚀、弯曲折断、磨损及胶合等。由于啮合齿面间的相对滑动速度 v_s 大,效率低,发热量大,故更易发生磨损和胶合失效。而蜗轮无论在材料的强度或结构方面均较蜗杆弱,所以失效多发生在蜗轮轮齿上,设计时一般只需对蜗轮进行承载能力计算。

由于胶合和磨损的计算目前尚无较完善的方法和数据,而滑动速度及接触应力的增大将会加剧胶合和磨损。故为了防止胶合和减缓磨损,除选用减磨性好的配对材料和保证良好的润滑外,还应限制其接触应力。

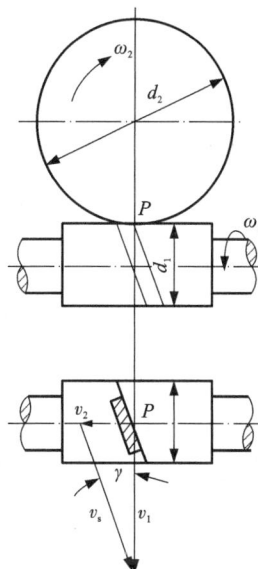

图 8-7 蜗杆传动的滑动速度

蜗杆传动的设计准则为:开式蜗杆传动以保证蜗轮齿根弯曲疲劳强度进行设计;闭式蜗杆传动以保证齿面接触疲劳强度进行设计,并校核齿根弯曲疲劳强度。此外,因闭式蜗杆传动散热较困难,还需进行热平衡计算;而当蜗杆轴细长且支承跨距较大时,还应进行蜗杆轴的刚度计算。

8.3.2 蜗杆、蜗轮的材料和结构

1. 蜗杆、蜗轮的材料

根据蜗杆传动的失效形式可知,蜗杆与蜗轮的材料首先应具有足够的强度,更重要的还应具有良好的跑合性、减磨性、耐磨性和抗胶合能力。

蜗杆一般用碳钢或合金钢制造,常用材料见表 8-4。

蜗轮材料多采用青铜,当滑动速度很低时,也可采用灰铸铁,如 HT150、HT200 等。蜗轮常用材料的力学性能及其适用滑动速度见表 8-5。

表 8-4　蜗杆常用材料

材料牌号	热处理	齿面硬度	齿面粗糙度 R_a/μm
45，40Cr，42SiMn，38SiMnMo	表面淬火	45~55 HRC	1.6~0.8
20Cr，20MnVB，20SiMnVB，20CrMnTi	渗碳淬火	58~63 HRC	1.6~0.8
45	调质	<270 HBW	3.2

表 8-5　蜗轮常用材料及基本许用应力 $[\sigma_{H0}]$、$[\sigma_{F0}]$　　　　单位：MPa

蜗轮材料	铸造方法	适用的滑动速度 v_s/(m·s^{-1})	力学性能		$[\sigma_{H0}]$ 蜗杆齿面硬度		$[\sigma_{F0}]$	
			σ_s	σ_b	≤350 HBW	≥45 HRC	一侧受载	两侧受载
ZQSn10-1	砂型	≤12	137	220	180	200	51	32
	金属型	≤25	170	310	200	220	70	40
ZQSn6-6-3	砂型	≤10	90	200	110	125	33	24
	金属型	≤12	100	250	135	150	40	29
ZCuAl10Fe3	砂型	≤10	180	490	见表 8-6		82	64
	金属型		200	540			90	80
ZCuAl10Fe3Mn2	砂型	≤10	—	490			—	—
	金属型		—	540			100	90
HT150	砂型	≤2	—	150			40	25
HT200	砂型	≤2~5	—	200			48	30

表 8-6　青铜（σ_B>300 MPa）及铸铁许用接触应力 $[\sigma_H]$　　　　单位：MPa

蜗轮材料	蜗杆材料	滑动速度 v_s/(m·s^{-1})							
		0.25	0.5	1	2	3	4	6	8
		$[\sigma_H]$							
ZCuAl10Fe3、ZCuAl10Fe3Mn2	钢（淬火）	—	250	230	210	180	160	120	90
HT150、HT200	渗碳钢	160	130	115	90	—	—	—	—
HT150	钢（调质或正火）	140	110	90	70	—	—	—	—

注：(1)锡青铜的许用应力为长期使用时的数值。

(2)蜗杆未经淬火时，表中的许用应力数值要降低 20%。

2. 蜗杆、蜗轮的结构

蜗杆常与轴成一体，这种整体式蜗杆有车制蜗杆和铣制蜗杆两种，如图 8-8 所示。

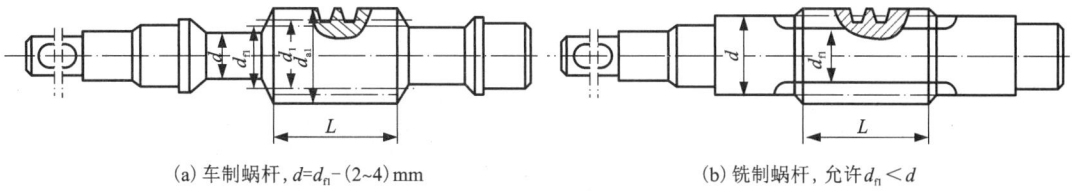

(a) 车制蜗杆, $d=d_n-(2\sim4)$ mm   (b) 铣制蜗杆, 允许 $d_n < d$

图 8-8 蜗杆的结构

　　直径较小的蜗轮和铸铁蜗轮常采用整体式结构, 如图 8-9(a) 所示; 对于直径较大的蜗轮, 为了节约有色金属, 常采用将齿圈装在铸铁轮芯上的结构, 如图 8-9(b) 所示; 齿圈与轮芯的配合可用 H7/r6 或 H7/m6, 为了增加连接的可靠性, 在接缝处再拧入 4~6 个螺钉; 对于直径再大些的蜗轮, 可用铰制孔用螺栓来连接, 如图 8-9(c) 所示。

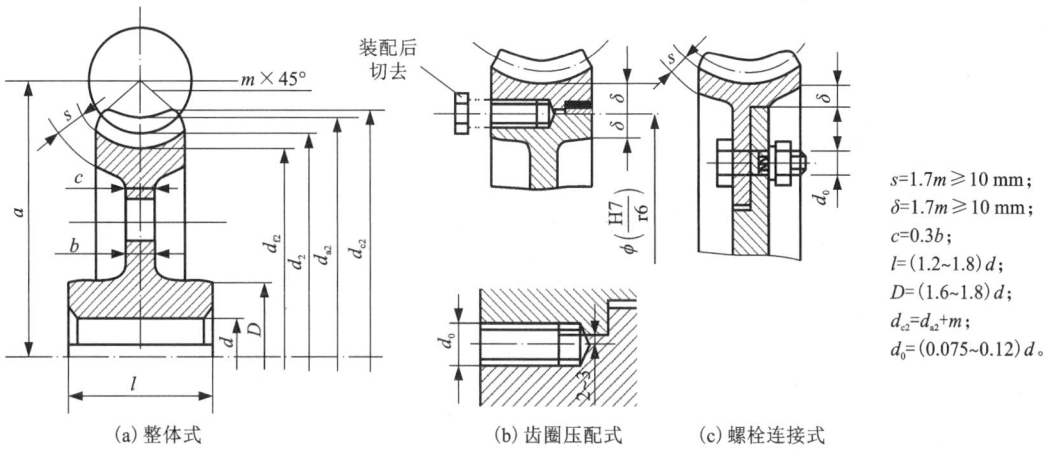

$s=1.7m \geqslant 10$ mm;
$\delta=1.7m \geqslant 10$ mm;
$c=0.3b$;
$l=(1.2\sim1.8)d$;
$D=(1.6\sim1.8)d$;
$d_{c2}=d_{a2}+m$;
$d_0=(0.075\sim0.12)d$.

(a) 整体式   (b) 齿圈压配式   (c) 螺栓连接式

图 8-9 蜗轮的结构

8.3.3 蜗杆传动的受力分析

　　进行蜗杆传动受力分析的目的是为其强度计算及轴、轴承的设计计算准备条件。由于传动的啮合摩擦损失大, 故进行受力分析时必须计入这种损失。但为简化分析, 实际进行受力分析时暂时忽略摩擦力, 最后以效率 η_1 近似考虑上述摩擦损失。

　　蜗杆传动的受力分析和斜齿圆柱齿轮传动受力分析相似。蜗杆蜗轮啮合时, 作用在齿面上的法向力 F_n 可分解为三个互相垂直的分力: 圆周力 F_t、径向力 F_r 和轴向力 F_a, 如图 8-10 所示。由于蜗杆轴和蜗轮轴在空间交错成 90°, 所以作用在蜗杆上的轴向力 F_{a1} 和蜗轮上的圆周力 F_{t2}、蜗杆上的圆周力 F_{t1} 和蜗轮上的轴向力 F_{a2}、蜗杆上的径向力 F_{r1} 和蜗轮上的径向力 F_{r2} 分别大小相等而方向相反。

　　蜗杆上圆周力 F_{t1}、径向力 F_{r1} 和蜗轮上径向力 F_{r2} 方向的判别方法与直齿圆柱齿轮传动相同; 蜗杆上轴向力 F_{a1} 的方向取决于其蜗杆转向和螺旋线的旋向, 按"右(左)手法则"确定, 即蜗杆的轮齿为右旋时用右手, 左旋时用左手, 用右(左)手握住蜗杆的轴线, 四指指向蜗杆的转向, 大拇指指向蜗杆轴向力 F_{a1} 的方向。

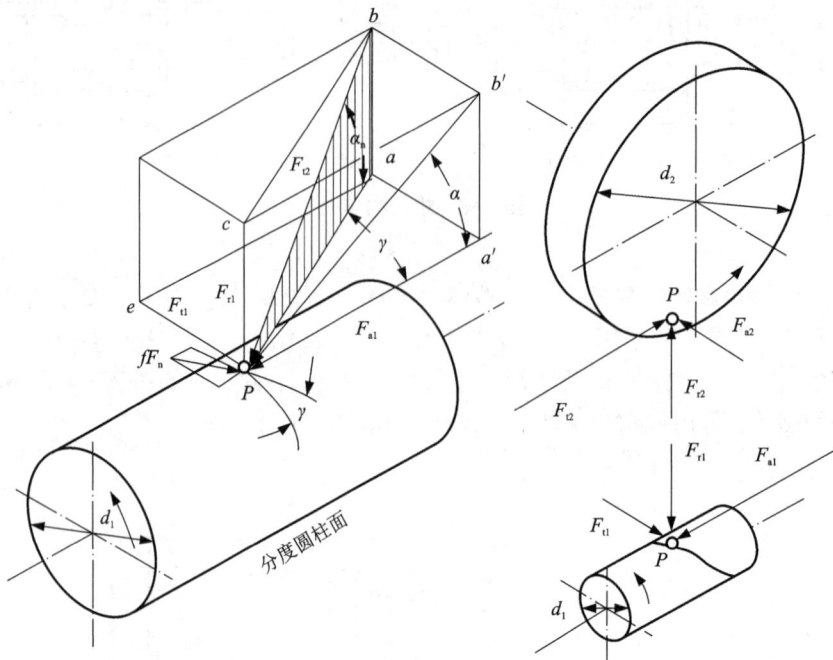

图 8-10　蜗杆传动的受力分析

各分力的计算为

$$\left.\begin{aligned} F_{t1} &= \frac{2T_1}{d_1} = -F_{a2} \\[2mm] F_{a1} &= \frac{2T_2}{d_2} = -F_{t2} \\[2mm] F_{r1} &= F_{a1}\tan\alpha = -F_{r2} \\[2mm] \frac{T_2}{T_1} &= i\eta \end{aligned}\right\} \tag{8-9}$$

式中：T_1、T_2 分别为蜗杆、蜗轮轴上的转矩，N·mm；d_1、d_2 分别为蜗杆、蜗轮的分度圆直径，mm；α 为蜗杆的轴面压力角，对于 ZA 蜗杆 $\alpha = 20°$；i 为传动比；η 为蜗杆传动的效率。

8.3.4　蜗杆传动的强度计算

蜗杆传动的强度计算主要为齿面接触疲劳强度计算和轮齿弯曲疲劳强度计算。在这两种计算中，蜗轮轮齿都是薄弱环节。由于蜗轮轮齿的主要失效形式为胶合和点蚀，目前尚无成熟的胶合计算方法，一般按齿面接触强度计算；而蜗轮轮齿折断又很少发生，故一般不必进行齿根的弯曲疲劳强度计算。只有当蜗轮的齿数很多（$z_2 > 80$）时，才需要校核蜗轮的轮齿齿根弯曲疲劳强度。对于开式传动，传动尺寸主要取决于轮齿的弯曲疲劳强度，毋须进行齿面接触疲劳强度计算。蜗杆传动还须进行蜗杆刚度和传动温度的计算,两者都属验算性质。

1. 蜗轮齿面接触疲劳强度

蜗轮与蜗杆啮合的齿面接触应力与齿轮传动相似,利用第 2 章赫兹公式(2-44),考虑蜗杆传动的特点,可得齿面接触疲劳强度校核式为(推导从略)

$$\sigma_H = Z_E \sqrt{\frac{9KT_2}{m^2 d_1 z_2^2}} \leqslant [\sigma_H] \tag{8-10}$$

设计公式为

$$m^2 d_1 \geqslant 9KT_2 \left(\frac{Z_E}{z_2 [\sigma_H]}\right)^2 \tag{8-11}$$

其中

$$T_2 = 9.55 \times 10^6 \frac{P_2}{n_2} = 9.55 \times 10^6 \frac{P_1 \eta}{n_2} \tag{8-12}$$

式中: Z_E 为弹性系数,青铜或铸铁蜗轮与钢蜗杆配对时取 $Z_E = 160$ MPa$^{1/2}$; T_2 为蜗轮上的转矩,N·mm; $[\sigma_H]$ 为蜗轮材料的许用应力,MPa,见表 8-5 及表 8-6; K 为载荷系数,其值为

$$K = K_A K_v K_\beta$$

式中: K_A 为使用系数,查表 8-7 确定; K_v 为动载系数,当蜗轮圆周速度 $v_2 \leqslant 3$ m/s 时, $K_v = 1 \sim 1.1$, 当 $v_2 > 3$ m/s 时, $K_v = 1.1 \sim 1.2$; K_β 为齿向载荷分布系数,于平稳载荷下工作时, $K_\beta = 1$, 载荷变化时, $K_\beta = 1.1 \sim 1.3$。

当蜗轮材料为灰铸铁或高强度青铜($\sigma_b \geqslant 300$ MPa)时,蜗杆传动的承载能力主要取决于齿面胶合强度。但因目前尚无完善的胶合强度计算公式,故采用接触强度计算是一种条件性计算,在查取蜗轮齿面的许用接触应力时,要考虑相对滑动速度的大小。由于胶合不属于疲劳失效, $[\sigma_H]$ 的值与应力循环次数 N 无关,因此可直接从表 8-6 中查出许用接触应力 $[\sigma_H]$ 的值。若蜗轮材料为强度极限 $\sigma_b < 300$ MPa 的锡青铜,因蜗轮主要为接触疲劳失效,故应先从表 8-5 中查出蜗轮的基本许用接触应力 $[\sigma_{H0}]$, 再按 $\sigma_H = K_{HN} [\sigma_{H0}]$ 计算许用接触应力。 K_{HN} 为接触强度的寿命系数, $K_{HN} = \sqrt[8]{10^7/N}$。其中应力循环次数 $N = 60jn_2 L_h$, 此处 n_2 为蜗轮转速,单位为 r/min; L_h 为工作寿命,单位为 h; j 为蜗轮每转一转,每个轮齿啮合的次数。

表 8-7　使用系数 K_A

工作类型	I	II	III
载荷性质	均匀、无冲击	不均匀、小冲击	不均匀、大冲击
每小时起动次数	<25	25~50	>50
起动载荷	小	较大	大
K_A	1	1.1	1.2

2. 蜗轮齿根弯曲疲劳强度

蜗轮轮齿因弯曲强度不足而失效的情况,多发生在蜗轮齿数较多或开式齿轮传动中。由于蜗轮轮齿的齿形比较复杂,要精确计算齿根的弯曲应力是比较困难的,所以常用条件性齿根弯曲疲劳强度计算方法。通常是把蜗轮近似地当作斜齿圆柱齿轮来考虑,借用斜齿轮轮齿弯曲强度公式,考虑蜗轮齿形的特点,经过简化,可得蜗轮齿根的弯曲疲劳强度校核公式为(推导从略)

$$\sigma_F = \frac{1.53KT_2}{d_1 d_2 m} Y_F Y_\beta \leqslant [\sigma_F] \tag{8-13}$$

设计公式为

$$m^2 d_1 \geqslant \frac{1.53KT_2}{z_2 [\sigma_F]} \tag{8-14}$$

式中:Y_F 为蜗轮齿形系数,可由蜗轮的当量齿数 $z_{v2} = z_2/\cos^3\gamma$ 由表 8-8 查得;Y_β 为螺旋角影响系数,$Y_\beta = 1 - \gamma/140°$;$[\sigma_F]$ 为蜗轮的许用弯曲应力,MPa,$[\sigma_F] = [\sigma_{F0}] K_{FN}$。其中 $[\sigma_{F0}]$ 为蜗轮在应力循环次数 $N = 10^6$ 时的基本许用应力,从表 8-5 中选取;K_{FN} 为寿命系数,$K_{FN} = (10^6/N)^{1/9}$,其中 N 为应力循环次数。

表 8-8 蜗轮齿形系数

z_v	Y_F	z_v	Y_F	z_v	Y_F	z_v	Y_F
20	1.98	30	1.76	40	1.55	80	1.34
24	1.88	32	1.71	45	1.48	100	1.30
26	1.85	35	1.64	50	1.45	150	1.27
28	1.80	37	1.61	60	1.40	300	1.24

3. 刚度计算

蜗杆受力后如产生过大的变形,就会造成轮齿上的载荷集中,影响蜗杆与蜗轮的正确啮合,所以蜗杆还须进行刚度校核。校核蜗杆的刚度时,通常把蜗杆螺旋部分看作以蜗杆齿根圆直径为直径的轴段,主要是校核蜗杆的弯曲刚度,其最大挠度 y(单位为 mm)按下式作近似计算,并得其刚度条件为

$$y = \frac{\sqrt{F_{t1}^2 + F_{r1}^2}}{48EI} L_1^3 \leqslant [y] \tag{8-15}$$

式中:F_{t1} 为蜗杆所受的圆周力,N;F_{r1} 为蜗杆所受的径向力,N;E 为蜗杆材料的弹性模量,MPa;I 为蜗杆危险截面的惯性矩,$I = \frac{\pi d_{f1}^4}{64}$(mm^4),其中 d_{f1} 为蜗杆齿根圆直径,mm;L_1 为蜗杆两端支承间的跨距,mm,视具体结构要求而定,初步计算时可取 $L_1 = 0.9d_2$,其中 d_2 为蜗轮分度圆直径,mm;$[y]$ 为许用最大挠度,一般可取 $[y] = 0.001d_1$,其中 d_1 为蜗杆分度圆直径,mm。

8.4　圆弧圆柱蜗杆传动设计计算

8.4.1　圆弧圆柱蜗杆传动的主要参数和几何尺寸计算

圆弧圆柱蜗杆传动可分为环面包络圆弧圆柱蜗杆(ZC_1 型)传动和轴向圆弧齿圆柱蜗杆传动两大类。轴向圆弧齿圆柱蜗杆传动因为齿根厚大,不必计算齿根弯曲强度,齿面接触强度可近似地采用普通蜗杆传动齿面接触强度计算,计算时把许用应力[σ_H]的数值加大 11% 代入计算即可。

因环面包络圆弧圆柱蜗杆比圆弧齿圆柱蜗杆传动承载能力高 30%,效率高 4%,故我国《圆弧圆柱蜗杆减速器》(JB/T 7935—2015)就是采用 ZC_1 型的,本章只介绍环面包络圆弧圆柱蜗杆(ZC_1 型)传动的设计。

1. 圆弧圆柱蜗杆(ZC_1 型)传动的主要参数

圆弧圆柱蜗杆(ZC_1 型)的基本齿廓是指通过蜗杆分度圆柱的法截面齿形,如图 8-11(a)所示为单面砂轮单面磨齿,如图 8-11(b)所示为双面砂轮两面依次磨齿。

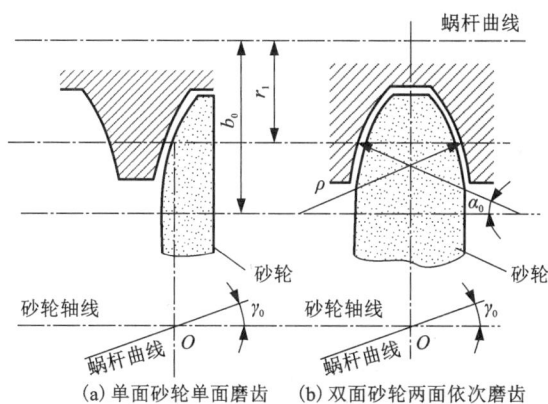

图 8-11　圆弧圆柱蜗杆齿形

圆弧圆柱蜗杆传动的基本参数有模数 m、齿形角 α_0、齿廓圆弧半径 ρ 和蜗轮变位系数 x_2 等。砂轮轴截面齿形角 $\alpha_0 = 23° \pm 0.5°$。砂轮轴截面圆弧半径 ρ 为:当模数 $m \leqslant 10$ mm 时,$\rho = (5.5 \sim 6)m$;当模数 $m > 10$ mm 时,$\rho = (5 \sim 5.5)m$。圆弧圆柱蜗杆传动常用的参数匹配见表 8-9。

表 8-9　圆弧圆柱蜗杆(ZC_1 型)传动常用参数匹配(摘自 JB/T 7935—2015)

中心距 a/mm	公称传动比 i	模数 m/mm	蜗杆分度圆直径 d_1/mm	蜗轮变位系数 x_2	实际传动比 z_2/z_1	中心距 a/mm	公称传动比 i	模数 m/mm	蜗杆分度圆直径 d_1/mm	蜗轮变位系数 x_2	实际传动比 z_2/z_1
100	10	4.8	46.4	0.5	31/3	(180)	10	9.2	80.6	0.685	29/3
	12.5	4	44	1	37/3		12.5	7.8	69.4	0.628	36/3
	16	4.8	46.4	0.5	31/2		16	8.2	78.6	0.659	33/2
	20	3.8	38.4	0.763	41/2		20	7.1	70.8	0.866	39/2
	25	3.2	36.6	1.031	49/2		25	5.6	58.8	0.893	52/2
	31.5	4.8	46.4	0.5	31/1		31.5	8.2	78.6	0.659	33/1
	40	3.8	38.4	0.763	41/1		40	7.1	70.8	0.366	40/1
	50	3.2	36.6	0.531	50/1		50	5.6	58.8	0.893	50/1
	60	2.75	32.5	0.456	60/1		60	5	55	0.5	60/1
125	10	6.2	57.6	0.016	31/3	200	10	10	82	0.4	31/3
	12.5	5.2	54.6	0.288	37/3		12.5	8.2	78.6	0.598	38/3
	16	6.2	57.6	0.016	31/2		16	10	82	0.4	31/2
	20	4.8	46.4	0.708	41/2		20	7.8	69.4	0.692	41/2
	25	4	44	0.250	51/2		25	6.5	67	0.115	51/2
	31.5	6.2	57.6	0.516	30/1		31.5	10	82	0.4	33/1
	40	4.8	46.4	0.708	41/1		40	7.8	69.4	0.692	40/1
	50	4	44	0.750	50/1		50	6.5	67	0.615	50/1
	60	3.5	39	0.643	59/1		60	5.6	58.8	0.464	60/1
160	10	7.8	59.4	0.564	31/3	250	10	12.5	105	0.3	31/3
	12.5	6.5	67	0.962	37/3		12.5	10.5	99	0.595	37/3
	16	7.8	69.4	0.564	31/2		16	12.5	105	0.3	31/2
	20	6.2	57.6	0.661	41/2		20	10	82	0.4	41/2
	25	5.2	54.6	1.019	49/2		25	8.2	78.6	0.195	51/2
	31.5	7.8	69.4	0.564	31/1		31.5	12.5	105	0.3	33/1
	40	6.2	57.6	0.661	41/1		40	10	82	0.4	41/1
	50	5.2	54.6	0.519	50/1		50	8.2	78.6	0.695	50/1
	60	4.4	47.2	0.5	61/1		60	7.1	70.8	0.725	59/1

注：括号中的中心距属于第二系列。

214

2. 圆弧圆柱蜗杆(ZC_1 型) 传动的几何尺寸计算

圆弧圆柱蜗杆传动的几何尺寸计算式见表 8-10。

表 8-10　圆弧圆柱蜗杆传动的几何尺寸计算方法

名称	代号	计算方法
模数	m	由强度条件确定, 取标准值(表 8-9)
中心距	a	$a = (d_1+d_2+2x_2m)/2$, 可参考表 8-9 或手册选取
传动比	i	$i = z_2/z_1$, 参考表 8-9 选取
蜗杆分度圆直径	d_1	$d_1 = mq$
蜗杆法向齿形角	α_{n1}	$\alpha_{n1} = \alpha_0 = 23° \pm 0.5°$
蜗杆轴向齿形角	α_{a1}	$\tan \alpha_{a1} = \tan \alpha_{n1}/\cos \gamma$
蜗杆分度圆导程角	γ	$\tan \gamma = mz_1/d_1$
蜗杆齿顶高	h_{a1}	$z_1 \leqslant 3$, $h_{a1} = m$; $z_1 > 3$, $h_{a1} = (0.85 \sim 0.95)m$
顶隙	c	$c = 0.16 m$
蜗杆齿根高	h_{f1}	$h_{f1} = h_{a1}+c$
蜗杆全齿高	h_1	$h_1 = h_{a1}+h_{f1}$
蜗杆齿顶圆直径	d_{a1}	$d_{a1} = d_1+2h_{a1}$
蜗杆齿根圆直径	d_{f1}	$d_{f1} = d_1-2h_{f1}$
蜗杆螺纹部分长度	b_1	$b_1 = 2.5m\sqrt{z_2+2+2x_2}$
蜗轮分度圆直径	d_2	$d_2 = mz_2$
蜗轮齿顶高	h_{a2}	$z_1 \leqslant 3$, $h_{a2} = m+x_2m$; $z_1 > 3$, $h_{a2} = (0.85 \sim 0.95)m+x_2m$
蜗轮齿根高	h_{f2}	$h_{f2} = h_{a1}+c-x_2m$
蜗轮齿顶圆直径	d_{a2}	$d_{a2} = d_2+2h_a$
蜗轮齿根圆直径	d_{f2}	$d_{f2} = d_2-2h_f$
蜗轮外圆直径	d_{e2}	$d_{e2} = d_{a2}+2(0.3 \sim 0.5)m$
蜗轮平均齿宽	b_{m2}	$b_{m2} = 0.45(d_1+6m)$
蜗轮宽度	b_2	$b_2 \approx b_{m2}$(用于锡青铜); $b_2 \approx b_{m2}+1.8m$(用于铝青铜)
蜗轮端面齿厚	s_2	$s_2 = 0.6\pi m+2x_2\tan \alpha_{a1}$
蜗轮齿顶圆弧半径	R_{a2}	$R_{a2} = d_{f1}/2+c$
蜗轮齿根圆弧半径	R_{f2}	$R_{f2} = d_{a2}/2+c$

8.4.2 圆弧圆柱蜗杆(ZC_1型)传动的强度计算

1. 校核蜗轮齿面接触疲劳强度的安全系数

蜗轮齿面接触疲劳强度的安全系数校核公式为

$$S_H = \frac{\sigma_{Hlim}}{\sigma_H} \geqslant S_{Hmin} \tag{8-16}$$

式中：σ_H 为齿面接触应力，MPa，见式(8-17)；σ_{Hlim} 为齿面接触疲劳极限，MPa，见式(8-18)；S_{Hmin} 为最小安全系数，见表8-11。

齿面接触应力公式为

$$\sigma_H = \frac{F_{t2}}{Z_m Z_\varepsilon b_{m2}(d_2 + 2x_2 m)} \tag{8-17}$$

式中：F_{t2} 为蜗轮分度圆上的圆周力，N；Z_m 为系数，$Z_m = \sqrt{10m/d_1}$；Z_ε 为齿形系数，见表8-12；b_{m2} 为蜗轮平均齿宽，$b_{m2} = 0.45(d_1 + 6m)$，mm。

表 8-11　最小安全系数 S_{Hmin}

蜗轮圆周速度/$(m \cdot s^{-1})$	>10	≤10	≤7.5	≤5
精度等级(GB/T 10089—2018)	5	6	7	8
最小安全系数 S_{Hmin}	1.2	1.6	1.8	2.0

表 8-12　齿形系数 Z_ε

$\tan\gamma$	0	0.1	0.2	0.3	0.4	0.5	0.6	0.7	0.8	0.9	1
Z_ε	0.695	0.666	0.638	0.618	0.60	0.59	0.583	0.58	0.578	0.575	0.57

齿面接触疲劳极限为

$$\sigma_{Hlim} = \sigma_{Hlim0} f_h f_v f_w \tag{8-18}$$

式中：σ_{Hlim0} 为蜗轮材料的接触疲劳极限的基本值，见表8-13；f_h 为寿命系数，见表8-14；f_v 为速度系数，当转速不变时见表8-15，当转速变化时，查齿轮传动设计手册；f_w 为载荷系数，当载荷平稳时，$f_w = 1$，载荷变化时查齿轮传动手册。

表 8-13　蜗轮材料的接触疲劳极限的基本值 σ_{Hlim0} 　　　　　单位：MPa

蜗杆材料	蜗轮齿圈材料	σ_{Hlim0}	蜗杆材料	蜗轮齿圈材料	σ_{Hlim0}
钢、淬火、磨齿	锡青铜	7.84	钢、调质、不磨齿	锡青铜	4.61
	铝青铜	4.17		铝青铜	2.45
	珠光体铸铁	11.76		黄铜	1.67

216

表 8-14　寿命系数 f_h

工作小时数/1000	0.75	1.5	3	6	12	24	48	96	190
f_h	2.5	2	1.6	1.26	1	0.8	0.63	0.5	0.4

表 8-15　速度系数 f_v

滑动速度 $v_s/(\mathrm{m \cdot s^{-1}})$	0.1	0.4	1	2	4	8	12	16	24	32	46	64
f_v	0.935	0.815	0.666	0.526	0.380	0.268	0.194	0.159	0.108	0.095	0.071	0.065

2. 校核蜗轮齿根弯曲疲劳强度的安全系数

蜗轮齿根弯曲疲劳强度的安全系数校核公式为

$$S_F = \frac{C_{Flim}}{C_{Fmax}} \geqslant 1 \qquad (8-19)$$

式中：C_{Flim} 为蜗轮齿根应力系数极限，MPa，蜗轮齿圈材料是锡青铜时，$C_{Flim} = 39.2$ MPa，是铝青铜时，$C_{Flim} = 18.62$ MPa；C_{Fmax} 为蜗轮齿根最大应力系数，MPa，按式(8-20)计算，即

$$C_{Fmax} = \frac{F_{t2max}}{\pi m_n \hat{b}_2} \qquad (8-20)$$

式中：F_{t2max} 为作用于蜗轮平均圆上最大切向力，N；$\hat{b}_2$ 为蜗轮齿弧长，蜗轮齿圈为锡青铜时，$\hat{b}_2 \approx 1.1 b_2$，为铝青铜时，$\hat{b}_2 \approx 1.17 b_2$。

3. 圆弧圆柱蜗杆传动中心距的估算

在对圆弧圆柱蜗杆进行设计时，一般已知输入功率 P_1，输入轴的转速 n_1，传动比 i 及载荷变化的规律，需要确定的主要参数与尺寸有中心距 a、分度圆直径 d_1、齿数 z_1 和 z_2、变位系数 x_2 等。应用式(8-16)、式(8-19)进行校核时，需要先初步确定一些参数。按图 8-12 可以根据输入功率 P、输入轴的转速 n_1、传动比 i 初步确定蜗杆传动的中心距 a，再按表 8-9、表 8-10 确定主要参数和计算基本几何尺寸，然后验算安全系数。图 8-12 是按经磨削加工淬硬的钢质蜗杆与锡青铜蜗轮绘制的，其他条件下，可传递的功率 P_1 随 σ_{Hlim} 增减而增减。图 8-12 用法举例：已知 $P_1 = 53$ kW，$n_1 = 1000$ r/min，$i = 10$，沿图 8-12 中虚线查得 $a = 210$ mm。

如果是连续工作，圆弧蜗杆传动的尺寸往往取决于热平衡功率 P 的计算，此时要按图 8-13 初定中心距 a，再按表 8-9 和表 8-10 确定主要参数和计算基本几何尺寸，然后验算安全系数。

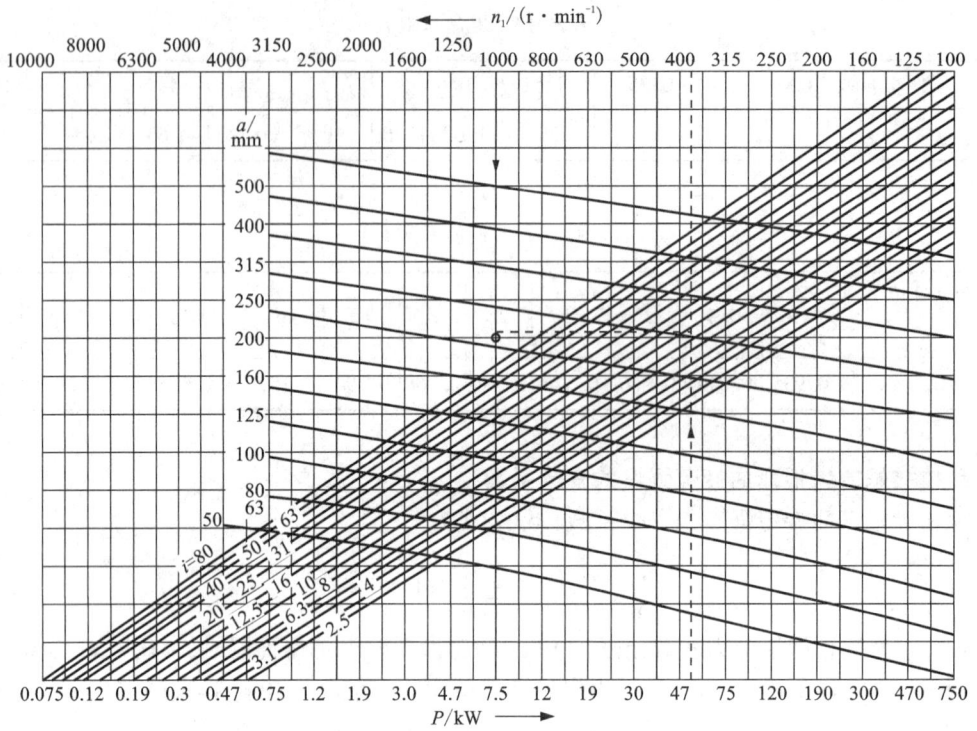

图 8-12 齿面疲劳强度估算线图

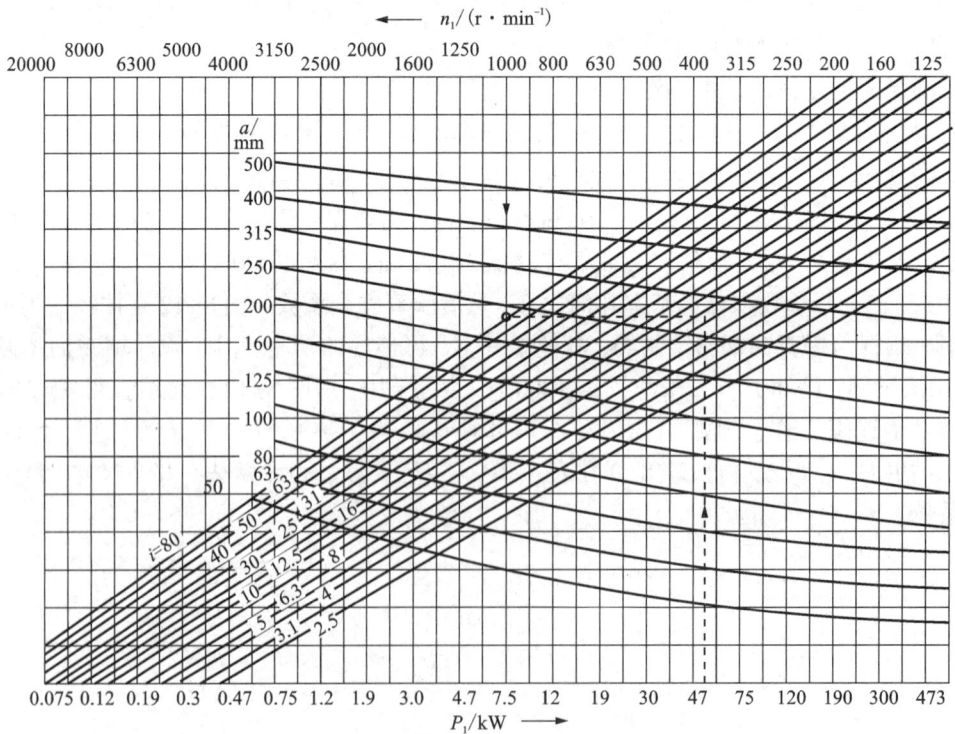

图 8-13 热平衡功率的估算线图

8.5 蜗杆传动的效率、润滑和热平衡计算

8.5.1 蜗杆传动的效率

闭式蜗杆传动的功率损耗包括啮合摩擦损耗、轴承摩擦损耗及搅油损耗 3 部分。因此其总效率为

$$\eta = \eta_1 \eta_2 \eta_3 \tag{8-21}$$

式中：η_1、η_2、η_3 分别称为蜗杆传动的啮合效率、轴承效率、搅油效率。

因为轴承效率、搅油效率为 0.95~0.96，故在蜗杆传动设计中，可近似认为 $\eta \approx (0.95~0.96)\eta_1$。蜗杆传动类似于螺旋传动，当蜗杆为主动件时，其啮合效率为

$$\eta_1 = \frac{\tan \gamma}{\tan(\gamma + \varphi_v)} \tag{8-22}$$

式中：γ 为蜗杆导程角，它是影响啮合效率的主要因素；φ_v 为当量摩擦角，$\varphi_v = \arctan f_v$，与蜗杆、蜗轮的材料及滑动速度有关。良好的润滑条件下，滑动速度高有助于润滑油膜的形成，从而减小当量摩擦系数，提高效率。普通圆柱蜗杆传动的当量摩擦角的值见表 8-16，圆弧圆柱蜗杆传动的当量摩擦角的值见表 8-17。

综上所述，蜗杆传动的效率主要取决于啮合效率，而影响啮合效率的主要因素是蜗杆的导程角 γ，其次是传动的匹配材料、润滑状态及接触表面的表面粗糙度。在设计初始，必须先估取 η 以便近似求出蜗轮轴上的转矩 T_2，η 值经验数据见表 8-2。

表 8-16 普通圆柱蜗杆传动的当量摩擦系数和当量摩擦角

蜗轮材料	锡青铜				铝青铜		灰铸铁			
蜗杆齿面硬度	≥45 HRC		其他		≥45 HRC		≥45 HRC		其他	
滑动速度 $v_s/(\mathrm{m \cdot s^{-1}})$	f_v	φ_v	f_v	φ_v	f_v	φ_v	f_v	φ_v	f_v	φ_v
0.01	0.110	6°17′	0.120	6°51′	0.180	10°12′	0.180	10°12′	0.190	10°45′
0.05	0.090	5°09′	0.100	5°43′	0.140	7°58′	0.140	7°58′	0.160	9°05′
0.10	0.080	4°34′	0.090	5°09′	0.130	7°24′	0.130	7°24′	0.140	7°58′
0.25	0.065	3°43′	0.075	4°17′	0.100	5°43′	0.100	5°43′	0.120	6°51′
0.50	0.055	3°09′	0.065	3°43′	0.090	5°09′	0.090	5°09′	0.100	5°43′
1.0	0.045	2°35′	0.055	3°09′	0.070	4°00′	0.070	4°00′	0.090	5°09′
1.5	0.040	2°17′	0.050	2°52′	0.065	3°43′	0.065	3°43′	0.080	4°34′
2.0	0.035	2°00′	0.045	2°35′	0.055	3°09′	0.055	3°09′	0.070	4°00′
2.5	0.030	1°43′	0.040	2°17′	0.050	2°52′				
3.0	0.028	1°36′	0.035	2°00′	0.045	2°35′				
4	0.024	1°22′	0.031	1°47′	0.040	2°17′				

蜗轮材料	锡青铜				铝青铜		灰铸铁			
蜗杆齿面硬度	≥45 HRC		其他		≥45 HRC		≥45 HRC		其他	
滑动速度 $v_s/(\mathrm{m \cdot s^{-1}})$	f_v	φ_v	f_v	φ_v	f_v	φ_v	f_v	φ_v	f_v	φ_v
5	0.022	1°16′	0.029	1°40′	0.035	2°00′				
8	0.018	1°02′	0.026	1°29′	0.030	1°43′				
10	0.016	0°55′	0.024	1°22′						
15	0.014	0°48′	0.020	1°09′						
24	0.013	0°45′								

注：蜗杆齿面粗糙度轮廓算术平均偏差 R_a 为 1.6~0.4 μm，经过仔细跑合，正确安装，并采用黏度合适的润滑油进行充分润滑。

表 8-17　圆弧圆柱蜗杆传动的当量摩擦系数和当量摩擦角

蜗轮材料	锡青铜				铝青铜		灰铸铁			
蜗杆齿面硬度	≥45 HRC		其他		≥45 HRC		≥45 HRC		其他	
滑动速度 $v_s/(\mathrm{m \cdot s^{-1}})$	f_v	φ_v	f_v	φ_v	f_v	φ_v	f_v	φ_v	f_v	φ_v
0.01	0.093	5°19′	0.10	5°47′	0.156	8°53′	0.156	8°53′	0.165	8°53′
0.05	0.075	4°17′	0.83	4°45′	0.12	6°52′	0.12	6°52′	0.138	7°12′
0.10	0.065	3°43′	0.75	4°17′	0.111	6°20′	0.111	6°20′	0.119	6°47′
0.25	0.052	2°59′	0.60	3°26′	0.083	4°45′	0.083	4°45′	0.107	5°50′
0.50	0.042	2°25′	0.52	2°59′	0.075	4°17′	0.075	4°17′	0.083	4°45′
1.0	0.033	1°54′	0.42	2°25′	0.056	3°12′	0.056	3°12′	0.075	4°17′
1.5	0.029	1°40′	0.38	2°11′	0.052	2°59′	0.052	2°59′	0.065	3°43′
2.0	0.023	1°21′	0.33	1°54′	0.042	2°25′	0.042	2°25′	0.056	3°12′
2.5	0.022	1°16′	0.31	1°47′	0.041	2°21′	0.041	2°21′		
3.0	0.019	1°05′	0.27	1°33′	0.037	2°07′	0.037	2°07′		
4	0.018	1°02′	0.24	1°23′	0.033	1°54′	0.033	1°54′		
5	0.017	0°59′	0.23	1°20′	0.029	1°40′	0.029	1°40′		
8	0.014	0°48′	0.22	1°16′	0.025	1°26′	0.025	1°26′		
10	0.012	0°41′	0.20	1°09′						
15	0.011	0°38′	0.17	0°59′						
20	0.010	0°35′								
25	0.009	0°31′								

注：蜗杆齿面粗糙度轮廓算术平均偏差 R_a 为 1.6~0.4 μm，经过仔细跑合，正确安装，并采用黏度合适的润滑油进行充分润滑。

8.5.2　蜗杆传动的润滑

对蜗杆传动进行良好的润滑是十分重要的。充分润滑可以降低齿面的工作温度,减少磨损和避免胶合失效。蜗杆传动常采用黏度大的矿物油进行润滑,为了提高其抗胶合能力,必要时可加入油性添加剂以提高油膜的黏度。但青铜蜗轮不允许采用活性大的油性添加剂,以免被腐蚀。

润滑油的黏度和润滑方法一般根据载荷类型和相对滑动速度的大小选用,见表 8-18。

表 8-18　蜗杆传动的润滑油黏度及润滑方法(荐用)

滑动速度 $v_s/(\text{m}\cdot\text{s}^{-1})$	0~1	0~2.5	0~5	>5~10	>10~15	>15~25	>25
工作条件	重载	重载	中载	(不限)	(不限)	(不限)	(不限)
运动黏度 40 ℃/($\text{mm}^2\cdot\text{s}^{-1}$)	1000	680	320	220	150	100	68
润滑方法	油池润滑			喷油润滑 或油池润滑	喷油润滑时的喷油压力/MPa		
					0.07	0.2	0.3

当采用油池润滑, $v_s \leqslant 5$ m/s 时,常用蜗杆下置式,如图 8-14(a)、(b)所示,浸油深度约为一个齿高,但油面不得超过蜗杆轴承的最低滚动体中心;当 v_s >5 m/s 时,搅油阻力太大,可采用蜗杆上置式,如图 8-14(c)所示,油面允许达到蜗轮半径的 1/3 处。

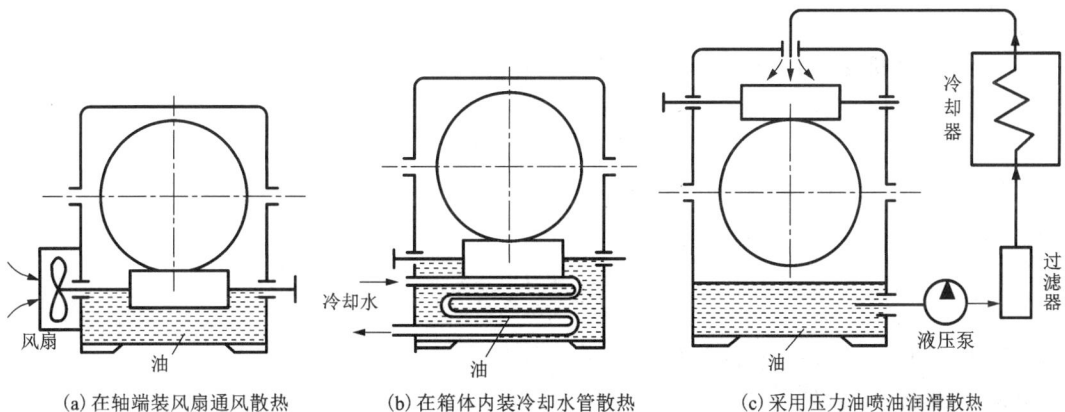

(a)在轴端装风扇通风散热　　　(b)在箱体内装冷却水管散热　　　(c)采用压力油喷油润滑散热

图 8-14　蜗杆减速器的散热方法

8.5.3　蜗杆传动的热平衡计算

闭式蜗杆传动工作时产生大量的摩擦热,如果不及时散热,将导致润滑油温度过高,黏度下降,破坏传动的润滑条件,引起剧烈磨损,严重时发生胶合失效。故应进行热平衡计算,将润滑油的工作温度控制在许可范围内。

热平衡状态下,单位时间内的发热量和散热量相等,即

$$\left.\begin{array}{l}1000P_1(1-\eta)=K_sA(t_1-t_0)\\[2mm]t_1=\dfrac{1000P_1(1-\eta)}{K_sA}+t_0\end{array}\right\}\qquad(8\text{-}23)$$

式中：P_1 为蜗杆轴传递的功率，kW；K_s 为箱体表面散热系数，W/(m²℃)，$K_s=8.5\sim17.5$ W/(m²℃)，环境通风良好时取大值，反之相反；t_0 为周围空气的温度，通常取 $t_0=20$ ℃；t_1 为热平衡时的油温，$t_1\leqslant70\sim80$ ℃，一般限制在 65 ℃左右为宜；A 为有效散热面积，m²。有效散热面积是指内表面被油浸到(或飞溅到)，而外表面直接与空气接触的箱体表面积。若带散热片，则有效散热面积按原面积的 1.5 倍估算，或者用近似公式 $A=0.33\left(\dfrac{a}{100}\right)^{1.75}$ 估算，其中 a 为传动的中心距，mm。

当 t_1 超过允许值或 A 不足时，可采用以下方法提高散热能力：①在箱体外加散热片；②在蜗杆轴端装风扇通风，可使 K_s 为 $25\sim35$ W/(m²℃)，转速高时取大值；③在箱体内装冷却水管；④采用压力喷油润滑。

图 8-14 给出了上述后三种散热方法的结构示意图。

8.6 蜗杆传动设计示例

【例 8-1】 设计输送装置中的普通蜗杆传动，已知蜗轮轴输出的转矩为 $T_2=1500$ N·m，转速为 $n_2=35$ r/min，载荷较平稳，但有不大的冲击，单向转动，若现采用 $n_1=960$ r/min 的电动机，试确定电动机所需功率 P_1 并设计此蜗杆传动，要求使用寿命为 $L_h=12000$ h。

解：

1. 确定电动机功率 P_1

(1)计算输出功率。

$$P_2=\frac{T_2n_2}{9.55\times10^6}=\frac{1500\times10^3\times35}{9.55\times10^6}=5.49\text{ kW}$$

(2)计算传动比 i，估计效率 η。

$$i=\frac{n_1}{n_2}=\frac{960}{35}=27.43$$

由 $i=27.43$ 查表 8-2，取 $\eta\approx0.8$。

(3)求出电动机所需功率。

$$P_1=\frac{P_2}{\eta}=\frac{5.49}{0.8}=6.9\text{ kW}$$

2. 选择传动类型、精度等级及材料，确定许用应力

(1)传动类型及精度等级选择。

考虑到传递的功率不大，转速较低，选用 ZA 型蜗杆传动，精度 8 级。

(2)选择材料。

蜗杆用 45 钢，表面后淬火，齿面硬度为 45~55 HRC。

蜗轮用 ZQSn10-1 青铜，砂型铸造。为了节约贵重的有色金属，齿圈用青铜制造，而轮芯用灰铸铁 HT100 制造。

222

（3）确定许用应力。

查表 8-5 得蜗轮基本许用接触应力 $[\sigma_{H0}]=200$ MPa，基本许用弯曲应力 $[\sigma_{F0}]=51$ MPa。

应力循环次数

$$N=60jn_2L_h=60\times1\times35\times12000=2.52\times10^7$$

寿命系数

$$K_{HN}=\sqrt[8]{\frac{10^7}{N}}=\sqrt[8]{\frac{10^7}{2.52\times10^7}}=0.89$$

$$K_{FN}=\left(\frac{10^6}{N}\right)^{1/9}=\left(\frac{10^6}{2.52\times10^7}\right)^{1/9}=0.699$$

蜗轮许用接触应力

$$[\sigma_H]=K_{HN}[\sigma_{H0}]=0.89\times200=178 \text{ MPa}$$

蜗轮许用弯曲应力

$$[\sigma_F]=K_{FN}[\sigma_{F0}]=0.699\times51=35.6 \text{ MPa}$$

3. 选择蜗杆头数 z_1 和蜗轮齿数 z_2

由 $i=27.43$ 查表 8-2，取 $z_1=2$，$z_2=iz_1=54.86$，取 $z_2=55$。

4. 按齿面接触疲劳强度进行设计

根据闭式蜗杆传动的设计准则，先按齿面接触疲劳强度设计，再校核齿根弯曲疲劳强度。所以按式（8-11）设计，公式为

$$m^2d_1\geq9KT_2\left(\frac{Z_E}{z_2[\sigma_H]}\right)^2$$

（1）确定载荷系数 K。

查表 8-7，取 $K_A=1.1$，估计 $v_2<3$ m/s，取 $K_v=1.05$，因载荷较平稳，取 $K_\beta=1.1$，故载荷系数 $K=K_AK_vK_\beta=1.1\times1.05\times1.1\approx1.2$。

（2）确定蜗杆传动的模数 m 和直径系数 q。

将 K、z_2 和已知值代入上述公式进行计算，得

$$m^2d_1\geq9KT_2\left(\frac{Z_E}{z_2[\sigma_H]}\right)^2=9\times1.2\times1500\times10^3\times\left(\frac{160}{55\times178}\right)^2=4327 \text{ mm}^3$$

查表 8-1，取 $m=8$ mm，$q=10$，$m^2d_1=5120$ mm^3 > 4327 mm^3。

（3）计算中心距 a 和验算蜗轮圆周速度 v_2。

蜗轮分度圆直径计算

$$d_2=mz_2=8\times55=440 \text{ mm}$$

中心距

$$a=\frac{1}{2}(d_1+d_2)=\frac{1}{2}(80+440)=260 \text{ mm}$$

蜗轮圆周速度

$$v_2=\frac{\pi d_2n_2}{60\times1000}=\frac{\pi\times440\times35}{60\times1000}=0.8 \text{ m/s}$$

5. 按齿根弯曲疲劳强度校核

按式（8-13）的齿根弯曲疲劳强度校核公式计算，即

$$\sigma_F = \frac{1.53KT_2}{d_1 d_2 m} Y_F Y_\beta$$

(1)确定齿形系数 Y_F。

由式(8-1)得导程角

$$\gamma = \arctan \frac{mz_1}{d_1} = \arctan \frac{8\times 2}{80} = 11.31°$$

当量齿数

$$z_{v2} = \frac{z_2}{\cos^3 \gamma} = \frac{55}{(\cos 11.31°)^3} = 58.33$$

由表8-8查得 $Y_F = 1.41$。

(2)螺旋角影响系数。

$$Y_\beta = 1 - \frac{\gamma}{140°} = 1 - \frac{11.31°}{140°} = 0.92$$

(3)验算齿根弯曲强度。

$$\sigma_F = \frac{1.53KT_2}{d_1 d_2 m} Y_F Y_\beta = \frac{1.53\times 1.2 \times 1500\times 10^3}{80\times 440\times 8} \times 1.41\times 0.92 = 12.7 \text{ MPa} < [\sigma_F]$$

故弯曲强度足够。

6. 热平衡计算

(1)求总效率 η。

由式(8-8)得相对滑动速度

$$v_s = \frac{v_2}{\sin \gamma} = \frac{0.8}{\sin 11.31°} = 4.08 \text{ m/s}$$

由表8-16取当量摩擦角 $\varphi_v = 1°22' = 1.367°$。

总效率

$$\eta = 0.95 \frac{\tan \gamma}{\tan(\gamma + \varphi_v)} = 0.95 \times \frac{\tan 11.31°}{\tan(11.31 + 1.367°)} = 0.845$$

大于初估效率0.8,故不必重新计算。

有效散热面积

$$A = 0.33 \left(\frac{a}{100}\right)^{1.75} = 0.33 \times \left(\frac{260}{100}\right)^{1.75} = 1.75 \text{ m}^2$$

初取箱体表面散热系数 $K_S = 13 \text{ W/(m}^2\text{℃)}$。

由式(8-23)得热平衡时的油温为

$$t_1 = \frac{1000 P_1 (1-\eta)}{K_S A} + t_0 = \frac{1000\times 6.9(1-0.845)}{13\times 1.75} + 20 = 67 \text{ ℃} < 70 \text{ ℃}$$

满足热平衡要求。

7. 精度等级选择与其他结构尺寸

考虑蜗杆传动是动力传动,蜗轮选8级精度。尺寸计算参见表8-3的计算式,此处略。

【例8-2】 设计离心泵传动装置的圆弧圆柱蜗杆传动,已知输入功率 $P_1 = 53$ kW,转速 $n_1 = 1000$ r/min,传动比 $i = 10$,载荷平稳,每天工作8 h,要求工作寿命为5年,每年工作300天,起动时过载系数为2。

224

解:

1. 选择蜗杆蜗轮的材料

由于本传动传递功率较大，速度较高，所以选择较好的材料。选择蜗杆材料为 40Cr，表面淬火，齿面硬度为 45~55 HRC，需要磨齿。蜗轮用 ZQSn10-1 青铜，金属模铸造。

2. 初步估算传动的中心距

按齿面接触疲劳强度查图 8-12 得中心距 $a=210$ mm；按热平衡条件查图 8-13 得中心距 $a=240$ mm，应该按此中心距设计圆弧圆柱蜗杆传动。

3. 确定主要参数与部分几何尺寸

查表 8-9，当 $a=250$ mm，$i=10$ 时，得模数 $m=12.5$ mm，蜗杆分度圆直径 $d_1=105$ mm，齿数 $z_1=3$、$z_2=31$，蜗轮变位系数 $x_2=0.3$，导程角 $\gamma=19°39'14''$。

蜗轮分度圆直径

$$d_2=mz_2=12.5\times31=387.5 \text{ mm}$$

蜗轮平均齿宽

$$b_{m2}=0.45(d_1+6m)=0.45(105+6\times12.5)=81 \text{ mm}\approx b_2$$

4. 齿面接触强度校核

(1)求传动效率。

蜗轮圆周速度

$$v_2=\frac{\pi d_2 n_2}{60\times1000}=\frac{\pi\times387.5\times100}{60\times1000}=2.03 \text{ m/s}$$

相对滑动速度

$$v_s=\frac{v_2}{\sin\gamma}=\frac{2.03}{\sin 19°39'14''}=6 \text{ m/s}$$

查表 8-17 取当量摩擦角 $\varphi_v\approx1°$。

传动效率

$$\eta=0.95\frac{\tan\gamma}{\tan(\gamma+\varphi_V)}=0.95\times\frac{\tan 19°39'14''}{\tan(19°39'14''+1°)}=0.9$$

(2)计算蜗轮分度圆上的圆周力 F_{t2}。

蜗轮上的转矩

$$T_2=9.55\times10^6\frac{P_1\eta}{n_2}=9.55\times10^6\times\frac{53\times0.9}{100}=4.56\times10^6 \text{ N}\cdot\text{mm}$$

蜗轮上的圆周力

$$F_{t2}=\frac{2T_2}{d_2+2x_2m}=\frac{2\times4.56\times10^6}{387.5+2\times0.3\times12.5}=11532 \text{ N}$$

(3)求齿面接触应力 σ_H。

系数 $Z_m=\sqrt{10m/d_1}=\sqrt{10\times12.5/105}=1.09$。

查表 8-12 得齿形系数 $Z_\varepsilon=0.61$。

代入式(8-17)计算接触应力，得

$$\sigma_H=\frac{F_{t2}}{Z_m Z_\varepsilon b_{m2}(d_2+2x_2m)}=\frac{11532}{1.09\times0.61\times81\times(387.5+2\times0.3\times12.5)}=0.54 \text{ MPa}$$

（4）齿面接触疲劳极限计算。

查表 8-13 得 $\sigma_{Hlim0} = 7.84$ MPa；查表 8-15 得速度系数 $f_v = 0.32$；载荷平稳，$f_w = 1$。

由工作小时数/1000 = 5×300×8/1000 = 12，查表 8-14 得寿命系数 $f_h = 1$，代入式（8-18）计算得接触强度疲劳极限为

$$\sigma_{Hlim} = \sigma_{Hlim0} f_h f_v f_w = 7.84 \times 1 \times 0.32 \times 1 = 2.5 \text{ MPa}$$

（5）安全系数校核，按式（8-16）计算，即

$$S_H = \frac{\sigma_{Hlim}}{\sigma_H} = \frac{2.5}{0.54} = 4.6 \geqslant S_{Hmin} = 2.0$$

由蜗轮圆周速度 $v_2 = 2$ m/s 查表 8-11 得 $S_{Hmin} = 2.0$，可选用 8 级精度。

5. 齿根弯曲疲劳强度校核

齿根弯曲疲劳强度按式（8-19）计算，即

$$S_F = \frac{C_{Flim}}{C_{Fmax}} \geqslant 1$$

（1）蜗轮齿根应力系数极限确定。因为蜗轮材料为锡青铜，取 $C_{Flim} = 39.2$ MPa。

（2）计算蜗轮齿根最大应力系数。

考虑启动时过载系数为 2，故 $F_{t2max} = 2F_{t2}$；蜗轮齿弧长 $\widehat{b}_2 \approx 1.1 b_2$，按式（8-20）计算，即

$$C_{Fmax} = \frac{F_{t2max}}{\pi m_n \widehat{b}_2} = \frac{2F_{t2}}{\pi m \cos \gamma \times 1.1 b_2} = \frac{2 \times 11532}{\pi \times 12.5 \times \cos 19.653° \times 1.1 \times 81} = 7 \text{ MPa}$$

（3）代入式（8-19）计算，得

$$S_F = \frac{C_{Flim}}{C_{Fmax}} = \frac{39.2}{7} = 5.6 \geqslant 1$$

故满足强度要求。

6. 其他尺寸计算与零件工作图（略）

思考题和习题

8-1 与齿轮传动相比，蜗杆传动有哪些特点？

8-2 为什么蜗轮齿圈常用青铜制造？当采用锡青铜或铸铁制造蜗轮时，失效形式是哪一种？

8-3 蜗杆传动的总效率包括哪几部分？如何提高啮合效率？

8-4 已知图 8-15 的蜗杆传动中，蜗杆均为主动件。试标出图中未注明的蜗杆或蜗轮的旋向及转向，并画出蜗杆和蜗轮受力的作用点及各分力的方向。

8-5 如图 8-16 所示为二级蜗杆传动，已知 Ⅰ 轴为输入轴，Ⅲ 轴为输出轴，蜗杆螺旋线均右旋，蜗轮 4 转向如图。在图中标出：

（1）两个蜗轮轮齿的螺旋线方向；

（2）Ⅰ 轴和 Ⅱ 轴的转向；

（3）蜗杆 3 和蜗轮 4 啮合点的受力方向；

（4）分析 Ⅱ 轴上两轮所受的轴向力与两轮的螺旋线方向之间的关系。

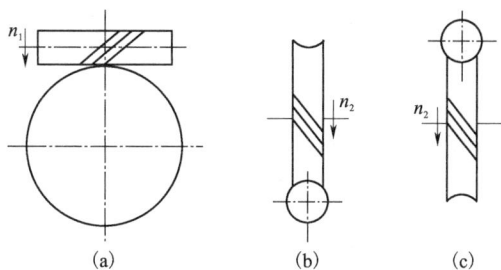

图 8-15　思考题和习题 8-4 图

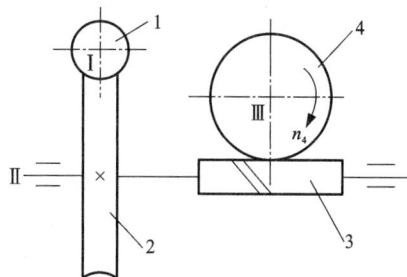

图 8-16　思考题和习题 8-5 图

8-6　试设计包装机械中的一单级蜗杆减速器,已知传递功率 $P = 7.5$ kW,主动轴转速 $n_1 = 960$ r/min,传动比 $i = 20$,工作载荷稳定,单向工作,长期连续运转,润滑情况良好,要求工作寿命为 15000 h。

8-7　设计某起重机用的单级圆弧圆柱蜗杆减速器。已知蜗轮轴上的扭矩 $T_2 = 12600$ N·m,蜗杆转速 $n_1 = 910$ r/min,蜗轮转速 $n_2 = 18$ r/min,断续工作,有轻微振动,有效工作时间为 3000 h。

自测题

一、选择题

1. 蜗杆传动中,设蜗杆头数 z_1,分度圆直径 d_1,蜗轮齿数 z_2,分度圆直径 d_2,传动效率为 η,则蜗杆轴上所受力矩 T_1 与涡轮轴上所受力矩 T_2 之间的关系为(　　)。

A. $T_2 = T_1 \eta d_2/d_1$　　　B. $T_2 = T_1 \eta z_2/z_1$　　　C. $\eta T_2 = T_1 z_2/z_1$　　　D. $\eta T_2 = T_1 d_2/d_1$

2. 采用变位蜗杆传动时,是(　　)。

A. 仅对蜗杆进行变位

B. 仅对蜗轮进行变位

C. 同时对蜗杆和蜗轮进行变位

D. 可对涡轮进行变位,也可对蜗杆进行变位

3. 闭式蜗杆传动的失效形式以(　　)最易发生。

A. 磨损与轮齿折断　　　　　　　　　B. 轮齿折断与塑性变形

C. 胶合与点蚀　　　　　　　　　　　D. 疲劳失效

4. 阿基米德蜗杆的(　　)模数应符合标准数值。

A. 法面　　　　　B. 端面　　　　　C. 轴面　　　　　D. 切平面

5. 蜗杆传动的失效形式与齿轮传动相类似,其中(　　)最易发生。

A. 点蚀与磨损　　　　　　　　　　　B. 胶合与磨损

C. 轮齿折断与塑性变形　　　　　　　D. 疲劳失效

6. 蜗杆传动较为理想的材料是(　　)。

A. 钢和铸铁　　　　　　B. 钢和青铜　　　　　　C. 钢和铝合金　　　　　　D. 钢和钢

7. 在标准蜗杆传动中, 模数不变提高蜗杆直径系数, 将使蜗杆的刚度(　　)。

A. 提高　　　　　　　　　　　　　　　　B. 降低

C. 不变　　　　　　　　　　　　　　　　D. 可能增加, 可能降低

8. 蜗杆传动中, 当其他条件相同时, 增加蜗杆头数, 则传动效率(　　)。

A. 降低　　　　　　　　　　　　　　　　B. 提高

C. 不变　　　　　　　　　　　　　　　　D. 可能提高, 可能降低

9. 为了提高蜗杆的刚度应(　　)。

A. 增大蜗杆直径系数 q 值　　　　　　　　B. 采用高强度合金钢作蜗杆材料

C. 增加蜗杆硬度　　　　　　　　　　　　D. 增大蜗杆的长度

10. 在蜗杆传动中, 轮齿承载能力计算, 主要是针对(　　)来进行的。

A. 蜗杆齿面接触强度和蜗轮齿根弯曲强度

B. 蜗杆齿根弯曲强度和蜗轮齿面接触强度

C. 蜗杆齿面接触强度和蜗杆齿根弯曲强度

D. 蜗轮齿面接触强度和蜗轮齿根弯曲强度

二、填空题

1. 减速蜗杆传动中, 主要的失效形式为_____、_____、_____和_____。

2. 蜗杆传动中, 由于_____需要进行_____计算, 若不能满足要求, 可采取_____、_____、_____。

3. 蜗杆传动, 蜗杆头数越多, 效率越_____。

4. 蜗杆直径系数 $q=$_____。

5. 将蜗杆传动的传动比公式写为 $i=n_1/n_2=z_2/z_1=d_2/d_1$ 是_____。

6. 限制蜗杆的直径系数 q 是为了_____。

7. 一蜗杆传动设计中, 通常选择蜗轮齿数 $z_2>26$ 是为了_____, $z_2<80$ 是为了防止_____或_____。

8. 蜗杆传动中, 蜗杆导程角为 γ, 分度圆圆周速度为 v_1, 则其滑动速度 v_s 为_____, 它使蜗杆、蜗轮的齿面更容易产生_____和_____。

9. 减速蜗杆传动中, 主要的失效形式为_____、_____、_____和_____, 常发生在_____。

10. 圆柱蜗杆传动中, 当蜗杆主动时, 其传动合效率为_____, 蜗杆的头数 z 越多, η _____; 蜗杆传动的自锁条件为_____, 蜗杆的头数越小, 越容易_____。

三、判断题

1. 蜗杆传动的正确啮合条件之一是蜗杆的端面模数与蜗轮的端面模数相等。(　　)

2. 在蜗杆传动中, 由于蜗轮的工作次数较少, 因此采用强度较低的有色金属材料。(　　)

3. 蜗杆传动中, 其他条件相同, 若增加蜗杆头数, 则齿面相对滑动速度提高。(　　)

4.蜗杆传动中,如果模数和蜗杆头数一定,增加蜗杆分度圆直径,将使传动效率降低,蜗杆刚度提高。(　　　)

5.采用铸铝青铜 ZCuAl10Fe3 作蜗轮材料时,其主要失效方式是胶合。(　　　)

6.设计蜗杆传动时,为了提高传动效率,可以增加蜗杆头数。(　　　)

7.在蜗杆传动比 $i = z_2/z_1$ 中,蜗杆头数 z_1 相当于齿数,因此其分度圆直径 $d_2 = z_2 m$。(　　　)

8.变位蜗杆传动中蜗杆节圆直径等于蜗杆分度圆直径 d_1。(　　　)

9.蜗杆传动中,蜗轮法面模数和压力角是标准值。(　　　)

10.为提高蜗杆轴的刚度,应增大蜗杆的直径系数 q。(　　　)

第四篇
轴系零部件及弹簧设计

第9章
滑动轴承

✎ 本章思维导图

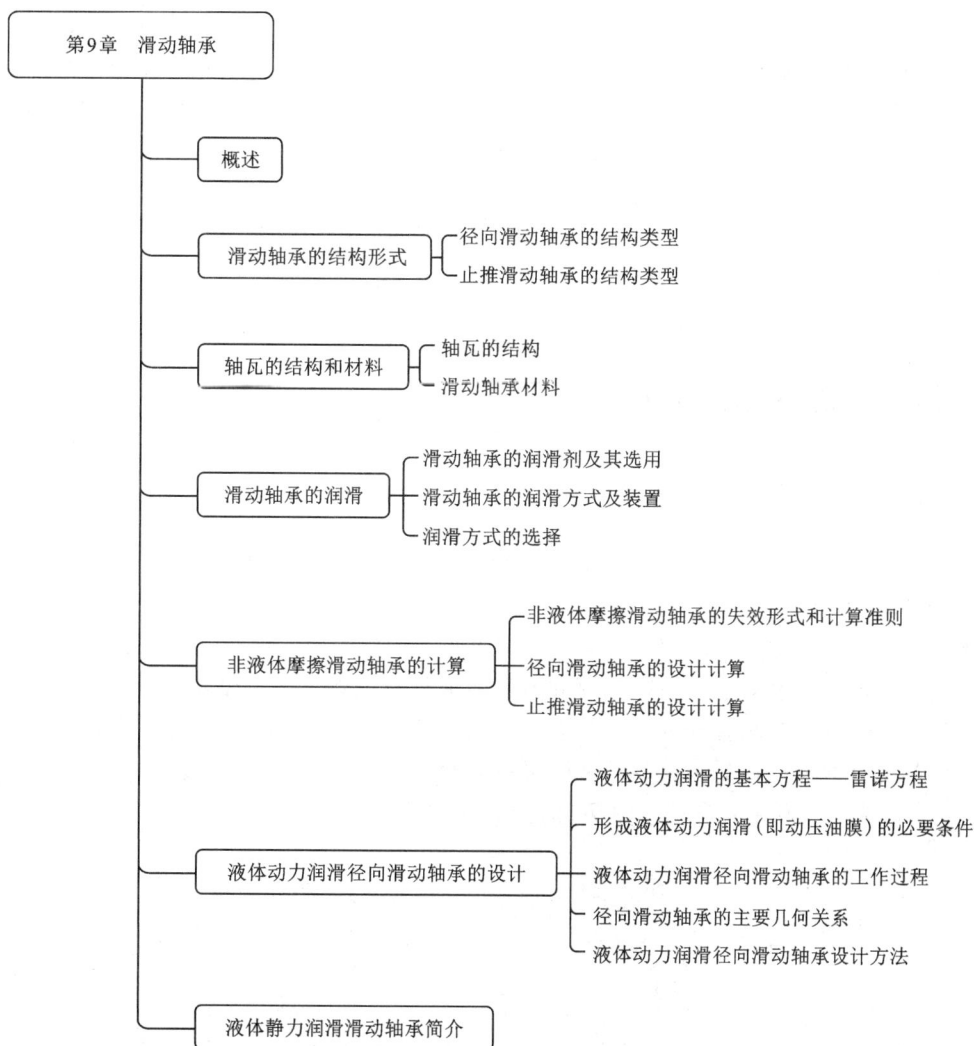

```
第9章　滑动轴承
│
├─ 概述
│
├─ 滑动轴承的结构形式 ──┬─ 径向滑动轴承的结构类型
│                      └─ 止推滑动轴承的结构类型
│
├─ 轴瓦的结构和材料 ──┬─ 轴瓦的结构
│                    └─ 滑动轴承材料
│
├─ 滑动轴承的润滑 ──┬─ 滑动轴承的润滑剂及其选用
│                  ├─ 滑动轴承的润滑方式及装置
│                  └─ 润滑方式的选择
│
├─ 非液体摩擦滑动轴承的计算 ──┬─ 非液体摩擦滑动轴承的失效形式和计算准则
│                            ├─ 径向滑动轴承的设计计算
│                            └─ 止推滑动轴承的设计计算
│
├─ 液体动力润滑径向滑动轴承的设计 ──┬─ 液体动力润滑的基本方程——雷诺方程
│                                  ├─ 形成液体动力润滑（即动压油膜）的必要条件
│                                  ├─ 液体动力润滑径向滑动轴承的工作过程
│                                  ├─ 径向滑动轴承的主要几何关系
│                                  └─ 液体动力润滑径向滑动轴承设计方法
│
└─ 液体静力润滑滑动轴承简介
```

9.1 概述

轴承用来支承轴及轴上零件、保持轴的旋转精度和减少转轴与支承之间的摩擦和磨损。根据轴承工作时的摩擦性质的不同,可分为滑动轴承和滚动轴承两大类。

滚动轴承有着一系列优点,如滚动轴承的摩擦系数低、起动阻力小等,在一般机器中获得了广泛应用。而且它已标准化,对设计、使用、润滑、维护都很方便,因此在一般机器中应用较广。但是在高速、高精度、重载、结构上要求剖分等场合下,滑动轴承就体现出它的优异性能,在某些场合仍占有重要地位。

滑动轴承的类型很多,根据其承受载荷方向的不同,可分为径向滑动轴承(承受径向载荷)和止推滑动轴承(承受轴向载荷)。根据其滑动表面间摩擦状态的不同,可分为液体摩擦滑动轴承(是指滑动表面间完全处于液体摩擦状态)和非液体摩擦滑动轴承(是指滑动表面间处于边界摩擦或混合摩擦状态)。根据液体润滑承载机理的不同,又可分为液体动力润滑滑动轴承(简称动压轴承)和液体静力润滑滑动轴承(简称静压轴承)。本章主要介绍非液体摩擦滑动轴承和动压轴承的设计,对静压轴承只作简要介绍。

滑动轴承设计的主要任务为:①合理地确定轴承的形式和结构;②合理地选择轴瓦的结构和材料;③合理地确定轴承的结构参数;④合理地选择润滑剂、润滑方式及润滑装置;⑤根据功能要求和约束条件,确定轴承的主要参数。

9.2 滑动轴承的结构形式

9.2.1 径向滑动轴承的结构类型

径向滑动轴承有整体式、对开式、自动调心式、间隙可调式等形式。

1. 整体式滑动轴承

如图9-1所示,整体式滑动轴承主要由轴承座与轴套组成。轴承座上设有安装润滑油杯的螺纹孔。在轴套上开有油孔并在轴套的内表面上开有油槽。这种轴承的优点是结构简单,成本低廉。它的缺点是轴套磨损后,轴承间隙无法调整;另外,轴只能从轴颈端部装拆,对于质量大的轴或具有中间轴颈的轴,装拆很不方便,甚至无法实现。所以这种轴承多用在低速、轻载或间歇性工作的机器中,如手动机械、某些农业机械等。

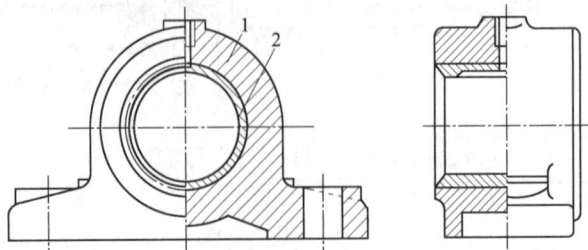

1—轴承座;2—轴套。

图9-1 整体式滑动轴承

2. 对开式滑动轴承

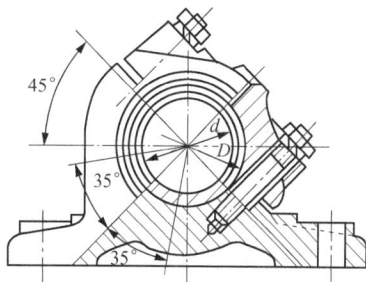

如图 9-2 所示，对开式滑动轴承由轴承座、轴承盖、剖分式轴瓦、双头螺柱等组成。轴承座与轴承盖的剖分面常做成阶梯形，以便定位和防止工作时发生错动。轴承盖上部开有螺纹孔，用以安装油杯。剖分式轴瓦由上、下两半组成，通常是下轴瓦承受载荷，上轴瓦不承受载荷。为了节省贵重金属或其他需要，常在轴瓦内表面浇注一层轴承衬。在轴瓦内壁非承载区开设油槽，润滑油通过油孔和油槽流进轴承间隙。轴承剖分面最好与载荷方向近似垂直（注意应使载荷方向与轴承剖分面法线方向的夹角≤35°），多数轴承的剖分面是水平的，如图 9-2 所示（有时也有做成倾斜的，如倾斜 45°，称为对开式斜滑动轴承，如图 9-3 所示）。当轴瓦磨损后，可用调整剖分面间垫片厚度的方法来调整轴承间隙。这种轴承装拆方便，易于调整轴承间隙，应用很广。轴承座、轴承盖材料一般为铸铁，重载、冲击、振动时可用铸钢。

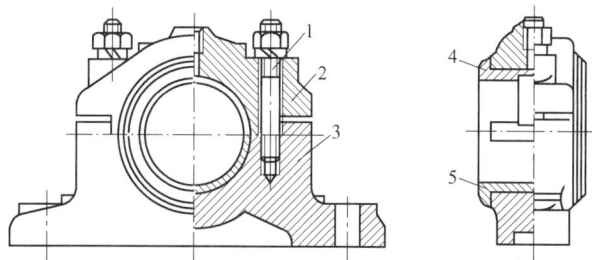

1—双头螺柱；2—轴承盖；3—轴承座；4、5—剖分式轴瓦。

图 9-2　对开式滑动轴承　　图 9-3　对开式斜滑动轴承

3. 自动调心式滑动轴承

轴承宽度与轴颈直径之比（B/d）称为宽径比。

对于宽径比 $B/d>1.5$ 的轴承，当出现：①轴的刚度较小；②两轴承座孔难以保证同心；③轴弯曲变形较大；④轴孔倾斜时易造成轴颈与轴瓦端部的局部接触，引起剧烈的磨损和发热，就可采用自动调心式滑动轴承。其特点是轴瓦外表面做成球面形状，与轴承盖及轴承座的球状内表面相配合，轴心线偏斜时，轴瓦可自动调位以适应轴径在轴弯曲时所产生的偏斜，避免轴颈与轴瓦的局部磨损，如图 9-4 所示。

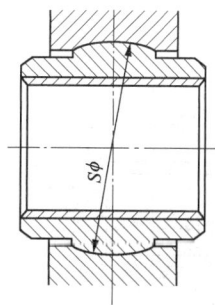

图 9-4　自动调心式滑动轴承

4. 间隙可调式滑动轴承

如图 9-5 所示，间隙可调式滑动轴承内有锥形轴套，可通过调节轴套两端的螺母使轴套沿轴向移动，从而调整轴承间隙。锥形轴套有外锥面[图 9-5(a)]和内锥面[图 9-5(b)]两种结构。外锥面轴套的外表面开有纵向切槽，轴套上还开有一条纵向切口，使轴套具有弹性，依靠轴套的弹性变形便可调整轴承间隙。间隙可调式滑动轴承常用作一般用途的机床主轴轴承。

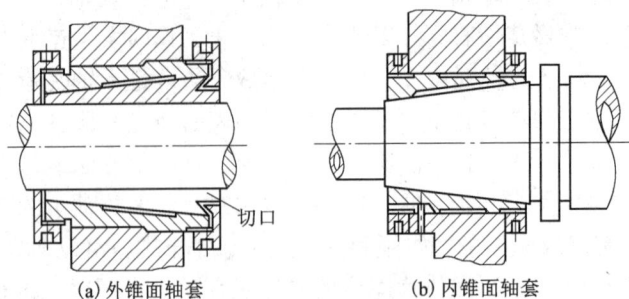

(a) 外锥面轴套　　　　　　　　　　(b) 内锥面轴套

图 9-5　间隙可调式滑动轴承

9.2.2　止推滑动轴承的结构类型

1. 普通止推轴承

普通止推轴承主要由轴承座和止推轴颈组成,按照轴颈结构的不同,可分为实心式、空心式、单环式、多环式等,如图 9-6 所示。

(1)实心式。支承面上压强分布极不均匀,轴心处压强极大,线速度为零,对润滑很不利,端面止推轴颈工作时轴心与边缘磨损不均匀,较少使用。

(2)空心式。空心端面止推轴颈和环状轴颈部分弥补了实心端面止推轴颈的不足,支承面上压强分布较均匀,润滑条件有所改善,得到普遍采用。

(3)单环式。利用轴环的端面止推,结构简单,润滑方便,广泛用于低速轻载、单方向轴向载荷场合。

(4)多环式。特点同单环式,可承受比单环更大的载荷,也能承受双向轴向载荷。

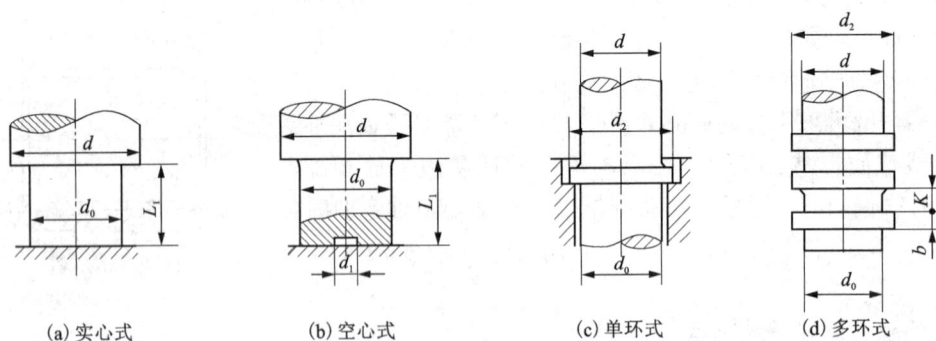

(a) 实心式　　　　(b) 空心式　　　　(c) 单环式　　　　(d) 多环式

图 9-6　普通止推轴承结构简图

普通止推轴承轴颈的基本尺寸可按表 9-1 的经验公式确定。

表 9-1　普通止推轴承轴颈的基本尺寸计算公式

符号	名称	经验公式或说明
d	轴直径	由轴的结构决定
d_0	推力轴颈直径	由轴的结构决定
d_1	空心轴颈内径	$d_1 = (0.4 \sim 0.6) d_0$
d_2	轴环外径	$d_2 = (1.2 \sim 1.6) d$
b	轴环宽度	$b = (0.1 \sim 0.15) d$
K	轴环距离	$K = (2 \sim 3) d$
z	轴环数	$z \geqslant 1$，由计算及结构决定

2. 液体动压止推轴承

液体动压止推轴承的结构有固定瓦块和可倾瓦块两种。

如图 9-7 所示，固定瓦块止推轴承的各瓦块呈扇形，瓦块固定并且倾斜方向一致，工作时可沿各瓦块形成多个动压油膜。固定瓦块止推轴承结构简单，只允许轴单向运转。如图 9-8 所示，可倾瓦块止推轴承的各瓦块支承在圆柱面或球面上，轴承工作时，各瓦块可自动调位，以适应不同的工作条件，保证运转的稳定性。

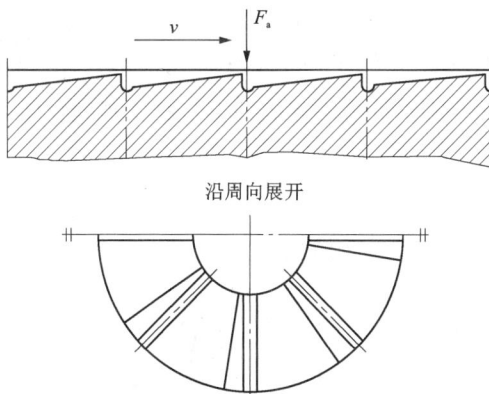

图 9-7　固定瓦块止推轴承

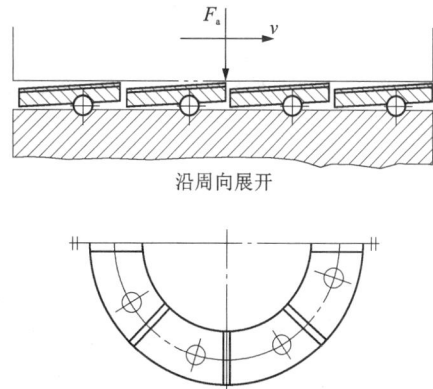

图 9-8　可倾瓦块止推轴承

9.3　轴瓦的结构和材料

9.3.1　轴瓦的结构

轴瓦是滑动轴承中的重要零件，它的结构设计是否合理对轴承性能影响很大。有时为了节约贵重合金材料或者由于结构需要，常在轴瓦的内表面浇铸或轧制一层较薄的轴承合金，称为轴承衬。

1. 轴瓦的形式与构造

常用的轴瓦有整体式轴套和剖分式轴瓦两种结构形式。

轴套用于整体式轴承,轴套又分为无油槽[图 9-9(a)]和有油槽[图 9-9(b)]两种。除轴承合金外,其他金属材料、多孔质金属材料及碳-石墨等非金属材料都可制成这样的结构。

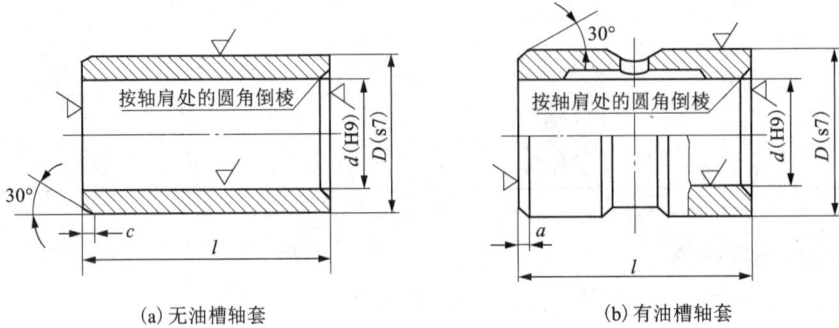

(a) 无油槽轴套　　　　　　　　(b) 有油槽轴套

图 9-9　整体式轴套

如图 9-10 所示,剖分式轴瓦用于对开式滑动轴承,主要由上、下两半轴瓦组成,在剖分面上开有轴向油槽,工作时由下轴瓦承受载荷。

轴瓦可由单层材料或多层材料制成。双层轴瓦(双金属轴瓦)由轴承衬背和轴承减摩层组成,如图 9-11 所示。轴承衬背具有一定的强度和刚度,轴承减摩层则具有较好的减摩、耐磨等性能。三层轴瓦(三金属轴瓦)是在轴承衬背与轴承减摩层之间再加上一中间层,以提高轴承减摩层的疲劳强度。采用多层轴瓦结构可以显著节省价格较高的轴承合金等减摩材料。

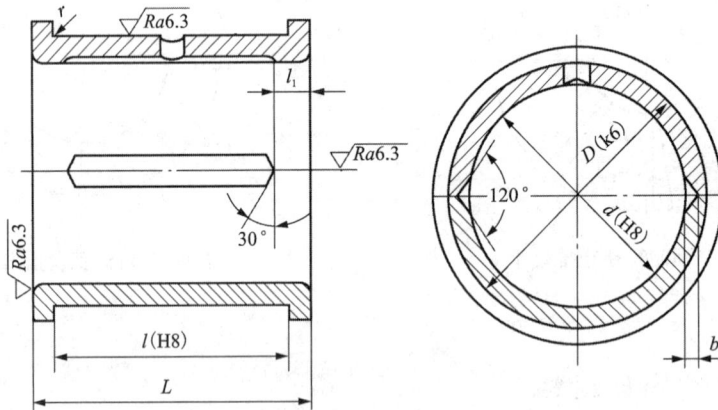

图 9-10　剖分式轴瓦

2. 轴瓦的制作

金属轴套常为浇铸成型后经切削加工制成。在大批量生产中,双层或三层金属轧制轴瓦采用轧制的方法,使轴承减摩层材料贴附在低碳钢带上,然后经冲裁、弯曲成型及精加工制

238

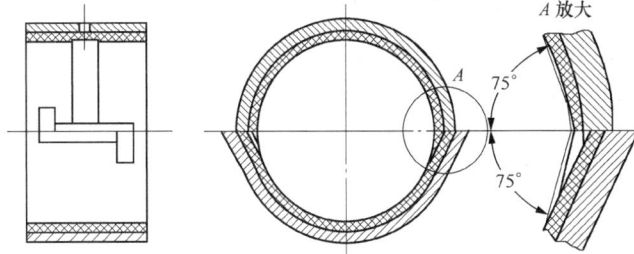

图 9-11　双金属轴瓦

成。烧结轴瓦是采用金属粉末烧结的方法使之附在钢带上而制成。对于批量小或尺寸大的轴承，常采用离心铸造的方法，将轴承减摩层材料浇铸在轴承衬背的内表面上。为了使轴承减摩层与轴承衬背贴附牢固，可在轴承衬背上制出各种形式的沟槽，如图 9-12 所示。

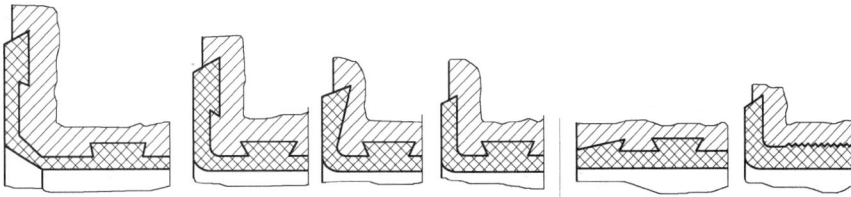

图 9-12　轴承衬背上沟槽的形式

3. 轴瓦的定位与配合

轴瓦和轴承座间不允许有相对移动。为防止轴瓦在轴承座中沿轴向和周向移动，可在轴瓦两端做出凸缘用作轴向定位(图 9-10)或采用紧定螺钉[图 9-13(a)]、圆柱销[图 9-13(b)]将轴瓦固定在轴承座上。

为了增强轴瓦的刚度和散热性能，并保证轴瓦与轴承的同轴度，轴瓦与轴承座应紧密配合，贴合牢靠，一般轴瓦与轴承座孔采用较小过盈量的配合，如 H7/s6、H7/r6 等。

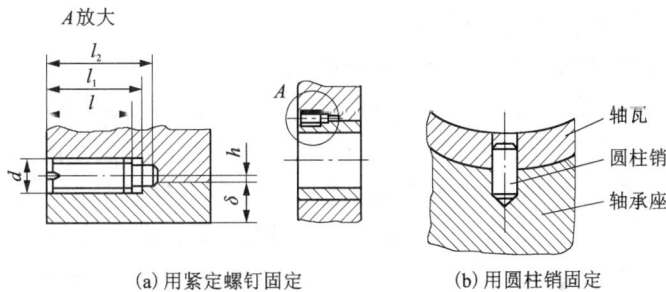

(a) 用紧定螺钉固定　　　　(b) 用圆柱销固定

图 9-13　轴瓦的固定

4. 油孔、油槽和油腔

为了向轴承的滑动表面供给润滑油，轴瓦上常开设有油孔、油槽和油腔。油孔用来供油，油槽用来输送和分布润滑油，油腔主要用于沿轴向均匀分布润滑油，并起储油和稳定供油作用。对于宽径比较小的轴承，只需开设一个油孔；对于宽径比较大、可靠性要求高的轴承，需开设油槽或油腔。常见的油槽形式如图9-14所示。

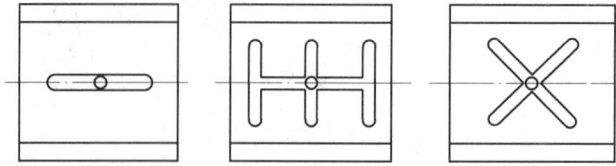

图9-14 常见的油槽形式

轴向油槽应比轴承宽度稍短，以免油从轴承端部大量流失。油腔一般开设于轴瓦的剖分处，其结构如图9-15所示。油孔和油槽的位置及形状对轴承的工作能力和寿命影响很大。对于液体动力润滑滑动轴承，应将油孔和油槽开设在轴承的非承载区，若在承载油膜区内开设油孔和油槽，将会显著降低油膜的承载能力，如图9-16所示。对于非液体摩擦滑动轴承，应使油槽尽量延伸到轴承的最大压力区附近，以便供油充分。

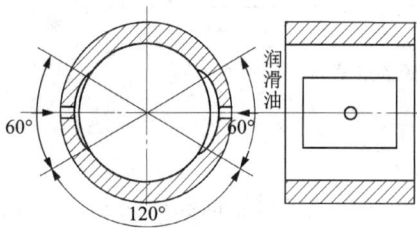

图9-15 油腔的结构

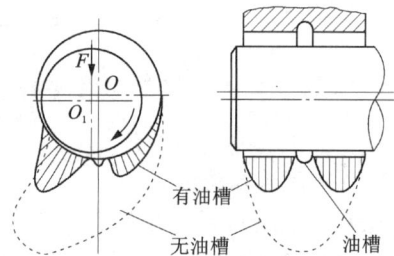

图9-16 油槽对动压油膜压力(承载能力)的影响

9.3.2 滑动轴承材料

滑动轴承材料主要指轴瓦(或轴套)和轴承衬的材料。

滑动轴承的主要失效形式是磨损和胶合，受变载荷时也会发生疲劳破坏或轴承衬脱落，因此对轴承材料性能的基本要求如下。①与轴颈材料配合后应具有良好的减摩性、耐磨性、磨合性和摩擦相容性。其中磨合性是指轴承材料在磨合过程中降低摩擦力、温度和磨损度的性能，摩擦相容性是指轴承材料防止与轴颈材料发生黏附的性能。②具有足够的强度，包括抗压、抗冲击和抗疲劳强度。③具有良好的摩擦顺应性和嵌入性。摩擦顺应性是指轴承材料靠表层的弹塑性变形来补偿滑动表面初始配合不良的性能；嵌入性是指轴承材料容许硬质颗粒嵌入而减轻刮伤或磨粒磨损的性能。一般硬度低、弹性模量低、塑性好的材料具有良好的摩擦顺应性，且嵌入性也较好。④具有良好的其他性能，如工艺性好，导热性好，热膨胀系数低，耐腐蚀性好等。⑤价格低廉，便于供应。

常用的轴承材料分金属材料、非金属和多孔质金属材料材料三大类。常用材料的性能、特点及应用场合见表 9-2、表 9-3。

表 9-2 常用金属轴承材料性能、特点及应用场合

| 名称 | 代号 | 许用值 | | | 最高工作温度 $t/℃$ | 硬度② /HBW | 性能比较 | | | | 备注 |
| | | $[p]$ /MPa | $[v]$ /(m·s⁻¹) | $[pv]$ /(MPa·m·s⁻¹) | | | 抗胶合性 | 摩擦顺应性 | 嵌入性 | 耐蚀性 | 耐疲劳性 | |

名称	代号	$[p]$/MPa	$[v]$/(m·s⁻¹)	$[pv]$/(MPa·m·s⁻¹)	$t/℃$	硬度②/HBW	抗胶合性	摩擦顺应性	嵌入性	耐蚀性	耐疲劳性	备注
锡基轴承合金	ZSnSb12Pb10Cu4 ZSnSb11Cu6 ZSnSb8Cu4 ZSnSb4Cu4	平稳载荷 25(40) 80 20(100) 冲击载荷 20 60 15			150	20~30 (150)	1	1	1	5		用于高速、重载下工作的重要轴承。变载下易疲劳，价贵
铅基轴承合金	ZPbSb16Sn16Cu2 ZPbSb15Sn5Cu ZPbSb15Sn10	12 5 20	12 8 15	10(50) 5 15	150	15~30 (150)	1	1	3	5		用于中速、中载轴承，不宜受显著冲击，可作为锡基轴承合金的代用品
铸造铜合金	CuSn10P1 CuPb5Sn5Zn5	15 8	10 3	15(50) 15	280	50~100 (200)	5	3	1	1		用于中速、重载及受变载的轴承 用于中速、中载轴承
	CuPb10Sn10 CuPb30	25	12	30(90)	280	40~280 (300)	3	4	4	2		用于高速、重载，能承受变载和冲击载荷
	CuAl10Fe5Ni5	15(30)	4(10)	12(60)	280	100~120 (200)	5	5	5	2		最宜用于润滑充分的低速重载轴承
黄铜	ZCuZn38Mn2Pb2 ZCuZn16Si4	10 12	1 2	10 10	200	80~150 (200)	3	5	1	1		用于低速、中载轴承，耐蚀、耐热
铝基轴承合金	20 高锡铝合金 铝硅合金	28~35		14	140	45~50 (300)	4	3	1	2		用于高速、中载的变载荷轴承
铸铁	HT150 HT200 HT250	2~4	0.5~1	1~4	150	160~180 (200~250)	4	5	1	1		用于低速、轻载的不重要轴承，价廉

注：(1)括号内的数值为极限值，其余为一般值(润滑良好)。对于动压轴承，限制$[pv]$值没有意义(因其与散热等条件关系很大)。

(2)括号外的数值为合金硬度，括号内的数值为最小轴颈硬度。

(3)性能比较：1——最佳；2——良好；3——较好；4——一般；5——最差。

表 9-3 常用非金属和多孔质金属轴承材料性能、特点及应用场合

轴承材料		最大许用值			最高工作温度 $t/℃$	备注
		$[p]$ /MPa	$[v]$ /(m·s^{-1})	$[pv]$ /(MPa·m·s^{-1})		
非金属材料	酚醛树脂	41	13	0.18	120	由棉织物、石棉等填料经酚醛树脂黏结而成。抗咬合性好，强度高、抗震性也极好，能耐酸碱，导热性差，重载时需用水或油充分润滑，易膨胀，轴承间隙宜取大些
	尼龙	14	3	0.11(0.05 m/s) 0.09(0.5 m/s) <0.09(5 m/s)	90	摩擦系数低，耐磨性好，无噪声。金属瓦上覆以尼龙薄层，能受中等载荷。加入石墨、二硫化钼等填料可提高其机械性能、刚性和耐磨性。加入耐热成分的尼龙可提高工作温度
	聚碳酸酯	7	5	0.03(0.05 m/s) 0.01(0.5 m/s) <0.01(5 m/s)	105	聚碳酸酯、醛缩醇、聚酰亚胺等都是较新的塑料。物理性能好。易于喷射成型，比较经济。醛缩醇和聚碳酸酯稳定性好，填充石墨的聚酰亚胺温度可达280℃
	醛缩醇	14	3	0.1	100	
	聚酰亚胺	—	—	4(0.05 m/s)	260	
	聚四氟乙烯（PTFE）	3	1.3	0.04(0.05 m/s) 0.06(0.5 m/s) <0.09(5 m/s)	250	摩擦系数很低，自润滑性能好，能耐任何化学药品的侵蚀。适用温度范围宽(>280℃时，有少量有害气体放出)，但成本高，承载能力低。以玻璃丝、石墨为填料，则承载能力和$[pv]$值可大为提高
	PTFE 织物	400	0.8	0.9	250	
	填充 PTFE	17	5	0.5	250	
	碳-石墨	4	13	0.5(干) 5.25(润滑)	400	有自润滑性及高的导磁性和导电性，耐蚀能力强，常用于水泵和风动设备中的轴套
	橡胶	0.34	5	0.53	65	橡胶能隔振、降低噪声、减小动载、补偿误差。导热性差，需加强冷却，温度高易老化。常用于有水、泥浆等的工业设备中

续表9-3

轴承材料		最大许用值			最高工作温度 $t/℃$	备注
		$[p]$ /MPa	$[v]$ /(m·s^{-1})	$[pv]$ /(MPa·m·s^{-1})		
多孔质金属材料	多孔铁 (Fe 95%, Cu 2%, 石墨和其他 3%)	55(低速、间歇) 21(0.013 m/s) 4.8(0.51~ 0.76 m/s) 2.1(0.76~1 m/s)	7.6	1.8	125	具有成本低、含油量多、耐磨性好、强度高等特点，应用很广
	多孔青铜 (Cu 90%, Sn 10%)	27(低速、间歇) 14(0.013 m/s) 3.4(0.51~ 0.76 m/s) 1.8(0.76~1 m/s)	4	1.6	125	孔隙度大的多用于高速轻载轴承，孔隙度小的多用于摆动或往复运动的轴承。长期运转而不补充润滑剂的应降低 $[pv]$ 值。高温或连续工作的应定期补充润滑剂

9.4　滑动轴承的润滑

由于滑动轴承的润滑对其工作能力和使用寿命有着重大的影响，因此选择合适的润滑剂和润滑装置是设计滑动轴承的一个重要环节。

9.4.1　滑动轴承的润滑剂及其选用

滑动轴承常用润滑油作润滑剂，轴颈圆周速度较低时可用润滑脂，在速度特别高时可用气体润滑剂(如空气)，在一些特殊要求的场合，可使用固体润滑剂(如二硫化钼、石墨等)。下面仅就滑动轴承常用润滑剂的选择方法作一些简要介绍。

1. 润滑油的选择

选用润滑油时，主要是考虑其黏度和润滑性。所谓黏度可定性地定义为它的流动阻力。所谓润滑性是指润滑油中极性分子与金属表面吸附形成一层边界油膜，以减少摩擦和磨损的性能。由于润滑性尚无定量的指标，故通常按黏度来选择。润滑油选择的一般原则为：低速、重载、工作温度高时，应选较高黏度的润滑油；反之，可选用较低黏度的润滑油。具体选择时，可按轴承压强、滑动速度和工作温度参考表9-4选用。当轴承工作温度较高时，选用润滑油的黏度应比表中的要高一些。此外，通常也可根据现有机器的成功使用经验，采用类比的方法来选择合适的润滑油。

表 9-4　滑动轴承润滑油的选择(不完全液体润滑，工作温度 10~60 ℃)

轴颈圆周速度 v/(m·s^{-1})	轻载($p_m<3$ MPa)			中载($p_m=3\sim7.5$ MPa)		重载($p_m>7.5$ MPa)	
	运动黏度 v_{40}/(10^{-6} m^2·s^{-1})	润滑油牌号		运动黏度 v_{40}/(10^{-6} m^2·s^{-1})	润滑油牌号	运动黏度 v_{40}/(10^{-6} m^2·s^{-1})	润滑油牌号
<0.1	80~150	L-AN68、L-AN100、L-AN150		140~220	L-AN150、L-AN220	470~1000	L-AN460、L-AN680、L-AN1000
0.1~0.3	65~120	L-AN68、L-AN100		120~170	N100、N150	250~600	L-AN220、L-AN320、L-AN460
0.3~1.0	45~75	L-AN46、L-AN68		100~125	L-AN100	90~350	L-AN100、L-AN150、L-AN220、L-AN320
1.0~2.5	40~75	L-AN32、L-AN46、L-AN68		65~90	L-AN68、L-AN100		
2.5~5.0	40~55	L-AN32、L-AN46					
5.0~9	15~50	N15、N22、N32、N46					
>9	5~23	L-AN7、L-AN10、L-AN15、L-AN22					

2. 润滑脂的选择

润滑脂主要用于工作要求不高、难以经常供油或者低速重载以及摆动的轴承中。

选用润滑脂时，主要是考虑其针入度(或稠度)和滴点。所谓针入度(或稠度)是指一个重 1.5 N 的标准锥体，于 25 ℃恒温下，由润滑脂表面经 5 s 时间后刺入的深度(以 0.1 mm 计)，它标志着润滑脂内部阻力大小和流动性的强弱。所谓滴点是指在规定的条件下，润滑脂从标准测量杯的孔口滴下第一滴液体时的温度，它决定轴承的工作温度。润滑脂选用的一般原则为：①低速、重载时应选用针入度小的润滑脂，反之，则选用针入度大的润滑脂；②所选用润滑脂的滴点一般应高于轴承工作温度 20~30 ℃或更高；③在潮湿或有水淋的环境下，应选用抗水性好的钙基脂或锂基脂；④温度高时应选用耐热性好的钠基脂或锂基脂。滑动轴承润滑脂具体选用时可参考表 9-5。

表 9-5　滑动轴承润滑脂的选择

轴承压强 p/MPa	轴颈圆周速度 v/(m·s^{-1})	最高工作温度/℃	润滑脂牌号
<1.0	0~1.0	75	钙基脂 ZG-3
1.0~6.5	0.5~5.0	55	钙基脂 ZG-2
>6.5	0~0.5	75	钙基脂 ZG-1
≤6.5	0.5~5.0	120	钠基脂 ZN-2
1.0~6.5	0~0.5	110	钙钠基脂 ZGN-1
1.0~6.5	0~1.0	50~100	锂基脂 ZL-2
>5.0	0~0.5	60	压延基脂 ZJ-2

3. 固体润滑剂

固体润滑剂可以在摩擦表面上形成固体膜以减小摩擦阻力，通常只用于一些特殊要求的场合。例如，大型可展开天线定向机构和铰链处的固体润滑，空间机器人谐波齿轮减速器所用的固体润滑等。

二硫化钼用黏结剂调配涂在轴承摩擦表面上可以大大延长摩擦副的磨损寿命。在金属表面上涂镀一层钼，然后放在含硫的气氛中加热，可生成 MoS_2 膜。这种膜黏附最为牢固，承载能力极高。在用塑料或多孔质金属制造的轴承材料中掺入 MoS_2 粉末，会在摩擦过程中连续对摩擦表面提供 MoS_2 薄膜。将全熔金属注到石墨或碳-石墨零件的孔隙中，或经过烧结制成轴瓦可获得较高的黏附能力。聚四氟乙烯片材可冲压成轴瓦，也可以用烧结法或黏结法形成聚四氟乙烯膜黏附在轴瓦内表面上。软金属薄膜(如铅、金、银等薄膜)主要用于真空及高温的场合。

9.4.2 滑动轴承的润滑方式及装置

为了获得良好的润滑，除了正确选择润滑剂外，同时要考虑合适的润滑方式和相应的润滑装置。

1. 润滑油润滑

根据供油方式的不同，润滑油润滑可分为间断润滑和连续润滑。间断润滑只适用于低速、轻载和不重要的轴承。需要可靠润滑的轴承应采用连续润滑。

(1)人工加油润滑。在轴承上方设置油孔或油杯(图 9-17)，用人工用油壶或油枪定期向油孔或油杯供油，只能起到间断润滑的作用。

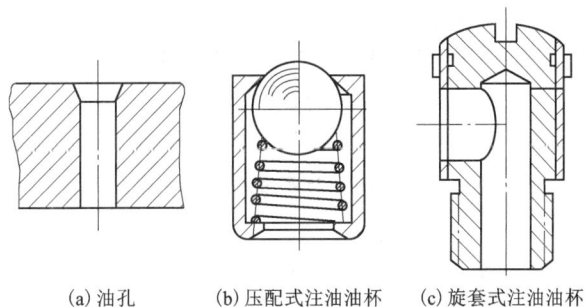

(a)油孔　(b)压配式注油油杯　(c)旋套式注油油杯

图 9-17 油孔及油杯

(2)滴油润滑。针阀式滴油油杯如图 9-18(a)所示。在图 9-18(b)中，当手柄卧倒时，针阀受弹簧推压向下而堵住底部阀座油孔；在图 9-18(c)中，当手柄直立时便提起针阀，打开下端油孔，油杯中润滑油流进轴承，处于供油状态。调节螺母可用来控制油的流量。定期提起针阀也可用作间断润滑。

(3)油绳润滑。油绳润滑的润滑装置为油绳式油杯(图 9-19)。油绳的一端浸入油中，利用毛细管作用将润滑油引到轴颈表面，其供油量不易调节。

(4)油环润滑。如图 9-20 所示，轴颈上套一油环，油环下部浸入油池内，靠轴颈摩擦力带动油环旋转，从而将润滑油带到轴颈表面。这种装置只适用于连续运转的水平轴轴承的润滑，并且轴转速应为 50~3000 r/min。

(5)飞溅润滑。飞溅润滑常用于闭式箱体内的轴承润滑，利用浸入油池中的齿轮、曲轴等旋转零件，将润滑油飞溅到箱壁上，再沿油槽进入轴承。溅油零件的最大圆周速度为 12 m/s~14 m/s，浸油深度也不宜过大。

(6)压力循环润滑。压力循环润滑是利用油泵供给充足的润滑油来润滑和冷却轴承，用过的油可流回油池,经过冷却和过滤后可循环使用,其供油压力和流量都可调节。

2. 润滑脂润滑

润滑脂润滑一般为间断润滑,常用旋盖式油杯(图9-21)或黄油枪加脂,即定期旋转杯盖将杯内润滑脂压进轴承,或用黄油枪通过压注油杯[图9-17(b)]向轴承补充润滑脂。润滑脂润滑也可以集中供应,适用于多点润滑的场合,其供脂可靠,但组成设备比较复杂。

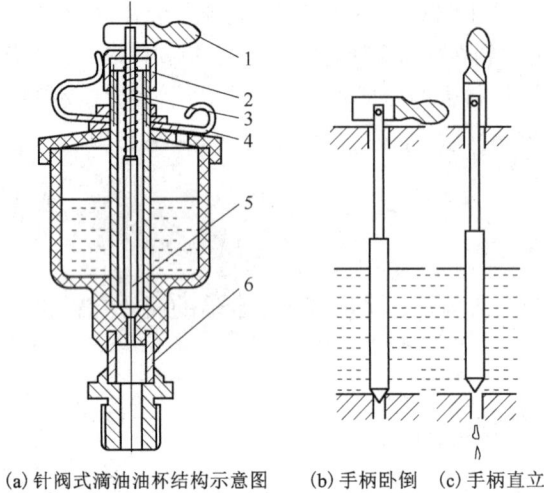

(a)针阀式滴油油杯结构示意图　(b)手柄卧倒　(c)手柄直立

1—手柄；2—调节螺母；3—弹簧；
4—油孔遮盖；5—针阀杆；6—观察孔。

图9-18　针阀式滴油油杯　　　　图9-19　油绳式油杯

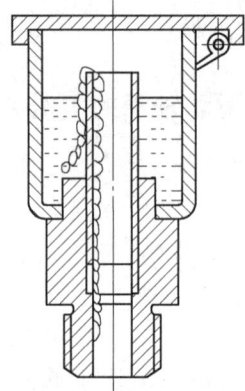

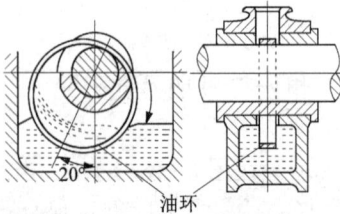

图9-20　油环润滑图　　　　图9-21　旋盖式油杯

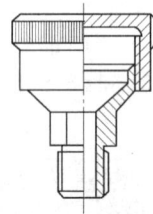

9.4.3　润滑方式的选择

滑动轴承的润滑方式可根据 k 值的大小进行选择。

$$k = \sqrt{pv^3} \tag{9-1}$$

式中：p 为轴承压强,MPa；v 为轴颈圆周速度,m/s。

当 $k \leqslant 2$ 时,采用润滑脂润滑或人工加油润滑；当 $2 < k \leqslant 15$ 时,采用滴油润滑；当 $15 < k \leqslant 30$ 时,采用油环润滑或飞溅润滑；当 $k > 30$ 时,采用压力循环润滑。

9.5 非液体摩擦滑动轴承的计算

工程实际中，对于工作要求不高、速度较低、载荷不大、难以维护等条件下工作的轴承，往往设计成非液体摩擦滑动轴承。

9.5.1 非液体摩擦滑动轴承的失效形式和计算准则

非液体摩擦滑动轴承工作时，轴颈与轴瓦表面间处于边界摩擦或混合摩擦状态，其主要的失效形式是磨损和胶合。其可靠的工作条件为：维持边界油膜不被破坏，以减少发热和磨损，并根据边界油膜的机械强度和破裂温度来决定轴承的工作能力。由于边界油膜的强度和破裂温度受多种因素影响而十分复杂，因此目前采用的计算方法是简化的条件性计算。所谓条件性计算是指对轴承压强 p、轴承压强-速度值 pv 和轴颈滑动速度 v 进行验算，使其不超过轴承材料的许用值。这种计算方法只适合用于工作可靠性要求不高的低速、重载或间歇工作的轴承。对于重要的非液体摩擦滑动轴承，其设计计算方法可参考相关手册。下面分别介绍非液体摩擦的径向滑动轴承和止推滑动轴承的设计计算。

9.5.2 径向滑动轴承的设计计算

设计时，一般已知轴颈直径 d，轴的转速 n 及轴承径向载荷 F_r。其设计计算步骤如下：

(1)根据轴承使用要求和工作条件，确定轴承的结构形式，选择轴承材料。

(2)选取轴承宽径比 B/d，确定轴承宽度。若宽径比过大，则散热性差，温度高，还容易引起两端的严重磨损；若宽径比过小，则轴承的平均压强增大，且润滑不充分。通常取 $B/d=0.5\sim1.5$。

(3)验算轴承的工作能力。

①轴承压强 p 的验算。限制轴承压强 p，以保证润滑油不被过大的压力挤出，避免轴瓦工作表面产生过度的磨损，即

$$p=\frac{F_r}{Bd}\leqslant[p] \tag{9-2}$$

式中：B 为轴承宽度，mm；$[p]$ 为轴承材料的许用压强，MPa，见表9-2、表9-3。

②轴承压强-速度值 pv 的验算。限制轴承的温升，防止胶合。用 pv 值简略地表征轴承的发热因素，pv 值越大，轴承温升越高，容易引起边界油膜的破裂。pv 值的校核式为

$$pv=\frac{F_r}{Bd}\cdot\frac{\pi dn}{60\times1000}=\frac{F_rn}{19100B}\leqslant[pv] \tag{9-3}$$

式中：$[pv]$ 为轴承材料的许用压强-速度值，MPa·m/s，见表9-2、表9-3。

③轴颈滑动速度 v 的验算。校核滑动速度 v 的目的是如果 p 与 pv 都在许用范围时，避免 v 过高而引起轴瓦加速磨损，即

$$v=\frac{\pi dn}{60\times1000}\leqslant[v] \tag{9-4}$$

式中：$[v]$ 为轴承材料的许用滑动速度，m/s，见表9-2、表9-3。

若 p、pv 和 v 的验算结果超出许用范围，可加大轴颈直径和轴承宽度，或选用更好的轴承材料，使之满足工作要求。

(4) 选择轴承的配合。轴瓦与轴颈之间的配合是间隙配合，根据不同的使用要求，必须合理地选择轴承的配合，非液体摩擦滑动轴承常用配合及应用见表 9-6。旋转精度要求高的轴承，选择较高的精度、较紧的配合；反之，选择较低的精度、较松的配合。

(5) 选择润滑方式和润滑剂。

表 9-6　非液体摩擦滑动轴承的常用配合及应用

精度等级	配合符号	应用举例
2	H7/g6	磨床与车床分度头主轴承
2	H7/f7	铣床、钻床及车床的轴承，汽车发动机曲轴的主轴承及连杆轴承，齿轮减速器及蜗杆减速器轴承
4	H9/f9	电动机、离心泵、风扇及惰齿轮轴的轴承，蒸汽机与内燃机曲轴的主轴承和连杆轴承
2	H7/e8	汽轮发电机轴、内燃机凸轮轴、高速转轴、刀架丝杠、机车多支点轴等的轴承
6	H11/b11 或者 H11/d11	农业机械用的轴承

9.5.3　止推滑动轴承的设计计算

止推滑动轴承的设计计算方法与径向滑动轴承的设计计算方法基本相同。在已知轴承的轴向载荷 F_a 和轴的转速 n 后，可按以下步骤进行设计计算：

(1) 根据载荷的大小、性质及空间尺寸等条件确定轴承的结构形式，并选择轴承材料。

(2) 参照表 9-1 初步确定止推轴承轴颈的基本尺寸。

(3) 验算轴承的工作能力。

①轴承压强 p 的验算。

$$p = \frac{F_a}{z \frac{\pi}{4}(d_2^2 - d_0^2)} \leqslant [p] \tag{9-5}$$

式中：d_2 为轴环外径，mm；d_0 为止推轴颈直径，mm；z 为止推轴环数；$[p]$ 为止推轴承的许用压强，MPa，见表 9-7。

②pv_m 值的验算。

$$pv_m \leqslant [pv] \tag{9-6}$$

式中：$[pv]$ 为止推轴承的许用 pv 值，MPa·m/s，见表 9-7；v_m 为止推轴承平均直径处的圆周速度，m/s，$v_m = \dfrac{\pi d_m n}{60 \times 1000}$，$d_m$ 为止推轴环的平均直径，mm，$d_m = \dfrac{d_2 + d_0}{2}$。

表 9-7 止推轴承材料及 $[p]$、$[pv]$ 值

轴材料	未淬火钢			淬火钢		
轴承材料	铸铁	青铜	轴承合金	青铜	轴承合金	淬火钢
$[p]$/MPa	2~2.5	4~5	5~6	7.5~8	8~9	12~15
$[pv]$/(MPa·m·s^{-1})	1~2.5					

【例 9-1】 试设计一离心泵的非液体摩擦滑动轴承。已知轴承受径向载荷 $F_r = 100000$ N，轴颈直径 $d = 90$ mm，轴的工作转速 $n = 10$ r/min。

解：

(1)选择轴承类型和轴承材料。

为了装拆方便，轴承采用对开式结构。由于轴承载荷大、速度低，由表 9-2 选取铸造铜合金 CuAl10Fe5Ni5 作为轴承材料，其中 $[p] = 15$ MPa，$[pv] = 12$ MPa·m/s，$[v] = 4$ m/s。

(2)选择轴承宽径比。

选取 $B/d = 1.2$，则 $B = 1.2 \times 90 = 108$ mm，取 $B = 110$ mm。

(3)验算轴承工作能力。

①验算 p。

$$p = \frac{F_r}{Bd} = \frac{100000}{110 \times 90} = 10.1 \text{ MPa} < [p]$$

②验算 pv。

$$pv = \frac{F_r n}{19100B} = \frac{100000 \times 10}{19100 \times 110} = 0.476 \text{ MPa·m/s} < [pv]$$

③验算 v。

$$v = \frac{\pi dn}{60 \times 1000} = \frac{3.14 \times 90 \times 10}{60 \times 1000} = 0.0471 \text{ m/s} < [v]$$

(4)选择轴承配合和表面粗糙度。

参考表 9-6，选取轴承与轴颈的配合为 H9/f9，轴瓦滑动表面粗糙度为 $R_a = 3.2$ μm，轴颈表面粗糙度为 $R_a = 1.6$ μm。

(5)选择润滑方式。

$$k = \sqrt{pv^3} = \sqrt{10.1 \times 0.0471^3} = 0.0325 < 2$$

采用润滑脂润滑。

9.6 液体动力润滑径向滑动轴承的设计

两个做相对运动物体的摩擦表面，可借助相对速度产生的在楔形间隙内黏性液体膜将两摩擦表面完全隔开，用液体膜产生的压力来平衡外载荷，这称为液体动力润滑。利用这种原理设计的轴承称为液体动力润滑滑动轴承，简称动压轴承。

9.6.1 液体动力润滑的基本方程——雷诺方程

如图 9-22 所示，取被润滑油隔开的两平板，板 B 倾斜一角度，与板 A 组成一收敛的楔形空间，其中，板 B 静止不动，板 A 以速度 v 沿 x 轴向右(楔形空间的收敛方向)运动。为简化

分析，需作如下假设：①两平板间的润滑油为牛顿流体，且作层流运动；②润滑油的黏度为常数，不随压力变化；③润滑油的惯性力和重力忽略不计；④沿油膜厚度方向（y方向）油压为常数；⑤润滑油不可压缩；⑥两平板为无限宽，润滑油沿平板宽度方向（z方向）无流动；⑦润滑油与两平板表面吸附牢固。根据假设可知，两平板间润滑油的流动为沿x方向的一维流动。

1. 速度分布方程

从作层流运动的油膜中取一微小单元体，如图9-22所示。单元体左、右侧面的压力分别为p、$p+dp$，其合力分别为$pdydz$、$(p+dp)dydz$，单元体上、下侧面的内摩擦切应力分别为τ、$(\tau+d\tau)$，其合力分别为$\tau dxdz$、$(\tau+d\tau)dxdz$，由单元体的平衡条件，可得

$$\frac{dp}{dx} = -\frac{d\tau}{dy} \qquad (a)$$

将牛顿黏性定律$\tau = -\eta du/dy$代入式（a）得

$$\frac{dp}{dx} = \eta \frac{d^2u}{dy^2} \qquad (b)$$

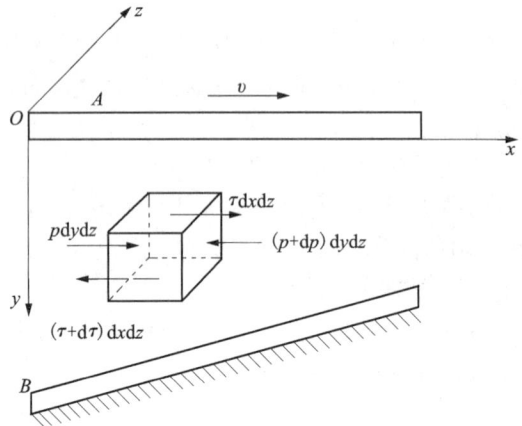

图9-22 做相对运动的两平板间油膜的动力分析

将式（b）对y进行积分得

$$u = \frac{1}{2\eta}\frac{dp}{dx}y^2 + C_1 y + C_2 \qquad (c)$$

根据边界条件：$y=0$时，$u=v$；$y=h$（单元体处两平板间油膜厚度）时，$u=0$，可求得积分常数为

$$C_1 = -\frac{h}{2\eta}\cdot\frac{dp}{dx}-\frac{v}{h}, \quad C_2 = v$$

代入式（c）后得

$$u = \frac{v(h-y)}{h} - \frac{y(h-y)}{2\eta}\cdot\frac{dp}{dx} \qquad (9-7)$$

式中：η为润滑油的动力黏度；h为截面x处的油膜厚度；$\frac{dp}{dx}$为油膜内油压沿x方向的变化率。

由式（9-7）可知，两平板间各油层的速度u由两部分组成：式中前一项的速度呈线性分布，如图9-23中虚线所示，这是直接在板A的运动下由各油层间的内摩擦力的剪切作用所引起的流动，称为剪切流；式中后一项的速度呈抛物线分布，如图9-23中实线所示，这是由油膜中压力沿x方向的变化引起的流动，称为压力流。

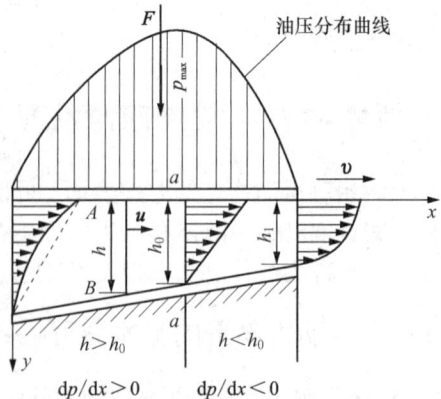

图9-23 两相对运动平板间油层中的速度分布和压力分布

2. 流量方程

在两平板间 x 处任取一截面，截面高度为 h，截面宽为单位宽度（沿 z 向），则单位时间内沿 x 方向流经此截面的润滑油流量 q 为

$$q = \int_0^h u\,\mathrm{d}y = \frac{vh}{2} - \frac{h^3}{12\eta}\cdot\frac{\mathrm{d}p}{\mathrm{d}x} \tag{9-8}$$

3. 液体动力润滑的基本方程

设油压最大处的油膜厚度为 h_0（即 $\mathrm{d}p/\mathrm{d}x = 0$ 时，$h = h_0$），由式（9-7）可知此截面处的速度为线性分布，其流量为

$$q = \frac{1}{2}vh_0 \tag{d}$$

由于润滑油不可压缩，且流经各截面处的流量应相等，所以将式（d）代入式（9-8）可得

$$\frac{\mathrm{d}p}{\mathrm{d}x} = \frac{6\eta v}{h^3}(h - h_0) \tag{9-9}$$

式（9-9）即为液体动力润滑的基本方程，称为一维雷诺方程。它描述了两平板间油膜油压的变化与润滑油黏度 η、相对滑动速度 v 及油膜厚度 h 之间的关系。由式（9-9）可求出油膜油压 p 沿 x 方向的分布规律，如图 9-23 所示，再根据油膜油压的合力便可确定油膜的承载能力。但实际的轴承宽度是有限的，计算中必须考虑润滑油从轴承两端泄漏对油膜承载能力的影响。

9.6.2　形成液体动力润滑（即动压油膜）的必要条件

若将平板 A、B 平行放置，板 B 静止不动，板 A 以速度 v 相对板 B 滑动，此时两平板间各截面处油膜厚度相等，即 $h = h_0$，由式（9-9）得 $\mathrm{d}p/\mathrm{d}x = 0$，即油膜油压 p 沿 x 方向不产生变化，因而内部油压与左端进口和右端出口处油压相等。在平板 A 上加一向下载荷 F 时，板 A 将下沉，直至与板 B 接触。由此可见，因两平板间不能形成压力油膜，故板 A 不能承受外载荷。

将板 B 倾斜与板 A 组成收敛楔形空间后，两板间润滑油形成油楔。由式（9-9）可知，在截面 h_0 的左侧（图 9-23），$h > h_0$，则 $\mathrm{d}p/\mathrm{d}x > 0$，油压 p 沿 x 方向逐渐增大；在 h_0 的右侧，$h < h_0$，则 $\mathrm{d}p/\mathrm{d}x < 0$，油压 p 沿 x 方向逐渐减小；在 $h = h_0$ 处，$\mathrm{d}p/\mathrm{d}x = 0$，油压有最大值 p_{max}，油楔的全部油压之和即为油楔的承载能力。所以在两平板间形成动压油膜后便具有一定的承载能力。

由式（9-9）可知，形成液体动力润滑（即动压油膜）的必要条件为：

（1）做相对运动的两表面间必须沿运动方向形成收敛的楔形间隙。

（2）两表面必须有足够的相对运动速度 v，其润滑油的运动方向必须从大口流进，小口流出。

（3）润滑油要有一定的黏度，且供油充分。

9.6.3　液体动力润滑径向滑动轴承的工作过程

液体动力润滑的工作过程要经过启动、不稳定运转、稳定运转 3 个阶段。将移动平板 A、静止平板 B 分别卷成圆筒形，则其分别相当于轴颈和轴承。因轴颈直径小于轴承孔直径，两者间存在一定间隙，静止时轴颈位于轴承孔的最低位置，如图 9-24（a）所示，在轴颈与轴承

表面间自然形成了一弯曲的楔形空间，此时轴颈与轴承直接接触。当轴颈开始顺时针转动时，在摩擦力的作用下，轴颈沿轴承孔内壁向右滚动上爬，如图 9-24(b)所示。由于轴颈转速不高，进入楔形空间的油量很少，不足以形成压力油膜将轴颈与轴承表面分开，两者间处于非完全油膜润滑状态。随着转速的增大，动压油膜逐渐形成，将轴颈与轴承表面逐渐分开，摩擦力也逐渐减小，轴颈将向左下方移动。在转速增大到一定数值后，足够多的润滑油进入楔形空间，形成能平衡外载荷的动压油膜，轴颈被动压油膜抬起，稳定地在偏左的某一位置上转动，如图 9-24(c)所示。此时轴颈与轴承间形成液体动力润滑。若外载荷、转速及润滑油黏度保持不变，轴颈将在这一位置稳定地转动。

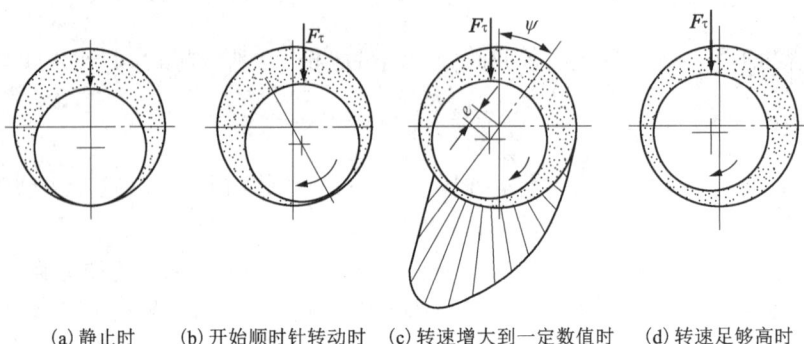

(a)静止时　　(b)开始顺时针转动时　　(c)转速增大到一定数值时　　(d)转速足够高时

图 9-24　液体动力润滑径向滑动轴承的工作过程

在一定的载荷作用下，转速发生变化时，轴颈的工作位置将发生变化。研究结果表明，轴颈转速越高，轴颈中心将被抬得越高而接近轴承孔的中心，如图 9-24(d)所示。在转速变化时，轴颈中心的运动轨迹接近于半圆。

为保证动压轴承完全在液体摩擦状态下工作，轴承工作时的最小油膜厚度 h_{min} 必须大于油膜允许值。同时，考虑到动压轴承工作时，不可避免产生摩擦，引起轴承升温，因此，还必须控制轴承的温升不超过允许值。另外，动压轴承在启动和停车时，处于非液体摩擦状态，受到压强 p、滑动速度 v 及 pv 的约束。这些约束条件分别为

$$p \leqslant [p] \tag{9-10}$$

$$pv \leqslant [pv] \tag{9-11}$$

$$v \leqslant [v] \tag{9-12}$$

$$h_{min} \geqslant [h_{min}] \tag{9-13}$$

$$\Delta t \leqslant [\Delta t] \tag{9-14}$$

有关压强 p、滑动速度 v 及 pv 的约束已在本章 9.5 节中讨论过，下面主要讨论最小油膜厚度和温升的约束。

9.6.4　径向滑动轴承的主要几何关系

1. 最小油膜厚度 h_{min}

如图 9-25 所示为径向滑动轴承工作时轴颈的位置及压力分布。轴承和轴颈的连心线 OO_1 与外载荷 F(载荷作用在轴颈中心上)的方向形成一偏位角 φ_a。轴承孔和轴颈的直径分

别用 D 和 d 表示, 则轴承直径间隙为

$$\Delta = D-d \qquad (9-15)$$

半径间隙为轴承孔半径 R 与轴颈半径 r 之差, 则

$$\delta = R-r = \Delta/2 \qquad (9-16)$$

直径间隙与轴颈公称直径之比称为相对间隙, 用 ψ 表示, 则

$$\psi = \Delta/d = \delta/r \qquad (9-17)$$

轴颈在稳定运转时, 其中心 O 与轴承中心 O_1 的距离, 称为偏心距, 用 e 表示。偏心距与半径间隙的比值, 称为偏心率, 以 χ 表示, 则

$$\chi = e/\delta \qquad (9-18)$$

于是由图 9-25 可知, 最小油膜厚度为

$$h_{min} = \delta - e = \delta(1-\chi) = r\psi(1-\chi) \qquad (9-19)$$

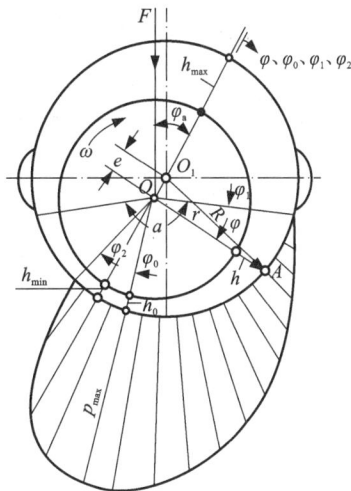

图 9-25　径向滑动轴承的
几何参数和油压分布

对于径向滑动轴承, 采用极坐标描述比较方便。取轴颈中心 O 为极点, 连心线 OO_1 为极轴, 对应于任意角 φ(包括 φ_0、φ_1、φ_2 均由 OO_1 算起)的油膜厚度为 h, h 的大小可在 $\triangle AOO_1$ 中应用余弦定理求得, 即

$$R^2 = e^2 + (r+h)^2 - 2e(r+h)\cos\varphi$$

解上式得

$$r+h = e\cos\varphi \pm R\sqrt{1-\left(\frac{e}{R}\right)^2\sin^2\varphi}$$

若略去微量 $\left(\frac{e}{R}\right)^2\sin^2\varphi$, 并取根式的正号, 则得任意位置的油膜厚度为

$$h = \delta(1+\chi\cos\varphi) = r\psi(1+\chi\cos\varphi) \qquad (9-20)$$

在压力最大处的油膜厚度 h_0 为

$$h_0 = \delta(1+\chi\cos\varphi_0) \qquad (9-21)$$

式中: φ_0 为最大压力处的极角。

在 $\varphi = \pi$ 处, 最小油膜厚度 h_{min}(保证液体动力润滑的条件)为

$$h_{min} \geq [h_{min}] \qquad (9-22)$$

由上可知, h_{min} 越小, 偏心率 χ 越大, 轴承的承载能力就越大, 但 h_{min} 不能无限制地减小, 因为它受轴瓦和轴颈表面粗糙度、轴的刚性等的限制。为确保轴承能处于液体摩擦状态, h_{min} 必须大于或等于许用油膜厚度 $[h_{min}]$。

2. 承载量系数 C_p

将雷诺方程[式(9-9)]改写为极坐标形式, 即设 $dx = r\varphi$, $v = \omega r$ 则有

$$dp = 6\eta\frac{v}{r\psi^2}\cdot\frac{\chi(\cos\varphi-\cos\varphi_0)}{(1+\chi\cos\varphi)}d\varphi \qquad (9-23)$$

将式(9-23)沿轴承的周向和轴向积分, 同时考虑到有限宽度轴承因端泄而导致油膜压力沿轴向抛物线分布的影响, 经推导后, 可得与外载荷 F 相平衡的油膜总压力为

253

$$F = \frac{2\eta vB}{\psi^2}\left\{ -2\int_{\varphi_1}^{\varphi_2}\left[\int_{\varphi_1}^{\varphi_2}\frac{\chi(\cos\varphi - \cos\varphi_0)}{(1+\chi\cos\varphi)^3}\mathrm{d}\varphi\right]K_B[\cos(\varphi_a + \varphi)\mathrm{d}\varphi]\right\} \tag{9-24}$$

式中：B 为轴承的实际宽度，m；φ_a 为外载荷 F 作用的位置角（图9-25）；K_B 为考虑因轴承端泄会降低油膜压力而引入的系数（$K_B < 1$），它是轴承宽径比 B/d 及偏心率 χ 的函数。

实际上，轴承为有限宽，其两端一定存在端泄现象，且两端的压力为零。令式（9-24）中

$$-2\int_{\varphi_1}^{\varphi_2}\left[\int_{\varphi_1}^{\varphi_2}\frac{\chi(\cos\varphi - \cos\varphi_0)}{(1+\chi\cos\varphi)^3}\mathrm{d}\varphi\right]K_B[\cos(\varphi_a + \varphi)\mathrm{d}\varphi] = C_p \tag{9-25}$$

则得

$$F = \frac{2\eta vB}{\psi^2}C_p$$

或

$$C_p = \frac{F\psi^2}{2\eta vB} \tag{9-26}$$

式中：C_p 为承载量系数，是个无量纲系数。

由式（9-25）可知，承载量系数 C_p 为轴瓦包角 α（指轴瓦完整表面所对应的圆心角）、偏心率 χ 和宽径比 B/d 的函数，直接积分很难，可用数值积分求并绘制成相应的曲线图，如图9-26所示为轴瓦包角为180°时的 C_p 与偏心率 χ 等的关系曲线。

油膜不被破坏的条件为

$$[h_{min}] \geqslant S(R_{Z1} + R_{Z2}) \tag{9-27}$$

式中：R_{Z1} 和 R_{Z2} 分别为轴颈表面和轴承孔表面粗糙度的十点高度，μm；S 为安全系数，考虑几何形状误差、零件变形及安装误差等因素而取的安全系数，常取 $S \geqslant 2$。

R_{Z1}，R_{Z2} 应根据加工方法参考有关手册确定。常用的轴颈和轴承孔表面粗糙度的十点高度见表9-8。对一般轴承，可分别取 R_{Z1}、R_{Z2} 值为 3.2 μm、6.3 μm 或 1.6 μm、3.2 μm；对重要轴承，可分别取 R_{Z1}、R_{Z2} 值为 0.8 μm、1.6 μm 或 0.2 μm、0.4 μm。

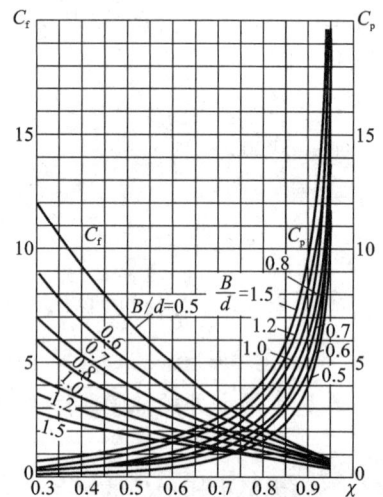

图9-26 承载量系数和摩擦特性系数线图（包角180°）

表9-8 轴颈和轴承孔表面粗糙度的十点高度

加工方法	精车或精镗，中等磨光，刮（每平方厘米内有1.5~3个点）		铰，精磨，刮（每平方厘米内有3~5个点）		钻石刀头镗磨		研磨，抛光超精加工等		
表面粗糙度	$\sqrt{Ra3.2}$	$\sqrt{Ra1.6}$	$\sqrt{Ra0.8}$	$\sqrt{Ra0.4}$	$\sqrt{Ra0.2}$	$\sqrt{Ra0.1}$	$\sqrt{Ra0.05}$	$\sqrt{Ra0.25}$	$\sqrt{Ra0.012}$
$R_Z/\mathrm{\mu m}$	10	6.3	3.2	1.6	0.8	0.4	0.2	0.1	0.05

式(9-27)加上液体动力润滑的三个基本条件,即成为形成液体动力润滑的充分和必要条件。

3. 轴承的热平衡计算

轴承工作时,摩擦功耗将转变为热量,使润滑油温度升高。如果油的平均温度超过计算承载能力时所假定的数值,则轴承承载能力就会降低。因此要计算油的温升 Δt,并将其限制在允许的范围内。

轴承运转中达到热平衡状态的条件为:单位时间内轴承摩擦所产生的热量 H 等于同时间内流动的油所带走的热量 H_1 与轴承散发的热量 H_2 之和,即

$$H = H_1 + H_2 \tag{9-28}$$

轴承中的热量是由摩擦损失的功转变而来的。因此,每秒钟在轴承中由流出的油带走的热量 H_1 为

$$H_1 = q\rho c(t_0 - t_1)$$

H_2 代表的是由轴承的金属表面通过传导和辐射把一部分热量散发到周围介质中的热量。这部分热量与轴承的散热表面的面积、空气流动速度等有关,较难精确计算。因此,常采用近似计算。以油的出口温度 t_0 代表轴承温度,油的入口温度 t_1 代表周围介质的温度,即

$$H_2 = \alpha_s \pi dB(t_0 - t_1)$$

在热平衡时有

$$H = fFv$$

即

$$fFv = q\rho c(t_0 - t_1) + \alpha_s \pi dB(t_0 - t_1) \tag{9-29}$$

式中:f 为摩擦系数;q 为耗油量,根据耗油量系数求出,m^3/s;ρ 为润滑油的密度,矿物油的为 $850 \sim 900\ kg/m^3$;c 为润滑油的比热容,矿物油取 $1675 \sim 2090\ J/(kg \cdot ℃)$;$t_0$ 为油的出口温度,℃;t_1 为油的入口温度,通常由于冷却设备的限制,取为 $35 \sim 40\ ℃$;α_s 为轴承的表面传热系数,随轴承结构的散热条件而定。对于轻型结构的轴承或周围介质温度高和难以散热的环境(如轧钢机轴承),取 $\alpha_s = 50\ W/(m^2 \cdot ℃)$;中型结构或一般通风条件,取 $\alpha_s = 80\ W/(m^2 \cdot ℃)$;在良好冷却条件下(如周围介质温度很低,轴承附近有其他特殊用途的水冷或气冷的冷却设备)工作的重型轴承,可取 $\alpha_s = 140\ W/(m^2 \cdot ℃)$。

为了达到热平衡,润滑油温度差 Δt 应为

$$\Delta t = t_0 - t_1 = \frac{\left(\dfrac{f}{\psi}\right)p}{c\rho\left(\dfrac{q}{\psi vdB}\right) + \dfrac{\pi\alpha_s}{\psi v}} \tag{9-30}$$

$$\Delta t = \frac{C_f p}{c\rho C_Q + \dfrac{\pi\alpha_s}{\psi v}} \tag{9-31}$$

在式(9-31)中,令 $C_Q = \dfrac{q}{\psi vdB}$ 为耗油量系数,由图 9-27 查出;令 $C_f = \dfrac{f}{\psi}$ 为摩擦特性系数,由图 9-26 查出。C_Q 和 C_f 均为无量纲系数,是轴承的宽径比 B/d 及偏心率 χ 的函数。

式(9-31)只是求出了润滑油的平均温度差。实际上，润滑油从入口至出口，温度是逐渐升高的，因为油的黏度在轴承各处不相同。设计时，一般先设定平均油温 $t_m = t_1 + \dfrac{\Delta t}{2}$（为了保证轴承的承载能力，建议平均温度不应超过 75 ℃），按式(9-31)计算出温升 Δt，再校核油的入口温度 t_1。一般取 $t_1 = 35 \sim 40$ ℃。若 $t_1 > 35 \sim 40$ ℃，表明初定的 t_m 偏高，而温升 Δt 小，轴承承载能力未充分发挥，此时要降低 t_m，并适当加大轴瓦和轴颈的表面粗糙度，重新计算。若 $t_1 < 35 \sim 40$ ℃，表明按初定的 t_m 温升 Δt 会过大，没有达到热平衡，轴承的承载能力不够。应加大轴承间隙并减小轴瓦和轴颈的表面粗糙度，重新计算。

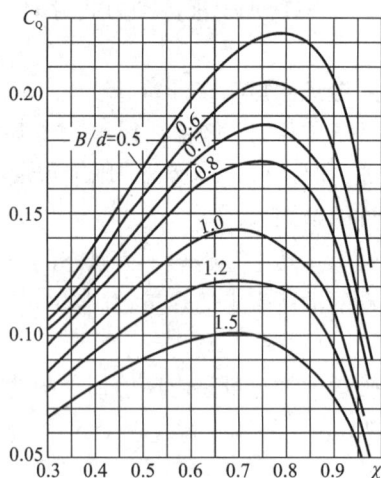

图 9-27　润滑油耗油量系数线图

9.6.5　液体动力润滑径向滑动轴承设计方法

1. 设计方法

(1)初步确定轴承的设计方案。根据轴承直径、转速及轴承上的外载荷等工作条件，参考有关经验数据，初步确定轴承的设计方案，具体包括：

①确定轴承的结构形式；②选定有关参数 ψ（相对间隙）、η、R_Z、B/d 和几何形状偏差；③选定轴瓦结构和材料。

(2)液体动力径向润滑滑动轴承的校核计算。轴承的校核计算包括润滑油的温升计算和最小油膜厚度 $h_{\min}$ 的计算。

(3)选择轴颈与轴承孔的配合，最后绘制轴承的零件工作图。

2. 参数选择

轴承参数选择对其工作性能影响很大。可参考有关的经验数据来选择适当的参数。

(1)相对间隙 ψ。相对间隙主要根据载荷和速度选取。一般相对间隙愈小，轴承的承载能力愈高，但同时增大了摩擦系数，轴承升温，降低了油的黏度，使轴承的承载能力下降。相对间隙对运转平稳性也有较大影响，减小相对间隙可提高轴承的运转平稳性。加工精度高时，ψ 取小值，反之取大值。设计时可按下式初步估算 ψ，即

$$\psi = (0.6 \sim 1.0)\sqrt[4]{v} \times 10^{-3} \tag{9-32}$$

式中：v 为轴颈圆周速度，m/s。

各种典型机器常用的轴承相对间隙 ψ 的推荐值见表 9-9。

表 9-9　各种典型机器常用的轴承相对间隙 ψ 的推荐值

机器名称	相对间隙 ψ
汽轮机、发电机、电动机	0.001 ~ 0.002
轧钢机、铁路车辆	0.0002 ~ 0.0015
机床、内燃机	0.0002 ~ 0.001
风机、离心机、齿轮变速装置	0.001 ~ 0.003

（2）平均压强 p。为了减小轴承尺寸，并使其运转平稳，平均压强可取大值，但压强过高，也会使油膜厚度过小，破坏轴承工作表面，从而提高了对轴承的材料、润滑油、加工表面质量及安装的要求。

通常，平均压强的选用值为：风机 $p = 0.2 \sim 2.0$ MPa；汽轮机、发电机、机床 $p = 0.6 \sim 2.0$ MPa；齿轮变速器、拖拉机 $p = 0.5 \sim 3.5$ MPa；铁路车辆 $p = 5 \sim 15$ MPa；轧钢机 $p = 10 \sim 20$ MPa。

（3）黏度 η。黏度大，则轴承的承载能力强，但摩擦功耗大，流量小，轴承温升高。因此，润滑油的黏度应根据载荷大小、运转速度的高低选取。一般原则为：载荷大，速度低，选用黏度大的润滑油；载荷小，速度高，选用黏度小的润滑油。对一般轴承，可按轴颈转速 n（r/min）先初步估算油的动力黏度 η（Pa·s），即

$$\eta = \frac{(n/60)^{-1/3}}{10^{7/6}} \tag{9-33}$$

再由式 $\nu = \eta/\rho$ 计算相应的运动黏度 ν，同时根据轴颈的圆周速度 v，由表 9-4 选定润滑油牌号，再选定平均油温 t_m。然后查设计手册相关图表，确定润滑油在 t_m 时的动力黏度 η 值，进行承载能力和热平衡计算。

（4）宽径比 B/d。宽径比对轴承的承载能力、耗油量和轴承温升影响极大。宽径比 B/d 小，承载能力小，耗油量大，温升小，所占空间小；反之，则相反。一般轴承的宽径比 B/d 为 $0.3 \sim 1.5$，高速重载轴承温升高，B/d 取小值；低速重载轴承，为提高轴承整体刚性，B/d 取大值；高速轻载轴承，如对轴承刚性无过高要求，B/d 取小值。

各种典型机器常用的宽径比 B/d 的推荐值见表 9-10。

表 9-10　各种典型机器常用的宽径比 B/d 推荐值

机器	轴承或销	B/d	机器	轴承或销	B/d
汽车及航空活塞发动机	曲轴主轴承	0.75 ~ 1.75	柴油机	曲轴主轴承	0.6 ~ 2.0
	连杆轴承	0.75 ~ 1.75		连杆轴承	0.6 ~ 1.5
	活塞销	1.5 ~ 2.2		活塞销	1.5 ~ 2.0
空气压缩机及往复式泵	主轴承	1.0 ~ 2.0	电动机	主轴承	0.6 ~ 1.5
	连杆轴承	1.0 ~ 1.25	机床	主轴承	0.8 ~ 1.2
	活塞销	1.2 ~ 1.5	冲剪床	主轴承	1.0 ~ 2.0
铁路车辆	轮轴支承	1.8 ~ 2.0	起重设备	—	1.5 ~ 2.0
汽轮机	主轴承	0.4 ~ 1.0	齿轮减速器	—	1.0 ~ 2.0

【例 9-2】 试设计一机床用的液体动力润滑径向滑动轴承。载荷垂直向下，工作情况稳定，采用对开式轴承。已知工作载荷 $F = 100000$ N，轴颈直径 $d = 200$ mm，转速 $n = 500$ r/min，在水平剖分面单侧供油。

解：

(1)选择轴承宽径比。

根据机床轴承常用的宽径比范围，取宽径比 $B/d = 1$。

(2)计算轴承宽度。

$$B = (B/d) \times d = 1 \times 0.2 = 0.2 \text{ m}$$

(3)计算轴颈圆周速度

$$v = \frac{\pi dn}{60 \times 1000} = \frac{3.14 \times 200 \times 500}{60 \times 1000} \approx 5.23 \text{ m/s}$$

(4)计算轴承工作压力。

$$p = \frac{F}{dB} = \frac{100000}{0.2 \times 0.2} = 2.5 \text{ MPa}$$

(5)选择轴瓦材料。

查表 9-2，在保证 $p \leq [p]$，$pv \leq [pv]$，$v \leq [v]$ 的条件下，选定轴瓦材料为 CuSn10P1。

(6)初步估算润滑油动力黏度。

由式(9-33)得

$$\eta = \frac{(n/60)^{-1/3}}{10^{7/6}} = \frac{(500/60)^{-1/3}}{10^{7/6}} = 0.034 \text{ Pa} \cdot \text{s}$$

(7)计算相应的运动黏度。

取润滑油密度 $\rho = 900$ kg/m³，运动黏度为

$$\nu = \frac{\eta}{\rho} \times 10^6 = \frac{0.034}{900} \times 10^6 = 38 \text{ cSt}$$

(8)选定平均油温。

现选平均油温 $t_m = 50$ ℃。

(9)选定润滑油牌号。

参照表 9-4 选定黏度等级为 68 的润滑油。

(10)按 $t_m = 50$ ℃查出黏度等级为 68 的润滑油的运动黏度。

查设计手册相关图表得 $\nu_{50} = 40$ cSt。

(11)换算出润滑油在 50 ℃的动力黏度。

$$\eta_{50} = \rho \nu_{50} \times 10^{-6} = 900 \times 40 \times 10^{-6} = 0.036 \text{ Pa} \cdot \text{s}$$

(12)计算相对间隙。

由式(9-32)得

$$\psi = (0.6 \sim 1.0) \sqrt[4]{v} \times 10^{-3} = (0.6 \sim 1.0) \sqrt[4]{5.23} \times 10^{-3} = 0.000907 \sim 0.00151$$

取 $\psi = 0.00125$。

(13)计算直径间隙。

$$\Delta = \psi d = 0.00125 \times 200 = 0.25 \text{ mm}$$

(14)计算承载量系数。

由式(9-26)得

$$C_p = \frac{F\psi^2}{2\eta vB} = \frac{100000 \times (0.00125)^2}{2 \times 0.036 \times 5.23 \times 0.2} \approx 2.075$$

（15）求出轴承偏心率。

根据 C_p 及 B/d 的值查图 9-26，用插值法求出偏心率 $\chi = 0.713$。

（16）计算最小油膜厚度。

由式（9-19）得

$$h_{\min} = r\psi(1-\chi) = \frac{200}{2} \times 0.00125 \times (1-0.713) = 35.9 \ \mu m$$

（17）确定轴颈、轴承孔表面粗糙度的十点高度。

按加工精度要求取轴颈表面粗糙度等级为 $\sqrt{Ra0.8}$，轴承孔表面粗糙度等级为 $\sqrt{Ra1.6}$，查表 9-8 得轴颈 $R_{Z1} = 0.0032$ mm，轴承孔 $R_{Z2} = 0.0063$ mm。

（18）计算许用油膜厚度。

取安全系数 $S = 2$，由式（9-27）得

$$[h_{\min}] \geqslant S(R_{Z1} + R_{Z2}) = 2 \times (0.0032 + 0.0063) = 0.019 \ mm = 19 \ \mu m$$

因 $h_{\min} > [h_{\min}]$，故满足工作可靠性要求。

（19）计算轴承与轴颈的摩擦系数。

根据 C_p 及 B/d 的值查图 9-26，用插值法求出摩擦特性系数 $C_f = 2.064$。轴承与轴颈的摩擦系数为

$$f = \psi C_f = 0.00125 \times 2.064 = 0.00258$$

（20）查出耗油量系数。

根据 $B/d = 1$ 及偏心率 $\chi = 0.713$ 查图 9-27，得耗油量系数 $C_Q = \dfrac{q}{\psi v dB} = 0.145$。

（21）计算润滑油温升。

按润滑油密度 $\rho = 900$ kg/m³，取比热容 $c = 1800$ J/(kg·℃)，表面传热系数 $\alpha_s = 80$ W/(m²·℃)，由式（9-30）得

$$\Delta t = \frac{\left(\dfrac{f}{\psi}\right)p}{c\rho\left(\dfrac{q}{\psi v dB}\right) + \dfrac{\pi\alpha_s}{\psi v}} = \frac{\dfrac{0.00258}{0.00125} \times 2.5 \times 10^6}{1800 \times 900 \times 0.145 + \dfrac{3.14 \times 80}{0.00125 \times 5.3}} \approx 18.914 \ ℃$$

（22）计算润滑油入口温度。

$$t_1 = t_m - \frac{\Delta t}{2} = 50 - \frac{18.914}{2} = 40.543 \ ℃$$

因一般取 $t_1 = 35 \sim 40$ ℃，故上述入口温度基本合适。

（23）选择配合。

根据直径间隙 $\Delta = 0.25$ mm，按 GB/T 1800.1—2020 选配合 $\dfrac{F6}{d7}$，查得轴承孔尺寸为 $\varphi 200^{+0.079}_{+0.050}$ mm，轴颈尺寸公差为 $\varphi 200^{-0.170}_{-0.216}$ mm。

（24）求最大、最小间隙。

$$\Delta_{\max} = 0.079 - (-0.216) = 0.295 \ mm$$

$$\Delta_{min}=0.050-(-0.170)=0.22 \text{ mm}$$

因 $\Delta=0.25$ mm 在 Δ_{max} 与 Δ_{min} 之间，故所选配合合适；否则需要重新选择参数，再作设计及校核计算。

(25)绘制轴承的零件工作图(略)。

9.7 液体静力润滑滑动轴承简介

液体静力润滑滑动轴承是利用外部供油装置将高压油送到轴承间隙里，强制形成静压承载油膜，从而将轴颈与轴承表面完全隔开，实现液体静力润滑，并靠液体的静压来平衡外载荷。液体静力润滑径向滑动轴承的工作原理如图9-28所示。压力为 p_s 的高压油经节流器分别进入 4 个油腔。当轴承未受径向载荷时，4 个油腔内油压相等，轴颈中心与轴承孔中心重合。当轴承受径向载荷 F_r 时，轴颈将下沉，使得各油腔附近的间隙发生变化。下部油腔处的间隙减小，因而流经节流器的油流量也减小，由于节流器的作用，油腔 3 内的油压将增大为 p_3。同时上油腔由于流量增大，在节流器的作用下，油压将减小为 p_1。从而在上、下油腔间形成一压力差 p_3-p_1，产生一向上的合力与加在轴颈上的径向载荷 F_r 平衡。

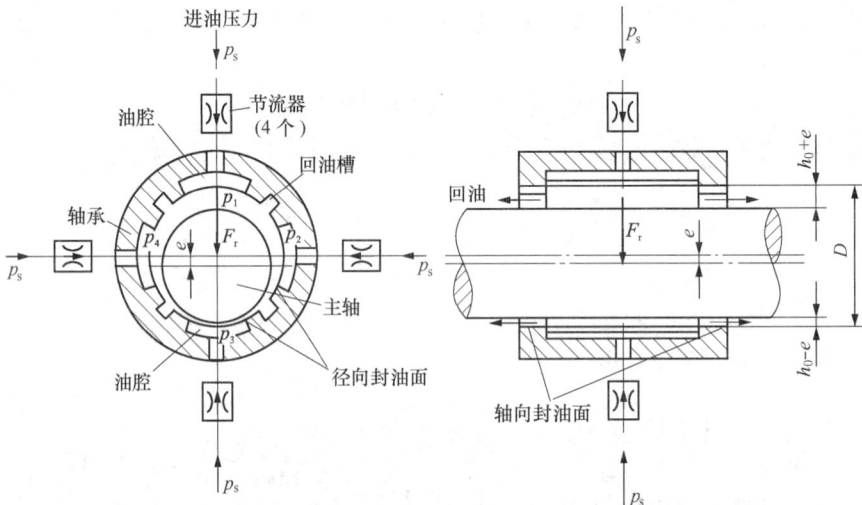

图 9-28 液体静力润滑径向滑动轴承示意图

液体静力润滑原理也可用于止推滑动轴承。

液体静力润滑滑动轴承的主要优点为：①静压油膜的形成受轴颈转速的影响很小，因而可在极广的转速范围内正常工作。即使在起动、制动的过程中也能实现液体静力润滑，轴承磨损小，使用寿命长。②油膜刚度大，具有良好的吸振性，工作平稳，旋转精度高。③承载能力可通过供油压力调节，在低转速下也可满足重载的工作要求。其缺点是必须有一套较复杂的供油系统，因而成本高，管理、维护也较麻烦。液体静力润滑滑动轴承适用于回转精度要求高、低速重载的场合，还可用来配合液体动力润滑滑动轴承的起动，在各种机床、轧钢机及天文望远镜中都有广泛的应用。

思考题和习题

9-1 轴承润滑的目的是什么？滑动轴承有哪些润滑方式？

9-2 对非液体摩擦滑动轴承验算 p、v 和 pv 值的目的分别是什么？

9-3 径向滑动轴承有哪几种结构形式？

9-4 在设计液体动力润滑径向滑动轴承时，一般轴承的宽径比在什么范围内？为什么宽径比不宜过大或过小？

9-5 在设计液体动力润滑径向滑动轴承时，相对间隙 ψ 的选取与速度和载荷的大小有何关系？

9-6 试分析液体动力润滑滑动轴承和非液体摩擦滑动轴承的区别，并讨论它们各自适用的场合。

9-7 有一非液体摩擦径向滑动轴承，已知 $B/d=1.2$，$[p]=5$ MPa，$[pv]=10$ MPa·m/s，$[v]=3$ m/s，轴颈直径 $d=120$ mm。试求轴转速分别为：$n_1=250$ r/min，$n_2=500$ r/min，$n_3=1000$ r/min 时，该轴承所能承受的最大载荷各为多少？

9-8 设计一起重机滚筒的非液体摩擦径向滑动轴承，已知径向载荷 $F_r=8\times10^4$ N，轴颈直径 $d=100$ mm，转速 $n=12$ r/min，轴承材料采用铸造铜合金。

9-9 设计一发动机转子的液体动力润滑径向滑动轴承，已知径向载荷 $F_r=5\times10^4$ N，轴颈直径 $d=150$ mm，转速 $n=1000$ r/min，工作情况稳定。

自测题

一、选择题

1. 某剖分式向心滑动轴承，在混合摩擦状态下工作，设轴颈 $d=100$ mm，轴转速 $n=10$ r/min，轴瓦材料的 $[p]=150$ MPa，$[v]=4$ m/s，$[pv]=12$ MPa·m/s，$B/d=1.2$，则此轴承能承受的最大径向载荷为(   )。

A. 1800 kN   B. 2880 kN   C. 3000 kN   D. 3880 kN

2. 设计动压式液体摩擦滑动轴承时，如其他条件不变，当相对间隙 $\varphi=\Delta/d$ 减小时，承载能力将(   )。

A. 变大   B. 变小   C. 不变   D. 不确定

3. 在加工精度不变时，增大(   )不是提高动压润滑滑动轴承承载能力的正确设计方法。

A. 轴径   B. 偏心率   C. 轴承宽度   D. 润滑油黏度

4. 验算滑动轴承最小油膜厚度 $h_{\min}$ 的目的是(   )。

A. 确定轴承能否获得完全的液体摩擦   B. 控制轴承的压强 p

C. 计算轴承内部的摩擦阻力   D. 控制轴承的发热量

5. 设计动压向心滑动轴承时，若通过热平衡计算，发现轴承温升过高，在下列改进设计措施中，有效的是(   )。

A. 增大轴承的宽径比 B/d　　　　　　　B. 减少供油量 Q

C. 增大相对间隙 ψ　　　　　　　　　D. 换用黏度较高的油

6.设计动压向心滑动轴承时，若发现最小油膜厚度 $h_{\min}$ 不够大，在下列改进措施中，有效的是(　　)。

A. 减小轴承长径比 B/d　　　　　　　B. 增加供油量 Q

C. 减小相对间隙　　　　　　　　　　D. 换用黏度低的润滑油

7.设计动压向心滑动轴承时，若宽径比 B/d 取得较小，则(　　)。

A. 轴承端泄量大，承载能力低，温升高　　　B. 轴承端泄量大，承载能力低，温升低

C. 轴承端泄量小，承载能力高，温升高　　　D. 轴承端泄量小，承载能力高，温升低

8.动压向心滑动轴承的偏心距 e 随着(　　)而减小。

A. 轴径转速 n 的增大或载荷 F 的增大　　　B. n 的增大或 F 的减小

C. n 的减小或 F 的增大　　　　　　　　D. n 的减小或 F 的减小

9.通过直接求解雷诺方程，可以求出轴承间隙中润滑油的(　　)。

A. 流量分布　　　　B. 流速分布　　　　C. 温度分布　　　　D. 压力分布

10.在径向滑动轴承中，采用可倾瓦的目的在于(　　)。

A. 便于装配　　　　　　　　　　　　B. 使轴承具有自动调位能力

C. 提高轴承的稳定性　　　　　　　　D. 增加润滑油流量，降低温升

二、填空题

1.滑动轴承的润滑作用是减少_____，提高_____，轴瓦的油槽应该开在_____的部位。

2.径向滑动轴承的直径增大一倍，长径比不变，载荷不变，则轴承压强 p 为原来的____倍。

3.影响润滑油黏度的主要因素有_____和_____。

4.不完全液体摩擦滑动轴承的主要失效形式是_____和_____。防止滑动轴承发生胶合的根本问题在于_____。

5.径向滑动轴承的偏心距 e，随着载荷增大而_____；随着转速增加而_____。

6.不完全液体润滑滑动轴承验算比压是为了避免_____；验算 pv 值是为了防止_____。

7.在设计动力润滑滑动轴承时，若减小相对间隙，则轴承的承载能力将_____；发热量将_____；旋转精度将_____；发热量将_____。

8.流体的黏度，即流体抵抗变形的能力，它表征流体内部_____的大小。

9.润滑油的润滑性是指润滑油在金属表面的_____能力。

10.影响润滑油黏度的主要因素有_____和_____。

三、判断题

1.流体动压滑动轴承当中，轴的转速越大，油膜承载能力越强。(　　)

2.流体动压滑动轴承当中，B/d 增大，其承载能力增大，温升也增大。(　　)

3.液体动压滑动轴承的承载力与轴孔直径间隙的平方成正比。(　　)

4. 非液体摩擦滑动轴承的主要失效形式是点蚀。（　　）

5. 非液体摩擦滑动轴承设计中验算比压（压强）p 的目的是限制轴承发热。（　　）

6. 液体动压滑动轴承中，轴的转速越高，则油膜的承载能力越强。（　　）

7. 欲提高液体动压滑动轴承的工作转速，应提高其润滑油的黏度。（　　）

8. 滑动轴承设计中，适当选用较大的宽径比可以提高承载能力。（　　）

9. 液体动压轴承的动压形成只需要两个条件：轴和轴承间有足够的润滑油，轴和轴承间有足够的相对速度。（　　）

10. 滑动轴承轴瓦上的油沟，应开在非承载区。（　　）

第10章
滚动轴承

✏️ 本章思维导图

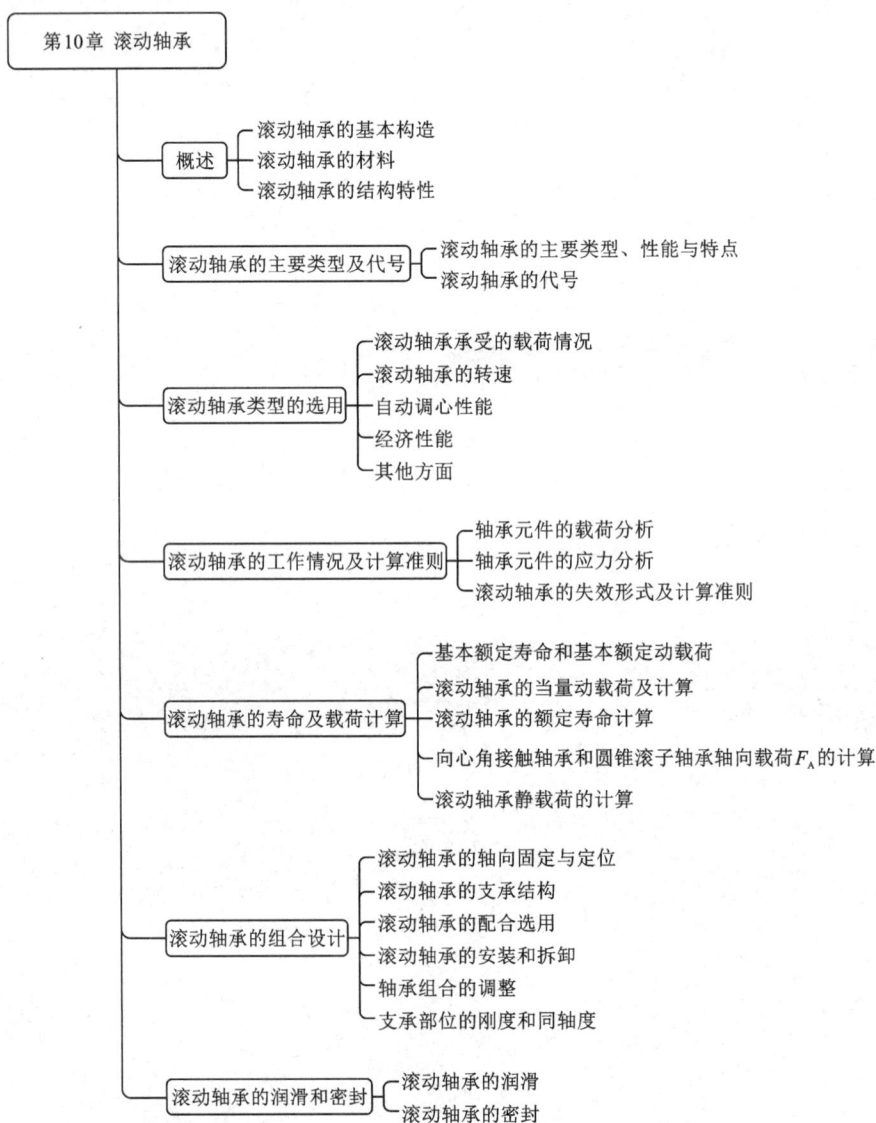

```
第10章 滚动轴承
    │
    ├── 概述 ─── 滚动轴承的基本构造
    │           滚动轴承的材料
    │           滚动轴承的结构特性
    │
    ├── 滚动轴承的主要类型及代号 ─── 滚动轴承的主要类型、性能与特点
    │                            滚动轴承的代号
    │
    ├── 滚动轴承类型的选用 ─── 滚动轴承承受的载荷情况
    │                      滚动轴承的转速
    │                      自动调心性能
    │                      经济性能
    │                      其他方面
    │
    ├── 滚动轴承的工作情况及计算准则 ─── 轴承元件的载荷分析
    │                              轴承元件的应力分析
    │                              滚动轴承的失效形式及计算准则
    │
    ├── 滚动轴承的寿命及载荷计算 ─── 基本额定寿命和基本额定动载荷
    │                          滚动轴承的当量动载荷及计算
    │                          滚动轴承的额定寿命计算
    │                          向心角接触轴承和圆锥滚子轴承轴向载荷$F_A$的计算
    │                          滚动轴承静载荷的计算
    │
    ├── 滚动轴承的组合设计 ─── 滚动轴承的轴向固定与定位
    │                      滚动轴承的支承结构
    │                      滚动轴承的配合选用
    │                      滚动轴承的安装和拆卸
    │                      轴承组合的调整
    │                      支承部位的刚度和同轴度
    │
    └── 滚动轴承的润滑和密封 ─── 滚动轴承的润滑
                             滚动轴承的密封
```

滚动轴承是现代机器中广泛应用的部件之一，它是依靠主要元件间的滚动接触来支承转动零件的。与滑动轴承相比，滚动轴承具有摩擦阻力小、启动灵活、效率高、润滑方便和互换性好等优点；其缺点是抗干扰能力差，工作时有噪声，工作寿命不及液体摩擦的滑动轴承。

应用案例

常用的滚动轴承绝大多数已经标准化，专业工厂可大量制造及供应各种常用规格的轴承。因而本章主要介绍滚动轴承主要类型、特点和相关标准，并讨论如何根据具体工作条件正确选择轴承的类型和尺寸、验算轴承的承载能力，以及与轴承的安装、调整、润滑、密封等有关的"轴承组合设计"问题。

10.1 概述

10.1.1 滚动轴承的基本构造

拓展资料

滚动轴承的基本结构如图 10-1 所示，它由内圈 1、外圈 2、滚动体 3 和保持架 4 等四个部分组成，其中内、外圈统称为套圈。内圈用来和轴颈装配，外圈用来和轴承座装配。其通常是内圈随轴颈回转，外圈固定，但也可外圈回转而内圈不动，或是内、外圈同时回转。当内、外圈相对转动时，滚动体即在内、外圈的滚道间滚动。常用的滚动体，分别如图 10-2(a)~图 10-2(f) 所示，有球、圆柱滚子、滚针、圆锥滚子、球面滚子、非对称球面滚子等几种。轴承内、外圈上的滚道，有限制滚动体侧向位移的作用。

保持架的主要作用是均匀地隔开滚动体。若没有保持架，则相邻滚动体转动时将会由于接触处产生较大的相对滑动速度而引起磨损。保持架有冲压的[图 10-1(a)]和实体的[图 10-1(b)]两种。冲压保持架一般用低碳钢冲压制成，它与滚动体间有较大的间隙。实体保持架常用铜合金、铝合金或塑料经切削加工制成，有较好的定心作用。

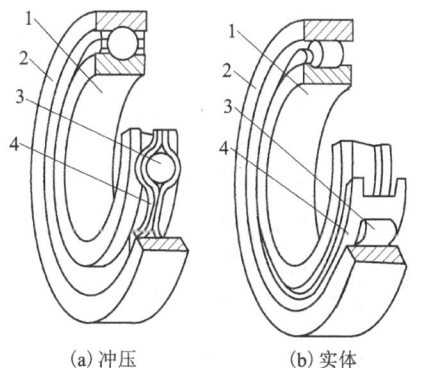

(a) 冲压   (b) 实体

1—内圈；2—外圈；3—滚动体；4—保持架。

图 10-1 滚动轴承的基本结构

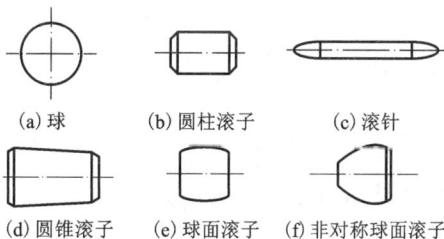

(a) 球   (b) 圆柱滚子   (c) 滚针

(d) 圆锥滚子   (e) 球面滚子   (f) 非对称球面滚子

图 10-2 常用的滚动体

10.1.2 滚动轴承的材料

内圈、外圈和滚动体的材料通常采用强度高、耐磨性好的专用钢材，如高碳铬轴承钢、渗碳轴承钢等,经热处理后硬度一般不低于60 HRC,滚动体和滚道表面需磨削抛光。保持架常选用耐磨性较好的材料,如铜合金、铝合金、低碳钢及工程塑料等。近年来,工程塑料保持架的应用日益广泛。

10.1.3 滚动轴承的结构特性

1.公称接触角

如图10-3所示,轴承外圈与滚动体接触处的公法线与垂直于轴承轴线的平面之间的夹角,称为滚动轴承的公称接触角(简称接触角),常记为α。α角的大小反映了轴承承受轴向载荷的能力。α越大,轴承承受轴向载荷的能力也越大。

2.游隙

轴承中的滚动体与内、外圈滚道之间的间隙,称为轴承的游隙。游隙可分为径向游隙和轴向游隙,其定义为:当轴承的一个套圈固定不动,另一个套圈沿径向或轴向的最大移动量,分别称为轴承的径向游隙或轴向游隙。轴承所需游隙的大小是根据轴承与轴承孔之间配合的松紧程度、温差大小、轴的弯曲变形的大小以及轴的回转精度要求而选择的。轴承标准中将径向游隙值分为基本游隙组值和辅助游隙组值,应优先选用基本游隙组值。轴向游隙值可由径向游隙值按一定关系换算得到。

3.角偏位和偏位角

如图10-4所示,轴承内、外圈轴心线间的相对倾斜程度称为角偏位。相对倾斜时两轴心线所夹的锐角,称为偏位角,常记为θ。各类轴承角偏位的能力见表10-1。轴承具备角偏位的能力,使轴承能补偿因加工、安装误差和轴的变形造成的内、外圈轴线的倾斜。其中,具有较大角偏位能力的轴承,称为调心轴承,如调心球轴承、调心滚子轴承等。

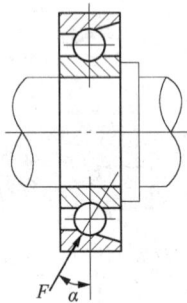

图10-3 滚动轴承的公称接触角　　　　图10-4 角偏位和偏位角

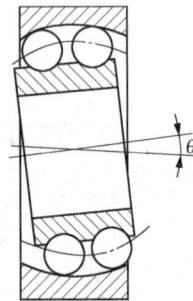

10.2 滚动轴承的主要类型及代号

10.2.1 滚动轴承的主要类型、性能与特点

滚动轴承类型繁多,且可以按不同方法进行分类。

按滚动体的形状,可分为球轴承[图 10-2(a)]和滚子轴承[图 10-2(b)~图 10-2(f)]两大类。球轴承的滚动体与内、外圈是点接触,运转时摩擦损耗小,但承载能力和抗冲击能力差;滚子轴承为线接触,承载能力和抗冲击能力较大,但运转时摩擦损耗大。

按轴承所承受的载荷方向或公称接触角的不同,滚动轴承可分为向心轴承和推力轴承两大类。

1. 向心轴承

该类轴承主要承受径向载荷,其公称接触角的变化范围为 $0° \leqslant \alpha \leqslant 45°$。向心轴承又可分为:①径向接触轴承,$\alpha = 0°$,只能承受径向载荷;②角接触向心轴承,$0° < \alpha \leqslant 45°$,主要承受径向载荷。随着 α 的增大,轴承承受轴向载荷的能力随之增大。

2. 推力轴承

该类轴承主要承受轴向载荷,其公称接触角的变化范围为 $45° < \alpha \leqslant 90°$。推力轴承又可分为:①轴向接触轴承,$\alpha = 90°$,只能承受轴向载荷;②角接触推力轴承,$45° < \alpha < 90°$,主要承受轴向载荷。随着 α 的增大,轴承承受径向载荷的能力随之减小。

综合以上两种分类方法,我国目前常用滚动轴承的基本类型名称及其代号见表 10-2。

表 10-1 给出了部分常用滚动轴承的类型及其代号、简图、性能、特点和应用范围,可供选择轴承类型时参考。

表 10-1　滚动轴承类型及其代号、简图、性能、特点及应用范围

类型及其代号	结构简图	负荷方向	允许角偏位	额定动负荷比	极限转速比	轴向负荷能力	性能特点	适用条件及举例
双列角接触球轴承 0		↕ ↔	$2' \sim 10'$	—	高	较大	可同时承受径向和轴向负荷,也可承受纯轴向负荷(双向),负荷能力大	适用于刚性大、跨距大的轴(固定支承),常用于蜗杆减速器、离心机等
调心球轴承 1		↕	$1.5° \sim 3°$	$0.6 \sim 0.9$	中	少量	不能承受纯轴向负荷,能自动调心	适用于多支点传动轴,刚性小的轴以及难以对中的轴
调心滚子轴承 2		↕	$1.5° \sim 3°$	$1.8 \sim 4$	低	少量	负荷能力最大,但不能承受纯轴向负荷,能自动调心	常用于其他种类轴承不能胜任的重负荷情况,如轧钢机、大功率减速器、破碎机、吊车走轮等

类型及其代号	结构简图	负荷方向	允许角偏位	额定动负荷比	极限转速比	轴向负荷能力	性能特点	适用条件及举例
推力调心滚子轴承 2		↕↔	2°~3°	1.2~1.6	中	大	比调心球轴承有更大轴向负荷能力,且能承受少量径向负荷,极限转速高于5类轴承,能自动调心,价格高	适用于重负荷和要求调心性能好的场合,如大型立式水轮机等
圆锥滚子轴承 3 31300 (α=28°48′39″) 其他 (α=10°~18°)		↗	2′	1.1~2.1 1.5~2.5	中 中	很大 较大	内、外圈可分离,游隙可调,摩擦系数大,常成对使用。31300型不宜承受纯径向负荷,其他不宜承受纯轴向载荷	适用于刚性较大的轴。应用很广,如减速器、车轮轴、轧钢机、起重机、机床主轴等
双列深沟球轴承 4		↔	2′~10′	1.5~2	高	少量	当摩擦系数小、高转速时,可用来承受不大的纯轴向负荷	适用于刚性较大的轴,常用于中等功率电机,减速器、运输机的托辊、滑轮等
推力球轴承5 双向推力球轴承 5		↓	不允许	1	低	大	轴线必须与轴承底座底面垂直,不适用于高转速	常用于起重机吊钩、蜗杆轴、锥齿轮轴、机床主轴等
深沟球轴承 6		↔	2′~10′	1	高	少量	当摩擦系数最小、高转速时,可用来承受不大的纯轴向负荷	适用于刚性较大的轴,常用于小功率电机、减速器、运输机的托辊、滑轮等
角接触球轴承 7000C 7000AC 7000B		↗	2′~10′	1~1.4 1~1.3 1~1.2	高	一般较大更大	可同时承受径向负荷和轴向负荷,也可承受纯轴向负荷	适用于刚性较大跨距不大的轴,及须在工作中调整游隙时,常用于蜗杆减速器、离心机、电钻、穿孔机等

续表10-2

类型及其代号	结构简图	负荷方向	允许角偏位	额定动负荷比	极限转速比	轴向负荷能力	性能特点	适用条件及举例
外圈无挡边圆柱滚子轴承 N	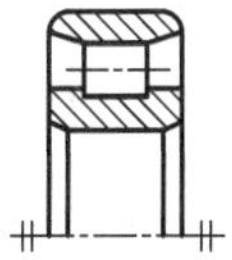	↑	2′~4′	1.5~3	高	0	内、外圈可分离,滚子用内圈凸缘定向,内、外圈允许有少量的轴向移动	适用于刚性很大、对中良好的轴,常用于大功率的电机、机床主轴、人字齿轮减速器
滚针轴承 NA		↑	不允许	—	低	0	径向尺寸小,径向负荷能力很大,摩擦系数较大,旋转精度低	适用于径向负荷很大而径向尺寸受限制的地方,如万向联轴节、活塞销、连杆销等

注:(1)额定动负荷比指同一尺寸系列各种类型和结构形式的轴承的额定动负荷与深沟球轴承(推力轴承与推力球轴承)的额定动负荷之比;

(2)极限转速比指同一尺寸系列/P0级精度的各种类型和结构形式的轴承脂润滑时的极限转速与深沟球轴承脂润滑时的极限转速的约略比较。各种类型轴承极限转速之间采用下列比例关系:

高等于深沟球轴承极限转速的90%~100%;中等于深沟球轴承极限转速的60%~90%;低等于深沟球轴承极限转速的60%以下。

表 10-2　常用滚动轴承的基本类型名称及其代号

代号	轴承类型	代号	轴承类型
0	双列角接触球轴承	6	深沟球轴承
1	调心球轴承	7	角接触球轴承
2	调心滚子轴承和推力调心滚子轴承	8	推力圆锥滚子轴承
3	圆锥滚子轴承	N	圆柱滚子轴承,双列或多列用 NN 表示
4	双列深沟球轴承	U	外球面球轴承
5	推力球轴承和双向推力球轴承	QJ	四点接触球轴承

注:(1)在表中代号后或前加字母或数字表示该类轴承中的不同结构;

(2)无内圈或既无内圈又无外圈(即滚针和保持架组件)的滚针轴承不包括在 N 类轴承中,它们各有自己特定的类型代号,应用时查相应标准。

10.2.2　滚动轴承的代号

由于滚动轴承类型繁多,各类型中又有不同的结构、尺寸、公差等级、技术要求等差别,为了便于组织生产和选用,国家标准 GB/T 272—2017 中规定了轴承代号的表示方法,它是由前置代号、基本代号和后置代号等 3 部分构成的,见表10-3。

表 10-3 滚动轴承代号的构成

前置代号	基本代号					后置代号							
	五	四	三	二	一								
		尺寸系列代号		内径代号									
轴承分部分代号	类型代号	宽(高)度系列代号	直径系列代号			内部结构代号	密封与防尘结构代号	保持架及其材料代号	特殊轴承材料代号	公差等级代号	游隙代号	多轴承配置代号	其他代号

注：基本代号下面的一至五表示代号自右向左的位置序数。

1. 基本代号

基本代号用来表明轴承的内径、直径系列、宽(高)度系列和类型(表 10-3)，现分述如下：

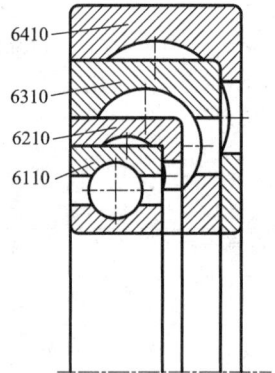

图 10-5 直径系列比较

(1)轴承内径代号。用基本代号中右起第 1、2 位数字表示轴承内径。常用内径 $d = 20 \sim 480$ mm 的轴承，内径代号的这两位数字为轴承内径尺寸被 5 除得的商，如 06 表示 $d = 30$ mm；15 表示 $d = 75$ mm 等。当 $d < 20$ mm 时，内径为 10 mm、12 mm、15 mm 和 17 mm 的轴承，内径代号依次为 00、01、02 和 03。$d < 10$ mm 和 $d \geqslant 500$ mm 的轴承，内径代号标准中另有规定。

(2)直径系列代号。轴承的直径系列表示相同内径的同类型轴承在外径和宽度方面的变化系列。图 10-5 以 6 类深沟球轴承为例，对各直径系列间轴承尺寸作了比较。直径系列代号用基本代号中右起第 3 位数字表示，代号意义见表 10-4。

表 10-4 轴承直径系列代号

向心轴承							推力轴承					
超特轻	超轻	特轻	轻	中	重	特重	超轻	特轻	轻	中	重	特重
7	8、9	0、1	2	3	4	5	0	1	2	3	4	5

(3)宽(高)度系列代号。轴承宽(高)度系列表示相同内径和外径的同类型轴承在宽(高)度方面的变化系列。宽(高)度系列代号用基本代号右起第 4 位数字表示。对向心轴承，宽度系列代号有：8(特窄)、0(窄)、1(正常)、2(宽)、3、4、5、6(特宽)。对推力轴承，高度系列代号有：7(特低)、9(低)、1、2(正常，其中 2 专用于双向推力轴承)。当宽度系列代号为 0 时，在多数轴承代号中可省略，但调心滚子轴承和圆锥滚子轴承的轴承代号中宽度系列代号 0 应标出。

图 10-6 对各宽度系列下轴承尺寸
作了比较。

（4）轴承类型代号（表 10-2）。用基
本代号中右起第 5 位数字或字母表示。
当用字母表示时，应在类型代号和宽
（高）度系列代号间空半个汉字距，如
N 2200。

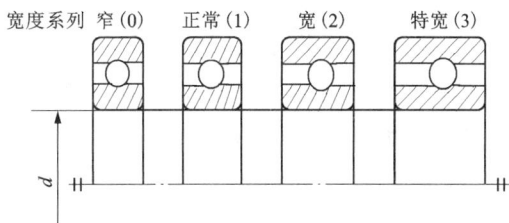

图 10-6　各宽度系列下轴承尺寸比较

轴承宽（高）度系列代号和直径系列
代号构成尺寸系列代号，轴承类型代号和尺寸系列代号则构成组合代号。

2. 前置代号

前置代号置于基本代号左边，用字母表示，用于表达成套轴承的分部件。如 L 表示可分
离轴承的可分离套圈，K 表示轴承的滚动体与保持架组件等。

3. 后置代号

后置代号置于基本代号右边，用字母或字母加数字表示，用于表达轴承的结构、公差及
材料的特殊要求等。后置代号的内容很多，其各项代号排列顺序见表 10-3。下面介绍几个
常用后置代号。

（1）内部结构代号。表示同一类型轴承的不同内部结构，用字母表示。如用 C、AC、B 分
别表示公称接触角为 15°、25°、40° 的角接触轴承。

（2）公差等级代号。轴承的公差等级分为 5 级，依次由高级到低级，其代号分别为/P2、
/P4、/P5、/P6（或 6X 级）、N，其中 6X 级只用于圆锥滚子轴承；N 级为普通级，代号可省
略，是最常用的轴承公差等级。

（3）游隙代号。常用的轴承径向游隙系列分为 2 组、N 组、3 组、4 组和 5 组等组别，径
向游隙依次由小到大。常用游隙组别为 N 组，在轴承代号中不标出，其余游隙组别分别用
/C2、/C3、/C4、/C5 表示。

公差等级代号和游隙代号需同时表示时，可取公差等级代号加上游隙组号（N 组省略）组
合表示，如/P63，/P52，/P3。

代号举例：

6309：表示内径 $d=45$ mm 的深沟球轴承，尺寸系列 03，普通级公差，N 组径向游隙。

7212C：表示内径 $d=60$ mm 的角接触球轴承，尺寸系列 02，接触角 15°，普通级公差，N
组游隙。

N408/P4：表示内径 $d=40$ mm 的外圈无挡边圆柱滚子。

以上介绍的代号是轴承代号中最常用、最基本的部分，熟悉了这部分代号，就可以识别
和查选常用轴承。至于滚动轴承详细的代号可查阅有关轴承标准或手册。

10.3　滚动轴承类型的选用

合理选择滚动轴承的类型，是滚动轴承选用的第一步，一般主要考虑以下几方面因素。

10.3.1 滚动轴承承受的载荷情况

轴承所受载荷的大小、方向和性质，是选择滚动轴承类型的主要依据。

1. 按载荷大小、性质选择

在外廓尺寸相同的条件下，滚子轴承比球轴承承载能力大，适用于载荷较大或有冲击的场合；球轴承适用于载荷小、无振动和冲击的场合。

2. 按载荷方向选择

当承受纯径向载荷时，通常选用深沟球轴承和各类径向接触轴承；当承受纯轴向载荷时，通常选用轴向接触轴承；当承受较大径向载荷和一定轴向载荷时，可选用各类角接触向心轴承；当承受的轴向载荷比径向载荷大时，可选用角接触推力轴承，或者选用向心和推力两种不同类型轴承的组合，分别承受径向和轴向载荷。

10.3.2 滚动轴承的转速

极限转速是指轴承在一定的工作条件下达到所能承受最高热平衡温度时的转速值，故轴承的工作转速应低于其极限转速。球轴承(推力球轴承除外)较滚子轴承极限转速高。当转速较高时，应优先选用球轴承。在同类型轴承中，直径系列中外径较小的轴承，适用于高速；外径较大的轴承，适用于低速。

10.3.3 自动调心性能

当由于制造或安装等原因不能保证轴心线和轴承中心线较好重合，或者轴受载后弯曲变形较大而造成轴承内、外圈轴线发生偏斜时，就要求轴承有较好的调心性能。这时，宜选用调心球轴承或调心滚子轴承，并应成对使用。

10.3.4 经济性能

球轴承比滚子轴承价廉，调心轴承价格最高。同型号的 P0、P6、P5、P4 级轴承，价格比约为 1∶1.8∶2.7∶7。派生型的轴承价格一般又比基本型的高。在满足使用功能的前提下，应尽量选用低精度、价格便宜的轴承。

10.3.5 其他方面

在实际应用中，可能还有其他各种各样的要求。比如，当轴承的径向空间受限制时，宜选用特轻、超轻系列轴承或滚针轴承；轴承轴向尺寸受限制时，宜选择窄或特窄系列的轴承；在需要经常装拆或装拆有困难的场合，可选用内、外圈可分离的轴承，如 N 类、3 类等轴承；当轴承安装在长轴上时，为便于装拆，可选用带内锥孔和紧定套的轴承，如图 10-7 所示。

总之，在滚动轴承类型的选择上，要全面衡量各方面的要求，对多种方案进行分析比较，选

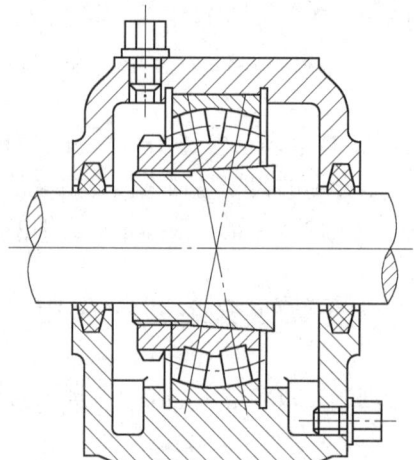

图 10-7 安装在开口圆锥紧定套上的轴承图

出最佳方案。

【例 10-1】 如图 10-8 所示为运输机用斜齿圆柱齿轮减速器的主动轴，其传递的功率为 10 kW，转速为 1450 r/min。试选择所用轴承的类型。

解：

因是斜齿圆柱齿轮传动，故轴承将同时承受径向载荷和轴向载荷。又知所传递的功率为中小功率，且转速较高，当斜齿圆柱齿轮的螺旋角较小时，轴向载荷较小，可选用单列深沟球轴承；当斜齿圆柱齿轮的螺旋角较大时，轴向载荷较大，则应选用公称接触角较大的角接触球轴承或圆锥滚子轴承。

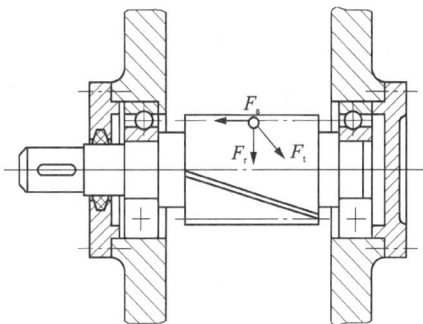

图 10-8　斜齿圆柱齿轮减速器的主动轴

【例 10-2】 如图 10-9 所示为蜗杆减速器，其传递的功率为 17 kW，蜗杆转速为 580 r/min。试选择蜗杆和蜗轮轴上所用轴承的类型。

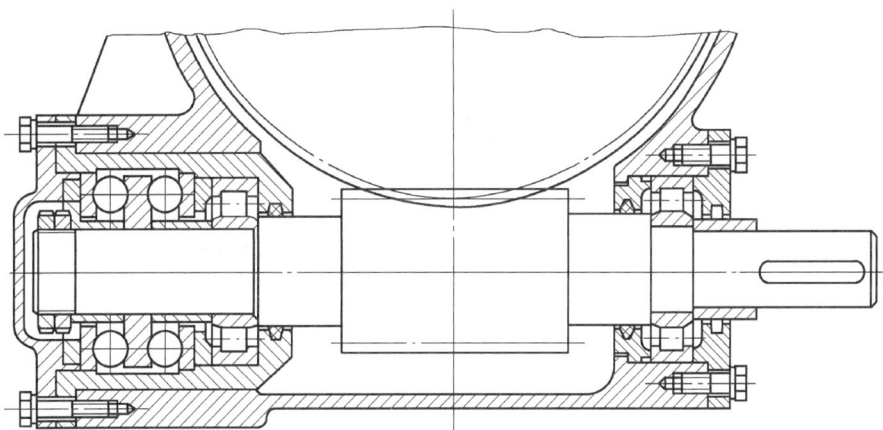

图 10-9　蜗杆减速器

解：

由题意知传递的功率为中等功率，但转速较低，故蜗杆轴与蜗轮轴所承受的径向载荷和轴向载荷都较大。对蜗杆轴，若选用 7 类角接触球轴承或 3 类圆锥滚子轴承，都将使轴承径向尺寸过大。因此，选用两个单列向心圆柱滚子轴承以承担较大的径向载荷，用一个 5 类双向推力球轴承承受轴向载荷。这种组合结构的径向尺寸较紧凑。但是，如果蜗杆轴转速很高，推力球轴承不再适用，这种组合结构也就不适用。

对蜗轮轴，因支承距离短，且安装轴承的部位足够大，可选用一对圆锥滚子轴承。

10.4 滚动轴承的工作情况及计算准则

滚动轴承的类型很多，工作情况也各不相同，下面仅以深沟球轴承为例，来进行轴承元件的载荷分析和应力分析，从而导出滚动轴承的失效形式和计算准则。

10.4.1 轴承元件的载荷分析

1. 只受径向载荷的情况

如图 10-10 所示，轴承只受径向载荷 F_R 时，若滚动体与套圈间无过盈，最多只有半圈滚动体受载。假设内、外圈不变形，由于滚动体弹性变形的影响，内圈将沿 F_R 方向移动一段距离 δ，显然，在承载区位于 F_R 作用线上的滚动体变形量最大，故其承受的载荷也最大。根据力的平衡条件和变形条件可以求出，受载最大的滚动体的载荷为

$$F \approx \frac{5}{z} F_R (\text{为滚子轴承时，} F \approx \frac{4.6}{z} F_R) \tag{10-1}$$

式中：z 为滚动体的总个数。

2. 只受轴向载荷的情况

如图 10-11 所示，轴承只受中心轴向载荷 F_A 时，可认为载荷由各滚动体平均分担。由于 F_A 被支承的方向不是轴承的轴线方向而是滚动体与套圈接触点的法线方向，因此每个滚动体都受相同的轴向分力 F_a 和相同的径向分力 F_r 的作用，即

$$F_a = \frac{F_A}{z} \tag{10-2}$$

$$F_r = F_a \cot \alpha = \frac{F_A}{z} \cot \alpha \tag{10-3}$$

式中：α 为滚动轴承的实际接触角，其值在一定范围内随载荷 F_A 变化而变化，且与滚道曲率半径和弹性变形量等因素有关。

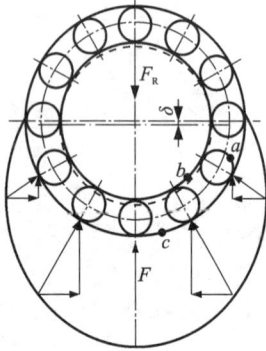

图 10-10 深沟球轴承径向载荷的分布

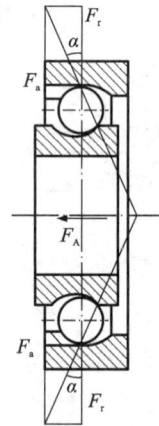

图 10-11 深沟球轴承轴向载荷的分布

3. 径向载荷、轴向载荷联合分布的情况

此时，载荷分布情况主要取决于轴向载荷 F_A 和径向载荷 F_R 的大小比例关系。当 F_A 比 F_R 小很多，即 F_A/F_R 很小时，轴向力的影响相对较小。此时，随 F_A 的增大，受载滚动体的个数将会增多，对轴承寿命是有利的，但作用并不显著，故可忽略轴向力的影响，仍按受纯径向载荷处理。

相反，当 F_A/F_R 较大时，则必须计入 F_A 的影响。此时，轴承的载荷情况相当于图 10-10

和图 10-11 的叠加，显然，位于径向载荷 F_R 作用线上的滚动体所受径向力最大，其最大径向力 F_{rmax} 可由式(10-1)式(10-3)求得

$$F_{rmax} = \frac{5}{z}F_R + \frac{F_A}{z}\cot\alpha \qquad (10-4)$$

由式(10-4)可见，这种情况下，滚动体的受力和轴承的载荷分布不仅与径向载荷和轴向载荷的大小有关，还与接触角 α 的变化有关。

10.4.2　轴承元件的应力分析

由以上分析可知，轴承工作时，滚动体进入承载区后，所受载荷及接触应力由零逐渐增至最大值，然后再逐渐减至零，其变化如图 10-12(a)中虚线所示。就滚动体上某一点而言，由于滚动体不断滚动，它的载荷和应力是按周期性不稳定脉动循环变化的，如图 10-12(a)中实线所示。

由于不转的套圈(图 10-10 中为外圈)，其承载区内各接触点所受载荷及接触应力，因其所在位置不同而不同。对套圈滚道上每一个具体点，每当滚过一个滚动体时，便承受一次载荷，其大小是不变的。这说明不转套圈承载区内某一点承受稳定脉动循环载荷的作用，如图 10-12(b)所示。

转动套圈的受力情况与滚动体相似。就其滚道上某一点而言，处于非承载区时，载荷和应力均为零。进入承载区后，每次与滚动体接触时，就受载一次，且不同接触位置的载荷值不同。所以其载荷及应力变化也可用图 10-12(a)中实线描述。

总之，滚动轴承的滚动体和套圈都是在变应力状态下工作的。

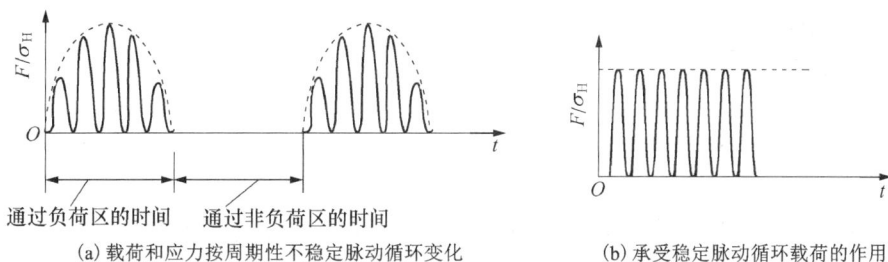

(a) 载荷和应力按周期性不稳定脉动循环变化　　(b) 承受稳定脉动循环载荷的作用

图 10-12　轴承元件上的载荷及应力变化

10.4.3　滚动轴承的失效形式及计算准则

1. 滚动轴承的失效形式

(1)疲劳点蚀。由轴承元件的应力分析可知，滚动轴承工作时，滚动体与内、外圈接触处承受周期性变化的接触应力。这样，经过一定的运转期后，工作表面上就会发生疲劳点蚀，导致轴承旋转精度降低和温升过高，引起振动和噪声，使机器丧失正常的工作能力。这是滚动轴承最主要的失效形式，常发生在一般转速($n > 10$ r/min)的轴承中。

(2)塑性变形。在过大的静载荷或冲击载荷作用下，轴承元件间接触应力超过元件材料的屈服极限，导致元件上接触点处的塑性变形，形成凹坑，使轴承摩擦阻力矩增大、运转精度下降及出现振动和噪声，直至失效。这种失效多发生在转速极低或作往复摆动的轴承中。

（3）磨损。密封不良或润滑油不纯净，以及多尘的环境下，轴承中进了金属屑和磨粒性灰尘，使轴承发生严重的磨粒磨损，从而导致轴承间隙增大及旋转精度降低而报废。

除上述失效形式外，轴承还可能发生胶合、元件锈蚀、断裂等失效形式。

2. 滚动轴承的设计准则

针对上述失效形式，目前主要是通过强度计算以保证轴承可靠地工作，其计算准则如下：

（1）对一般转速（$n > 10$ r/min）的轴承，主要失效形式是疲劳点蚀，故应进行疲劳寿命计算。

（2）对于极慢转速（$n \leqslant 10$ r/min）的轴承或作低速摆动的轴承，主要失效形式是表面塑性变形，应进行静强度计算。

（3）对于转速较高的轴承，主要失效形式为由发热引起的磨损、烧伤，故应进行疲劳寿命计算和校验极限转速。

10.5 滚动轴承的寿命及载荷计算

10.5.1 基本额定寿命和基本额定动载荷

1. 轴承的寿命

对单个轴承，其中一个套圈或滚动体的材料出现第一个疲劳扩展迹象之前，一个套圈相对于另一个套圈的转数或一定转速下的工作小时数，称为轴承的寿命。

大量试验表明，一批型号相同的轴承，即使是在相同的工作条件下，各个轴承的寿命也是相当离散的，有些甚至相差几十倍。因此，绝不能以某一个轴承的寿命代表同型号一批轴承的寿命。计算轴承的寿命时，一定要与一定的可靠度（或破坏率）相联系，即在讨论轴承寿命时，必须明确它是相对于某一可靠度时的寿命。

2. 轴承的基本额定寿命

一组在同一条件下运转的、近乎相同的滚动轴承，10%的轴承发生疲劳点蚀破坏而90%的轴承未发生点蚀破坏前的转数或一定转速下的工作小时数，称为轴承的基本额定寿命，用 L_{10}（单位为 10^6 r）及 $L_{10\,h}$（单位为 h）表示。

由于额定寿命与可靠度有关，所以实际上按额定寿命计算和选择出来的轴承，在额定寿命期内可能有10%的轴承提前发生疲劳点蚀，而90%的轴承在超过额定寿命期后还能继续工作，甚至相当多的轴承还能工作一个、两个或更多的额定寿命期。对于一个具体的轴承而言，它能顺利地在额定寿命期内正常工作的概率为90%，而在额定寿命期到达之前即发生点蚀破坏的概率为10%。

3. 滚动轴承的基本额定动载荷

滚动轴承的额定寿命恰好等于 10^6 r 时所能承受的载荷值称为基本额定动载荷，用 C 表示。对向心轴承，基本额定动载荷指的是纯径向载荷，并称为径向基本额定动载荷，用 C_r 表示；对推力轴承，基本额定动载荷指的是纯轴向载荷，用 C_a 表示；对角接触球轴承和圆锥滚子轴承，指的是使套圈间产生纯径向位移的载荷的径向分量。显然，在基本额定动载荷 C 的作用下，轴承工作寿命为 10^6 r 的可靠度为90%。

基本额定动载荷 C 与轴承的类型、规格、材料等有关，其值可查阅有关标准。这些额定动载荷值，是在一定条件下经反复试验并结合理论分析得出的。

10.5.2　滚动轴承的当量动载荷及计算

1. 当量动载荷 P

基本额定动载荷分径向基本额定动载荷和轴向基本额定动载荷。当轴承既承受径向载荷又承受轴向载荷时，为能应用额定动载荷值进行轴承的寿命计算，就必须将轴承承受的实际工作载荷转化为一假想载荷——当量动载荷。对向心轴承而言，当量动载荷是径向当量动载荷，用 P_r 表示；对推力轴承而言，当量动载荷是轴向当量动载荷，用 P_a 表示。在当量动载荷作用下，滚动轴承具有与实际载荷作用下相同的寿命。

2. 当量动载荷的计算

(1) 对只能承受径向载荷 F_R 的径向接触轴承

$$P = P_r = F_R \tag{10-5}$$

(2) 对只能承受轴向载荷 F_A 的轴向接触轴承

$$P = P_a = F_A \tag{10-6}$$

(3) 对既能承受径向载荷 F_R 又能承受轴向载荷 F_A 的角接触向心轴承

$$P = P_r = XF_R + YF_A \tag{10-7}$$

(4) 对既能承受径向载荷 F_R 又能承受轴向载荷 F_A 的角接触推力轴承

$$P = P_a = XF_R + YF_A \tag{10-8}$$

式 (10-7) 中径向载荷系数 X 和轴向载荷系数 Y 可查表 10-5。式 (10-8) 中的系数 X 和 Y 请查阅有关标准。

表 10-5　径向载荷系数 X 和轴向载荷系数 Y

轴承类型		相对轴向载荷 F_A/C_{0r}	$F_A/F_R \leqslant e$		$F_A/F_R > e$		判断系数 e
名称	代号		X	Y	X	Y	
双列角接触球轴承	00000 (56000)	—	1.00	0.78	0.63	1.24	0.80
调心滚子轴承	20000 (3000)	—	1.00	(Y_1)	0.67	(Y_2)	(e)
调心球轴承	10000 (1000)	—	1.00	(Y_1)	0.65	(Y_2)	(e)
圆锥滚子轴承	30000 (7000)	—	1.00	0.00	0.40	1.70	0.36
双列圆锥滚子轴承	350000 (97000)	—	1.00	(Y_1)	0.67	(Y_2)	(e)
深沟球轴承	60000 (0000)	0.025 0.040 0.070 0.130 0.250 0.500	1.00	0.00	0.56	2.00 1.80 1.60 1.40 1.20 1.00	0.22 0.24 0.27 0.31 0.37 0.44

轴承类型		相对轴向载荷	$F_A/F_R \leq e$		$F_A/F_R > e$		判断系数 e
名称	代号	F_A/C_{0r}	X	Y	X	Y	
角接触球轴承	7000C (36000) $\alpha = 15°$	0.015 0.029 0.058 0.087 0.120 0.170 0.290 0.440 0.580	1.00	0.00	0.44	1.47 1.40 1.30 1.23 1.19 1.12 1.02 1.00 1.00	0.38 0.40 0.43 0.46 0.47 0.50 0.55 0.56 0.56
	7000AC (46000) $\alpha = 25°$	—	1.00	0.00	0.41	0.87	0.68
	7000B (66000) $\alpha = 40°$	—	1.00	0.00	0.35	0.57	1.14

注：(1) C_{0r} 是轴承径向基本额定静载荷，α 是接触角。

(2)表中括号内的系数 Y_1、Y_2 和 e 的详值应查轴承手册，对不同型号的轴承，有不同的值。

(3)深沟球轴承的 X、Y 值仅适用于 N 组游隙的轴承，对应其他游隙组的 X、Y 值可查轴承手册。

(4)对于深沟球轴承和角接触球轴承，先根据算得的相对轴向载荷的值查出对应的 e 值，然后再得出相应的 X、Y 值。对于表中未列出的 F_A/C_0 值，可按线性插值法求出相应的 e、X、Y 值。

(5)两表相同的角接触球轴承同心可在同一点上"背对背""面对面"或"串联"安装作为一个整体使用，这种轴承可由生产厂选配组合成套提供，其基本额定动载荷及 X、Y 系数可查轴承手册。

表 10-5 中 e 为判别系数，用以估量轴向载荷的影响。当 $F_A/F_R > e$ 时，表示轴向载荷影响较大，计算当量动载荷时必须考虑 F_A 的作用。当 $F_A/F_R \leq e$ 时，表示轴向载荷影响很小，计算当量动载荷时可忽略轴向载荷 F_A 的影响。可见 e 值是计算当量动载荷时判别是否计入轴向载荷的界限值。

10.5.3 滚动轴承的额定寿命计算

1. 基本额定寿命计算

滚动轴承的疲劳点蚀失效属于疲劳强度问题。因此，轴承的额定寿命与轴承所受载荷的大小有关。图 10-13 是深沟球轴承 6208 进行试验得出的额定寿命 L_{10} 与载荷 P 的关系曲线，即载荷–寿命曲线。试验表明，其他轴承也存在类似的关系曲线。研究表明，轴承的载荷–寿命曲线满足关系式：$P^\varepsilon L_{10} =$ 常数。因 $L_{10} = 1$ 时，$P = C$，故有 $P^\varepsilon L_{10} = C^\varepsilon \times 1$，由此可得

$$L_{10} = \left(\frac{C}{P}\right)^\varepsilon \qquad (10-9)$$

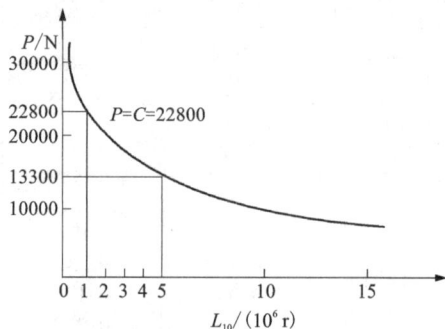

图 10-13 滚动轴承的载荷–寿命曲线

式中：ε 为轴承的寿命指数。球轴承，$\varepsilon = 3$；滚子轴承，$\varepsilon = 10/3$。

实际计算时，用小时数表示寿命比较方便。设轴承转速为 n，则 $10^6 L_{10} = 60 n L_{10\,h}$，故

$$L_{10\,h} = \frac{10^6}{60n} \left(\frac{C}{P} \right)^{\varepsilon} = \frac{16667}{n} \left(\frac{C}{P} \right)^{\varepsilon} \tag{10-10}$$

若已经给定轴承的预期寿命 $L'_{10\,h}$、转速 n 和当量动载荷 P，要求确定所求轴承的基本额定动载荷 C，以便选择轴承的型号，C 的表达式可由式（10-10）得到

$$C = P \left(\frac{60 n L'_{10\,h}}{10^6} \right)^{\frac{1}{\varepsilon}} \tag{10-11}$$

常见机械中所用轴承的预期寿命查表 10-6。

表 10-6　推荐的轴承预期寿命

机器类型	预计计算寿命 $L'_{10\,h}$/h
不经常使用的仪器或设备，如闸门开闭装置等	500
飞机发动机	500～2000
短期或间断使用的机械，中断使用不致引起严重后果，如手动工具等	4000～8000
间断使用的机械，中断使用后果严重，如发动机辅助设备、流水作业线自动传动装置、升降机、车间吊车、不常使用的机床等	8000～12000
每日 8 h 工作的机械(利用率不高)，如一般的齿轮传动、某些固定电动机等	12000～20000
每日 8 h 工作的机械(利用率较高)，如金属切削机床、连续使用的起重机、木材加工机械等	20000～30000
24 h 连续工作的机械，如矿山升降机、输送滚道用滚子等	40000～60000
24 h 连续工作的机械，中断使用后果严重，如纤维生产或造纸设备、发电站主电机、矿井水泵、船舶螺旋桨轴等	100000～200000

从轴承标准或手册中查得的基本额定动载荷值，是工作温度 $t \leqslant 120\ ℃$ 的一般轴承的额定动载荷值。当轴承工作温度 $t > 120\ ℃$ 时，应采用经过高温回火处理的高温轴承。若仍用上述一般轴承替代高温轴承，则应将查得的额定动载荷值减小，为此引入温度系数 f_t 加以修正，通常 $f_t \leqslant 1$，见表 10-7。此外，考虑到机器的起动、停车、冲击和振动对当量动载荷 P 的影响，引入载荷系数 f_p 对 P 加以修正，通常 $f_p \geqslant 1$，见表 10-8。于是式（10-9）、式（10-10）、式（10-11）分别改写为

$$L_{10} = \left(\frac{f_t C}{f_p P} \right)^{\varepsilon} \tag{10-12}$$

$$L_{10\,h} = \frac{16667}{n} \left(\frac{f_t C}{f_p P} \right)^{\varepsilon} \tag{10-13}$$

$$C = \frac{f_p P}{f_t} \left(\frac{60 n L'_{10\,h}}{10^6} \right)^{\frac{1}{\varepsilon}} \tag{10-14}$$

表 10-7　温度系数 f_t

轴承工作温度/℃	≤120	125	150	175	200	225	250	300	350
温度系数 f_t	1.00	0.95	0.90	0.85	0.80	0.75	0.70	0.60	0.50

表 10-8　载荷系数 f_p

载荷性质	载荷系数 f_p	举例
无冲击或轻微冲击	1.0~1.2	电机、汽轮机、通风机等
中等冲击或中等惯性力	1.2~1.8	车辆、动力机械、起重机、造纸机、冶金机械、选矿机、水力机械、卷扬机、木材加工机械、传动装置、机床等
强大冲击	1.8~3.0	破碎机、轧钢机、钻探机、振动筛等

2. 修正额定寿命计算

前已说明，滚动轴承样本中所列的基本额定动载荷是在不破坏概率(即可靠度)为 90% 时的数据。但在实际中，由于使用轴承的各类机械的要求不同，对轴承可靠度的要求也随之变化。为了把样本中的基本额定动载荷值用于可靠度要求不等于 90% 的情况，需要引入寿命修正系数 a_1，于是修正额定寿命为

$$L_{nm} = a_1 L_{10} \tag{10-15}$$

式中：L_{nm} 为可靠度为 $(100-n)\%$ (破坏概率为 $n\%$)时的寿命，即修正额定寿命，h；a_1 为可靠度不等于 90% 时的寿命修正系数，其值见表 10-9。

表 10-9　可靠度不等于 90% 时的寿命修正系数 a_1(摘自 GB/T 6391—2010)

可靠度/%	90	95	96	97	98	99
L_{nm}	L_{10m}	L_{5m}	L_{4m}	L_{3m}	L_{2m}	L_{1m}
a_1	1.00	0.64	0.55	0.47	0.37	0.25

将式(10-12)代入式(10-15)中，可得

$$L_{nm} = a_1 \left(\frac{f_t C}{f_P P} \right)^{\varepsilon} \quad (10^6 \ r) \tag{10-16}$$

同理可得

$$L_{nmh} = \frac{16667 a_1}{n} \left(\frac{f_t C}{f_P P} \right)^{\varepsilon} \tag{10-17}$$

当给定可靠度以及在该可靠度下的寿命 L'_{nmh}(单位为 h)时，可利用式(10-18)计算所需的基本额定动载荷 C 为

$$C = \frac{f_P P}{f_t} \left(\frac{60 n L'_{nmh}}{10^6 a_1} \right)^{\frac{1}{\varepsilon}} \tag{10-18}$$

【例 10-3】　已知某 6300 系列的深沟球轴承承受径向载荷 $F_R = 5500$ N，轴向载荷 $F_A = 2700$ N，轴承转速 $n = 1250$ r/min，运转时有轻微冲击，常温，预期寿命 $L'_{10\ h} = 5000$ h。试确定该轴承型号。

解：

(1)初算当量动载荷 P'_r。

$$\frac{F_{A}}{F_{R}}=\frac{2700}{5500}\approx0.49$$

查表 10-5，深沟球轴承的最大 e 值为 0.44，故 $F_{A}/F_{R}>e$，由此得 $X=0.56$，Y 值须在确定该轴承型号后根据 F_{A}/C_{0r} 的值查表 10-5 得到，现暂取 $Y=1.5$（通常选一近似中间值）进行计算，则

$$P_{r}'=XF_{R}+YF_{A}=0.56\times5500+1.5\times2700=7130\ \text{N}$$

（2）计算轴承应有的基本额定动载荷值 C_{r}'。

查表 10-7、表 10-8，可得 $f_{t}=1$，$f_{p}=1.2$，$\varepsilon=3$。则由式（10-14）得

$$C_{r}'=\frac{f_{p}P_{r}'}{f_{t}}\left(\frac{60nL_{10h}'}{10^{6}}\right)^{\frac{1}{\varepsilon}}=\frac{1.2\times7130}{1}\times\left(\frac{60\times1250\times5000}{10^{6}}\right)^{\frac{1}{3}}=61699.4\ \text{N}$$

（3）查轴承手册初选 6312 轴承，其中 $C_{r}=62800\ \text{N}$，$C_{0r}=48500\ \text{N}$。

（4）验算并确定轴承型号。

① $\dfrac{F_{A}}{C_{0r}}=\dfrac{2700}{48500}\approx0.056$，按表 10-5 此时 e 为 0.24~0.27，而轴向动载荷系数 Y 为 1.8~1.6。

② 用线性插值法求 Y 值。

$$Y=1.8-\frac{(1.8-1.6)\times(0.056-0.040)}{0.070-0.040}\approx1.69$$

③ 计算当量动载荷 P_{r}。

$$P_{r}=XF_{R}+YF_{A}=0.56\times5500+1.69\times2700=7643\ \text{N}$$

④ 验算 6312 轴承的寿命，根据式（10-13）得

$$L_{10h}=\frac{16667}{n}\left(\frac{f_{t}C}{f_{p}P}\right)^{\varepsilon}=\frac{16667}{1250}\times\left(\frac{1\times62800}{1.2\times7643}\right)^{3}\approx4280\ \text{h}<5000\ \text{h}$$

即低于预期寿命，为此改选 6313 轴承，重新进行上述计算，经验算能满足要求（验算过程略）。

10.5.4 向心角接触轴承和圆锥滚子轴承轴向载荷 F_{A} 的计算

1. 派生轴向力产生的原因、大小和方向

上述两类轴承的结构特点是存在接触角。当它们承受径向载荷 F_{R} 时，作用在承载区中各滚动体的法向反力 F_{Ni} 并不指向轴承半径方向，而应分解为径向反力 F_{Ri} 和轴向反力 F_{Si}，如图 10-14 所示。其中，所有径向反力 F_{Ri} 的合力与径向载荷 F_{R} 相平衡；所有轴向分力 F_{Si} 的合力组成轴承的内部派生轴向力 F_{S}。由此可知，轴承的派生轴向力是由轴承内部的法向反力 F_{Ni} 引起的，其方向总是由轴承外圈的宽边一端指向窄边一端，迫使轴承内圈从外圈脱开。

当轴承的承载区为半周（即在 F_{R} 作用下有半圈滚动体受载）时，经过分析，可得角接触球轴承和圆锥滚子轴承的派生轴向力 F_{S} 的大小为

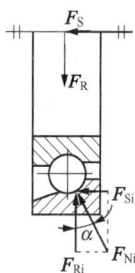

图 10-14 径向载荷产生的派生轴向力

$$\left.\begin{array}{ll}\text{角接触球轴承} & F_{\mathrm{S}} \approx 1.25 F_{\mathrm{R}}\mathrm{tg}\,\alpha \\ \text{圆锥滚子轴承} & F_{\mathrm{S}} \approx F_{\mathrm{R}}/(2Y)\end{array}\right\} \qquad (10-19)$$

角接触球轴承和圆锥滚子轴承的派生轴向力见表10-10。

表 10-10　角接触球轴承和圆锥滚子轴承的派生轴向力

轴承类型	角接触球轴承			圆锥滚子轴承
	7000C	7000AC	7000B	
派生轴向力 F_{S}	eF_{R}	$0.68F_{\mathrm{R}}$	$1.14F_{\mathrm{R}}$	$F_{\mathrm{R}}/(2Y)$

注：(1) e 值查表10-5；

(2) Y 值是对应表10-5中 $F_{\mathrm{A}}/F_{\mathrm{R}}>e$ 时的 Y 值。

2. 安装方式

由于角接触球轴承和圆锥滚子轴承承受径向载荷后会产生派生轴向力，因此，为保证正常工作，这两类轴承通常是成对使用。以角接触球轴承为例，如图10-15(a)、图10-15(b)所示便是其两种安装方式。在图10-15(a)中，两端轴承外圈宽边相对，称为反安装。这种安装方式使两个支反力作用点 O_1、O_2 相互远离，支承跨距加大。在图10-15(b)中，两端轴承外圈窄边相对，称为正安装。它使两个支反力作用点 O_1、O_2 相互靠近，支承跨距缩短。支反力作用点 O_1、O_2 距其轴承端面的距离 d_1、d_2 可从轴承样本或有关标准中查得。但对于跨距较大的安装，为简化计算，可取轴承宽度的中点为支反力作用点，由此引起的计算误差是很小的。

3. 轴向载荷 F_{A} 的计算

现以如图10-15所示的典型情况为例，来分析两轴承承受的轴向载荷 F_{A1} 和 F_{A2}。图中 F_{r}、F_{a} 分别为轴系所受的径向外载荷和轴向外载荷。分析的一般步骤如下：

(1) 作轴系受力简图，给轴承编号，如图10-15(c)、图10-15(d)所示；将派生轴向力中方向与外加轴向载荷 F_{a} 一致的轴承标为2，另一轴承标为1。

(2) 由 F_{r} 计算 F_{R1}、F_{R2}，再由 F_{R1}、F_{R2} 计算派生轴向力 F_{S1}、F_{S2}。

(3) 计算轴承的轴向载荷 F_{A1}、F_{A2}。

① 若 $F_{\mathrm{a}}+F_{\mathrm{S2}} \geq F_{\mathrm{S1}}$，这时滚动体、轴承内圈与轴的组合体被推向左端，如图10-15(a)、图10-15(c)所示，轴承1被"压紧"，称为紧端；轴承2被"放松"，称为松端。由于轴承1被压紧，由力平衡条件可知，轴承1上必有平衡力 F'_{S1} (由轴承座或端盖施给)。故轴承1、2上的轴向力 F_{A1}、F_{A2} 分别为

$$\left.\begin{array}{l}F_{\mathrm{A1}} = F_{\mathrm{S1}}+F'_{\mathrm{S1}} = F_{\mathrm{a}}+F_{\mathrm{S2}} \\ F_{\mathrm{A2}} = F_{\mathrm{S2}}\end{array}\right\} \qquad (10-20)$$

② 若 $F_{\mathrm{a}}+F_{\mathrm{S2}}<F_{\mathrm{S1}}$，这时轴承2为紧端，轴承1为松端，如图10-15(b)、图10-15(d)所示，轴承2上必有平衡力 F'_{S2}，即 $F_{\mathrm{S2}}+F'_{\mathrm{S2}}+F_{\mathrm{a}}=F_{\mathrm{S1}}$，故两轴承上的轴向力为

$$\left.\begin{array}{l}F_{\mathrm{A2}} = F_{\mathrm{S2}}+F'_{\mathrm{S2}} = F_{\mathrm{S1}}-F_{\mathrm{a}} \\ F_{\mathrm{A1}} = F_{\mathrm{S1}}\end{array}\right\} \qquad (10-21)$$

综上所述,计算轴向力的关键是判断哪个轴承为紧端,哪个轴承为松端。松端轴承的轴向力等于其自身派生轴向力,紧端轴承的轴向力等于外部轴向载荷与松端轴承派生轴向力的矢量和。

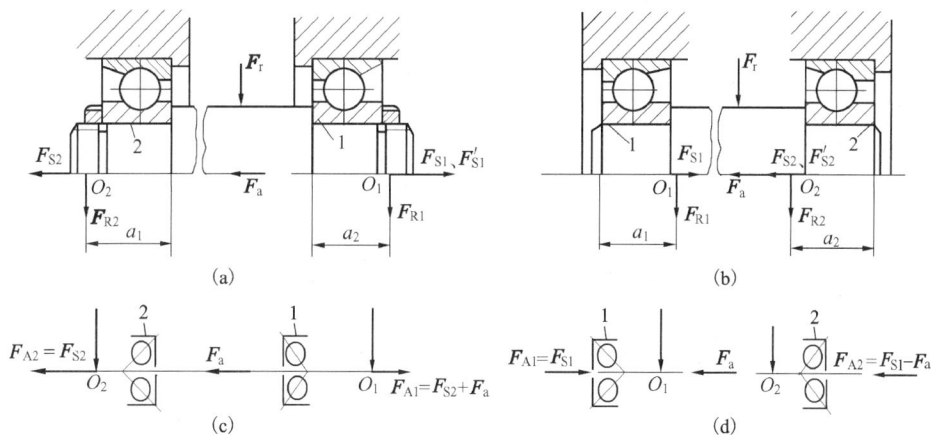

图 10-15　角接触球轴承安装方式及受力分析

【例 10-4】　某安装有斜齿轮的转轴由一对代号为 7210AC 的轴承支承。已知两轴承所受径向载荷分别为 $F_{R1} = 2600$ N,$F_{R2} = 600$ N,安装方式如图 10-16 所示,齿轮上的轴向载荷 $F_a = 1200$ N,载荷平稳,试求轴承所受的轴向载荷。

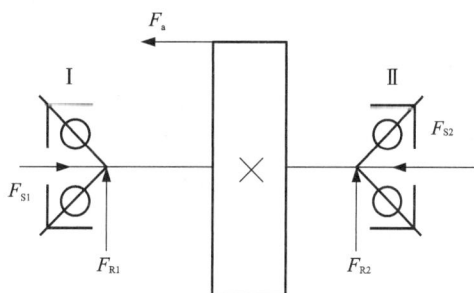

图 10-16　转轴受力简图

解:

(1)计算内部派生轴向力。

由表 10-10,可知 7210AC 轴承的内部派生轴向力为

$$F_S = 0.68F_R$$

则

$$F_{S1} = 0.68F_{R1} = 0.68 \times 2600 = 1768 \text{ N}$$
$$F_{S2} = 0.68F_{R2} = 0.68 \times 600 = 408 \text{ N}$$

(2)计算轴承所受的轴向载荷。

因为 $F_{S2} + F_a = 408 + 1200 = 1608$ N$< F_{S1}$,故轴有向右移动并压紧轴承 Ⅱ 的趋势,即轴承 Ⅱ 被压紧,轴承 Ⅰ 放松。

松端轴承 Ⅰ 所受的轴向载荷为

$$F_{A1} = F_{S1} = 1768 \text{ N}$$

紧端轴承 Ⅱ 所受的轴向载荷为

$$F_{A2} = F_{S1} - F_a = 1768 - 1200 = 568 \text{ N}$$

【例 10-5】　如图 10-15(b)所示,一对 7211AC 轴承采用正安装,轴的转速 $n = 1750$ r/min,

轴承所受径向载荷分别为 $F_{R1}=3300\text{ N}$，$F_{R2}=1000\text{ N}$，轴上还作用有轴向载荷 $F_a=900\text{ N}$，方向指向轴承 1，轴承工作时有中等冲击，常温。试计算两轴承的寿命。

解：

（1）计算内部派生轴向力。

对 7000AC 型轴承，按表 10-10，有

$$F_{S1}=0.68F_{R1}=0.68\times3300=2244\text{ N}$$

$$F_{S2}=0.68F_{R2}=0.68\times1000=680\text{ N}$$

（2）求轴承的轴向载荷。

因 $F_a+F_{S2}=(900+680)\text{N}=1580\text{ N}<F_{S1}$，故轴承 1 为松端，轴承 2 为紧端，则

$$F_{A1}=F_{S1}=2244\text{ N}$$

$$F_{A2}=F_{S1}-F_a=2244-900=1344\text{ N}$$

（3）计算当量动载荷。

由表 10-5 查得 7000AC 型轴承（$\alpha=25°$）的判别系数 $e=0.68$，故

$$\frac{F_{A1}}{F_{R1}}=\frac{2244}{3300}=0.68=e,\quad \frac{F_{A2}}{F_{R2}}=\frac{1344}{1000}=1.344>e$$

再由表 10-5 查得 $X_1=1$，$X_2=0.41$，$Y_1=0$，$Y_2=0.87$。轴承的当量动载荷为

$$P_{r1}=X_1F_{R1}+Y_1F_{A1}=1\times3300=3300\text{ N}$$

$$P_{r2}=X_2F_{R2}+Y_2F_{A2}=0.41\times1000+0.87\times1344\approx1580\text{ N}$$

（4）计算轴承寿命。

由表 10-7、表 10-8 查得 $f_t=1$，$f_p=1.5$，由手册查得 7211AC 轴承的额定动载荷 $C_r=38800\text{ N}$，又因为 $\varepsilon=3$。由式（10-13）得

$$L_{10h1}=\frac{16667}{n}\left(\frac{f_tC}{f_pP_{r1}}\right)^{\varepsilon}=\frac{16667}{1750}\times\left(\frac{1\times38800}{1.5\times3300}\right)^3\approx4586.7\text{ h}$$

$$L_{10h2}=\frac{16667}{n}\left(\frac{f_tC}{f_pP_{r2}}\right)^{\varepsilon}=\frac{16667}{1750}\times\left(\frac{1\times38800}{1.5\times1580}\right)^3\approx41789.7\text{ h}$$

由于轴承 1 的寿命约为 4586.7 h，轴承 2 的寿命约为 41787.4 h，故这对轴承的寿命为 4586.7 h。

10.5.5 滚动轴承静载荷的计算

为防止滚动轴承在静载荷或冲击载荷作用下产生过大塑性变形，应进行轴承的静强度计算，其计算公式为

$$P_0\leqslant\frac{C_0}{S_0} \tag{10-22}$$

式中：C_0 为滚动轴承的额定静载荷，N，可查轴承样本或标准，它是受载最大的滚动体与滚道接触中心处引起的接触应力达到一定值（如对于滚子轴承为 4000 MPa；对于球轴承为 4200 MPa）时的载荷，可作为轴承静强度的界限；S_0 为静强度安全系数，其值可查表 10-11；P_0 为当量静载荷，N。P_0 的计算公式为

$$P_0=X_0F_R+Y_0F_A \tag{10-23}$$

式中：X_0 和 Y_0 分别为当量静载荷的静径向载荷系数和静轴向载荷系数，可查轴承手册确定。

表 10-11　静强度安全系数 S_0

旋转条件	载荷条件	S_0	使用条件	S_0
连续旋转轴承	普通载荷	1~2	高精度旋转场合	1.5~2.5
	冲击载荷	2~3	振动冲击场合	1.2~2.5
不常旋转及摆动的轴承	普通载荷	0.5	普通旋转精度场合	1.0~1.2
	冲击及不均匀载荷	1~1.5	允许有变形量	0.3~1.0

10.6　滚动轴承的组合设计

要保证轴承顺利工作，除正确选择轴承的类型和尺寸外，还必须合理地进行轴承的组合设计，即正确地解决轴承的安装、配置、紧固、调节、润滑、密封等问题。

10.6.1　滚动轴承的轴向固定与定位

轴承内圈和轴、外圈和座孔间的轴向固定及定位方法的选择，取决于载荷的大小、方向、性质、转速的高低、轴承的类型及其在轴上的位置等因素。

1. 轴承内圈轴向固定与定位的常用方法

(1)弹性挡圈。如图 10-17(a)所示，其主要用于轴向载荷不大及转速不高的场合。

(2)轴端挡板。如图 10-17(b)所示，其可用于承受双向轴向载荷，并可在高速下承受中等轴向载荷的场合。

(3)圆螺母和止动垫圈。如图 10-17(c)所示，其主要用于转速较高、轴向载荷较大的场合。

(4)开口圆锥紧定套、止动垫圈和圆螺母。如图 10-17(d)所示，其主要用于光轴上轴向载荷和转速都不大的调心轴承的轴向固定及定位的场合。

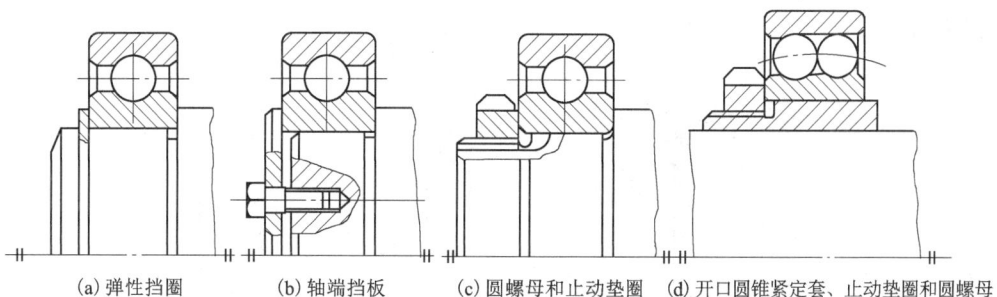

(a)弹性挡圈　　(b)轴端挡板　　(c)圆螺母和止动垫圈　　(d)开口圆锥紧定套、止动垫圈和圆螺母

图 10-17　轴承内圈轴向固定与定位的常用方法

内圈的另一端面通常是以轴肩、轴环或套筒作为轴向定位面。为使端面贴紧，轴肩处的圆角半径必须小于轴承内圈的圆角半径。同时，轴肩的高度不应大于轴承内圈的厚度，否则轴承不易拆卸。

2. 轴承外圈轴向固定与定位的常用方法

（1）孔用弹性挡圈。如图 10-18(a) 所示，其主要用于轴向力不大且需要减小轴承装置尺寸的场合。

（2）止动环。如图 10-18(b) 所示，其在轴承座孔不便做凸肩且外壳为剖分式结构时的场合，通常轴承外圈需带止动槽。

（3）轴承端盖。如图 10-18(c) 所示，其用于转速高、轴向力大的各类轴承的场合。

（4）螺纹环。如图 10-18(d) 所示，其用于轴承转速高、轴向载荷大，且不适于使用轴承盖固定的场合。

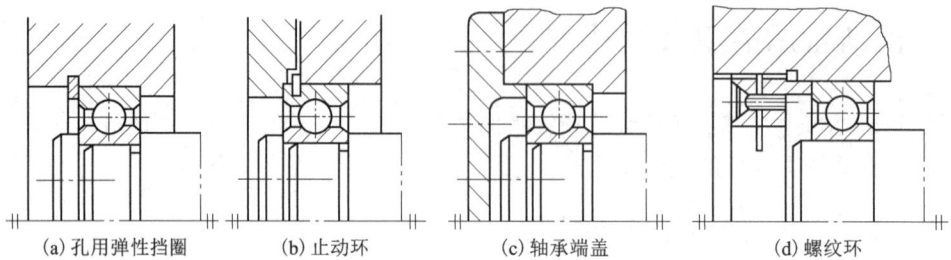

图 10-18　轴承外圈轴向固定与定位的常用方法

10.6.2　滚动轴承的支承结构

滚动轴承的支承结构有以下 3 种基本形式。

1. 两端单向固定

如图 10-19 所示，轴的两端滚动轴承各限制一个方向的轴向移动，合在一起就可限制轴的双向移动。这种支承结构适用于工作温度 $t \leqslant 70$ ℃的短轴（$L \leqslant 350$ mm）。在这种情况下，轴的热伸长量不大，一般可由轴承游隙补偿，或者在轴承外圈与轴承盖之间留 0.2~0.4 mm 的间隙补偿，如图 10-19(a) 所示。当采用角接触球轴承和圆锥滚子轴承时，轴的热伸长量只能由轴承游隙补偿。间隙 a 和轴承游隙的大小可用垫片［图 10-19(a)］或调整螺钉等进行调节［图 10-19(b)］。

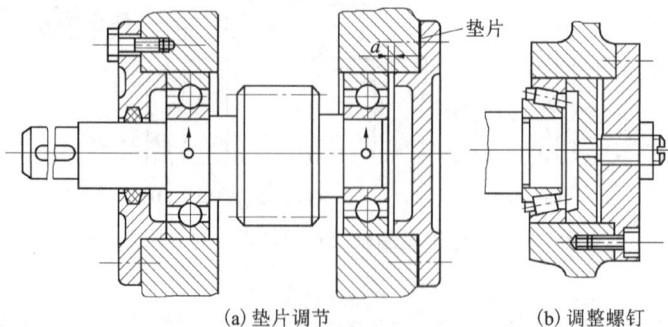

图 10-19　两端单向固定

2. 一端双向固定，另一端游动

如图 10-20(a)所示，左端轴承内、外圈都为双向固定，以承受双向轴向载荷。右端为游动支承，轴承外圈和机座孔间采用动配合，以便当轴受热膨胀伸长时能在孔中自由游动，而内圈用弹性挡圈锁紧。

图 10-20(b)中，游动端采用一个外圈无挡边的圆柱滚子轴承。当轴受热伸长时，内圈连带滚动体可沿外圈内表面游动，而外圈作双向固定。这种支承结构适用于支承跨距较大($L>350$ mm)或工作温度较高($t>70$ ℃)的轴。

3. 两端游动

如图 10-21 所示，人字齿轮小齿轮轴，两端均为游动支座结构。由于人字齿轮轴的左、右螺旋角在加工时不容易保持完全一样，两轴向力不能完全抵消。啮合传动时，小齿轮轴可以左右游动，使得两边轴向力趋于均匀化。但是，为确保轴系有确定位置，大齿轮轴必须做成两端单向固定支承。此种支承结构只在某些特殊情况下使用。

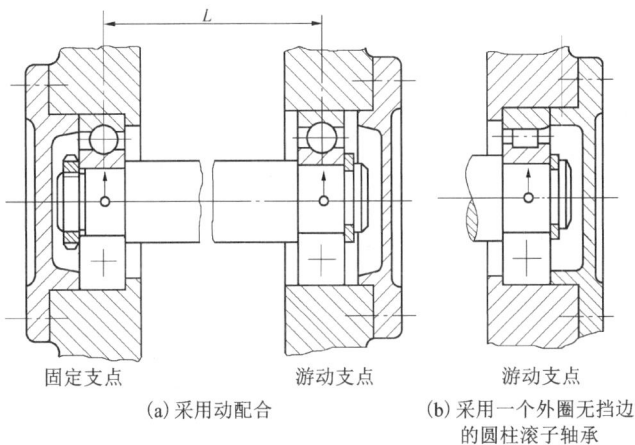

固定支点　　　游动支点　　　　游动支点

(a) 采用动配合　　(b) 采用一个外圈无挡边
　　　　　　　　　　的圆柱滚子轴承

图 10-20 一端双向固定，另一端游动　　　图 10-21 两端游动

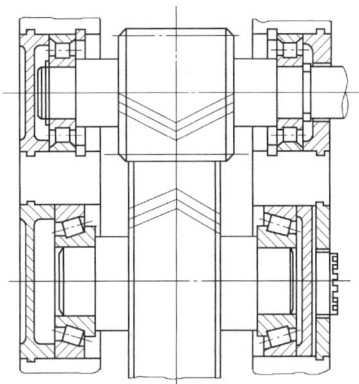

10.6.3 滚动轴承的配合选用

滚动轴承的配合主要是指内圈与轴颈、外圈与轴承座孔的配合。滚动轴承为标准件，因此，轴承内圈与轴颈的配合采用基孔制，外圈与轴承座孔的配合采用基轴制。滚动轴承的公差标准规定：P0、P6、P5、P4 各级精度轴承的内径和外径的公差带均为单向制，且统一采用上偏差为零、下偏差为负值的分布，如图 10-22 所示；而普通圆柱公差标准中基准孔的公差带都在零线以上。

图 10-22 轴承内、外径公差带的分布

因此，轴承内圈与轴颈的配合要比圆柱体基孔制同名配合紧得多。例如，一般圆柱体基孔制的 K6 配合为过渡配合，而在滚动轴承内圈配合中则为过盈配合。

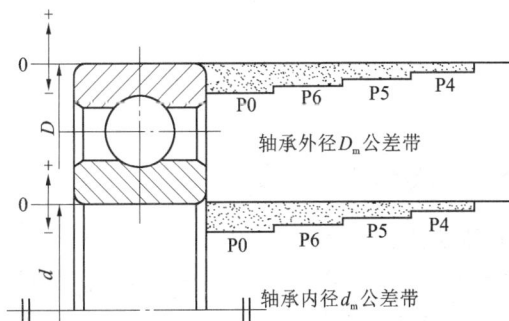

287

滚动轴承的配合既不能过松也不能过紧。配合过松,不仅会影响轴的旋转精度,甚至会使配合表面发生滑动。过紧的配合会使整个轴承装置变形,从而不能正常工作,且难于装拆。因此要正确选择轴承配合。

轴承配合的选择,一般应考虑下列因素:①当内圈旋转,外圈固定时,内圈与轴颈之间应采用较紧的配合,如 n6、m6、k6 等,外圈与轴承座孔应选择较松的配合,如 J7、H7、G7 等;②轴承承受载荷较大、转速较高、冲击振动较强烈时,应采用较紧的配合,反之,可选较松的配合;③游动支承上的轴承,外圈与座孔间应选用有间隙的配合,以利于轴在受热伸长时能沿轴向游动,但应保证轴承工作时外圈在座孔内不发生转动;④对剖分式轴承座,外圈应采用较松的配合,经常拆装的轴承,也应采用具有间隙或过盈量较小的过渡配合。

上述只是一般的选择原则,具体设计时,应根据实际工作情况,查阅有关手册选用。

10.6.4　滚动轴承的安装和拆卸

由于滚动轴承的内圈与轴颈的配合较紧,安装时为了不损伤轴承及其他零件,对中、小型轴承可用手锤敲击装配套筒(铜套)装入轴承,如图 10-23 所示。对大型或过盈较大的轴承,可用压力机压入。有时,为了方便安装,可将轴承在油池中加热到 80~100 ℃后再进行热装。拆卸轴承时,也需有专门拆卸工具,如图 10-24 所示的顶拔器。为便于拆卸,应使轴承内圈在轴肩上露出足够的高度,并要有足够的空间位置,以便安放顶拔器。

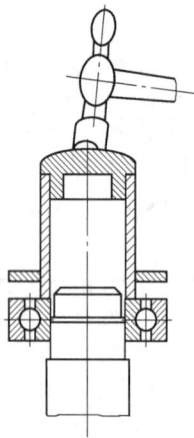

图 10-23　用手锤安装轴承　　　　图 10-24　用顶拔器拆卸轴承

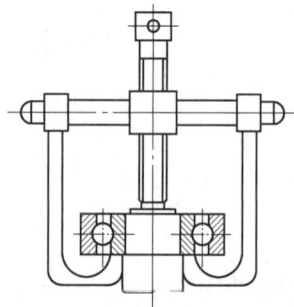

10.6.5　轴承组合的调整

1. 轴承游隙的调整

图 10-25、图 10-26 是悬臂小圆锥齿轮轴支承结构的两种典型形式,均采用圆锥滚子轴承(也可采用角接触球轴承)。图 10-25 为正安装,图 10-26 为反安装。后者靠轴上圆螺母调整轴承游隙,操作不太方便,且轴上加工有螺纹,应力集中严重,削弱了轴的强度,但这种结构整体刚性比前者好,故也常被采用。前者可用端盖下的垫片来调整游隙,比较方便。

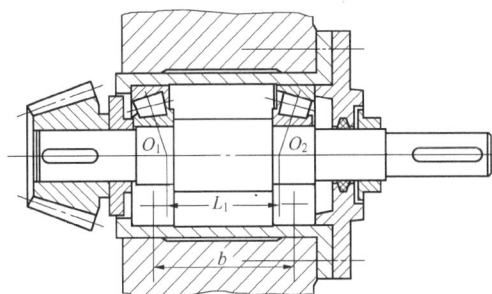

b—支承距离；O_1—轴承 1 的受压力中心点；O_2—轴承的受压力中心点；

L_1、L_2—支承结构一、支承结构二压力中心点之间的距离。

图 10-25　小圆锥齿轮轴支承结构之一　　　图 10-26　小圆锥齿轮轴支承结构之二

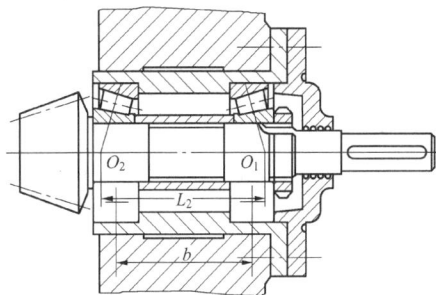

2. 轴承组合轴向位置的调整

在轴系工作时，要求轴上零件有准确的轴向位置，这就需要调整轴系的轴向位置。上述两种安装方式中，为了调整锥齿轮使其位于最好的啮合传动位置(锥顶点重合)，可把两个轴承放在一个套杯中，而套杯装在机座孔中，于是可通过增减套杯端面与机体之间的垫片厚度来改变套杯的轴向位置，以达到调整锥齿轮位于最好传动位置的目的。

此外，在蜗杆传动中，要求蜗杆轴剖面对准蜗轮的中间平面，因此，蜗轮轴的支承结构也应设计成沿轴向整体可调。

10.6.6　支承部位的刚度和同轴度

1. 提高轴承支座的刚度

轴承不仅要求轴具有一定的刚度，而且要求轴承座孔也应具有足够的刚度。这是因为轴或轴承座孔的变形都会使滚动体受力不均匀以及滚动体运动受阻，从而影响轴承运转精度，降低轴承寿命。因此，轴承座孔壁应有足够的厚度，并常设置加强筋以增强刚度，如图 10-27(a)所示。同时，轴承座的悬臂尺寸应尽可能缩短，使支承点合理。对于轻合金或非金属制成的外壳，应在座孔中加钢或铸铁套筒，如图 10-27(b)所示。

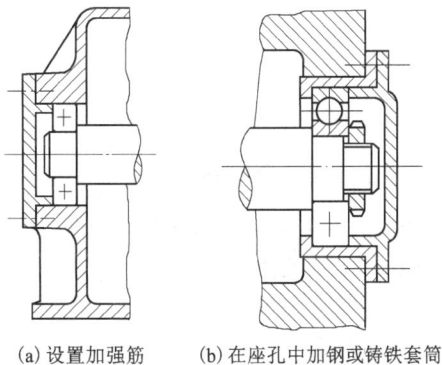

(a) 设置加强筋　　　(b) 在座孔中加钢或铸铁套筒

图 10-27　增加支承刚度的措施

2. 轴承的预紧

所谓轴承的预紧，就是在安装时用某种方法在轴承中产生并保持相当的轴向力，以消除轴承的游隙，并在滚动体和内、外圈接触处产生弹性预变形，使轴承处于压紧状态。预紧可以提高轴承的组合刚度和旋转精度，减小机器工作时轴的振动。需要预紧的轴承，通常是角接触球轴承和圆锥滚子轴承。

常用的预紧方法有以下几种：

（1）在轴承的内、外圈之间放置垫片，如图 10-28(a) 所示；或者磨薄一对轴承的内圈或外圈，如图 10-28(b) 所示，以达到预紧，预紧力的大小由调整垫片的厚度或轴承内、外圈的磨薄量来控制。

（2）分别在两轴承的内圈和外圈间装入长度不等的两个套筒以预紧，如图 10-29(a) 所示，预紧力的大小由两套筒的长度差控制。

（3）利用弹簧预紧，如图 10-29(b)、图 10-29(c) 所示。这种方法可得到稳定的预紧力。

除此之外，前文提到的合理布置角接触球轴承和圆锥滚子轴承，也能提高轴承组合结构的刚性。

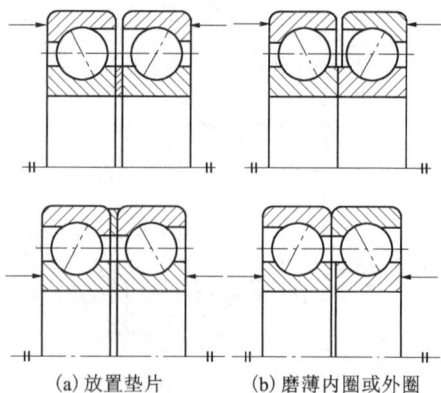

(a) 放置垫片　　(b) 磨薄内圈或外圈

图 10-28　轴承预紧方法之一

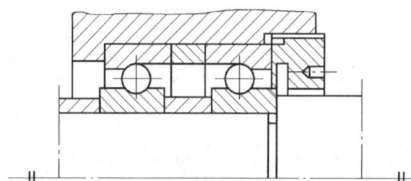

(a) 装入套筒

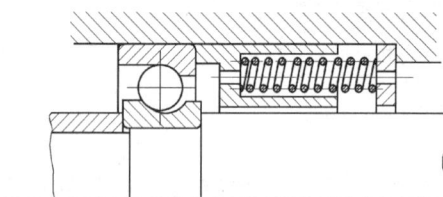 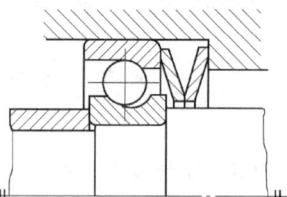

(b) 弹簧预紧一　　　　　　　　(c) 弹簧预紧二

图 10-29　轴承预紧方法之二、三

3. 提高轴承系统的同轴度

同一根轴上的轴承座孔，应尽可能保持同心，以免轴承内、外圈间产生过大偏斜而影响轴承寿命。为此，应力求两轴承座孔尺寸相同，可通过一次镗孔来保证同轴度。当一根轴上装有不同尺寸的轴承时，可采用套杯结构来安装外径较小的轴承，这样两轴承座孔仍可一次镗出，如图 10-30 所示。当两个轴承座孔分在两个机壳上时，则应将两个机壳组合在一起进行镗孔。

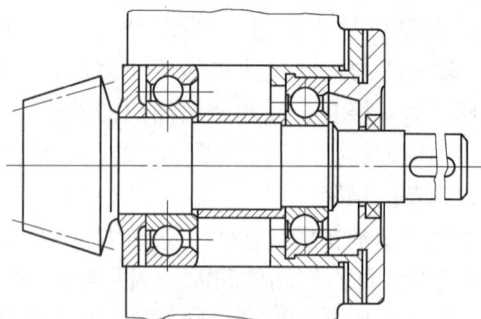

图 10-30　利用套杯结构保证同轴度

10.7　滚动轴承的润滑和密封

根据轴承的实际工作条件,合理地选择润滑方式并设计可靠的密封结构,是保证滚动轴承正常工作的重要条件。

10.7.1　滚动轴承的润滑

润滑的主要目的是减少摩擦与磨损,同时起冷却、吸振、防锈和减小噪声等作用。滚动轴承常用的润滑方式有油润滑和脂润滑,有时也可采用固体润滑剂润滑。滚动轴承的润滑方式可根据 dn 值来确定(d 为滚动轴承内径,mm;n 为滚动轴承转速,r/min)。表 10-12 列出了各种润滑方式下滚动轴承允许的 dn 值。

表 10-12　适用于脂润滑和油润滑的 dn 值界限(表值×10^4)　　　　单位:mm·r/min

轴承类型	脂润滑	油润滑			
		油浴	滴油	循环油(喷油)	油雾
深沟球轴承	≤16	25	40	60	>60
调心球轴承	≤16	25	40	50	—
角接触球轴承	≤16	25	40	60	>60
圆柱滚子轴承	≤12	25	40	60	>60
圆锥滚子轴承	≤10	16	23	30	—
调心滚子轴承	≤8	12	20	25	—
推力球轴承	≤4	6	12	15	—

1. 脂润滑

当 dn 值较小时,可采用脂润滑。其优点是油膜强度高,承载能力强,不易流失,结构简单,易于密封,填充一次可使用较长时间。使用时,其充填量一般不超过轴承中间隙体积的 1/3~2/3,以免因润滑脂过多而引起轴承发热,影响正常工作。

2. 油润滑

油润滑适用于高速、高温或高速高温条件下工作的轴承。油润滑的优点是摩擦系数小,润滑可靠,且具有冷却散热和清洗的作用;缺点是对密封和供油要求较高。

由于滚动轴承内部接触表面的压力大,润滑油黏度应比滑动轴承高。载荷越大,选用润滑油的黏度越高;转速愈高,选用润滑油的黏度愈低。选用润滑油时,可根据工作温度及 dn 值,由图 10-31 先确定油的黏度,然后根据黏度值从润滑油产品目录中选出相应润滑油牌号。滚动轴承常用的润滑油种类有:机械油、汽轮机油、压缩机油、汽缸油、变压器油等。

常用的油润滑方法有:

(1)油浴润滑。将轴承局部浸入润滑油中,油面不高于最低滚动体的中心。这种方法仅适用于中、低速轴承。因为高速时剧烈搅油会造成很大的能量损失(图 10-32)。

（2）滴油润滑。其适用于需要定量供应润滑油的轴承部件，滴油量应适当控制，过多的油量将引起轴承温度的增高。为使滴油通畅，常使用黏度较小（黏度等级不高于15）的润滑油。

（3）飞溅润滑。其是闭式齿轮传动装置中轴承常用的润滑方法。它是利用齿轮的传动将润滑齿轮的油甩到四周壁面上，然后通过适当的沟槽把油引入轴承。

（4）喷油润滑。这种方法适用于转速高、载荷大、要求润滑可靠的轴承。它是用油泵将润滑油增压，通过油管或机壳中特制的油孔经喷嘴把油喷入轴承中。

此外，还有油雾润滑、固体润滑等。

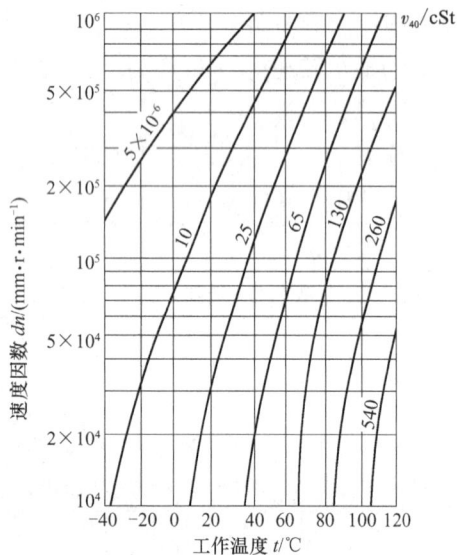

图 10-31　润滑油黏度的选择

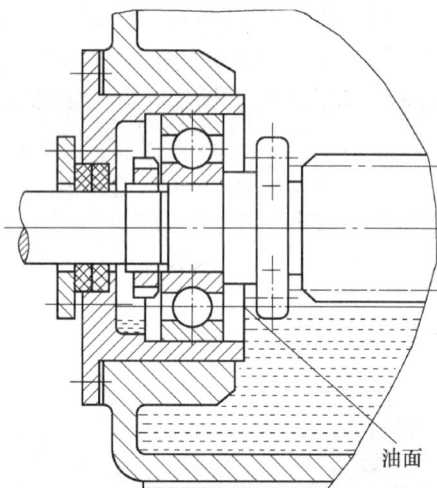

图 10-32　油浴润滑

10.7.2　滚动轴承的密封

为了阻止润滑剂流失和防止外界灰尘、水分及其他杂物进入轴承内部，滚动轴承必须密封。密封方法可分为接触式密封和非接触式密封两大类。

1. 接触式密封

接触式密封是在轴承盖内放置密封件与转动轴颈直接接触而起密封作用。密封件主要用毛毡、橡胶圈或皮碗等软材料，也有用石墨、青铜、耐磨铸铁等硬材料的。这种密封结构简单，多用于转速不高的情况下。轴上与密封件直接接触的表面，要求表面硬度>40 HRC，表面粗糙度 $R_a<0.8$ μm。

（1）毡圈密封。如图 10-33 所示，其适用于接触处轴的圆周速度小于 4~5 m/s，温度低于 90 ℃的脂润滑。毡圈密封结构简单，但摩擦较大。

（2）唇式密封圈。如图 10-34 所示，适用于接触处轴的圆周速度小于 7 m/s，温度低于 100 ℃的脂润滑或油润滑。使用时应注意唇式密封唇朝向密封部位，如唇式密封唇朝向轴承[图 10-34(a)]，可用于防止润滑油

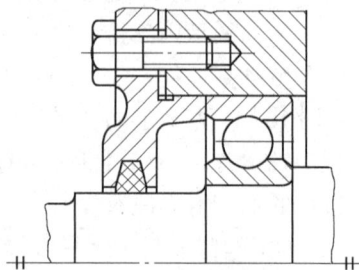

图 10-33　毡圈密封

或润滑脂泄出；密封唇背向轴承[图 10-34(b)]，可用于防止外界灰尘和杂物侵入。若同时采用密封唇反向放置的两个唇形密封圈[图 10-34(c)]，可同时达到两个目的。唇式密封圈密封使用方便，密封可靠。

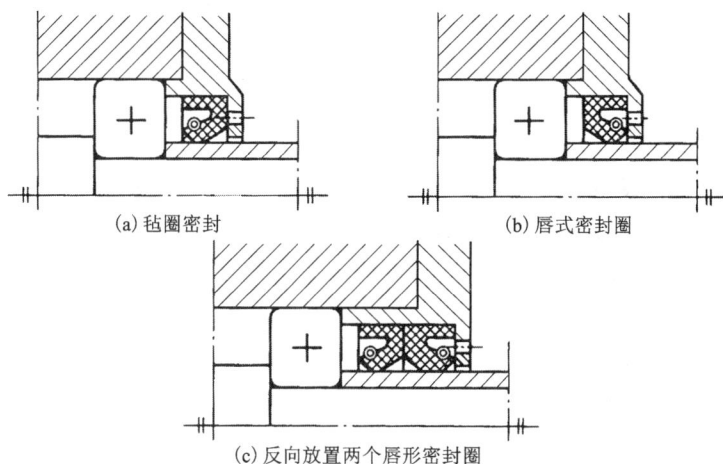

(a) 毡圈密封　　　　(b) 唇式密封圈

(c) 反向放置两个唇形密封圈

图 10-34　唇式密封圈

2. 非接触式密封

这种密封没有直接与轴接触，故摩擦小，多用于速度较高的情况。

(1) 缝隙式密封。如图 10-35(a) 所示，在轴与轴承盖的孔壁间留有 0.1～0.3 mm 的极窄缝隙，并在轴承盖上车出沟槽，在沟槽内充满润滑脂，可以提高密封效果。这种密封形式结构简单，常用于环境干燥清洁的脂润滑。

(2) 曲路式密封。如图 10-35(b) 所示，通过在旋转的与固定的密封零件之间组成曲折的缝隙来实现密封，缝隙中填充润滑脂时可提高密封效果。这种密封形式对脂润滑、油润滑都有较好的密封效果，但结构较复杂，制造、安装不太方便。

此外，当密封要求较高时，还可以将以上几种密封形式合理地组合起来使用。如图 10-35(c) 所示为油环式与缝隙式组合密封，这种密封形式在高速时密封效果好。

其他有关润滑、密封的方法及装置的知识，可参看有关手册。

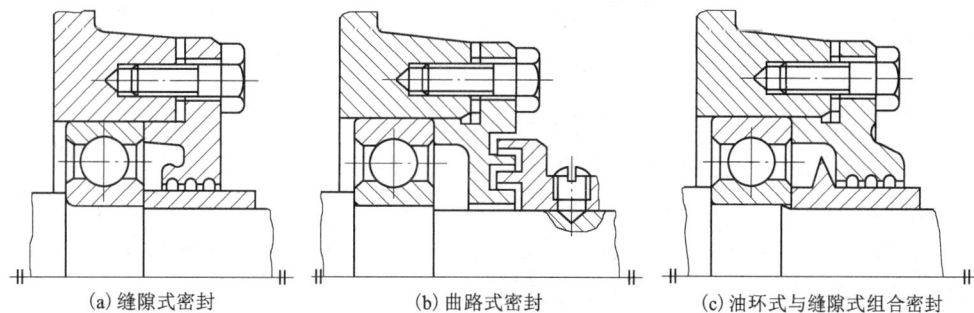

(a) 缝隙式密封　　　(b) 曲路式密封　　　(c) 油环式与缝隙式组合密封

图 10-35　非接触式密封

思考题和习题

10-1　试说明下列轴承代号的含义：6412、30202、30312/P6、7208AC/P5、6303/P5。

10-2　选择滚动轴承类型时应考虑哪些因素？

10-3　为什么角接触球轴承和圆锥滚子轴承通常需要成对使用？试比较正安装与反安装的特点。

10-4　滚动轴承的主要失效形式有哪些？各发生在何种情况下？

10-5　深沟球轴承、圆锥滚子轴承和调心球轴承各用于什么样的工作条件？

10-6　根据工作要求决定选用深沟球轴承，已知轴承的径向载荷 $F_R = 5500$ N，轴向载荷 $F_A = 2700$ N，轴承转速 $n = 2560$ r/min，运转时有轻微冲击，常温工作，若要求轴承寿命能达到 4000 h，轴颈直径不大于 60 mm，试确定该轴承的型号。

10-7　圆锥齿轮减速器输入轴由一对代号为 30206 轴承支承，已知两轴承外圈间距为 72 mm，锥齿轮平均分度圆直径 $d_m = 56$ mm，齿面上的切向力 $F_t = 1240$ N，径向力 $F_r = 400$ N，轴向力 $F_a = 240$ N，各力方向如图 10-36 所示。求轴承的当量动载荷。

10-8　如图 10-37 所示，某转轴上安装有两个斜齿圆柱齿轮，工作时齿轮产生的轴向力分别为 $F_{a1} = 3000$ N，$F_{a2} = 5000$ N。若选择一对 7210B 型轴承支承转轴，轴承所受的径向载荷分别为 $F_{R1} = 8600$ N，$F_{R2} = 12500$ N。求两轴承的轴向载荷 F_{A1} 和 F_{A2}。

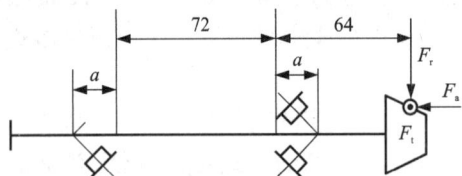

图 10-36　思考题和习题 10-7 图

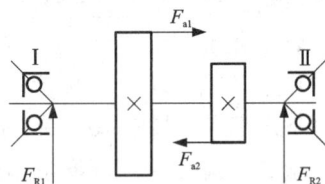

图 10-37　思考题和习题 10-8 图

10-9　已知某转轴由两个代号为 7207AC 的轴承支承，支点处的径向反力 $F_{R1} = 875$ N，$F_{R2} = 1520$ N，齿轮上的轴向力 $F_a = 400$ N，方向如图 10-38 所示。轴的工作转速 $n = 520$ r/min，运转时有中等冲击，常温工作，轴承预期寿命 30000 h。试验算该对轴承的寿命。

10-10　某轴的一端支点上原采用 6312 轴承，其工作可靠度为 90%，现需将该支点轴承在寿命不降低的条件下将工作可靠度提高到 98%，试确定可能用来替代的轴承型号。

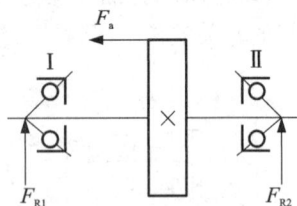

图 10-38　思考题和习题 10-9 图

10-11　某轴承结构如图 10-39 所示，试指出图中结构上不合理和不完善的地方，并说明错误原因及改进意见，同时画出合理的结构图。

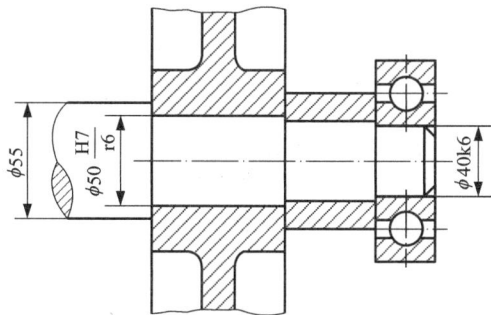

图 10-39 轴承结构

自测题

一、选择题

1. 若角接触球轴承的当量动负荷 P 为基本额定动负荷 C 的 $1/2$，则滚动轴承的基本额定寿命为（　　）r。

A. 5×10^6　　　　　　B. 2×10^6　　　　　　C. 8×10^6　　　　　　D. 12×10^6

2. 为了保证轴承内圈与轴肩端面的良好接触，轴承的圆角半径 r 与轴肩处的圆角半径 r_1 应有（　　）关系。

A. $r = r_1$　　　　　　B. $r > r_1$　　　　　　C. $r < r_1$　　　　　　D. 以上都可以

3. 滚子轴承与球轴承相比，前者的承载能力（　　）。

A. 较高　　　　　　B. 较低　　　　　　C. 与后者基本相同　　　D. 不确定

4. 滚动轴承 6102 的内径为（　　）。

A. 102 mm　　　　　　B. 10 mm　　　　　　C. 2 mm　　　　　　D. 15 mm

5. 轴的刚度较小，轴承孔同轴度较低，宜用（　　）轴承。

A. 深沟球　　　　　　B. 调心　　　　　　C. 圆柱滚子　　　　　D. 滚针

6. 若转轴在载荷作用下弯曲较大或轴承座孔不能保证良好的同轴度，宜选用类型代号为（　　）的轴承。

A. 1 或 2　　　　　　B. 3 或 7　　　　　　C. N 或 NU　　　　　D. 6 或 NA

7. 一根轴只用来传递转矩，因轴较长，故采用 3 个支点固定在水泥基础上，各支点轴承应选用（　　）。

A. 深沟球轴承　　　　B. 调心球轴承　　　　C. 圆柱滚子轴承　　　D. 调心滚子轴承

8. 滚动轴承内圈与轴颈、外圈与座孔的配合（　　）。

A. 均为基轴制　　　　　　　　　　　B. 前者为基轴制，后者为基孔制
C. 均为基孔制　　　　　　　　　　　D. 前者为基孔制，后者为基轴制

9. （　　）不宜用来同时承受径向载荷和轴向载荷。

A. 圆锥滚子轴承　　　B. 角接触球轴承　　　C. 深沟球轴承　　　　D. 圆柱滚子轴承

10. （　　）只能承受轴向载荷。

A. 圆锥滚子轴承　　　B. 推力球轴承　　　　C. 滚针轴承　　　　　D. 调心球轴承

二、填空题

1. 滚动轴承的主要失效形式是_____，防止失效的设计准则是_____。

2. 滚动轴承代号 6216 表示轴承类型为_____，内径尺寸为_____mm。

3. 安装于某轴单支点上的代号为 32208B/DF 的一滚动轴承，其类型名称为_____；内径尺寸 $d=$_____mm；直径系列为_____；公差等级符合标准规定的_____；游隙组别符合标准规定的_____；安装形式为_____；代号 B 表示轴承的接触角为_____。

4. 安装于某轴单支点上的代号为 32310B/P4/DB 的一对滚动轴承，其类型名称为_____；内径尺寸 $d=$_____mm；公差等级符合标准规定的_____；安装形式为_____。

5. 在基本额定动载荷作用下，滚动轴承可以工作_____转而不发生点蚀失效，其可靠度为_____。

6. 滚动轴承的密封形式可分为_____和_____两种。

7. 按额定动载荷计算选用的滚动轴承，在预定使用期限内，其失效概率最大为_____。

8. 对于回转的滚动轴承，一般常发生疲劳点蚀破坏，故轴承的尺寸主要按_____计算确定。

9. 对于不转、转速极低或摆动的轴承，常发生塑性变形破坏，故轴承尺寸应主要按_____计算确定。

10. 滚动轴承轴系支点轴向固定的结构形式为：①_____；②_____；③_____。

三、判断题

1. 滚动轴承的公称接触角越大，承受轴向载荷的能力就越大。（   ）

2. 采用滚动轴承轴向预紧措施的主要目的是提高轴承的承载能力。（   ）

3. 滚动轴承的基本额定载荷是指一批相同的轴承的寿命的平均值。（   ）

4. 滚动轴承的精度要比滑动轴承的精度低。（   ）

5. 滚动轴承的失效形式有 3 种：磨粒磨损、过度塑性变形、疲劳点蚀。其中最常见的一种是磨粒磨损。（   ）

6. 型号为 7210 的滚动轴承，表示其类型为角接触球轴承。（   ）

7. 滚动轴承的基本额定寿命是指可靠度为 90% 的轴承寿命。（   ）

8. 公称接触角 $\alpha=0°$ 的深沟球轴承，只能承受纯径向载荷。（   ）

9. 角接触球轴承的派生轴向力 F_S 是由其支承的轴上的轴向载荷引起的。（   ）

10. 采用滚动轴承轴向预紧措施的主要目的是提高支承刚度和旋转精度。（   ）

第11章
联轴器和离合器

✏ 本章思维导图

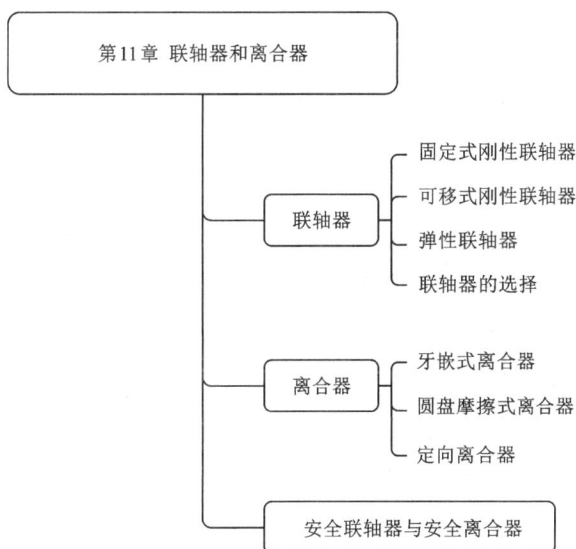

```
第11章 联轴器和离合器
├── 联轴器 ──┬── 固定式刚性联轴器
│            ├── 可移式刚性联轴器
│            ├── 弹性联轴器
│            └── 联轴器的选择
├── 离合器 ──┬── 牙嵌式离合器
│            ├── 圆盘摩擦式离合器
│            └── 定向离合器
└── 安全联轴器与安全离合器
```

11.1 联轴器

联轴器主要用于轴与轴之间的连接,使两被连接轴一起回转并传递转矩;有时也可作为一种安全装置用来防止被连接件承受过大的载荷,起到过载保护的作用。用联轴器连接轴时,只有在机器停止运转后,经过拆卸才能使两轴分离。

联轴器所连接的两轴,由于制造及安装误差、承载后的变形以及温度变化的影响,往往存在着某种程度的相对位移与偏斜,如图 11-1(a)~图 11-1(c)所示的偏移量 Δx、Δy、$\Delta \alpha$ 分别称为轴向偏移、径向偏移和角偏移。因此,设计联轴器时要从结构上采用各种不同的措施,使联轴器具有补偿上述偏移量的性能,否则就会在轴、联轴器、轴承中引起附加载荷,

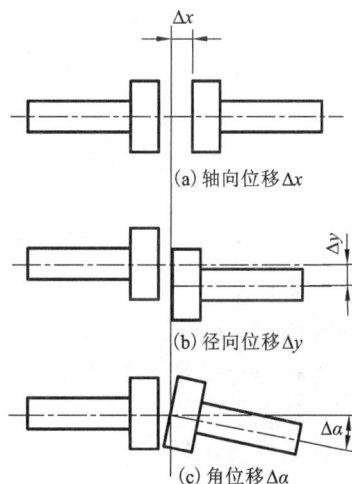

(a) 轴向位移 Δx

(b) 径向位移 Δy

(c) 角位移 $\Delta \alpha$

图 11-1 联轴器配边两轴的相对位移

导致工作情况的恶化。

联轴器分为刚性和弹性两大类型。刚性联轴器由刚性传力件组成，它又可分为固定式和可移式两类。其中固定式刚性联轴器不能补偿两轴的相对位移；而可移式刚性联轴器则能补偿两轴的相对位移。弹性联轴器包含弹性元件，能补偿两轴的相对位移，并具有吸收振动及缓和冲击的能力。

本节介绍几种有代表性结构的联轴器，其余种类可查阅手册。

11.1.1 固定式刚性联轴器

刚性联轴器不具有补偿被连两轴轴线相对偏移的能力，也不具有缓冲减振性能；但结构简单，价格便宜。只有在载荷平稳，转速稳定，能保证被连两轴轴线相对偏移极小的情况下，才可选用刚性联轴器。

1. 凸缘联轴器

固定式刚性联轴器中应用最广的是凸缘联轴器，如图 11-2 所示，它由两个凸缘盘式半联轴器组成，利用键和螺栓实现两轴的连接。当采用普通螺栓连接时，转矩是依靠凸缘间摩擦力来传递的；如图 11-2(a) 所示，螺栓孔与螺栓有间隙，为保证对中精度，在联轴器端面上加工出对中止口，装配时靠一个半联轴器上的凸肩与另一个半联轴器上的凹槽相配合而对中。当采用铰制孔用螺栓连接时，转矩是靠连接螺栓所承受的剪切力和挤压力来传递的；如图 11-2(b) 所示，螺栓孔与螺栓为过渡配合，能保证一定的对中精度。

凸缘联轴器结构简单，制造成本低，装拆方便，能保证两轴具有较高的对中精度，传递转矩大，但不能吸收振动与冲击，当两轴有相对位移时，就会在机件内引起附加载荷，通常用于载荷平稳、两轴严格对中的连接。

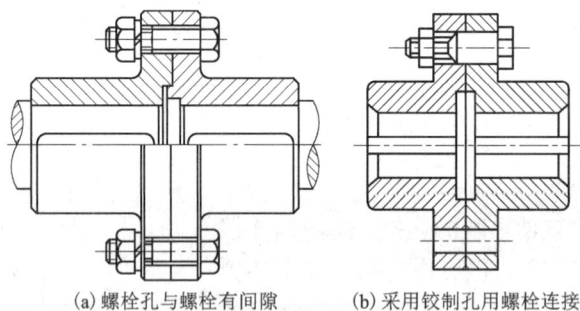

(a) 螺栓孔与螺栓有间隙   (b) 采用铰制孔用螺栓连接

图 11-2　凸缘联轴器

2. 夹壳联轴器

夹壳联轴器由两个沿轴向剖分的夹壳通过螺栓拧紧后产生的夹紧力压在两轴的表面上，从而实现两轴的连接，如图 11-3 所示。转矩的传递是靠夹壳与轴表面间的摩擦力来进行的。

夹壳联轴器装拆方便，轴不需要做轴向移动，但两轴的轴线对中精度低，结构和形状较复杂，平衡精度低，制造成本高，通常用于等轴径连接，低速、轻载、平稳、无冲击的轴连接，如搅拌器、立式泵等。

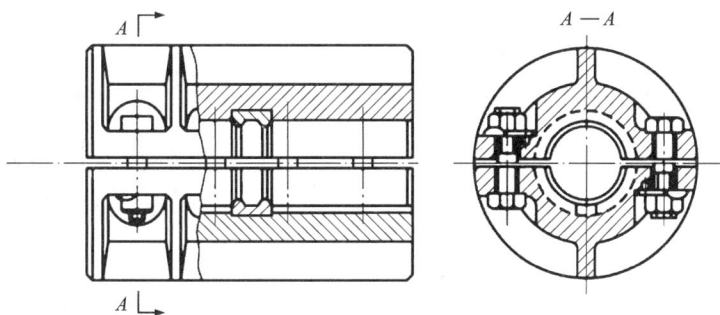

图 11-3　夹壳联轴器

11.1.2　可移式刚性联轴器

由于制造、安装误差和工作时零件变形等原因，当不易保证两轴对中时，宜采用具有补偿两轴相对偏移能力的可移式刚性联轴器。

可移式刚性联轴器有齿式联轴器、十字滑块联轴器和万向联轴器等。

1. 齿式联轴器

如图 11-4 所示，齿式联轴器由两个具有外齿的半联轴器和两个具有内齿的外壳组成，利用内、外齿啮合而实现两轴间的连接，同时能实现两轴相对偏移的补偿。内、外齿啮合后具有一定的顶隙和侧隙，廓线为渐开线，压力角通常为 20°，齿数相同，模数相等，故可补偿两轴间的径向偏移；外齿顶部制成球形，球心在轴线上，可补偿两轴之间的角偏移。两内齿凸缘利用螺栓连接。由于齿式联轴器能传递很大的转矩，又有较大的补偿偏移的能力，常用于重型机械，但结构笨重、造价高。

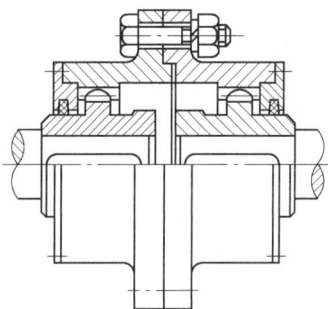

图 11-4　齿式联轴器

2. 十字滑块联轴器

如图 11-5 所示，十字滑块联轴器是利用中间滑块 2 与两个半联轴器 1、3 端面的径向槽配合以实现两轴连接。滑块沿径向滑动可补偿径向偏移 Δy，还能补偿角偏移 $\Delta \alpha$（图 11-6）。工作时十字滑块的中心做圆周运动，圆周运动的直径等于轴线偏移量，会产生很大的离心力，引起较大的动载荷及磨损。因此一般用于转速不大于 250 r/min，两轴许用相对径向位移为 $0.04d$（d 为轴径），许用相对角位移为 30′ 的轴连接。联轴器的材料可用 45 钢，为提高耐磨性，其工作表面需经表面淬火，硬度为 46~50 HRC，也可采用铸铁 HT200。十字滑块联轴器具有结构简单、径向尺寸小，制造方便的特点，但由于滑块偏心，工作时会产生较大的离心力，故只用于两轴线相对径向位移较小、低速、无剧烈冲击的场合。

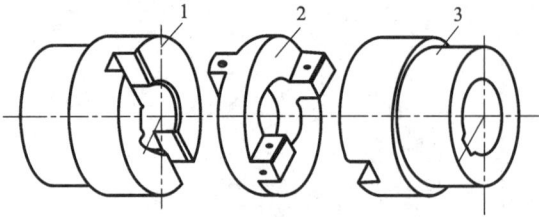

1，3—半联轴器；2—中间滑块。

图 11-5　十字滑块联轴器　　　　　　　　　图 11-6　滑块联轴器补偿位移

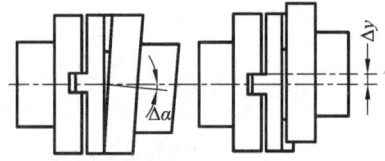

3. 万向联轴器

万向联轴器常见形式为十字轴式万向联轴器，如图
11-7 所示。它是利用中间连接件十字轴 3 连接两边的
半联轴器，两轴线间夹角 α 为 40°～50°。当采用单个十
字轴式万向联轴器时，其主动轴 1 做等角速转动，从动
轴 2 做变角速转动。为避免这种现象，可采用两个万向
联轴器，使两次角速度变动的影响相互抵消，从而使主
动轴 1 与从动轴 2 同步转动(图 11-8)。但各轴相互位
置必须满足：主动轴 1、从动轴 2 与中间轴 3 之间的夹角
应相等，即 $\alpha_1 = \alpha_2$；中间轴两端叉面必须位于同一平面

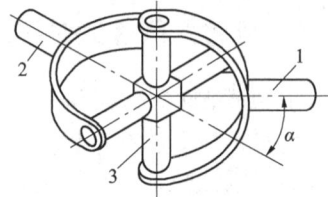

1—主动轴；2—从动轴；
3—中间连接件十字轴。

图 11-7　万向联轴器

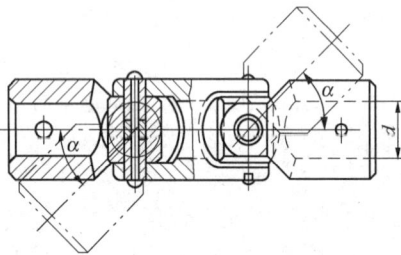

内，如图 11-8(b)、图 11-8(c)所示。图 11-8(a)为双十字轴式联轴器的结构示意。

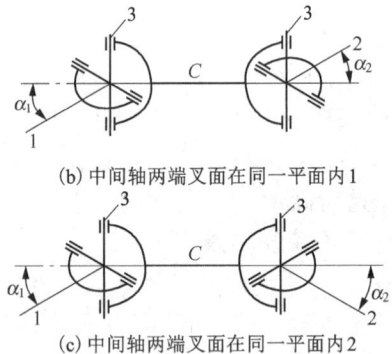

(a) 权十字轴式联轴器的结构示意图

(b) 中间轴两端叉面在同一平面内1

(c) 中间轴两端叉面在同一平面内2

图 11-8　双十字轴式联轴器

11.1.3　弹性联轴器

弹性联轴器是利用弹性连接件的弹性变形来补偿两轴的相对位移，从而缓和冲击和吸收
振动。其类型有弹性套柱销联轴器、弹性柱销联轴器和轮胎式联轴器等。

1. 弹性套柱销联轴器

弹性套柱销联轴器的结构和凸缘联轴器近似，但是两个半联轴器的连接不用螺栓而用梯

300

形截面环状整体弹性套的柱销。如图 11-9 所示,弹性套材料常用耐油橡胶,与半联轴器的圆柱孔有间隙配合,且易发生弹性变形,能补偿两轴的相对位移,缓冲吸振。为了更换弹性套时不必拆卸机器,设计时应注意留出适当的距离 A;为了补偿轴向位移,安装时应注意留出相应大小的间隙 c。弹性套柱销联轴器结构简单,制造容易,更换方便,不需润滑,适用于对中精度要求较高,正反转变化较多、中小功率、运转平稳的两轴连接,如水泵、鼓风机等。

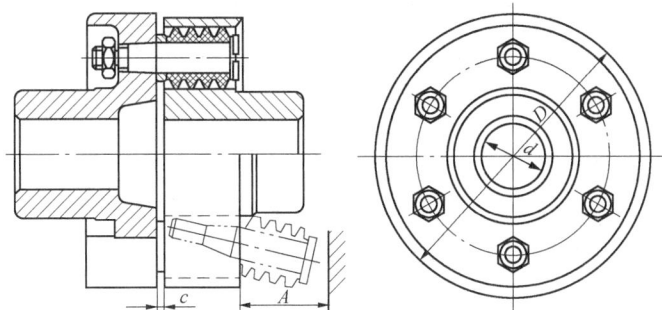

图 11-9 弹性套柱销联轴器

2. 弹性柱销联轴器

如图 11-10 所示,弹性柱销联轴器是利用非金属材料制成的柱销置于两个半联轴器凸缘的孔中,以实现两轴的连接。柱销通常用具有一定弹性的尼龙制成。弹性柱销联轴器结构简单,更换柱销方便。为了防止柱销滑出,应在柱销两端配置挡圈。装配时应注意留出间隙 c。

弹性柱销联轴器的径向偏移和角偏移的许用范围不大,故安装时,需注意两轴对中,否则会使柱销迅速磨损。弹性柱销联轴器用于连接两轴有一定相对位移和一般减振要求、中等载荷、启动频繁的场合,如离心泵、鼓风机等。

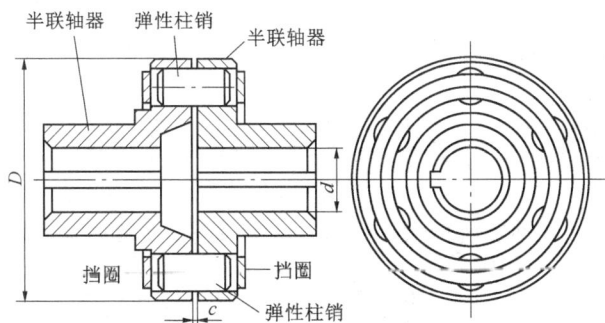

图 11-10 弹性柱销联轴器

3. 轮胎式联轴器

如图 11-11 所示,轮胎式联轴器是利用轮胎式橡胶制品 2 作为中间连接件,将半联轴器1、3 连接在一起。这种联轴器结构简单可靠,能补偿较大的综合偏移,可用于潮湿多尘的场合,其径向尺寸 D 大,而轴向尺寸 B 比较小。

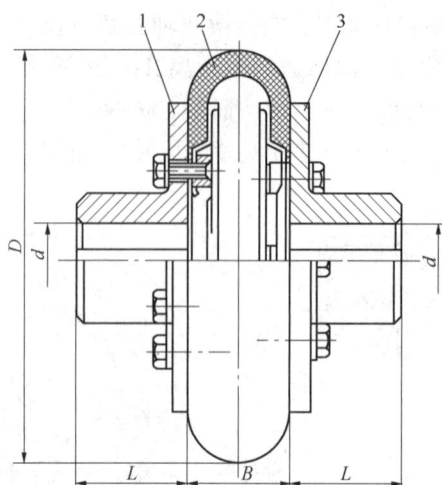

1，3—半联轴器；2—橡胶制品。

图 11-11　轮胎式联轴器

11.1.4　联轴器的选择

常用联轴器已标准化，一般先依据机器的工作条件选择合适的类型；再根据计算得来的转矩、轴的直径和转速，从标准中选择所需型号及尺寸；必要时对某些薄弱、重要的零件进行检验。

1. 类型的选择

选择联轴器类型的原则是使用要求和类型特性一致。例如：两轴能精确对中、轴的刚性较好时，可选刚性固定式凸缘联轴器，否则选具有补偿能力的刚性可移式联轴器；两轴轴线要求有一定夹角，可选十字轴式万向联轴器。

由于类型选择涉及因素较多，一般按类比法进行选择。

2. 型号、尺寸的选择

类型选择好后，根据计算得来的转矩、轴径、转速，从手册或标准中选型号、尺寸，但必须满足以下条件。

（1）计算转矩不超过联轴器的最大许用转矩。转矩按式（11-1）计算。

$$T_c = KT = K \times 9550 \frac{P}{n} \leqslant [T_n] \tag{11-1}$$

式中：K 为工作情况系数，见表 11-1；T 为理论转矩，N·m；P 为原动机功率，kW；n 为转速，r/min；$[T_n]$ 为联轴器的许用转矩。

（2）轴径不超过联轴器的孔径范围。

$$d_{min} \leqslant d \leqslant d_{max} \tag{11-2}$$

（3）转速不超过联轴器的许用最高转速。

$$n \leqslant [n_{max}] \tag{11-3}$$

表 11-1　工作情况系数 K

K（原动机为电动机）	工作机
1.3	转速变化很小的机械，如发电机、小型通风机、小型离心泵等
1.5	转速变化较小的机械，如汽轮压缩机、木工机械、运输机等
1.7	转速变化中等的机械，如搅拌机、增压机、有飞轮的压缩机等
1.9	转矩变化和冲击载荷中等的机械，如织布机、水泥搅拌机、拖拉机等
2.0	转矩变化和冲击载荷大的机械，如挖掘机、起重机、碎石机、造纸机械等

11.2　离合器

离合器也是用于轴与轴之间的连接，使它们一起回转并传递转矩。用离合器连接的两根轴，在机器工作时能方便地将它们分离或接合。常用的离合器有牙嵌式离合器、圆盘摩擦式离合器、定向离合器和安全离合器，安全离合器在下一节再详细介绍。

11.2.1　牙嵌式离合器

如图 11-12 所示，牙嵌式离合器由两个端面带牙的套筒组成，其中套筒 1 紧固在轴上，而套筒 2 可以沿导向平键 3 在另一根轴上移动。利用操纵杆移动滑环 4 可使两个套筒接合或分离。为避免滑环的过量磨损，可动套筒应装在从动轴上。为便于两轴对中，在套筒 1 中装有对中环 5，从动轴在对中环内可自由转动。

牙嵌式离合器常用的牙形有三角形、矩形、梯形、锯齿形等。三角形牙用于传递小转矩的低速离合器；矩形牙无轴向分力，但不便于接合与分离，磨损后不能补偿，使用较少；梯形牙强度高，能自动补偿牙的磨损与间隙，传递较大的转矩，应用较广；锯齿形牙的强度高，但只能传递单向转矩，用于特定的工作场合。

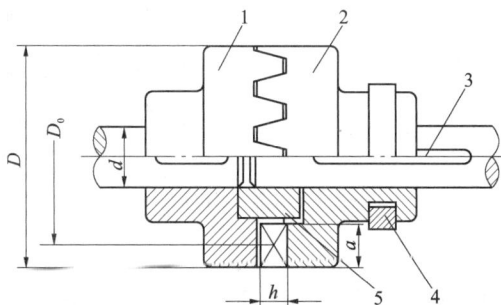

1, 2—套筒；3—导向平键；4—滑环；5—对中环。

图 11-12　牙嵌式离合器

11.2.2　圆盘摩擦式离合器

圆盘摩擦式离合器利用接触面间产生的摩擦力来传递转矩。圆盘摩擦式离合器可分为单片式、多片式和定向离合器等。

1. 单片式摩擦离合器

如图 11-13 所示，单片式摩擦离合器利用两圆盘面 1 和 2 压紧或松开，使摩擦力产生或消失，以实现两轴的连接或分离。操纵滑块 3，使从动盘 2 左移，以压力 F 将其压在主动盘 1 上，从而使两圆盘结合；反向操纵滑块 3，使从动盘右移，则两圆盘分离。单片式摩擦离合器结构简单，但径向尺寸大，而且只能传递不大的转矩，常用在轻型机械上。

2. 多片式摩擦离合器

多片式摩擦离合器有两组摩擦片，由主动部分和从动部分组成。如图 11-14(a) 所示，主动部分由主动轴 1、外壳 2 与一组外摩擦片 5 组成；图 11-14(b) 所示为外摩擦片，其可沿外壳 2 的槽移动；从动部分由从动轴 3、套筒 4 与一组内摩擦片 6 组成，图 11-14(c) 所示为内摩擦片，其可沿套筒 4 上的槽滑动。滑环 7 向左移动，使杠杆 8 绕支点顺时针转，通过压板 9 将两组摩擦片压紧，于是主动轴带动从动轴转动。滑环 7 向右移动，杠杆 8 下面的弹簧靠弹力使杠杆 8 绕支点反转，两组摩擦片松开，于是主动轴与从动轴脱开，双螺母 10 用来调节摩擦片的间距，从而调整摩擦面间的压力。

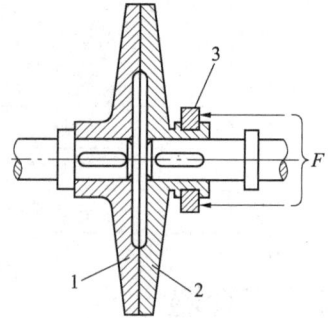

1，2—圆盘面；3—滑块。

图 11-13　单片式摩擦离合器

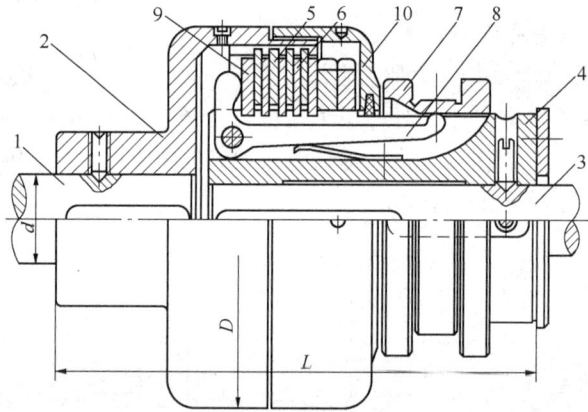

(a) 多片式摩擦离合器结构示意图

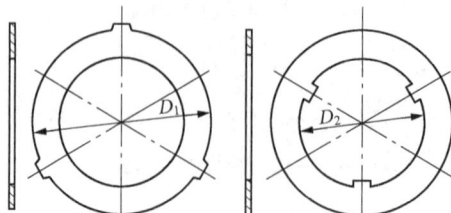

(b) 外摩擦片　　　(c) 内摩擦片

1—主动轴；2—外壳；3—从动轴；4—套筒；5—外摩擦片；
6—内摩擦片；7—滑环；8—杠杆；9—压板；10—双螺母。

图 11-14　多片式摩擦离合器

多片式摩擦离合器由于摩擦面的增多，传递转矩的能力显著增大，径向尺寸相对减小，但是结构比较复杂。

利用电磁力操纵的离合器称为电磁摩擦离合器，其中常用的是多片式电磁摩擦离合器，如图 11-15 所示。摩擦片部分的工作原理与前述相同。电磁操纵部分及原理如下：当直流电接通后，电流经接触环 1 导入励磁线圈 2，线圈产生的电磁力吸引衔铁 5，压紧两组摩擦片 3、4，使离合器处于接合状态；切断电流后，依靠复位弹簧 6 将衔铁 5 推开，两组摩擦片随之松开，使离合器处于分离状态。电磁离合器可以在电路上实现改善离合器功能的要求，例如利用快速励磁电路实现快速接合；利用缓冲励磁电路可实现缓慢接合，以避免启动时的冲击。

与牙嵌式离合器相比，摩擦式离合器的优点为：在任何转速下都可接合；过载时摩擦面打滑，可起到过载保护作用；接合平稳，冲击和振动小。其缺点为：接合过程中，因相对滑动引起发热与磨损，故功率损耗明显。

11.2.3　定向离合器

定向离合器是利用机器本身转速、转向的变化，来控制两轴分离或接合的离合器。如图 11-16 所示，星轮 1 和外环 2 分别装在主动件和从动件上，两轮与外环间有楔形空腔，内装滚柱 3，每个滚柱都被弹簧推杆 4 以适当的推力推入楔形空腔的小端，且处于临界状态（即稍加外力便可进入楔紧或松开的状态）。星轮和外环都可作主动件。按图示结构，当外环与主动件逆时针回转时，摩擦力带动滚柱进入楔形空间的小端楔紧内、外接触面，驱动星轮转动。当外环顺时针回转时，摩擦力带动滚柱进入楔形空间的大端松开内、外接触面，外环空转。由于此离合器传动具有确定的转向，故称为定向离合器。

星轮和外环都做顺时针回转时，根据相对运动的关系，如外环转速小于星轮转速，则滚柱楔紧内、外接触面，外环与星轮接合。反之，滚柱与内、外接触面松开，外环与星轮分开。可见只有当星轮超过外环转速时，才能起到传递转速并一起回转的作用，故又称为超越离合器。

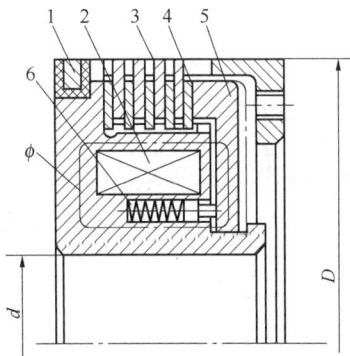

1—接触环；2—励磁线圈，3、4—摩擦片；
5—衔铁；6—复位弹簧。

图 11-15　多片式电磁摩擦离合器

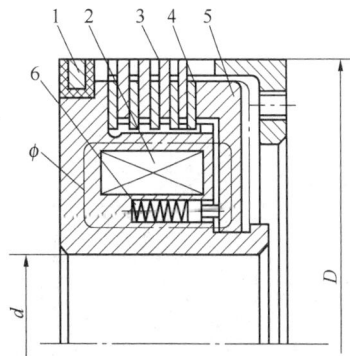

1—星轮；2—外环；3—滚柱；
4—弹簧推杆。

图 11-16　定向离合器

11.3　安全联轴器与安全离合器

安全联轴器或离合器的作用是，当传递的工作转矩超过所允许的极限转矩时，连接件会发生折断、脱开或打滑，以使重要零件不致破坏。下面介绍几种常用的类型。

1. 销式安全联轴器

销式安全联轴器(图 11-17)的结构类似凸缘联轴器，但它是用销钉连接的，剪切销钉安装在组合式淬火套筒内，套筒被压入联轴器中，销钉有时在预定剪切处做成 V 形槽，材料一般为 45 钢，其可以做成单剪式或双剪式。

这种安全联轴器结构简单，但限定的安全转矩准确性不高，销钉安全联轴器没有自动恢复工作的能力，更换销钉时，必须停机。

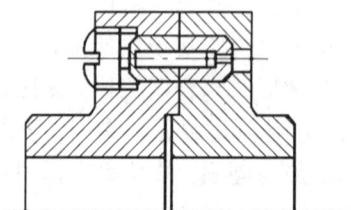

图 11-17　销式安全联轴器

2. 牙嵌式安全离合器

图 11-18 是牙嵌式安全离合器，它和牙嵌式离合器很相似，区别是牙的倾斜角 α 较大，以及用弹簧压紧机构代替滑环操纵机构。工作时，两个半离合器靠弹簧 2 的压紧力使牙盘 3、4 嵌合以传递转矩。转矩超载后，牙斜面间产生的轴向推力将克服弹簧弹力和摩擦阻力使离合器自动分离，起到过载保护的作用。当转矩降低到某一数值时，离合器靠弹簧弹力自动接合。通过调节螺母 1 可以改变弹簧的压紧力。

3. 摩擦式安全离合器

图 11-19 为一种摩擦式安全离合器，其结构与摩擦盘式离合器相似，只是用弹簧代替操纵机构，内外摩擦盘 3、4 通过弹簧 2 的弹力被压紧，将动力传递给外套筒，并通过半联轴器输出，螺钉 1 用来调整弹簧 2 以改变弹簧压紧力。转矩正常时，摩擦盘式安全离合器在弹簧弹力的作用下正常接合，当转矩超过极限时，摩擦盘发生打滑，从而起到过载保护的作用。

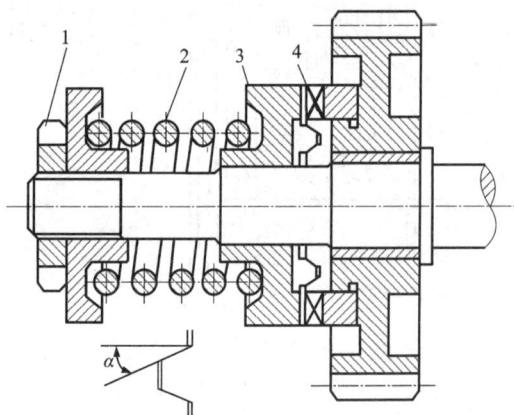

1—调节螺母；2—弹簧；3、4—牙盘。

图 11-18　牙嵌式安全离合器

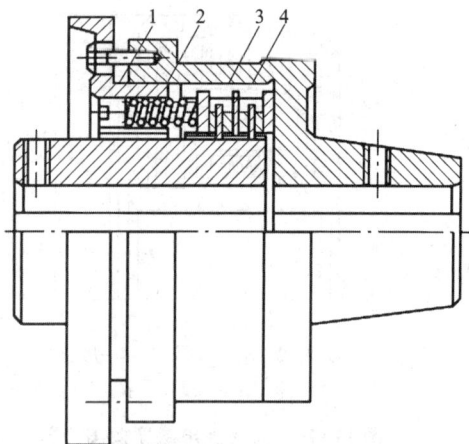

1—螺钉；2—弹簧；3、4—内个摩擦盘。

图 11-19　摩擦式安全离合器

思考题和习题

11-1 将本章介绍的联轴器和离合器归类，并简要注明各类特性。

11-2 举例说明弹性联轴器补偿位移的方法及原理。

11-3 举例说明离合器工作时离与合的工作过程。

11-4 在启动频繁，经常正、反转，转矩很大的传动中，可选用什么联轴器？

11-5 某机械设备电动机功率 $P = 5.5$ kW，转速 $n = 1470$ r/min，载荷有中等冲击，试选用该设备的联轴器。

自测题

一、选择题

1. 当转速较高、所传递的转矩不大、需频繁启动，且两轴较难对中时，宜选用（　　）联轴器。

A. 凸缘联轴器　　　　B. 十字滑块联轴器　　C. 弹性套柱销联轴器　D. 齿式联轴器

2. （　　）联轴器不是挠性联轴器。

A. 十字滑块联轴器　　B. 凸缘联轴器　　　　C. 弹性柱销联轴器　　D. 轮胎式联轴器

3. 在载荷具有冲击、振动，且轴的转速较高、刚度较小时，一般选用（　　）。

A. 刚性固定式联轴器　　　　　　　　　B. 刚性可移式联轴器

C. 弹性联轴器　　　　　　　　　　　　D. 以上各项均可以

4. 下列联轴器中，（　　）属于挠性联轴器。

A. 套筒联轴器　　　　B. 夹壳联轴器　　　　C. 凸缘联轴器　　　　D. 齿式联轴器

5. 下列联轴器中，（　　）必须进行润滑。

A. 凸缘联轴器　　　　B. 齿式联轴器　　　　C. 弹性柱销联轴器　　D. 轮胎式联轴器

6. 两根被连接轴之间存在较大的径向偏移时，可采用（　　）联轴器。

A. 齿轮　　　　　　　B. 凸缘　　　　　　　C. 套筒

7. 离合器与联轴器的不同点为（　　）。

A. 过载保护　　　　　B. 可以将两轴的运动和载荷随时脱离和接合

C. 补偿两轴间的位移

8. 两根被连接轴间存在较大的径向偏移，可采用（　　）联轴器。

A. 齿轮　　　　　　　B. 凸缘　　　　　　　C. 套筒

9. 选择或计算联轴器时，应该依据计算扭矩 T_c，即 T_c 大于所传递的名义扭矩 T，这是因为考虑到（　　）。

A. 旋转时产生的离心载荷　　　　　　　B. 机器不稳定运转时的动载荷和过载

C. 制造联轴器的材料，其机械性能有偏差　D. 两轴对中性不好时，产生的附加载荷

10. 自行车飞轮内采用的是（　　）离合器，因而可蹬车，可滑行，还可回链。

A. 牙嵌式　　　　　　B. 摩擦式　　　　　　C. 超越　　　　　　　D. 安全

二、填空题

1. 多级齿轮传动减速器中传递的功率是一定的，但由于低速级轴的转速_____而使得该轴传递的扭矩_____，所以低速级轴的直径要比高速级轴的直径大得多。

2. 联轴器为标准件，当选定类型后，可根据_____、_____、_____从标准中选择所需要的型号和尺寸。

3. 联轴器与离合器的根本区别在于_____。

4. 对联轴器的一般要求有_____。

5. 弹性联轴器的主要优点是_____。

6. 当受载较大，两轴较难对中时，应选用_____联轴器来连接；当原动机的转速高且发出的动力较不稳定时，其输出轴与传动轴之间应选用_____联轴器来连接。

7. 在确定联轴器类型的基础上，可根据_____、_____、_____、_____来确定联轴器的型号和结构。

8. 按工作原理，操纵式离合器主要分为_____、_____和_____三类。

9. 联轴器和离合器是用来_____的部件；制动器是用来_____、_____的装置。

10. 用联轴器连接的两轴_____分开；而用离合器连接的两轴在机器工作时_____。

三、判断题

1. 齿式联轴器属于可移式刚性联轴器。（　　）

2. 矿山机械和重型机械中，低速、重载、不易对中处常用的联轴器是凸缘联轴器。（　　）

3. 低速、重载、不易对中处最好使用弹性套柱销联轴器。（　　）

4. 挠性联轴器可以分为无弹性元件、金属弹性元件、非金属弹性元件挠性联轴器 3 种。（　　）

5. 联轴器和离合器都是使两轴既能连接又能分离的部件。（　　）

6. 固定式刚性联轴器，适用于两轴对中不好的场合。（　　）

7. 圆盘摩擦离合器靠主、从动摩擦盘的接触表面间产生的摩擦力矩来传递转矩。（　　）

8. 离心离合器的工作原理是利用离心力的作用，当主轴达到一定转速时，能自动与从动轴接合或者能自动与从动轴分开。（　　）

9. 摩擦式安全离合器和摩擦离合器相比较，最主要的不同点在于摩擦式安全离合器工作时更为安全可靠。（　　）

10. 联轴器主要用于把两轴连接在一起，机器运转时不能将两轴分离，只有在机器停车并将连接拆开后，两轴才能分离。（　　）

第 12 章
轴

✎ 本章思维导图

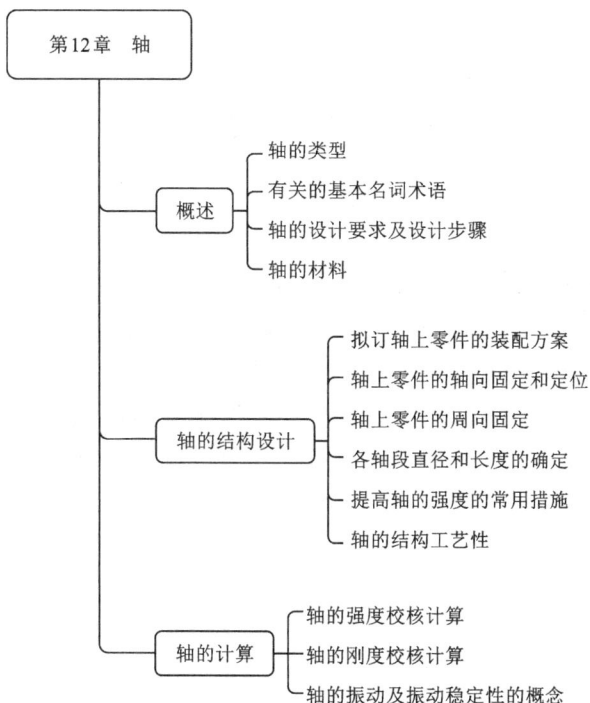

```
┌─────────────┐
│  第12章　轴  │
└──────┬──────┘
       │
       │        ┌──────┐  ── 轴的类型
       ├────────│ 概述 │  ── 有关的基本名词术语
       │        └──────┘  ── 轴的设计要求及设计步骤
       │                   ── 轴的材料
       │
       │        ┌──────────┐  ── 拟订轴上零件的装配方案
       │        │          │  ── 轴上零件的轴向固定和定位
       ├────────│ 轴的结构 │  ── 轴上零件的周向固定
       │        │   设计   │  ── 各轴段直径和长度的确定
       │        └──────────┘  ── 提高轴的强度的常用措施
       │                      ── 轴的结构工艺性
       │
       │        ┌──────────┐  ── 轴的强度校核计算
       └────────│ 轴的计算 │  ── 轴的刚度校核计算
                └──────────┘  ── 轴的振动及振动稳定性的概念
```

12.1　概述

　　轴是机器上重要的零件之一,一切做回转运动的零件(如齿轮、V 带轮、链轮等)都必须安装在轴上才能进行运动和动力的传递。因此轴的主要功用是支承回转零件,使回转零件具有确定的工作位置,并传递运动和动力。减速器高速轴如图 12-1 所示,它支承着齿轮和 V 带轮,并用轴肩、轴套、轴环等分别使它们获得确定的轴向工作位置,用平键实现齿轮和 V 带轮的周向固定。

应用案例

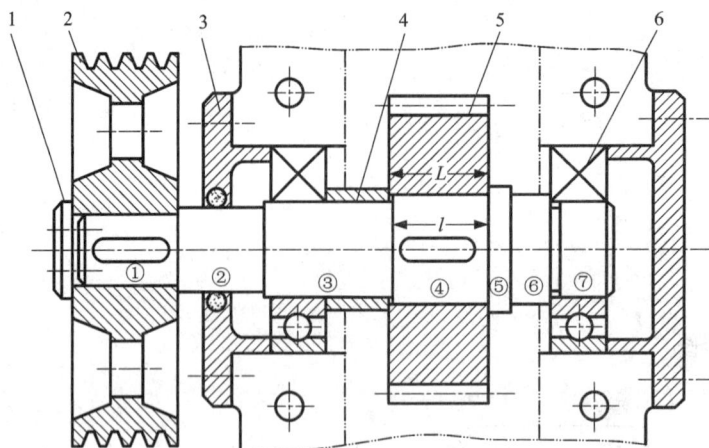

1—轴端挡圈；2—V 带轮；3—轴承端盖；4—套筒；5—齿轮；6—滚动轴承。

图 12-1 减速器高速轴结构

12.1.1 轴的类型

1. 根据轴线形状分类

(1)直轴。直轴根据外形不同，可分为光轴[图 12-2(a)]和阶梯轴[图 12-2(b)]两种。光轴制造简单，但不便在轴上装设零件，故应用不广；阶梯轴各截面的直径不等，轴上零件容易定位，便于装拆，故在机械中得到了广泛的应用。

另外，直轴又可分为实心轴和空心轴。直轴通常制成实心的，但有时为了减轻重量和出于其他目的，将轴制成空心的，如图 12-3 所示。本章主要介绍直轴的强度计算和结构设计。

(2)曲轴。一般来说，曲轴常用于往复式机械中，如汽车的发动机、空气压缩机等，如图 12-4 所示。

此外，还有钢丝挠性轴，如图 12-5 所示，钢丝挠性轴由多层钢丝密集缠绕而成，可以灵活地把回转运动传递到任何地方，而且具有缓冲作用，故常用在电动的手持小型机具中，如铰孔机、医用磨牙机、下水道清理机等。

2. 根据承受的载荷分类

(1)心轴。只承受弯矩而不承受扭矩的轴称为心轴。若心轴是转动的，称为转动心轴，例如列车轮轴，如图 12-6(a)所示；若心轴是固定不动的，称为固定心轴，例如自行车的前轴，如图 12-6(b)所示。

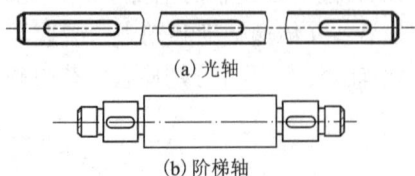

(a) 光轴

(b) 阶梯轴

图 12-2 直轴

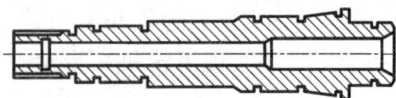

图 12-3 空心轴

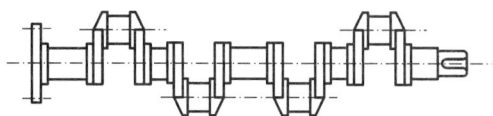

图 12-4 曲轴

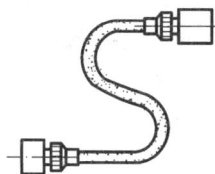

图 12-5 钢丝挠性轴

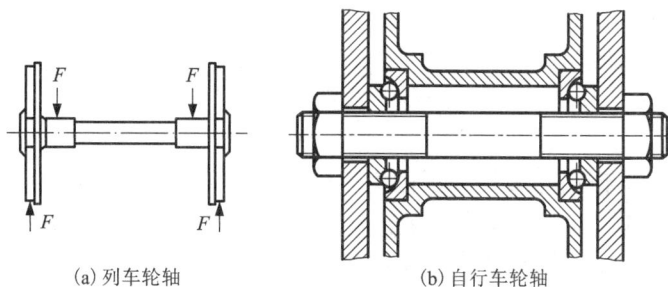

(a)列车轮轴

(b)自行车轮轴

图 12-6 心轴应用实例

（2）传动轴。只传递扭矩而不承受弯矩，或承受很小弯矩的轴称为传动轴，如汽车的传动轴，如图 12-7 所示。

（3）转轴。工作时既承受弯矩，又承受扭矩的轴称为转轴，它是机器中最常见的一种轴，如前述的减速器高速轴，如图 12-1 所示。

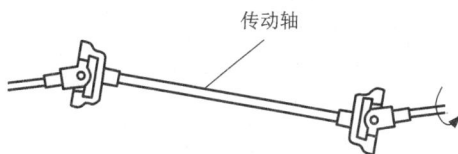

图 12-7 传动轴

除上述轴的类型外，还有一些特殊用途的轴，如偏心轴和齿轮轴等。

12.1.2 有关的基本名词术语

通常，轴是由若干轴段组成的。根据各轴段所起的作用不同，它可分为轴头、轴颈和轴身。

（1）轴头。支承联轴器、带轮、齿轮等回转零件，并与这些回转零件毂孔保持一定配合的轴段称为轴头，如图 12-1 中①、④轴段等。

（2）轴颈。与轴承相配合的轴段称为轴颈，如图 12-1 中⑦轴段等。

（3）轴身。介于轴头与轴颈之间的轴段称为轴身，如图 12-1 中②、⑥轴段等。

轴颈和轴头都是配合表面，是轴上较重要的部分，一般应具有较高的加工精度和较小的表面粗糙度。

出于轴上零件的定位需要，在轴上常设置轴环，如图 12-1 中⑤轴段。另外，轴肩也常用作定位，所谓轴肩是指轴的直径发生急剧变化处，即轴上小径与大径的交界面，如图 12-1 中①与②间、②与③间的交界面等。

12.1.3 轴的设计要求及设计步骤

为了保证轴的正常工作，轴应具有足够的强度、刚度，同时其结构应保证轴上零件能正确定位和固定，且便于加工和装配等。对于一般用途的轴，设计时只考虑强度和结构方面的要求；对于精密轴和细长轴，还必须满足刚度的要求；对于高速旋转的轴，还必须进行振动稳定性的计算。

对于一般用途的轴，其设计步骤如下：

(1)合理选择轴的材料和热处理方法。

(2)按轴的扭转变形的强度条件，初步估算轴的最小直径(或用类比法确定)。

(3)确定轴上零件的相对位置及装配方案，进行轴的结构设计。

(4)校核轴的强度并进行其他必要的校核计算。

(5)绘制轴的零件工作图。

12.1.4 轴的材料

轴的材料主要是碳钢和合金钢。钢轴的毛坯多数用轧制圆钢和锻件，有的则直接用圆钢。碳钢比合金钢价廉，对应力集中的敏感性较低，也可以用热处理或化学热处理的办法提高其耐磨性和抗疲劳强度，故采用碳钢制造轴尤为广泛，其中最常用的是 45 钢。合金钢比碳钢具有更高的力学性能和更好的淬火性能。因此，在传递大动力，并要求减小尺寸与质量，提高轴颈的耐磨性，以及处于高温或低温条件下工作的轴中，常采用合金钢。必须指出：在一般工作温度下(低于 200 ℃)，各种碳钢和合金钢的弹性模量相差不多，因此在选择钢的种类和决定钢的热处理方法时，常根据强度与耐磨性选用，而不是轴的弯曲或扭转刚度。但也应当注意，在既定条件下，有时也可选择强度较低的钢材，而用适当增大轴的截面面积的办法来提高轴的刚度。

各种热处理(如高频淬火、渗碳、氮化、氰化等)以及表面强化处理(如喷丸、滚压等)，对提高轴的抗疲劳强度都有着显著的效果。

高强度铸铁和球墨铸铁容易做成复杂的形状，且具有价廉、良好的吸振性和耐磨性，以及对应力集中的敏感性较低等优点，可用于制造外形复杂的轴。表 12-1 中列出了轴的常用材料及其主要力学性能。

表 12-1　轴的常用材料及其主要力学性能

材料及热处理	毛坯直径/mm	硬度/HBW	强度极限 σ_b	屈服极限 σ_s	弯曲疲劳极限 σ_{-1}	扭转疲劳极限 τ_{-1}	许用弯曲应力 $[\sigma_{-1}]$	应用说明
			MPa					
Q235 无热处理	—	—	440	240	180	105	120	用于不重要和载荷不大的轴
35 正火	≤100	149～187	520	270	210	120	140	具有好的塑性和适当的强度，可用作一般曲轴和转轴
45 正火	≤100	170～217	600	300	240	140	160	用于较重要的轴，应用最为广泛
45 调质	≤200	217～255	640	360	270	155	180	

续表12-1

材料及 热处理	毛坯直径 /mm	硬度 /HBW	强度 极限 σ_b	屈服 极限 σ_s	弯曲疲劳 极限 σ_{-1}	扭转 疲劳 极限 τ_{-1}	许用弯 曲应力 $[\sigma_{-1}]$	应用说明
			MPa					
40Cr 调质	25		1000	800	485	280	269	用于载荷较大, 而无 很大冲击的重要轴
	≤100	241~286	750	550	350	200	194	
	>100	229~269	700	500	320	185	177	
40 MnB 调质	25		1000	800	485	280	269	性能接近 40Cr, 用于 重要的轴
	≤200	241~286	750	500	335	195	186	
35CrMo 调质	≤100	207~296	750	550	350	200	194	用于重载荷的轴
20Cr 渗碳 淬火回火	15	表面 56~62	850	550	375	215	209	用于要求强度、韧性 及耐磨性均较高的轴
	≤60		650	400	280	160	155	

注：表中所列疲劳极限 σ_{-1} 值是按下列关系式计算的, 供设计时参考。碳钢 $\sigma_{-1} \approx 0.43\sigma_b$；合金钢 $\sigma_{-1} \approx 0.2(\sigma_b + \sigma_s) + 100$；不锈钢 $\sigma_{-1} \approx 0.27(\sigma_b + \sigma_s)$, $\tau_{-1} = 0.156(\sigma_b + \sigma_s)$；球墨铸铁 $\sigma_{-1} \approx 0.36\sigma_b$, $\tau_{-1} \approx 0.31\sigma_b$。

12.2　轴的结构设计

　　轴的结构设计是根据轴上零件的安装、定位、固定和轴的制造工艺性等方面的要求, 合理地确定轴的结构形式和结构尺寸, 包括轴各段的长度和轴径的确定, 以保证轴的工作能力和轴上零件工作可靠。轴的结构主要取决于以下因素：轴在机器中的安装位置及形式；轴上安装的零件的类型、尺寸、数量以及与轴连接的方法；载荷的性质、大小、方向及分布情况；轴的加工工艺等。由于影响轴结构的因素很多, 因此轴的结构没有标准的形式。设计时, 必须针对不同情况进行具体的分析。下面讨论轴的结构设计中要解决的几个主要问题。

12.2.1　拟订轴上零件的装配方案

　　轴的结构合理性和装配工艺性与轴上零件的装配方案有关, 拟定轴上零件的装配方案是进行轴的结构设计的前提, 它决定着轴的基本形式。所谓装配方案, 就是考虑合理安排动力传递路线并拟定轴上主要零件的装配方向、顺序和相互关系。如图 12-8 所示的装配方案为：齿轮、套筒、右端轴承、轴承端盖、半联轴器依次从轴的右端向左安装, 左端只装轴承及其端盖。这样就对各轴段的直径大小顺序作了初步安排。拟定装配方案时, 一般应考虑几个方案, 并进行分析比较和选择。

12.2.2　轴上零件的轴向固定和定位

　　轴上零件的轴向固定和轴向定位是两个完全不同的概念, 极易引起混淆。轴上零件的轴向固定是为了防止轴上零件在轴向力作用下沿轴向移动；轴上零件的轴向定位是为了保证轴上零件具有准确的相对位置。两者既有区别又有联系, 作为结构措施, 有时某结构既起定位作用又起固定作用。下面分别介绍常用的轴向固定和轴向定位的方法。

1. 常用的轴向固定方法

(1)轴肩和轴环。图 12-1 中的齿轮右侧由轴环固定，带轮右侧由轴肩固定。利用轴肩和轴环来固定，其结构简单可靠，可承受较大的轴向力，应用最广泛；缺点是轴径突变处易产生应力集中，且轴肩过多使轴的加工工艺性变差。

(2)套筒。套筒常用于轴的中间轴段，对两个零件起着相对固定的作用，如图 12-1 中的套筒。套筒结构简单、装卸方便、固定可靠，轴上不需钻孔和车螺纹，它常与轴肩或轴环配合使用，使零件双向固定。

(3)圆螺母。圆螺母常用于与轴承相距较远的零件的轴向固定[图 12-8(a)]，可承受较大的轴向力，装拆方便。一般采用双圆螺母细牙螺纹或单圆螺母带翅垫圈，以防松脱[图 12-8(b)]。

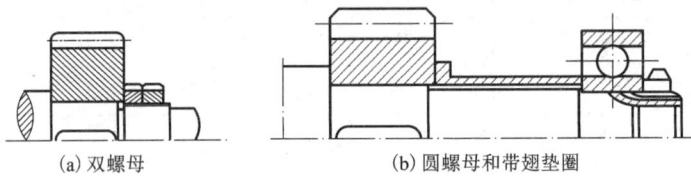

(a)双螺母　　　　　　　　(b)圆螺母和带翅垫圈

图 12-8　圆螺母

(4)弹性挡圈。弹性挡圈大多同轴肩联合使用(图 12-9)，其结构简单、装拆方便，但只能承受较小的轴向力，常用于滚动轴承的轴向固定或轴向力不大时的轴上零件的轴向固定。

(5)轴端压板。轴端压板与轴肩或圆锥面联合使用，如图 12-10 所示，它可使轴端零件得到双向固定。其结构简单、拆卸方便，为防止压板转动应采用双螺钉将压板紧固在轴端。

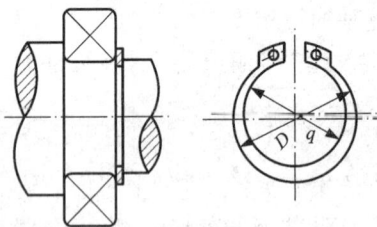

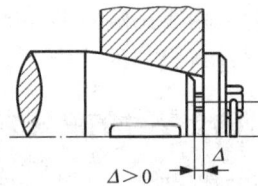

图 12-9　弹性挡圈　　　　　　　　**图 12-10　轴端压板**

以上分别介绍了轴上零件轴向固定的几种常用方法，这些方法有时并不是单独使用的，而常常组合在一起使用，以实现轴上零件的双向固定。

2. 常用的轴向定位方法

(1)轴肩和轴环。图 12-1 中的齿轮右侧用轴环(此轴环也起轴向固定作用)定位，右轴承左侧用轴肩定位，带轮右侧也用轴肩(此轴肩也起轴向固定作用)定位，为了使零件紧靠定位面(图 12-11)，轴肩和轴环的圆角半径 r 应小于零件毂孔圆角半径 R 或倒角 C_1，轴肩和轴环高度 h 应比 R 或 C_1 稍大，通常可取 $h=(0.07 \sim 0.1)d$(d 为与零件相配处的轴径)；滚动轴承所用轴肩的高度应根据设计手册中轴承安装直径尺寸来确定。轴环的宽度一般可取为 $b=$ 1.4h 或 $(0.1\sim0.15)d$。轴肩分为定位轴肩和非定位轴肩两类。非定位轴肩是为了加工和装配方便而设置的，其高度没有严格的规定，一般取 1~2 mm。

零件毂孔圆角半径 R 和倒角 C_1 的尺寸见表 12-2。

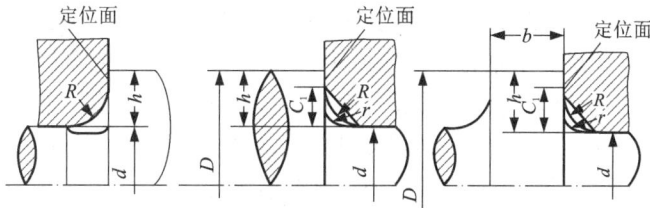

图 12-11 轴肩和轴环的定位

表 12-2 零件毂孔圆角半径 R 和倒角 C_1 的尺寸

单位：mm

轴的直径 d	>10~18	>18~30	>30~50	>50~80	>80~120	>120~180
R 或 C	0.8	1.0	1.6	2.0	2.5	3.0
C_1	1.2	1.6	2.0	2.5	3.0	4.0

注：(1) 与滚动轴承相配合的轴及轴承座孔处的圆角半径可参考设计手册来确定；

(2) C_1 的数值不属于 GB/T 6403.4—2008，仅供参考。

(2) 套筒。图 12-1 中的套筒(同时起轴向固定作用)对轴上齿轮、左轴承起相对定位作用。一般套筒适用于轴上两个零件之间的定位。但两零件之间的距离较大时，不宜采用套筒定位，以免增加套筒的质量及材料用量。当轴的转速很高时，也不宜采用套筒进行定位。

(3) 轴承端盖。图 12-1 中的左、右两轴承的外圈用轴承端盖定位。利用轴承端盖来定位，其结构简单可靠，可承受较大的轴向力，常用于轴承外圈的定位。

12.2.3 轴上零件的周向固定

为了使轴上零件和轴一起转动并可靠地传递转矩，轴上零件与轴之间必须做到周向固定。目前，周向固定的方法有许多，其中最常采用键连接；当载荷较大时，可采用双键或花键连接；当载荷不大时，可采用销钉(图 12-12)或紧定螺钉(图 12-13)连接；当要求轴与零件对中性好，且承载能力强时，可采用轴与零件毂孔间的过盈配合来实现周向固定。

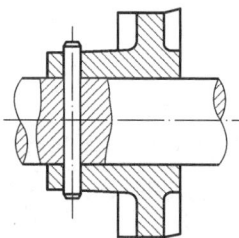

图 12-12 销钉

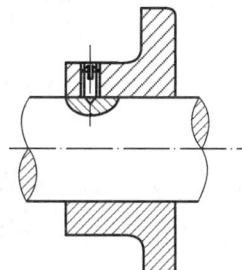

图 12-13 紧定螺钉

12.2.4 各轴段直径和长度的确定

1. 各轴段直径的确定

零件在轴上的定位和装拆方案确定后，可初步估算轴所需的最小直径。在进行轴的结构设计前，通常已求得轴所受的扭矩。因此，可按轴所受的扭矩初步估算轴所需的直径，见式(12-3)。将初步求出的直径作为轴段的最小直径 d_{min}，再按轴上零件的装配方案和定位要求，从 d_{min} 处起根据装配与定位的要求逐一确定各段轴的直径。有配合要求的轴段，应尽量采用标准直径。安装有标准件(如滚动轴承、联轴器、密封圈等)的轴径，应取相应的标准值及所选配合的公差。此外，也可采用经验公式来估算轴的直径，例如在一般减速器中，高速输入轴的直径可按与其相连的电动机轴的直径 D 估算，$d=0.8D\sim1.2D$。

为了使齿轮、轴承等有配合要求的零件装拆方便，并减少配合表面的擦伤，在配合轴段前应采用较小的直径(如图 12-1 所示轴段③的直径)。为了使与轴作过盈配合的零件易于装配，相配轴段的压入端应制出锥度，如图 12-14 所示；或在同一轴段的两个部位上采用不同的尺寸公差，如图 12-15 所示。

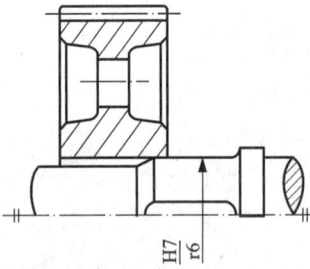

图 12-14　轴的装配锥度

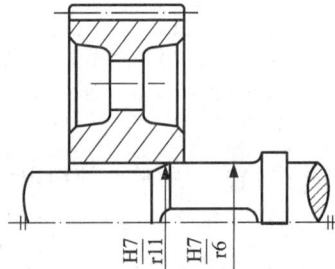

图 12-15　采用不同的尺寸公差

2. 各轴段长度的确定

确定各轴段长度常用的方法是由安装轮毂最粗轴段开始逐段向两端一段一段确定。确定各轴段长度时，应尽可能使结构紧凑，同时要保证零件所需的装配或调整空间。轴的各段长度主要是根据各零件与轴配合部分的轴向尺寸和相邻零件间必要的空隙来确定的。例如，为了保证轴向定位可靠，与齿轮和联轴器等零件相配合部分的轴段长度一般应比轮毂长度短 2~3 mm，如图 12-1 所示；为了防止运动干涉，旋转件到固定件之间应保持一定的距离，如联轴器要留出轴向装拆的距离；滚动轴承外圈端面到箱内壁的距离保持 5~15 mm。

12.2.5 提高轴的强度的常用措施

轴和轴上零件的结构、工艺以及轴上零件的安装布置等对轴的强度有很大的影响，所以应在这些方面进行充分考虑，以利提高轴的承载能力，减小轴的尺寸和机器的质量，降低制造成本。

1. 合理布置轴上零件以减小轴的载荷

为了减小轴所承受的弯矩,传动件应尽量靠近轴承,并尽可能不采用悬臂的支承形式,力求减小支承跨距及悬臂长度等。当动力由几个传动件输出时,应将输入件布置在中间,以减小轴上的转矩。如图 12-16 所示,输入转矩为 $T_1 = T_2 + T_3 + T_4$,轴上各轮按图 12-16(a)的方式布置,轴所受最大扭矩为 $T_2 +$

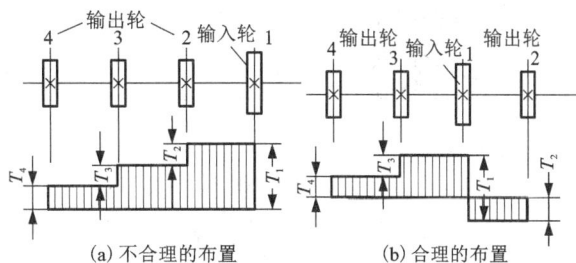

(a) 不合理的布置   (b) 合理的布置

图 12-16　轴上零件的布置

$T_3 + T_4$;如设计时按图 12-16(b)的方式布置,最大扭矩仅为 $T_3 + T_4$。

2. 合理设计轴上零件的结构以减小轴的载荷

通过合理设计轴上零件的结构也可减小轴上的载荷。如图 12-17(a)所示的起重卷筒安装方案中,是大齿轮和卷筒连在一起,转矩经大齿轮直接传给卷筒,卷筒轴只受弯矩而不受扭矩;如图 12-17(b)所示的方案是大齿轮将转矩通过轴传到卷筒,因而卷筒轴既受弯矩又受扭矩。在同样的载荷 F 作用下,图 12-17(a)中的轴径可小于图 12-17(b)中的轴径。

3. 改进轴的结构以减小应力集中的影响

轴通常是在变应力条件下工作的,轴的截面尺寸发生突变处会产生应力集中,故轴的疲劳破坏往往在此处发生。为了提高轴的疲劳强度,应尽量减少应力集中源和降低应力集中的程度。为此,轴肩处应采用较大的过渡圆角半径,来降低应力集中。但对定位轴肩,还必须保证零件得到可靠的定位。当靠轴肩定位的零件的圆角半径很小时,为了增大轴肩处的圆角半径,可采用内凹圆角或加装隔离环,如图 12-18 所示。

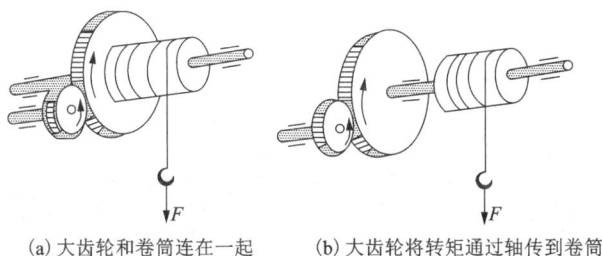

(a) 大齿轮和卷筒连在一起　　(b) 大齿轮将转矩通过轴传到卷筒

图 12-17　起重卷筒的两种安装方案

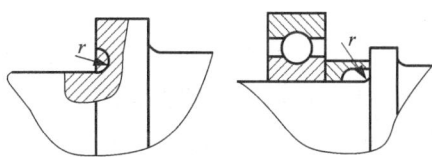

图 12-18　轴肩过渡结构

当轴与轮毂为过盈配合时,配合边缘处会产生较大的应力集中,如图 12-19(a)所示。在轮毂上或轴上开减载槽,如图 12-19(b)、图 12-19(c)所示,可减小应力集中;或者加大配合部分的直径,如图 12-19(d)所示。因为配合的过盈量越大,引起的应力集中越严重,因此在设计时应合理选择零件与轴的配合。

对于安装平键的键槽,用盘铣刀加工出的比用端铣刀加工出的应力集中小;渐开线花键比矩形花键在齿根处的应力集中小,这些在作轴的结构设计时应加以考虑。此外,由于切制螺纹处的应力集中较大,故应尽可能避免在轴上受载较大的区段切制螺纹。

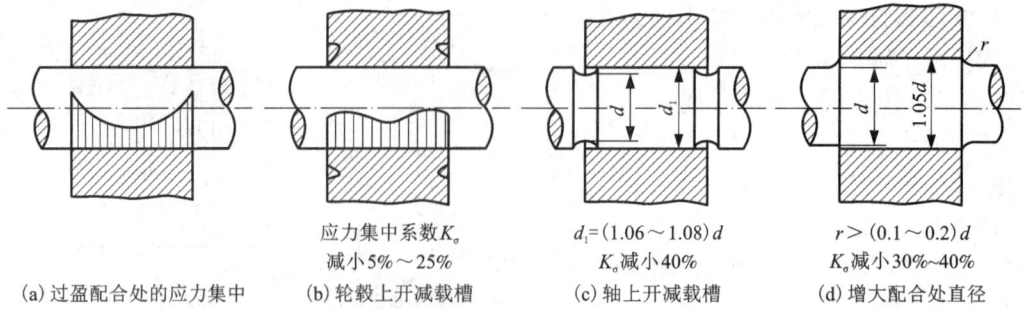

| $d_1=(1.06 \sim 1.08)d$
K_σ减小40% | $r>(0.1 \sim 0.2)d$
K_σ减小30%～40% |

应力集中系数K_σ
减小5%～25%

(a) 过盈配合处的应力集中　(b) 轮毂上开减载槽　(c) 轴上开减载槽　(d) 增大配合处直径

图 12-19　轴、轮毂配合处的应力集中及其降低方法

4. 改进轴的表面质量以提高轴的疲劳强度

轴的表面粗糙度和表面强化处理方法也会对轴的疲劳强度产生影响。轴的表面愈粗糙，疲劳强度也愈低。因此，应合理减小轴的表面及圆角处的加工粗糙度值。当采用对应力集中甚为敏感的高强度材料制作轴时，表面质量尤应予以注意。表面强化处理的方法有：表面高频淬火等热处理；表面渗碳、氰化、氮化等化学热处理；碾压、喷丸等强化处理。通过碾压、喷丸进行表面强化处理时，可使轴的表层产生预压应力，从而提高轴的抗疲劳能力。

12.2.6　轴的结构工艺性

轴的结构工艺性是指轴的结构形式应便于加工和装配，能提高生产率，降低成本。一般来说，轴的结构越简单，越容易加工。因此，在满足使用要求的前提下，轴的结构应尽量简化。为了便于装配零件并去掉毛刺，轴端应制出45°的倒角；如图12-20(a)所示，需要磨削加工的轴段，应留有砂轮越程槽；切制螺纹的轴段，应留有螺纹退刀槽，如图12-20(b)所示。它们的尺寸可参看机械设计手册。

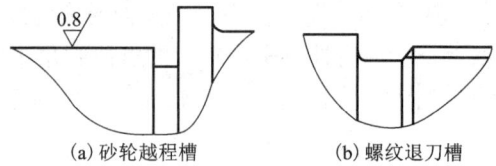

(a) 砂轮越程槽　　(b) 螺纹退刀槽

图 12-20　砂轮越程槽与螺纹退刀槽结构

为了减少装夹工件的时间，同一轴上不同轴段的键槽应布置在轴的同一母线上。为了减少加工刀具种类和提高劳动生产率，轴上直径相近处的圆角、倒角、键槽宽度、砂轮越程槽宽度和螺纹退刀槽宽度等应尽可能采用相同的尺寸。

通过上面的讨论可知，轴上零件的装配方案对轴的结构形式起着决定性的作用。为了强调同时拟定不同的装配方案进行分析与选择的重要性，现以圆锥-圆柱齿轮减速器(图12-21)输出轴的两种装

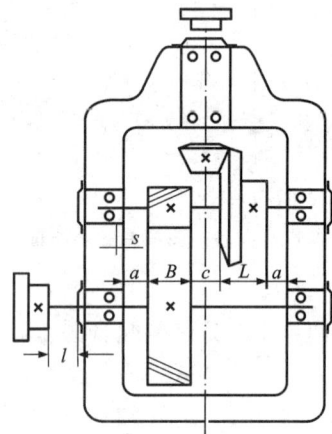

图 12-21　圆锥-圆柱齿轮减速器简图

配方案(图12-22)为例进行对比。相比之下，图12-22(b)比图12-22(a)多用了一个轴向定位的长套筒，使机器的零件增多，因此，设计时选用图12-22(a)的装配方案较为合理。

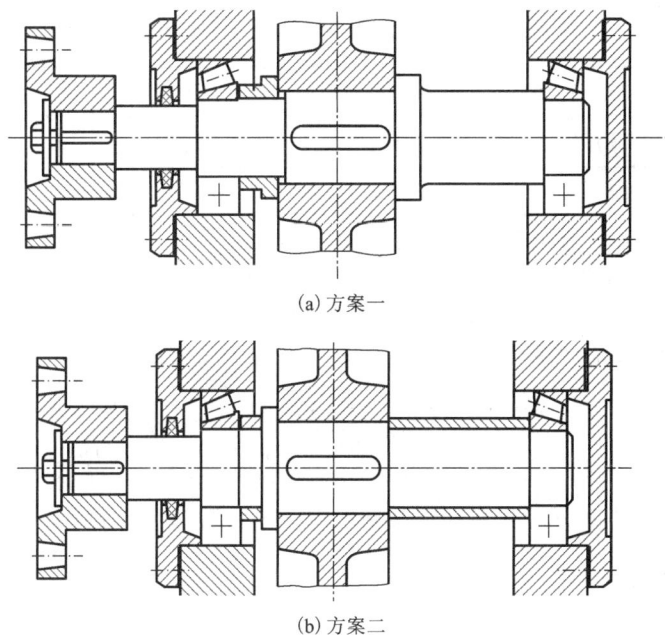

(a) 方案一

(b) 方案二

图 12-22 输出轴的两种装配方案

拓展资料

12.3 轴的计算

轴的工作能力主要取决于它的强度和刚度,因此在初步完成结构设计后应对轴进行校核计算,计算准则是满足轴的强度或刚度要求。高速轴还应校核轴的振动稳定性。

12.3.1 轴的强度校核计算

进行轴的强度校核计算时,应根据轴的承载情况及应力情况,选用相应的计算方法,并恰当地选取其许用应力。对于传动轴,应按扭转强度条件计算;对于心轴,应按弯曲强度条件计算;对于转轴,应按弯扭合成强度条件进行计算;重要的轴还需要按疲劳强度条件进行精确校核。此外,对于瞬时过载很大或应力循环不对称性较为严重的轴,还应按峰尖载荷校核其静强度,以免产生过量的塑性变形。下面介绍轴的几种常用计算方法。

1. 按扭转强度条件计算

这种方法是只按轴所受的扭矩来计算轴的强度;若还受有不大的弯矩,则用降低许用扭转切应力的办法予以考虑。在作轴的结构设计时,通常用这种方法初步估算轴径。对于不大重要的轴,也可作为最后计算结果。轴的扭转强度条件为

$$\tau_{\mathrm{T}} = \frac{T}{W_{\mathrm{T}}} \approx \frac{9.55 \times 10^6 \dfrac{P}{n}}{0.2d^3} \leqslant [\tau_{\mathrm{T}}] \qquad (12-1)$$

式中: τ_{T} 为扭转切应力,MPa; T 为轴所受的扭矩,N·mm; W_{T} 为轴的抗扭截面系数,mm³; n 为轴的转速,r/min; P 为轴传递的功率,kW; d 为计算截面处轴的直径,mm; $[\tau_{\mathrm{T}}]$ 为许用扭转切应力,MPa,见表 12-3。

表 12-3　轴常用几种材料的 $[\tau_T]$ 及 A 值

轴的材料	Q235-A、20	Q275、35	45	40Gr、35SiMn、38SiMnMo
$[\tau_T]$/MPa	15～25	20～35	25～45	35～55
A	149～126	135～112	126～103	112～97

注：(1)表中 $[\tau_T]$ 值是考虑了弯矩影响而降低了的许用扭转切应力；

(2)弯矩较小或只受扭矩作用、载荷较平稳、无轴向载荷或只有较小的轴向载荷、减速器的低速轴、轴只做单向旋转时， $[\tau_T]$ 取较大值， A 取较小值；反之， $[\tau_T]$ 取较小值， A 取较大值。

由式(12-1)可得轴的直径为

$$d \geqslant \sqrt[3]{\frac{9.55 \times 10^6 P}{0.2[\tau_T]n}} = \sqrt[3]{\frac{9.55 \times 10^6}{0.2[\tau_T]}} \sqrt[3]{\frac{P}{n}} = A\sqrt[3]{\frac{P}{n}} \qquad (12-2)$$

式中： $A = \sqrt[3]{\dfrac{9.55 \times 10^6}{0.2[\tau_T]}}$ 为与轴的材料和承载情况有关的常数，见表12-3。

对于空心轴，则有

$$d \geqslant A\sqrt[3]{\frac{P}{n(1-\beta^4)}} \qquad (12-3)$$

式中： $\beta = d_1/d$ 为空心轴的内径 d_1 与外径 d 之比，通常取 $\beta = 0.5 \sim 0.6$。

应当注意，当轴截面上开有键槽时，应增大轴径以考虑键槽对轴的强度的削弱。对于直径 $d > 100$ mm 的轴，有一个键槽时，轴径增大3%；有两个键槽时，轴径应增大7%。对于直径 $d \leqslant 100$ mm 的轴，有一个键槽时，轴径增大5%～7%；有两个键槽时，轴径应增大10%～15%，然后将轴径圆整为标准直径。这样求出的直径，只能作为转轴轴段的最小直径 $d_{\min}$。

2. 按弯扭合成强度条件计算

通过轴的结构设计，轴的主要结构尺寸，轴上零件的位置，以及外载荷和支反力的作用位置均已确定，轴上的载荷(弯矩和扭矩)可以求得，因而可按弯扭合成强度条件对轴进行强度校核。一般用途的轴用这种方法计算即可。其计算步骤如下。

(1)作出轴的力学模型。计算时，通常把轴上的分布载荷简化为集中力，其作用点取为载荷分布段的中点。作用在轴上的扭矩，一般从传动件轮毂宽度的中点算起。通常把轴当作铰链支座上的梁，支反力的作用点与轴承的类型和布置方式有关，可按图12-23来确定。图12-23(b)中的 a 值可查滚动轴承样本或手册。图12-23(d)中的 e 值与滑动轴承的宽径比 B/d 有关，当 $B/d \leqslant 1$ 时，取 $e = 0.5B$；当 $B/d > 1$ 时，取 $e = 0.5d$，但不小于 $(0.25 \sim 0.35)B$；对于调心轴承， $e = 0.5B$。

在作轴上力的计算简图时，应先计算出轴上受力零件的载荷，并将其分解为水平分力和垂直分力，如图12-24(a)所示。然后求出各支承处的水平反力 F_{NH} 和垂直反力 F_{NV} [轴向反力可表示在适当的面上，如图12-24(c)所示是表示在垂直面上，故标为 F_{NV}]。

(2)作出弯矩图。根据上述计算简图，分别按水平面和垂直面计算各力产生的弯矩，并按计算结果分别作出水平面上的弯矩 M_H 图[图12-24(b)]和垂直面上的弯矩 M_V 图[图12-24(c)]；然后按 $M = \sqrt{M_H^2 + M_V^2}$ 计算出总弯矩并作出 M 图[图12-24(d)]。

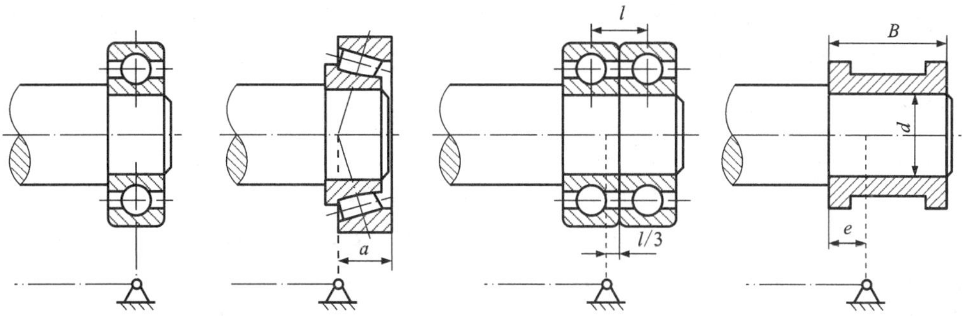

图 12-23　轴的支反力作用点

（3）作出扭矩图。扭矩图如图 12-24（e）所示。

（4）校核轴的强度。已知轴的弯矩和扭矩后，可针对某些危险截面（即弯矩和扭矩大的，轴径可能不足的截面）作弯扭合成强度校核计算。按第三强度理论，计算应力为 $\sigma_{ca}=\sqrt{\sigma^2+4\tau^2}$。

通常由弯矩产生的弯曲应力 σ 是对称循环变应力，而由扭矩产生的扭转切应力 τ 则常常不是对称循环变应力。为了考虑两者循环特性不同的影响，引入折合系数 α，则计算应力为

$$\sigma_{ca}=\sqrt{\sigma^2+4(\alpha\tau)^2} \qquad (12-4)$$

式中：弯曲应力 σ 为对称循环变应力。当扭转切应力为静应力时，取 $\alpha\approx0.3$；当扭转切应力为脉动循环变应力时，取 $\alpha\approx0.6$；若扭转切应力亦为对称循环变应力时，则取 $\alpha=1$。

对于直径为 d 的圆轴，弯曲应力 $\sigma=M/W$，扭转切应力 $\tau=T/W_T=T/2W$，将 σ 和 τ 代入式（12-4），则轴的弯扭合成强度条件为

$$\sigma_{ca}=\sqrt{\left(\frac{M}{W}\right)^2+4\left(\frac{\alpha T}{2W}\right)^2}=\frac{\sqrt{M^2+(\alpha T)^2}}{W}\leqslant[\sigma_{-1}]$$

$$(12-5)$$

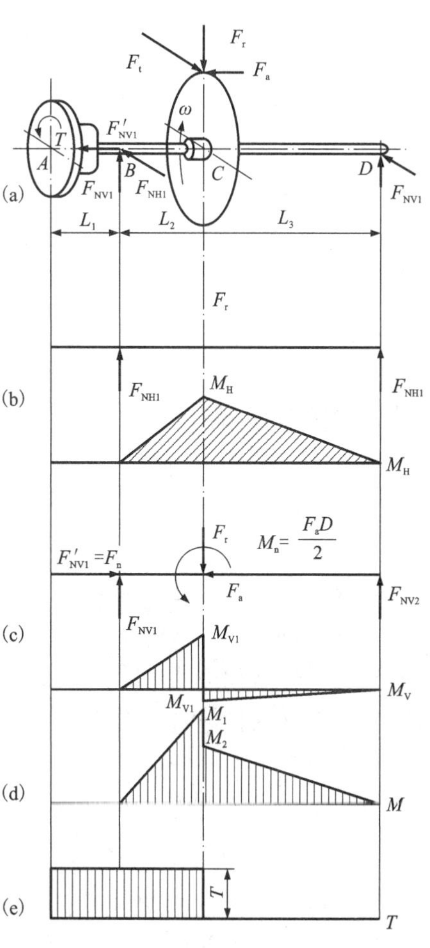

式中：σ_{ca} 为轴的计算应力，MPa；M 为轴所受的弯矩，N·mm；T 为轴所受的扭矩，N·mm；W 为轴的抗弯截面系数，mm³，对于实心圆轴 $W=\pi d^3/32$，其

图 12-24　轴的载荷分析图

他截面的 W 计算方法，可以查手册；$[\sigma_{-1}]$ 为对称循环变应力时轴的许用弯曲应力，MPa，其值按表 12-1 选用。

由于心轴工作时只承受弯矩而不传递扭矩，所以在应用式（12-5）时，应取 $T=0$。转动心轴的弯矩在轴截面上引起的应力是对称循环变应力。对于固定心轴，考虑起动、停车

等的影响，其弯矩在轴截面上引起的应力可视为脉动循环变应力，所以在应用式(12-5)时，固定心轴的许用应力应为$[\sigma_0]$（$[\sigma_0]$为脉动循环变应力时的许用弯曲应力），可取$[\sigma_0] \approx 1.6[\sigma_{-1}]$。

3. 按疲劳强度条件进行精确校核

疲劳强度安全系数校核的目的是校核轴对疲劳破坏的抵抗能力。按弯扭合成强度计算时没有考虑应力集中、轴径尺寸和表面质量等因素对轴疲劳强度的影响。对于重要的轴还要进行轴的危险截面处的疲劳安全系数校核的精确计算，确定变应力工作情况下，轴的安全程度。在已知轴的外形、尺寸及载荷的基础上，通过分析确定出一个或几个危险截面(这时不仅要考虑弯曲应力和扭转切应力的大小，还要考虑应力集中和绝对尺寸等因素的影响程度)，其安全系数的计算公式为

$$S_{ca} = \frac{S_\sigma S_\tau}{\sqrt{S_\sigma^2 + S_\tau^2}} \geqslant [S] \qquad (12-6)$$

仅有弯曲正应力时，应满足

$$S_\sigma = \frac{\sigma_{-1}}{(K_\sigma)_D \sigma_a + \psi_\sigma \sigma_m} \geqslant [S] \qquad (12-7)$$

仅有扭转切应力时，应满足

$$S_\tau = \frac{\tau_{-1}}{(K_\tau)_D \tau_a + \psi_\tau \tau_m} \geqslant [S] \qquad (12-8)$$

式中：S_{ca}为计算安全系数；$[S]$为许用安全系数值可按下述情况选取。当材料均匀，载荷与应力计算精确时，取$[S] = 1.3 \sim 1.5$；当材料不够均匀，计算精确度较低时，取$[S] = 1.5 \sim 1.8$；材料均匀性及计算精确度很低，或轴的直径$d > 200$ mm 时，取$[S] = 1.8 \sim 2.5$。$(K_\sigma)_D$、$(K_\tau)_D$为综合影响因素，其计算式见式(2-19)。其余相关计算与内容在第 2 章有详细论述，在此不再赘述。

4. 按静强度条件进行校核

静强度校核的目的在于评定轴对塑性变形的抵抗能力。这对那些瞬时过载很大，或应力循环的不对称性较为严重的轴是很有必要的。轴的静强度是根据轴上作用的最大瞬时载荷来校核的。静强度校核时的强度条件是

$$S_{Sca} = \frac{S_{S\sigma} S_{S\tau}}{\sqrt{S_{S\sigma}^2 + S_{S\tau}^2}} \geqslant S_S \qquad (12-9)$$

式中：S_{Sca}为危险截面静强度的计算安全系数；S_S为按屈服强度的设计安全系数，对于用高塑性材料($\sigma_s/\sigma_b \leqslant 0.6$)制成的钢轴，取$S_S = 1.2 \sim 1.4$，对于用中等塑性材料($\sigma_s/\sigma_b = 0.6 \sim 0.8$)制成的钢轴，取$S_S = 1.4 \sim 1.8$，对于用低塑性材料制成的钢轴，取$S_S = 1.8 \sim 2$，对于铸造轴，取$S_S = 2 \sim 3$；$S_{S\sigma}$为只考虑弯矩和轴向力时的安全系数，见式(12-10)；$S_{S\tau}$为只考虑扭矩时的安全系数，见式(12-11)。

$$S_{S\sigma} = \frac{\sigma_s}{\left(\dfrac{M_{max}}{W} + \dfrac{F_{amax}}{A}\right)} \qquad (12-10)$$

$$S_{S\tau} = \frac{\tau_s}{\dfrac{T_{max}}{W_T}} \tag{12-11}$$

式中：σ_s 和 τ_s 分别为材料的抗弯和抗扭屈服极限，MPa，$\tau_s = (0.55 \sim 0.62)\sigma_s$；$M_{max}$ 和 T_{max} 分别为轴的危险截面上所受的最大弯矩和最大扭矩，N·mm；F_{amax} 为轴的危险截面上所受的最大轴向力，N；A 为轴的危险截面的面积，mm^2；W 和 W_T 分别为危险截面的抗弯和抗扭截面系数，mm^3。

12.3.2　轴的刚度校核计算

轴在载荷作用下，将产生弯曲或扭转变形。若变形量超过允许的限度，就会影响轴上零件的正常工作，甚至会丧失机器应有的工作性能。例如，机床主轴中，当弯曲刚度（或扭转刚度）不足而导致挠度（或扭转角）过大时，将影响轴上被加工零件的加工质量。因此，在设计有刚度要求的轴时，必须进行刚度的校核计算。轴的弯曲刚度以挠度或转角来度量；扭转刚度以扭转角来度量。轴的刚度校核计算通常是计算出轴在受载时的变形量，并控制其不超过许用值。

1. 轴的弯曲刚度校核计算

常见的轴大多可视为简支梁。若是光轴，可直接用材料力学中的公式计算其挠度或转角；若是阶梯轴，若对计算精度要求不高，则可用当量直径法作近似计算，即把阶梯轴看成是当量直径为 d_v 的光轴，然后按材料力学中的公式计算。当量直径 d_v（单位为 mm）为

$$d_v = \sqrt[4]{\frac{L}{\sum_{i=1}^{z} \dfrac{l_i}{d_i^4}}} \tag{12-12}$$

式中：l_i 为阶梯轴第 i 段的长度，mm；d_i 为阶梯轴第 i 段的直径，mm；L 为阶梯轴的计算长度，mm；z 为阶梯轴计算长度内的轴段数。

当载荷作用于两支承件之间时，$L=l$（l 为支承跨距）；当载荷作用于悬臂端时，$L=l+K$（K 为轴的悬臂长度，单位为 mm）。

轴的弯曲刚度条件为

挠度

$$y \leqslant [y] \tag{12-13}$$

偏转角

$$\theta \leqslant [\theta] \tag{12-14}$$

式中：$[y]$ 为轴的许用挠度，mm，见表 12-4；$[\theta]$ 为轴的许用偏转角，rad，见表 12-4。

2. 轴的扭转刚度校核计算

轴的扭转变形用每米长的扭转角 φ 来表示。圆轴扭转角 φ［单位为(°)/m］的计算公式为：

光轴

$$\varphi = 5.73 \times 10^4 \frac{T}{GI_p} \tag{12-15}$$

表 12-4　轴的允许挠度及许用偏转角

名称	许用挠度$[y]$/mm	名称	许用偏转角$[\theta]$/rad
一般用途的轴	$(0.0003\sim0.0005)l$	滑动轴承	0.001
刚度要求较高的轴	$0.0002l$	向心球轴承	0.005
感应电机的轴	0.1Δ	调心球轴承	0.05
安装齿轮的轴	$(0.01\sim0.03)m_n$	圆柱滚子轴承	0.0025
安装蜗轮的轴	$(0.02\sim0.05)m_a$	圆锥滚子轴承	0.0016
		安装齿轮处轴的截面	$0.001\sim0.002$

注：(1) l 为轴的跨距, mm;

(2) Δ 为电动机定子与转子间的气隙, mm;

(3) m_n 为齿轮的法面模数, mm;

(4) m_a 为蜗轮的端面模数, mm。

阶梯轴

$$\varphi = 5.73 \times 10^4 \frac{1}{LG} \sum_{i=1}^{z} \frac{T_i l_i}{I_{pi}} \qquad (12\text{-}16)$$

式中：T 为轴所受的扭矩, N·mm, T_i 为阶梯轴第 i 段上所受的扭矩; G 为轴的材料的剪切弹性模量, MPa, 对于钢材, $G = 8.1 \times 10^4$ MPa; I_p 为轴截面的极惯性矩, mm^4, 对于圆轴, $I_p = \pi d^4/32$, I_{pi} 为阶梯轴第 i 段上所受的极惯性矩; L 为阶梯轴受扭矩作用的长度, mm; l_i 为阶梯轴第 i 段受扭矩作用的长度, mm; z 为阶梯轴受扭矩作用的轴段数。

轴的扭转刚度条件为

$$\varphi \leqslant [\varphi] \qquad (12\text{-}17)$$

式中：$[\varphi]$ 为轴每米的许用扭转角, 与轴的使用场合有关。对于一般传动轴, 可取 $[\varphi] = 0.5\ °/m \sim 1\ °/m$; 对于精密传动轴, 可取 $[\varphi] = 0.25\ °/m \sim 0.5\ °/m$; 对于精度要求不高的轴, $[\varphi]$ 可大于 $1\ °/m$。

12.3.3　轴的振动及振动稳定性的概念

　　轴是一个弹性体, 当其旋转时, 由于轴和轴上零件的材料组织不均匀(制造有误差或对中不良), 就会产生以离心力为表征的周期性的干扰力, 从而引起轴的弯曲振动(或称横向振动)。如果这种强迫振动频率与轴的弯曲自振频率重合, 就会出现弯曲共振现象。当轴由于传递的功率有周期性的变化而产生周期性的扭转变形时, 将会引起扭转振动。如其强迫振动频率与轴的扭转自振频率重合时, 也会产生对轴有破坏作用的扭转共振。不过, 在一般通用机械中, 涉及共振的问题不多, 而且轴的弯曲振动现象较扭转振动更为常见, 所以下面只对轴的弯曲振动问题略加说明, 轴在引起共振时的转速称为临界转速。如果轴的转速停滞在临界转速附近, 轴的变形将迅速增大, 以至达到使轴甚至整个机器被破坏的程度。因此, 对于高转速的轴, 必须计算其临界转速, 使其工作转速 n 避开其临界转速 n_c。轴的临界转速可以有许多个, 最低的一个称为一阶临界转速, 其余为二阶、三阶。在一阶临界转速下, 振动激烈, 最为危险, 所以通常要计算一阶临界转速。但是在某些特殊情况下, 还需计算高阶的临界转速。弯曲振动临界转速的计算方法很多, 现仅以装有单圆盘的双铰支轴(图 12-25)为例, 介绍一种粗略计算一阶临界转速的方法。设圆盘的质量 m 很大, 相对而言, 轴的质量可略去不计，并假定圆盘材料不均匀，其质心 c 与轴线间的偏心距为 e。当该圆盘以角速度 ω 转动时，由于离心力而产生挠度 y，则旋转时的离心力为

$$F_r = m\omega^2(y+e) \qquad (12-18)$$

与离心力对抗的是轴弯曲变形后所产生的弹性反力。当轴的挠度为 y 时，弹性反力为

$$F_r' = ky \qquad (12-19)$$

式中：k 为轴的弯曲刚度。

根据平衡条件得

$$m\omega^2(y+e) = ky \qquad (12-20)$$

由式(12-20)可求得轴的挠度

$$y = \frac{e}{\dfrac{k}{m\omega^2}-1} \qquad (12-21)$$

当轴的角速度 ω 由零逐渐增大时，式(12-21)的分母随之减小，故 y 值随 ω 的增大而增大。在没有阻尼的情况下，当 $k/m\omega^2$ 趋近于 1 时，则挠度 y 趋近于无穷大。这就意味着轴会产生极大的变形而导致破坏。此时所对应的角速度称为轴的临界角速度，以 ω_c 表示。

$$\omega_c = \sqrt{\frac{k}{m}} \qquad (12-22)$$

式(12-22)右边恰为轴的自振角频率，这就表明轴的临界角速度等于其自振角频率。由式(12-22)可知，轴的临界角速度 ω_c 只与轴的刚度 k 和圆盘的质量 m 有关，与偏心距 e 无关。由于轴的刚度 $k = mg/y_0$（m 为圆盘质量，g 为重力加速度，y_0 为轴在圆盘处的静挠度），所以临界角速度又可写为

$$\omega_c = \sqrt{\frac{k}{m}} = \sqrt{\frac{g}{y_0}} \qquad (12-23)$$

取 $g = 9810\ \text{mm/s}^2$，y_0 的单位为 mm，则由式(12-23)可求得装有单圆盘的双铰支轴在不计轴的质量时的一阶临界转速 n_{c1}（单位为 r/min）为

$$n_{c1} = \frac{60}{2\pi}\omega_c = \frac{30}{\pi}\sqrt{\frac{g}{y_0}} \approx 946\sqrt{\frac{1}{y_0}}$$

工作转速低于一阶临界转速的轴称为刚性轴（工作于亚临界区），超过一阶临界转速的轴称为挠性轴（工作于超临界区）。一般情况下，对于刚性轴，应使工作转速 $n < 0.85n_{c1}$；对于挠性轴，应使 $1.15n_{c1} < n < 0.85n_{c2}$（此处 n_{c1}、n_{c2} 分别为轴的一阶、二阶临界转速）。当轴的工作转速很高时，显然应使其转速避开相应的高阶临界转速。满足上述条件的轴就具有了弯曲振动的稳定性。当相当于简支梁的轴上装有多个回转零件时，其 n_{c1} 有多种计算方法，常用的近似计算方法可看相关文献。

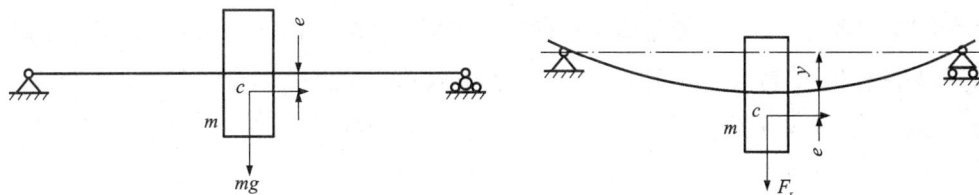

图 12-25　装有单圆盘的双铰支轴

【例 12-1】 某设备以圆锥-圆柱齿轮减速器作为减速装置，其运转平稳，单向旋转，工作转矩变化很小，试设计该减速器的输出轴。减速器的装置简图如图 12-21 所示，输入轴与电动机相连，输出轴通过弹性柱销联轴器与工作机相联。已知电动机功率 $P = 10$ kW，转速 $n_1 = 1450$ r/min；高速级为圆锥齿轮传动，其传动比 $i_{12} = 3.75$，大锥齿轮轮毂长 $L = 50$ mm；低速级为标准斜齿轮传动，参数为 $z_3 = 23$，$z_4 = 95$，$m_n = 4$，$\beta = 8°06'34''$，齿轮宽度 $B_1 = 85$ mm，$B_2 = 80$ mm。

解：

(1) 求输出轴上的功率 P_3，转速 n_3 和转矩 T_3。

若取每级齿轮传动的效率（包括轴承效率在内）$\eta = 0.97$，则输出轴的输入功率为

$$P_3 = P\eta^2 = 10 \times 0.97^2 \approx 9.41 \text{ kW}$$

又

$$n_3 = n_1 \frac{1}{i_{12}} \frac{z_3}{z_4} = 1450 \times \frac{1}{3.75} \times \frac{23}{95} \approx 93.61 \text{ r/min}$$

于是

$$T_3 = 9550000 \frac{p_3}{n_3} = 9550000 \times \frac{9.41}{93.61} \approx 960000 \text{ N} \cdot \text{mm}$$

(2) 求作用在齿轮上的力。

因已知低速级大齿轮的分度圆直径为

$$d_2 = m_n z_4 / \cos\beta = 4 \times 95 / \cos 8°06'34'' = 383.84 \text{ mm}$$

而

$$F_t = \frac{2T_3}{d_2} = \frac{2 \times 960000}{383.84} \approx 5002 \text{ N}$$

$$F_r = F_t \frac{\tan\alpha_n}{\cos\beta} = 5002 \times \frac{\tan 20°}{\cos 8°06'34''} = 1839 \text{ N}$$

$$F_a = F_t \tan\beta = 5002 \times \tan 8°06'34'' = 713 \text{ N}$$

圆周力 F_t，径向力 F_r 及轴向力 F_a 的方向如图 12-24 所示。

(3) 初步确定轴的最小直径。

先按式 (12-2) 初步估算轴的最小直径。选取轴的材料为 45 钢，调质处理。根据表 12-3，取 $A = 112$，于是得

$$d_{min} = A \sqrt[3]{\frac{P_3}{n_3}} = 112 \times \sqrt[3]{\frac{9.41}{93.61}} \approx 52.1 \text{ mm}$$

输出轴的最小直径是安装联轴器处轴的直径 d_{I-II}，如图 12-26 所示。为了使所选的轴直径 d_{I-II} 与联轴器的孔径相配，故需选取联轴器型号。

联轴器的计算转矩 $T_{ca} = K_A T_3$，查表 11-1，已知转矩变化很小，取 $K_A = 1.3$，则

$$T_{ca} = K_A T_3 = 1.3 \times 960000 = 1248000 \text{ N} \cdot \text{mm}$$

按照计算转矩 T_{ca} 应小于联轴器公称转矩的条件，查标准 GB/T 5014—2017 或手册，选用 LX$_4$ 型弹性柱销联轴器，其公称转矩为 2.5×10^6 N · mm。半联轴器的孔径 $d_1 = 55$ mm，故取 $d_{I-II} = 55$ mm，半联轴器长度 $L = 112$ mm，半联轴器与轴配合的毂孔长度 $L_1 = 84$ mm。

(4) 轴的结构设计。

1) 拟定轴上零件的装配方案。选用装配方案如图 12-26 所示。

2) 根据轴向定位的要求确定轴的各段直径和长度。

①考虑半联轴器的轴向定位要求，Ⅱ-Ⅲ轴段的左端需要一个定位轴肩，取直径 $d_{Ⅱ-Ⅲ}=$ 62 mm；联轴器左端用轴端挡圈固定，为保证轴端挡圈只压在半联轴器上而不压在轴的端面上，所以应取Ⅰ-Ⅱ段的长度比联轴器毂孔长 $L_1=84$ mm 略短一点，取 $l_{Ⅰ-Ⅱ}=82$ mm。

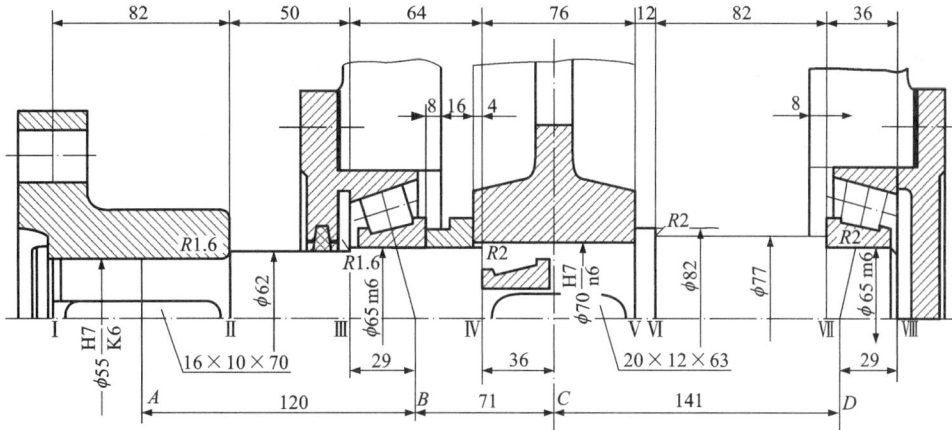

图 12-26　轴的结构与装配

②初步选择滚动轴承。因为轴上安装的齿轮为斜齿轮，应考虑存在轴向力，轴承同时承受径向力和轴向力，故选用单列圆锥滚子轴承。参照工作要求并根据 $d_{Ⅱ-Ⅲ}=62$ mm，从轴承产品目录中初步选用圆锥滚子轴承 30313，其尺寸为 $d×D×T=65$ mm×140 mm×36 mm，故 $d_{Ⅲ-Ⅳ}=d_{Ⅶ-Ⅷ}=65$ mm，而 $l_{Ⅶ-Ⅷ}=36$ mm。

右端滚动轴承采用轴肩进行轴向定位。从手册上查得 30313 型轴承的定位轴肩高度 $h=$ 6 mm，因此，取 $d_{Ⅵ-Ⅶ}=77$ mm。

③取安装齿轮处的轴段Ⅳ-Ⅴ的直径 $d_{Ⅳ-Ⅴ}=70$ mm；齿轮的左端与左轴承之间采用套筒定位。已知齿轮轮毂的宽度为 80 mm，为了使套筒端面可靠地压紧齿轮，此轴段应略短于齿轮轮毂宽度，故取 $l_{Ⅳ-Ⅴ}=76$ mm；齿轮的右端采用轴肩定位，轴肩高度 $h>0.07d$，故取 $h=$ 6 mm，则轴环处的直径 $d_{Ⅴ-Ⅵ}=82$ mm。轴环宽度 $b≥1.4h$，取 $l_{Ⅴ-Ⅵ}=12$ mm。

④轴承端盖的总宽度为 20 mm(由减速器及轴承端盖的结构设计而定)。根据轴承端盖的装拆及便于对轴承添加润滑脂的要求，取端盖的外端面与半联轴器右端面间的距离 $l=30$ mm(图 12-21)，故取 $l_{Ⅱ-Ⅲ}=50$ mm。

⑤取齿轮距箱体内壁的距离 $a=16$ mm，锥齿轮与圆柱齿轮之间的距离 $c=20$ mm(图 12-21)。考虑到箱体的铸造误差，在确定滚动轴承位置时。应距箱体内壁一段距离 s，取 $s=$ 8 mm(图 12-21)，已知滚动轴承宽度 $B=36$ mm，大锥齿轮轮毂长 $L=50$ mm，则

$$l_{Ⅲ-Ⅳ}=B+s+a+(80-76)=36+8+16+4=64 \text{ mm}$$
$$l_{Ⅵ-Ⅶ}=L+c+a+s-l_{Ⅴ-Ⅵ}=50+20+16+8-12=82 \text{ mm}$$

至此，已初步确定了轴的各段直径和长度。

3)轴上零件的周向定位。齿轮、半联轴器与轴的周向定位都采用平键连接。依 $d_{Ⅳ-Ⅴ}$ 由手册查得平键截面 $b×h=20$ mm×12 mm，键槽长为 63 mm，同时为了保证齿轮与轴配合有良好的对中性，选择齿轮轮毂与轴的配合为 H7/n6；同样，半联轴器与轴的连接，平键尺寸应

选 16 mm×10 mm×70 mm，半联轴器与轴的配合为 H7/k6。滚动轴承与轴的周向定位是借过渡配合来保证的，此处选轴的直径尺寸公差为 m6。

4) 确定轴上圆角和倒角尺寸。参考表 12-2，取轴端倒角为 2.0×45°，各轴肩处的圆角半径如图 12-26 所示。

（5）求轴上的载荷。

首先根据轴的结构图（图 12-26）作出轴的计算简图（图 12-24）。在确定轴承的支点位置时，应从手册中查取 a 值（图 12-23）。对于 30313 型圆锥滚子轴承，由手册查得 $a=29$ mm。因此，作为简支梁的轴的支承跨距 $L_2+L_3=71$ mm $+141$ mm $=212$ mm。根据轴的计算简图作出轴的弯矩图和扭矩图（图 12-24）。

从轴的结构图以及弯矩和扭矩图中可以看出，截面 C 是轴的危险截面。现将计算出的截面 C 处的 M_H、M_V 及 M 的值列于表 12-5（图 12-24）。

表 12-5　截面 C 处 M_H、M_V 及 M 值

载荷	水平面 H	垂直面 V
支反力 F	$F_{HN1}=3327$ N, $F_{HN2}=1675$ N	$F_{HV1}=1869$ N, $F_{HV2}=-30$ N
弯矩 M	$M_H=236217$ N·mm	$M_{V1}=132699$ N·mm, $M_{V2}=-4140$ N·mm
总弯矩	$M_1=\sqrt{236217^2+132699^2}\approx270938$ N·mm, $M_2=\sqrt{236217^2+(-4140)^2}\approx236253$ N·mm	
扭矩 T	$T_3=960000$ N·mm	

（6）按弯扭合成应力校核轴的强度。

进行校核时，通常只校核轴上承受最大弯矩和扭矩的截面（即危险截面 C）的强度。因为单向旋转，扭转切应力为脉动循环应力，取 $\alpha=0.6$，根据式（12-5）及表 12-25 中的数值，轴的计算应力

$$\sigma_{ca}=\frac{\sqrt{M_1^2+(\alpha T_3)^2}}{W}=\frac{\sqrt{270938^2+(0.6\times960000)^2}}{0.1\times70^3}\approx18.6 \text{ MPa}$$

前已选定轴的材料为 45 钢，调质处理后，由表 12-1 查得 $[\sigma_{-1}]=180$ MPa，因此 $\sigma_{ca}<[\sigma_{-1}]$，故安全。

（7）精确校核轴的疲劳强度。

1) 判断危险截面。截面 A，Ⅱ，Ⅲ，B 处只受扭矩作用，虽然键槽、轴肩及过渡配合所引起的应力集中均将削弱轴的疲劳强度，但由于轴的最小直径是按扭转强度较为宽裕来确定的，所以截面 A，Ⅱ，Ⅲ，B 处均无须校核。

从应力集中对轴的疲劳强度的影响来看，截面Ⅳ和Ⅴ处过盈配合引起的应力集中最严重；从受载的情况来看，截面 C 上的应力最大。截面Ⅴ的应力集中的影响和截面Ⅳ的相近，但截面Ⅴ不受扭矩作用，同时轴径也较大，故不必作强度校核。截面 C 上虽然应力最大，但应力集中不大（过盈配合及键槽引起的应力集中均在两端），而且这里轴的直径最大，故截面 C 也不必校核。截面Ⅵ和Ⅶ显然更不必校核。查手册可知，键槽的应力集中系数比过盈配合的小，因而该轴只需校核截面Ⅳ左右两侧即可。

2）截面Ⅳ左侧。

抗弯截面系数

$$W = 0.1d^3 = 0.1 \times 65^3 \approx 27463 \text{ mm}^3$$

抗扭截面系数

$$W_T = 0.2d^3 = 0.2 \times 65^3 = 54925 \text{ mm}^3$$

截面Ⅳ左侧的弯矩 M 为

$$M = 270938 \times \frac{71-36}{71} \approx 133561 \text{ N} \cdot \text{mm}$$

截面Ⅳ上的扭矩 T_3 为

$$T_3 = 960000 \text{ N} \cdot \text{mm}$$

截面上的弯曲应力

$$\sigma_b = \frac{M}{W} = \frac{133561}{27463} \approx 4.86 \text{ MPa}$$

截面上的扭转切应力

$$\tau_T = \frac{T_3}{W_T} = \frac{960000}{54925} \approx 17.48 \text{ MPa}$$

轴的材料为 45 钢，须调质处理。由表 12-1 查得

$$\sigma_b = 640 \text{ MPa}, \ \sigma_{-1} = 270 \text{ MPa}, \ \tau_{-1} = 155 \text{ MPa}$$

截面上由于轴肩而形成的有效应力集中系数 k_σ 及 k_τ，由手册查取。因 $\frac{r}{d} = \frac{2.0}{65} \approx 0.031$，$\frac{D-d}{r} = \frac{70-65}{2.0} = 2.5$，经插值后可查得 $k_\sigma \approx 1.69$，$k_\tau \approx 1.43$；查得尺寸系数 $\varepsilon_\sigma = 0.78$；扭转尺寸系数 $\varepsilon_\tau = 0.74$。

轴按车削加工，查得表面质量系数为 $\beta_\sigma = \beta_\tau = 0.92$，轴未经表面强化处理，即 $\beta_q = 1$，则按式（2-19）求得综合影响系数为

$$(K_\sigma)_D = \frac{K_\sigma}{\varepsilon_\sigma \beta_\sigma} = \frac{1.69}{0.78 \times 0.92} \approx 2.355$$

$$(K_\tau)_D = \frac{K_\tau}{\varepsilon_\tau \beta_\tau} = \frac{1.43}{0.74 \times 0.92} \approx 2.100$$

又由手册查得应力折算系数 $\psi_\sigma = 0.34$，$\psi_\tau = 0.2$。于是，计算安全系数 S_{ca} 值，可根据式（12-6）~式（12-8）求得

$$S_\sigma = \frac{\sigma_{-1}}{(K_\sigma)_D \sigma_a + \psi_\sigma \sigma_m} = \frac{270}{2.355 \times 4.86 + 0.34 \times 0} \approx 23.6$$

$$S_\tau = \frac{\tau_{-1}}{(K_\tau)_D \tau_a + \psi_\tau \tau_m} = \frac{155}{2.1 \times 17.48/2 + 0.2 \times 17.48/2} \approx 7.7$$

$$S_{ca} = \frac{S_\sigma S_\tau}{\sqrt{S_\sigma^2 + S_\tau^2}} = \frac{23 \times 7.7}{\sqrt{23^2 + 7.7^2}} \approx 7.3 \gg S = 1.5$$

故可知其安全。

3)截面Ⅳ右侧。

由材料力学可知，抗弯截面系数 W 按下述公式计算。

$$W = 0.1d^3 = 0.1 \times 70^3 = 34300 \text{ mm}^3$$

抗扭截面系数为

$$W_T = 0.2d^3 = 0.2 \times 70^3 = 68600 \text{ mm}^3$$

弯矩 M 及弯曲应力为

$$M = 270938 \times \frac{71-36}{71} = 133561 \text{ N} \cdot \text{mm}$$

$$\sigma_b = \frac{M}{W} = \frac{133561}{34300} = 3.89 \text{ MPa}$$

扭矩 T_3 及扭转切应力为

$$T_3 = 960000 \text{ N} \cdot \text{mm}$$

$$\tau_T = \frac{T_3}{W_T} = \frac{960000}{68600} = 14 \text{ MPa}$$

过盈配合处由手册查得其 $k_\sigma \approx 2.63$，$k_\tau \approx 1.89$；轴按车削加工，查得表面质量系数为 $\beta_\sigma = \beta_\tau = 0.92$；尺寸系数 $\varepsilon_\sigma = 0.78$；扭转尺寸系数 $\varepsilon_\tau = 0.74$。

故得综合影响系数为

$$(K_\sigma)_D = \frac{K_\sigma}{\varepsilon_\sigma \beta_\sigma} = \frac{2.63}{0.78 \times 0.92} = 3.67$$

$$(K_\tau)_D = \frac{K_\tau}{\varepsilon_\tau \beta_\tau} = \frac{1.89}{0.74 \times 0.92} = 2.78$$

所以轴在截面Ⅳ右侧的计算安全系数为

$$S_\sigma = \frac{\sigma_{-1}}{(K_\sigma)_D \sigma_a + \psi_\sigma \sigma_m} = \frac{270}{3.67 \times 3.89 + 0.34 \times 0} \approx 18.9$$

$$S_\tau = \frac{\tau_{-1}}{(K_\tau)_D \tau_a + \psi_\tau \tau_m} = \frac{155}{2.78 \times 14/2 + 0.2 \times 14/2} \approx 7.4$$

$$S_{ca} = \frac{S_\sigma S_\tau}{\sqrt{S_\sigma^2 + S_\tau^2}} = \frac{18.9 \times 7.4}{\sqrt{18.9^2 + 7.4^2}} = 6.9 \gg S = 1.5$$

故该轴在截面Ⅳ右侧的强度也是足够的。本题因无大的瞬时过载及严重的应力循环不对称性，故可略去静强度校核。

(8)绘制轴的零件工作图(略)。

思考题和习题

12-1 若轴的强度不足或刚度不足，可分别采取哪些措施？

12-2 在进行轴的疲劳强度计算时，如果同一截面上有几个应力集中源，应如何确定应力集中系数？

12-3 为什么要进行轴的静强度校核计算？校核计算时为什么不考虑应力集中等因素的影响？

12-4 如图 12-27 所示为某减速器输出轴的结构图，试指出其设计错误，并画出改正图。

12-5 有一台离心式水泵，由电动机带动，传递的功率 $P = 3$ kW，轴的转速 $n = 960$ r/min。轴的材料为 45 钢，试按强度要求计算轴所需的最小直径。

12-6 设计某搅拌机用的单级斜齿圆柱齿轮减速器中的低速轴(包括选择两端的轴承及外伸端的联轴器)，如图 12-28 所示。已知电动机额定功率 $P = 4$ kW，转速 $n_1 = 750$ r/min，低速轴转速 $n_2 = 120$ r/min，大齿轮节圆直径 $d_2' = 300$ mm，宽度 $B_2 = 90$ mm，轮齿螺旋角 $\beta = 12°$，法向压力角 $\alpha_n = 20°$。

要求：(1)完成轴的全部结构设计；(2)根据弯扭合成强度条件验算轴的强度；(3)精确校核轴的危险截面是否安全。

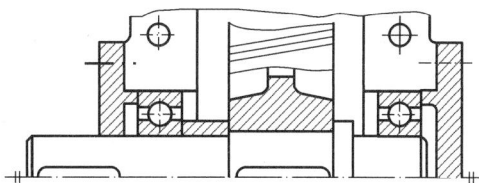

图 12-27 轴的结构

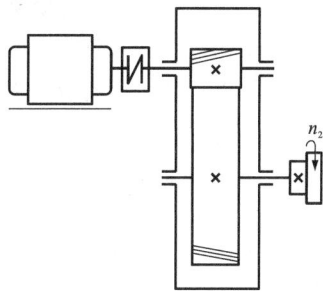

图 12-28 单级斜齿圆柱齿轮减速器简图

12-7 两级展开式斜齿圆柱齿轮减速器的中间轴如图 12-29(a)所示，尺寸和结构如图 12-29(b)所示。已知中间轴转速 $n_2 = 180$ r/min，传递功率 $P = 5.5$ kW，有关的齿轮参数见表 12-6。

表 12-6 齿轮参数

齿轮编号	m_n/mm	α_n/(°)	Z	β	旋向
斜齿轮 2	3	20	112	10°44′	右
斜齿轮 3	4	20	23	9°22′	右

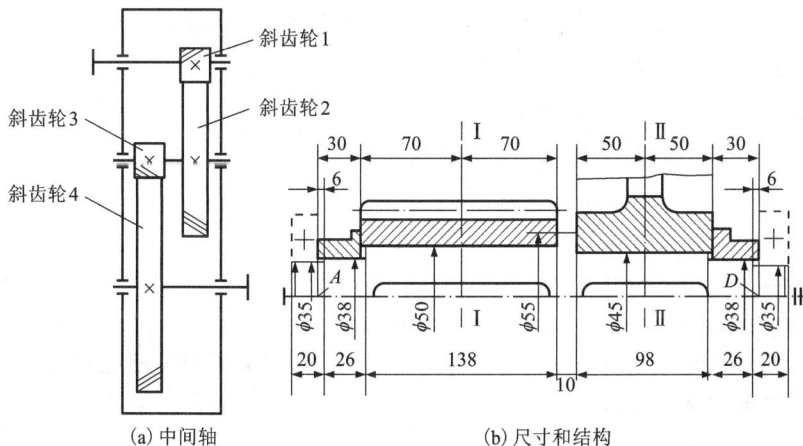

图 12-29 两级齿轮减速器的中间轴

图中 A、D 为圆锥滚子轴承的载荷作用中心。轴的材料为 45 钢（正火）。要求按弯扭合成强度条件验算轴的截面 Ⅰ 和 Ⅱ 的强度，并精确校核轴的危险截面是否安全。

自测题

一、选择题

1. 增大轴在截面变化处的过渡圆角半径，可以（　　）。

A. 使零件的轴向定位比较可靠

B. 降低应力集中，提高轴的疲劳强度

C. 使轴的加工变得方便

D. 方便轴上零件安装

2. 自行车的前轴是（　　）。

A. 心轴　　　　　　B. 转轴　　　　　　C. 传动轴　　　　　　D. 曲轴

3. 轴所受的载荷类型与载荷所产生的应力类型（　　）。

A. 一定相同　　　　　　　　　　　　B. 一定不相同

C. 可能相同也可能不同　　　　　　　D. 两者无关

4. 设计高转速的轴时，应特别注意考虑其（　　）。

A. 耐磨性　　　　　　B. 疲劳强度　　　　　　C. 振动稳定性　　　　　　D. 散热性

5. （　　）不能用作轴向定位。

A. 圆柱销　　　　　　B. 螺钉　　　　　　C. 平键　　　　　　D. 轴肩

6. 工作时只承受弯矩，不传递转矩的轴，称为（　　）。

A. 心轴　　　　　　B. 转轴　　　　　　C. 传动轴　　　　　　D. 曲轴

7. 采用（　　）的措施不能有效地提高轴的刚度。

A. 改用高强度合金钢　　　　　　　　B. 改变轴的直径

C. 改变轴的支承位置　　　　　　　　D. 改变轴的结构

8. 按弯扭合成强度条件计算轴的应力时，要引入系数 α，α 是考虑了（　　）。

A. 轴上键槽削弱轴的强度

B. 合成正应力与切应力时的折算系数

C. 正应力与切应力的循环特性不同的系数

D. 正应力与切应力方向不同

9. 转动的轴，受不变的载荷，其所受的弯曲应力的性质为（　　）。

A. 脉动循环　　　　　　B. 对称循环　　　　　　C. 静应力　　　　　　D. 非对称循环

10. 根据轴的承载情况，（　　）的轴称为转轴。

A. 既承受弯矩又承受转矩　　　　　　B. 只承受弯矩不承受转矩

C. 不承受弯矩只承受转矩　　　　　　D. 承受较大轴向载荷

二、填空题

1. 描述轴的变形参数有＿＿＿＿、＿＿＿＿、＿＿＿＿三种。

2. 根据轴的承载情况，工作时既承受弯矩又承受转矩的轴称为_____；主要承受转矩的轴称为_____；只承受弯矩的轴称为_____。

3. 在进行轴的强度计算时，对单向转动的转轴，一般将弯曲应力考虑为_____变应力，将扭剪应力考虑为_____变应力。

4. 如果轴的同一截面有几个应力集中源，则应取其中_____应力集中系数来计算该截面的疲劳强度安全系数。

5. 一般的轴都须具有足够的_____，合理的结构形式和尺寸以及良好的_____，这就是轴设计的基本要求。

6. 四驱汽车的后轮轴是_____轴，而前轮轴是_____轴。

7. 为了使轴上零件与轴肩紧密贴合，应保证轴的圆角半径_____轴上零件的圆角半径或倒角 C。

8. 对大直径的轴的轴肩圆角处进行喷丸处理是为了降低材料对_____的敏感性。

9. 传动轴所受的载荷是_____。

10. 一般单向回转的转轴，考虑起动、停车及载荷不平稳的影响，其扭转剪应力的性质按_____处理。

三、判断题

1. 对所有的轴都应当先用扭矩估算轴径，再按弯扭合成校核轴的危险截面。（　　　）

2. 按弯扭合成计算轴的应力时，要引入系数 α，α 是考虑了正应力与切应力的循环特性不同的系数。（　　　）

3. 设计轴时，若计算发现安全系数 $S<[S]$，则说明强度不够，须提高轴的强度。（　　　）

4. 轴的最大应力出现在轴段最大弯矩处的表面上。（　　　）

5. 设计轴时，应该先作结构设计，然后再进行强度校核。（　　　）

6. 转动的轴，受不变的载荷，其所受的弯曲应力的性质为脉动循环。（　　　）

7. 因为细长轴的变形较大，因此有时需要校核其刚度。（　　　）

8. 轴的计算弯矩最大处为轴的危险截面，应按此截面进行强度计算。（　　　）

9. 承受弯矩的转轴容易发生疲劳断裂，是由于其最大弯曲应力超过了材料的强度极限。（　　　）

10. 实际的轴多做成阶梯形，主要是为了减轻轴的重量，降低制造费用。（　　　）

第13章
弹簧

本章思维导图

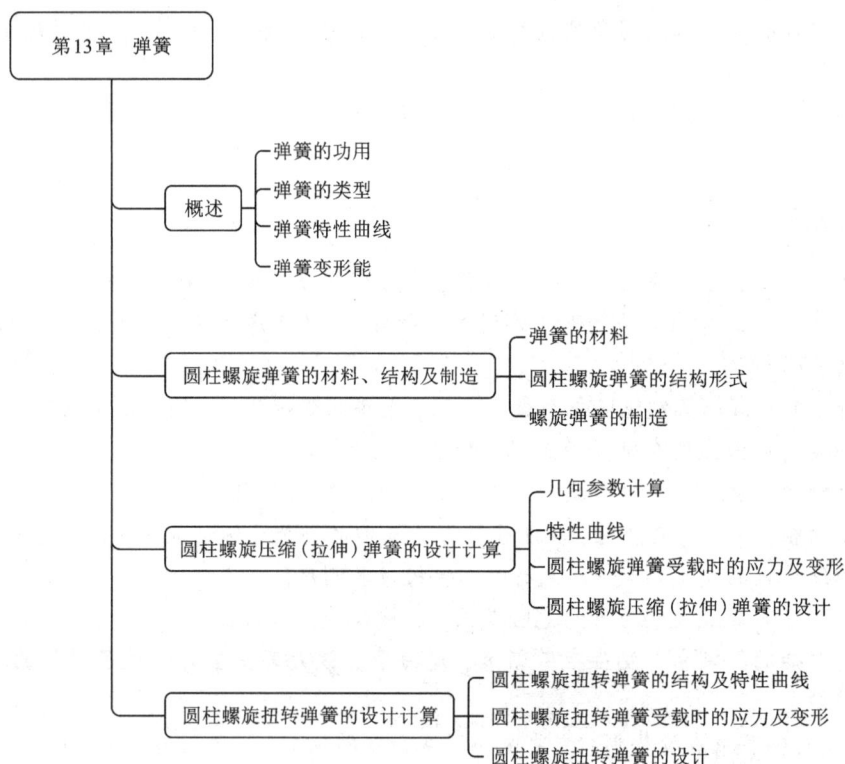

```
第13章 弹簧
├─ 概述
│   ├─ 弹簧的功用
│   ├─ 弹簧的类型
│   ├─ 弹簧特性曲线
│   └─ 弹簧变形能
│
├─ 圆柱螺旋弹簧的材料、结构及制造
│   ├─ 弹簧的材料
│   ├─ 圆柱螺旋弹簧的结构形式
│   └─ 螺旋弹簧的制造
│
├─ 圆柱螺旋压缩（拉伸）弹簧的设计计算
│   ├─ 几何参数计算
│   ├─ 特性曲线
│   ├─ 圆柱螺旋弹簧受载时的应力及变形
│   └─ 圆柱螺旋压缩（拉伸）弹簧的设计
│
└─ 圆柱螺旋扭转弹簧的设计计算
    ├─ 圆柱螺旋扭转弹簧的结构及特性曲线
    ├─ 圆柱螺旋扭转弹簧受载时的应力及变形
    └─ 圆柱螺旋扭转弹簧的设计
```

13.1 概述

13.1.1 弹簧的功用

弹簧是一种弹性元件，多数机械设备均离不开弹簧。弹簧利用本身的弹性，在受载后产生较大变形，卸载后，变形消失，弹簧将恢复原状。弹簧在产生变形和恢复原状时，能够把机械功或动能转变为变形能，或把变形能转变为机械功或动能。利用弹簧的这种特性，可以满足机械中的一些特殊要求，其主要功用为：

（1）控制机构的运动，如制动器、离合器中的控制弹簧，内燃机汽缸的阀门弹簧等。

（2）减振和缓冲，如汽车、火车车厢下的减振弹簧，以及各种缓冲器用的弹簧等。

（3）储存及输出能量，如钟表弹簧、枪闩弹簧等。

（4）测量力的大小，如测力器和弹簧秤中的弹簧等。

应用案例

13.1.2　弹簧的类型

按载荷特性不同，弹簧可分为压缩弹簧、拉伸弹簧、扭转弹簧和弯曲弹簧等；按弹簧外形不同，又可分为螺旋弹簧、碟形弹簧、环形弹簧、板弹簧等；按弹簧材料的不同，还可以分为金属弹簧和非金属弹簧等。表 13-1 列出了几种常用弹簧。

表 13-1　几种常用弹簧

外形	特性			
	拉伸	压缩	弯曲	扭转
螺旋形	圆柱螺旋拉伸弹簧 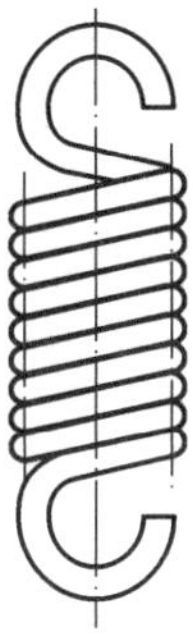	圆柱螺旋压缩弹簧 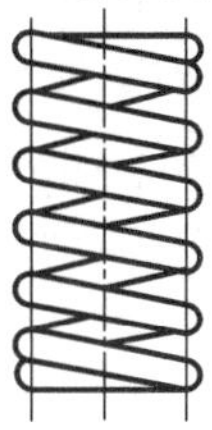　　圆锥螺旋压缩弹簧 	圆柱螺旋扭转弹簧 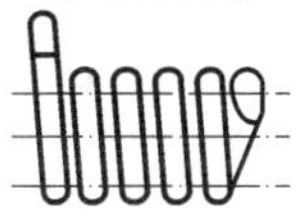	
其他形状		环形弹簧 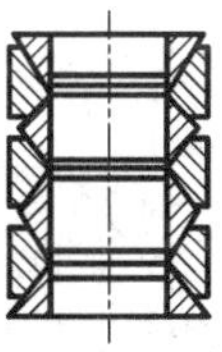　　碟形弹簧 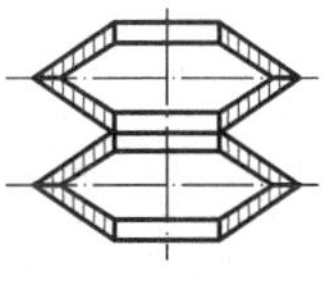	涡卷形盘簧 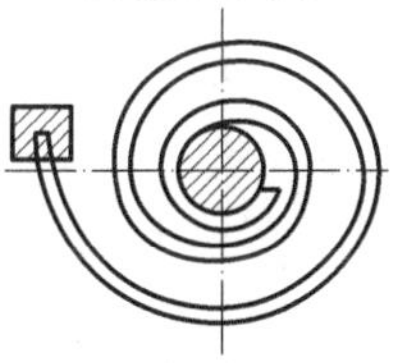	板簧 

螺旋弹簧用簧丝卷绕制而成，制造简便，适用范围广泛。在一般机械中，最为常用的是圆柱螺旋弹簧。故本章主要讲述这类弹簧的结构形式、设计理论和计算方法。

13.1.3　弹簧特性曲线

弹簧载荷 F 和变形量 λ 之间的关系曲线称为弹簧特性曲线，如图 13-1 所示。受压或受拉的弹簧，图中载荷是指压力或拉力，变形是指弹簧的压缩量或伸长量；受扭转的弹簧，载荷是指转矩，变形是指扭角。弹簧特性曲线有直线型、刚度渐增、刚度渐减型或以上几种的组合。使弹簧产生单位变形所需的载荷称为弹簧刚度，用 c 表示，为载荷变量与变形变量之比，即

$$c = \frac{\mathrm{d}F}{\mathrm{d}\lambda} \qquad (13-1)$$

显然，直线型特性曲线的弹簧刚度 c 为常量，称为定刚度弹簧；对于刚度渐增型特性曲线，其弹簧受载愈大，弹簧刚度愈大；对于刚度渐减型特性曲线，其弹簧受载愈大，弹簧刚度愈小。以弹簧刚度为变量的弹簧，称为变刚度弹簧。

对于非圆柱螺旋弹簧，其特性曲线是非线性的，对于圆柱螺旋弹簧（拉、压），可用改变弹簧节距的方法来实现非线性特性曲线。弹簧特性曲线反映弹簧在受载过程中刚度的变化情况，它是设计、选择、制造和检验弹簧的重要依据之一。

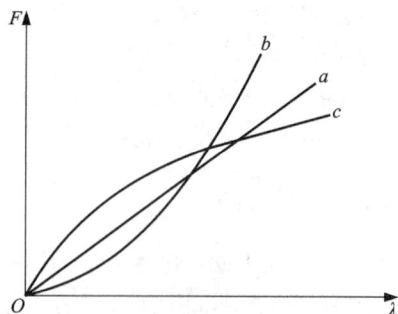

a—直线型；b—刚度渐增型；c—刚度渐减型。

图 13-1　弹簧特性曲线

13.1.4　弹簧变形能

弹簧受载后产生变形，所储存的能量称为变形能。当弹簧复原时，将其能量以弹簧功的形式放出。若加载曲线与卸载曲线重合［图 13-2(a)］，则表示弹簧变形能全部以做功的形式放出；若加载曲线与卸载曲线不重合［图 13-2(b)］，则表示只有部分能量以做功的形式放出，另一部分能量因摩擦等原因而消耗，图 13-2(b)中阴影部分为消耗的能量。

显然，若需要弹簧的变形能做功，应选择两曲线尽可能重合的弹簧；若用弹簧来吸收振动，应选择加载曲线与卸载曲线所围面积大的弹簧，因为两曲线间的面积愈大，吸振能力愈强。

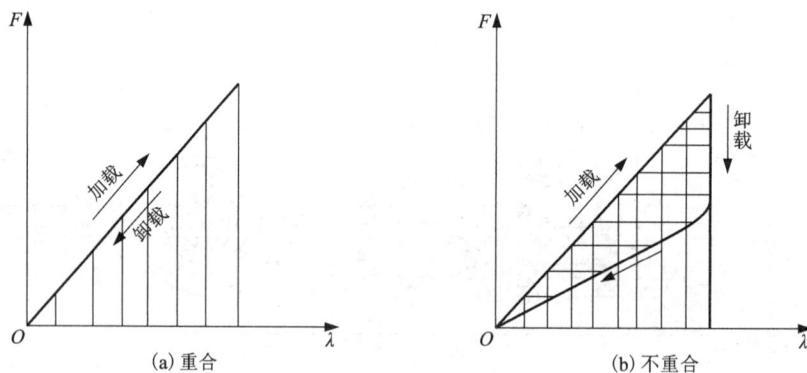

图 13-2　弹簧的变形能

13.2　圆柱螺旋弹簧的材料、结构及制造

13.2.1　弹簧的材料

弹簧主要用于承受变载荷和冲击载荷，其失效形式主要是疲劳破坏。因此，要求弹簧材料必须具有较高的抗拉强度和抗疲劳强度、较好的弹性、足够的冲击韧性及稳定良好的热处理性能，同时，价格要便宜，要易于购买。几种弹簧常用材料的性能见表 13-2。

表 13-2　几种常用弹簧材料的性能

材料及代号	许用切应力 $[\tau]$/MPa			许用弯曲应力 $[\sigma_b]$/MPa		弹性模量 E/MPa	切变模量 G/MPa	推荐使用湿度/℃	推荐硬度/HRC	特性及用途
	Ⅰ类弹簧	Ⅱ类弹簧	Ⅲ类弹簧	Ⅱ类弹簧	Ⅲ类弹簧					
碳素弹簧钢丝 SL、SM、DM、SH、DH 级 65Mn	$0.3\sigma_b$	$0.4\sigma_b$	$0.5\sigma_b$	$0.5\sigma_b$	$0.625\sigma_b$	$0.5\leqslant d\leqslant4$ 207500~205000, $d>4$ 200000	$0.5\leqslant d\leqslant4$ 83000~80000, $d>4$ 80000	-40~130	—	强度高、加工性能好,适合做小弹簧 65Mn 弹簧钢丝用作重要弹簧
60Si2Mn 60Si2MnA	480	640	800	800	1000	200000	80000	-40~200	45~50	弹性好,回火稳定性好,易脱碳,适合做承受大载荷的弹簧
50CrVA	450	600	750	750	940			-40~250		疲劳性能好,淬透性、回火稳定性好
不锈钢丝 1Cr18Ni9、1Cr18Ni9Ti	330	440	550	550	650	197000	73000	-200~300	—	耐腐蚀、耐高温,有良好工艺性,适合做小弹簧

注:(1)弹簧按载荷性质分为三类:Ⅰ类——受变载荷作用次数在 10^5 以上的弹簧;Ⅱ类——受变载荷作用次数在 10^3 ~10^5 及冲击载荷的弹簧;Ⅲ类——受变载荷作用次数在 10^3 以下的弹簧。

(2)各类螺旋拉、压弹簧的极限工作应力 τ_{lim},对于Ⅰ类、Ⅱ类弹簧 $\tau_{lim}\leqslant0.5\sigma_b$,对于Ⅲ类弹簧 $\tau_{lim}\leqslant0.56\sigma_b$。

(3)表中许用应力为压缩弹簧的许用值,拉伸弹簧的许用切应力为压缩弹簧的80%。

(4)经强压处理的弹簧,其许用应力可增大25%;经喷丸处理的弹簧,其许用应力可增大20%。对损坏后不能工作的弹簧,许用应力应适当降低。

常用弹簧钢主要有下列几种。

1. 碳素弹簧钢

这种弹簧钢(如 65 钢、70 钢)的优点是价格便宜,原材料来源广泛;缺点是弹性极限低,多次重复变形后易失去弹性,且不能在高于 130 ℃的温度下正常工作。

2. 低锰弹簧钢

这种弹簧钢(如 65Mn)与碳素弹簧钢相比,优点是淬透性较好和强度较高,缺点是淬火后容易产生裂纹及热脆性。但由于其价格便宜,所以在一般机械中常用于制造尺寸不大的弹簧,如离合器弹簧等。

3. 硅锰弹簧钢

这种钢(如 60Si2MnA)中加入了硅,故可显著地提高弹性极限,并提高了回火稳定性,因而可在更高的温度下回火,有良好的力学性能。但含硅量高时,表面易于脱碳。由于锰的脱碳性小,故在钢中加入硅锰这两种元素,可发挥各自的优点,因此硅锰弹簧钢在工业中得到了广泛的应用。其一般用于制造汽车、拖拉机的螺旋弹簧。

4. 50 铬钒钢(如 50CrVA)

在这种钢中加入钒的目的是细化组织,提高钢的强度和韧性。这种材料的耐疲劳和抗冲击性能良好,并能在-40~210℃的温度下可靠工作,但价格较贵,多用于要求较高的场合,如用于航空发动机调节系统中。

此外,某些不锈钢和青铜等材料,具有耐腐蚀的特点,青铜还具有防磁性和导电性,故常用于制造化工设备中或工作于腐蚀性介质中的弹簧。其缺点是不容易热处理,力学性能较差,所以在一般机械中很少采用。

在选择材料时,应考虑到弹簧的用途、重要程度、使用条件(包括载荷性质、尺寸大小及循环特性,工作持续时间,工作温度和周围介质情况等),以及加工、热处理和经济性等因素;同时,要参照现有设备中使用的弹簧,选择较为合适的材料。

弹簧材料的许用切应力$[\tau]$和许用弯曲应力$[\sigma_b]$的大小和载荷性质有关,静载荷时的$[\tau]$或$[\sigma_b]$较变载荷时大。表 13-2 中推荐的几种常用材料及其$[\tau]$和$[\sigma_b]$值可供设计时参考。弹簧钢丝强度极限σ_b按表 13-3 选取。

表 13-3 弹簧丝的抗拉强度

冷拉碳素弹簧丝的抗拉强度(摘自 GB/T 4357—2022)				
弹簧丝公称直径/mm	σ_b/MPa			
	SL 型	SM 型	DM 型	SH 型	DH 型
1.25	1660~1900	1910~2130	1910~2130	2140~2380	2140~2380
1.30	1640~1890	1900~2130	1900~2130	2140~2370	2140~2370
1.40	1620~1860	1870~2100	1870~2100	2110~2340	2110~2340
1.50	1600~1840	1850~2080	1850~2080	2090~2310	2090~2310
1.60	1590~1820	1830~2050	1830~2050	2060~2290	2060~2290
1.70	1570~1800	1810~2030	1810~2030	2040~2260	2040~2260
1.80	1550~1780	1790~2010	1790~2010	2020~2240	2020~2240
1.90	1540~1760	1770~1990	1770~1990	2000~2220	2000~2220
2.00	1520~1750	1760~1970	1760~1970	1980~2200	1980~2200
2.10	1510~1730	1740~1960	1740~1960	1970~2180	1970~2180
2.25	1490~1710	1720~1930	1720~1930	1940~2150	1940~2150
2.40	1470~1690	1700~1910	1700~1910	1920~2130	1920~2130
2.50	1460~1680	1690~1890	1690~1890	1900~2110	1900~2110
2.60	1450~1660	1670~1880	1670~1880	1890~2100	1890~2100
2.80	1420~1640	1650~1850	1650~1850	1860~2070	1860~2070
3.00	1410~1620	1630~1830	1630~1830	1840~2024	1840~2024
3.20	1390~1600	1610~1810	1610~1810	1820~2020	1820~2020

弹簧丝公称直径/mm	σ_b/MPa				
	SL 型	SM 型	DM 型	SH 型	DH 型
3.40	1370~1580	1590~1780	1590~1780	1790~1990	1790~1990
3.60	1350~1560	1570~1760	1570~1760	1770~1970	1770~1970
3.80	1340~1540	1550~1740	1550~1740	1750~1950	1750~1950
4.00	1320~1520	1530~1730	1530~1730	1740~1930	1740~1930
4.25	1310~1500	1510~1700	1500~1700	1710~1900	1710~1900
4.50	1290~1490	1500~1680	1500~1680	1690~1880	1690~1880
4.75	1270~1470	1480~1670	1480~1670	1680~1840	1680~1840
5.00	1260~1450	1460~1650	1460~1650	1660~1830	1660~1830
5.30	1240~1430	1440~1630	1440~1630	1640~1820	1640~1820

冷拉碳素弹簧丝的抗拉强度(摘自 GB/T 4357—2022)

65Mn 弹簧丝的抗拉强度

弹簧丝直径 d/mm	1~1.2	1.4~1.6	1.8~2	2.2~2.5	2.8~3.4
σ_b/MPa	1800	1750	1700	1650	1600

注:(1)弹簧丝按照抗拉强度分类为低抗拉强度、中等抗拉强度和高抗拉强度,分别用符号 L、M 和 H 代表。按照弹簧载荷特点分类为静载荷和动载荷,分别用 S 和 D 代表。

(2)中间尺寸弹簧丝抗拉强度值按表中相邻较大弹簧丝的规定执行。

(3)对特殊用途的弹簧丝,可确定其他抗拉强度。

(4)对直径为 0.08~0.18 mm 的 DH 型弹簧丝,经供需双方协商,其抗拉强度波动值范围可规定为 300 MPa。

13.2.2　圆柱螺旋弹簧的结构形式

由于圆柱螺旋压缩、拉伸弹簧应用最广,所以下面分别介绍这两种弹簧的基本结构特点。

1. 圆柱螺旋压缩弹簧

圆柱螺旋压缩弹簧如图 13-3 所示,弹簧的节距为 p。在自由状态下,各圈之间应有适当的间距。以便弹簧受压时,有产生相应变形的可能,为了使弹簧在压缩后仍能保持一定的弹性,设计时还应考虑在最大载荷作用下,各圈之间仍需保留一定的间距 δ_1,δ_1 的大小一般推荐为

$$\delta_1 = 0.1d \geqslant 0.2 \text{ mm} \tag{13-2}$$

式中:d 为弹簧丝的直径,mm。

弹簧的两个端面圈应与邻圈并紧(无间隙),只起支承作用,不参与变形,故称为死圈。

当弹簧的工作圈数 $n \leqslant 7$ 时,弹簧每端的死圈约为 0.75 圈;$n > 7$ 时,每端的死圈为 1~1.75 圈。这种弹簧端部的结构有多种形式(图 13-4),最常用的有两个端面圈均与邻圈并紧

且磨平的 Y Ⅰ 型[图 13-4(a)]、并紧不磨平的 Y Ⅲ 型[图 13-4(c)]和加热卷绕时弹簧丝两端锻扁且与邻圈并紧(端面圈可磨平，也可不磨平)的 Y Ⅱ 型[图 13-4(b)]等 3 种。在重要的场合，应采用 Y Ⅰ 型，以保证两支承端面与弹簧的轴线垂直，从而使弹簧受压时不致歪斜。弹簧丝直径 $d \leq 0.5$ mm 时，弹簧的两支承端面可不必磨平；$d>0.5$ mm 的弹簧，两支承端面则需磨平，磨平部分应不小于圆周长的 3/4，端头厚度一般不小于 $d/8$，端面粗糙度应低于 2.5。

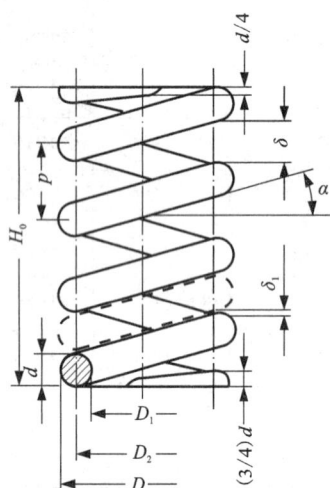

图 13-3　圆柱螺旋压缩弹簧

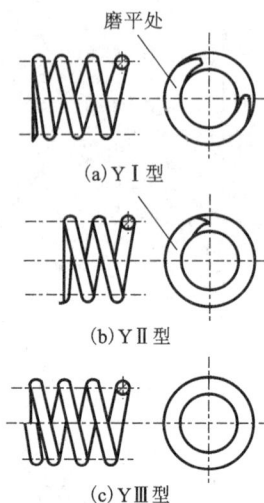

图 13-4　圆柱螺旋压缩弹簧的端面圈

2. 圆柱螺旋拉伸弹簧

如图 13-5 所示，圆柱螺旋拉伸弹簧空载时，各圈应相互并拢。另外，为了节省轴向工作空间，并保证弹簧在空载时各圈相互压紧，常在卷绕的过程中，同时使弹簧丝绕其本身的轴线扭转。这样制成的弹簧，各圈相互间既具有一定的压紧力，也在弹簧丝中产生了一定的预应力，故称为有预应力的拉伸弹簧。这种弹簧一定要在外加的拉力大于初拉力 F_0 后，各圈才开始分离，故相较于无预应力的拉伸弹簧可节省出更多的轴向工作空间。拉伸弹簧的端部有挂钩，以便安装和加载。挂钩的形式如图 13-6 所示。其中图 13-6(a)中的 Y Ⅰ 型和图 13-6(b)中的 Y Ⅱ 型制造方便，应用很广。但因在挂钩过渡处产生很大的弯曲应力，故只宜用于弹簧丝直径 $d \leq 10$ mm 的弹簧中。图 13-6(c)、图 13-6(d)中的挂钩不与弹簧丝连成一体，故无前述过渡处的缺点，而且这种挂钩可以转到任意方向，便于安装。在受力较大的场合，最好采用图 13-6(c)中的 Y Ⅲ 型挂钩，但它的价格较贵。

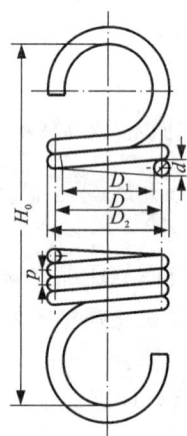

图 13-5　圆柱螺旋拉伸弹簧

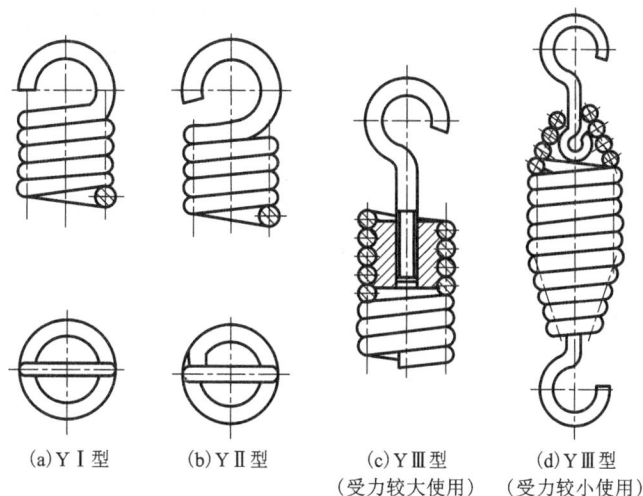

(a)YⅠ型　　(b)YⅡ型　　(c)YⅢ型　　　　(d)YⅢ型
　　　　　　　　　　　　　（受力较大使用）　　（受力较小使用）

图 13-6　圆柱螺旋拉伸弹簧挂钩形式

13.2.3　螺旋弹簧的制造

螺旋弹簧的制造过程主要包括：①卷绕；②钩环的制作或端面圈的稍加工；③热处理；④工艺试验及必要的强压强化处理。

卷绕是把合乎技术条件规定的弹簧丝卷绕在芯棒上。大量生产时，是在万能自动卷簧机上卷制；单件及小批生产时，则在普通车床和手动卷绕机上卷制。

卷绕分冷卷及热卷两种。冷卷用于经预先热处理后拉成的直径 d 小于 8~10 mm 的弹簧丝；直径较大的弹簧丝制作的强力弹簧则用热卷。热卷时的温度为 800~1000 ℃。

对于重要的压缩弹簧，为了保证两端的承压面与其轴线垂直，应将端面圈在专用的磨床上磨平；对于拉伸及扭转弹簧，为了便于连接、固着及加载，两端应有挂钩或杆臂(图 13-6)。

弹簧在完成上述工序后，均应进行热处理。冷卷的弹簧只作回火处理，以消除卷制时产生的内应力。热卷的须经淬火及中温回火处理。热处理后的弹簧，表面不应出现显著的脱碳层。

此外，弹簧还须进行工艺试验和根据弹簧的技术条件的规定进行精度、冲击、疲劳等试验，以检验弹簧是否符合技术要求。要特别指出的是，弹簧的持久强度和抗冲击强度，在很大程度上取决于弹簧丝的表面状况，所以弹簧丝表面必须光洁，没有裂纹和伤痕等缺陷。表面脱碳会严重影响材料的持久强度和抗冲击性能。因此脱碳层深度和其他表面缺陷应在验收弹簧的技术条件中详细规定。重要的弹簧还须进行表面保护处理(如镀锌)；普通的弹簧一般涂油或漆。

13.3　圆柱螺旋压缩(拉伸)弹簧的设计计算

圆柱螺旋拉伸弹簧与压缩弹簧除结构有区别外，两者的应力、变形与作用力之间的关系等基本相同。这类弹簧的设计计算内容主要有：确定结构形式与特性曲线；选择材料和确定许用应力；由强度条件确定弹簧丝的直径和弹簧中径；由刚度条件确定弹簧的工作圈数；确定弹簧的基本参数、尺寸等。

13.3.1 几何参数计算

普通圆柱螺旋弹簧的主要几何尺寸有：外径 D_2、中径 D、内径 D_1、节距 p、螺旋升角 α 及弹簧丝直径 d。由图 13-7 可知，它们的关系为

$$\alpha = \arctan \frac{p}{\pi D} \tag{13-3}$$

式中：弹簧的螺旋升角 α，对于圆柱螺旋压缩弹簧，一般取 $5°\sim9°$。弹簧的旋向可以是右旋或左旋，但无特殊要求时，一般都用右旋。

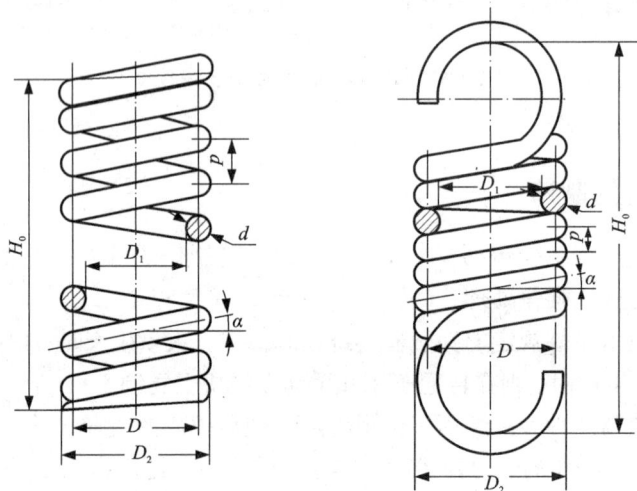

图 13-7　圆柱螺旋弹簧的几何尺寸

普通圆柱螺旋压缩及拉伸弹簧的结构尺寸计算公式见表 13-4。普通圆柱螺旋弹簧尺寸系列见表 13-5。

表 13-4　普通圆柱螺旋压缩及拉伸弹簧的结构尺寸计算公式　　单位：mm

参数名称及代号	计算公式		备注
	压缩弹簧	拉伸弹簧	
中径 D	$D = Cd$		按表 13-3 取标准值
内径 D_1	$D_1 = D - d$		
外径 D_2	$D_2 = D + d$		
旋绕比 C	$C = D/d$		
压缩弹簧长径比 b	$b = \dfrac{H_0}{D}$		b 为 $1\sim5.3$

342

续表13-4

参数名称及代号	计算公式		备注
	压缩弹簧	拉伸弹簧	
自由高度或长度 H_0	两端并紧、磨平: $H_0 \approx pn(1.5 \sim 2)d$ 两端并紧、不磨平: $H_0 \approx pn(3 \sim 3.5)d$	$H_0 = nd + H_h$	H_h 为钩环轴向长度
工作高度或长度 $H_1, H_2, \cdots, H_n$	$H_n = H_0 - \lambda_n$	$H_n = H_0 + \lambda_n$	λ_n 为工作变形量
有效圈数 n	由刚度计算确定		$n \geqslant 2$
总圈数 n_1	冷卷: $n_1 = n + (2 \sim 2.5)$ $Y\,\mathrm{II}$ 型热卷: $n_1 = n + (1.5 \sim 2)$	$n_1 = n$	拉伸弹簧 n_1 尾数为 1/4 圈、1/2 圈、3/4 圈、整圈，推荐用 1/2 圈
节距 p	$p = (0.28 \sim 0.5)D$	$p = d$	
轴间间距	$\delta = p - d$		
展开长度 L	$L = \dfrac{\pi D n_1}{\cos \alpha}$	$L = \pi D n + L_H$	L_H 为钩环展开长度
螺旋开角 α	$\alpha = \mathrm{acrtan}\,\dfrac{p}{\pi D}$		对压缩弹簧，推荐 $\alpha = 5° \sim 9°$

表 13-5　圆柱螺旋弹簧尺寸系列(摘自 GB/T 1358—2009)

弹簧丝直径 d/mm	第一系列	0.10	0.12	0.14	0.16	0.20	0.25	0.30	0.35	0.40	0.45	0.50	0.60
		0.70	0.80	0.90	1.00	1.20	1.60	2.00	2.50	3.00	3.50	4.00	4.50
		5.00	6.00	8.00	10.0	12.0	15.0	16.0	20.0	25.0	30.0	35.0	40.0
		45.0	50.0	60.0									
	第二系列	0.05	0.06	0.07	0.08	0.09	0.18	0.22	0.28	0.32	0.55	0.65	1.40
		1.80	2.20	2.80	3.20	5.50	6.50	7.00	9.00	11.0	14.0	18.0	22.0
		28.0	32.0	38.0	42.0	55.0							
弹簧中径 D/mm		0.3	0.4	0.5	0.6	0.7	0.8	0.9	1	1.2	1.4	1.6	1.8
		2	2.2	2.5	2.8	3	3.2	3.5	3.8	4	4.2	4.5	4.8
		5	5.5	6	6.5	7	7.5	8	8.5	9	10	12	14
		16	18	20	22	25	28	30	32	38	42	45	48
		50	52	55	58	60	65	70	75	80	85	90	95
		100	105	110	115	120	125	130	135	140	145	150	160
		170	180	190	200	210	220	230	240	250	260	270	280
		290	300	320	340	360	380	400	450	500	550	600	

有效圈数 n/圈	压缩弹簧	2	2.25	2.5	2.75	3	3.25	3.5	3.75	4	4.25	4.5	4.75
		5	5.5	6	6.5	7	7.5	8	8.5	9	9.5	10	10.5
		11.5	12.5	13.5	14.5	15	16	18	20	22	25	28	30
	拉伸弹簧	2	3	4	5	6	7	8	9	10	11	12	13
		14	15	16	17	18	19	20	22	25	28	30	35
		40	45	50	55	60	65	70	80	90	100		
自由高度 H₀/mm	压缩弹簧	2	3	4	5	6	7	8	9	10	11	12	13
		14	15	16	17	18	19	20	22	24	26	28	30
		32	35	38	40	42	45	48	50	52	55	58	60
		65	70	75	80	85	90	95	100	105	110	115	120
		130	140	150	160	170	180	190	200	220	240	260	280
		300	320	340	380	400	420	450	480	500	520	550	580
		600	620	650	680	700	720	750	780	800	850	900	950
		1000											

注:(1)本表适用于一般用途的圆柱螺旋弹簧;

(2)弹簧丝直径应优先采用第一系列;

(3)拉伸弹簧有效圈数除按表中规定外,由于两钩环相对位置不同,其尾数还可以为 0.25、0.5、0.75。

13.3.2 特性曲线

弹簧应具有经久不变的弹性,且不允许产生永久变形。因此在设计弹簧时,务必使其工作应力在弹性极限范围内。在这个范围内工作的压缩弹簧,当承受轴向载荷 F 时,弹簧将产生相应的弹性变形,如图 13-8(a)所示;对压缩弹簧,其特性曲线如图 13-8(b)所示;对拉伸弹簧,如图 13-9(a)所示。图 13-9(b)为无预应力的拉伸弹簧的特性曲线;图 13-9(c)为有预应力的拉伸弹簧的特性曲线。

图 13-8(a)中的 H_0 是压缩弹簧在没有承受外力时的自由长度。弹簧在安装时,通常预加一个压力 F_1,使它可靠地稳定在安装位置上。F_1 称为弹簧的最小载荷(称为安装载荷)。在它的作用下,弹簧的长度被压缩为 H_1,其压缩变形量为 λ_1。F_2 为弹簧承受的最大工作载荷。在 F_2 作用下,弹簧长度减为 H_2,其压缩变形量增大到 λ_2。λ_2 与 λ_1 的差即为弹簧的工作行程 h,$h = \lambda_2 - \lambda_1$。$F_{\text{lim}}$ 为弹簧的极限载荷。在该力的作用下,弹簧丝内的应力达到了材料的弹性极限。与 F_{lim} 对应的弹簧长度为 H_{lim},压缩变形量为 λ_{lim}。

等节距的圆柱螺旋压缩弹簧的特性曲线为一直线,即

$$\frac{F_1}{\lambda_1} = \frac{F_2}{\lambda_2} = \cdots = 常数 \tag{13-4}$$

压缩弹簧的最小工作载荷通常取为 $F_1 = (0.1 \sim 0.5) F_{\text{lim}}$;但对有预应力的拉伸弹簧,$F_1 > F_0$,$F_0$ 为使具有预应力的拉伸弹簧开始变形时所需的初拉力。弹簧的最大工作载荷 F_{max},由弹簧在机构中的工作条件决定,但不应到达它的极限载荷,通常应保持 $F_{\text{max}} \leqslant 0.8 F_{\text{lim}}$。

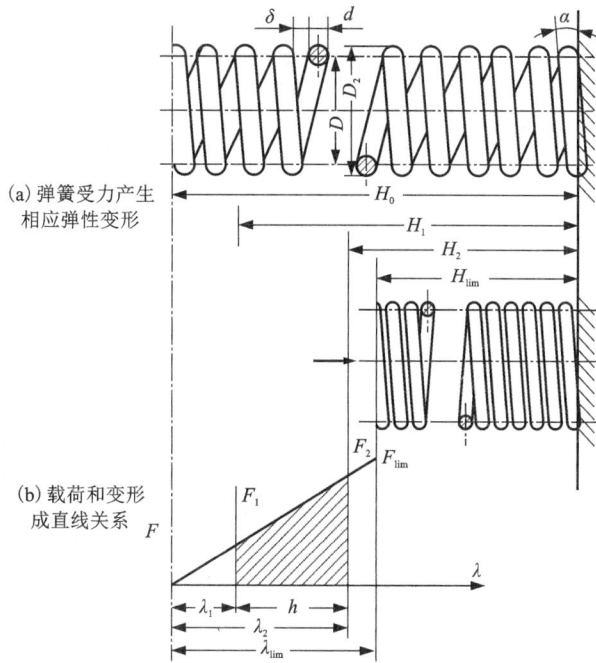

图 13-8 圆柱螺旋压缩弹簧的特性曲线

(a) 弹簧受力产生相应弹性变形

(b) 载荷和变形成直线关系

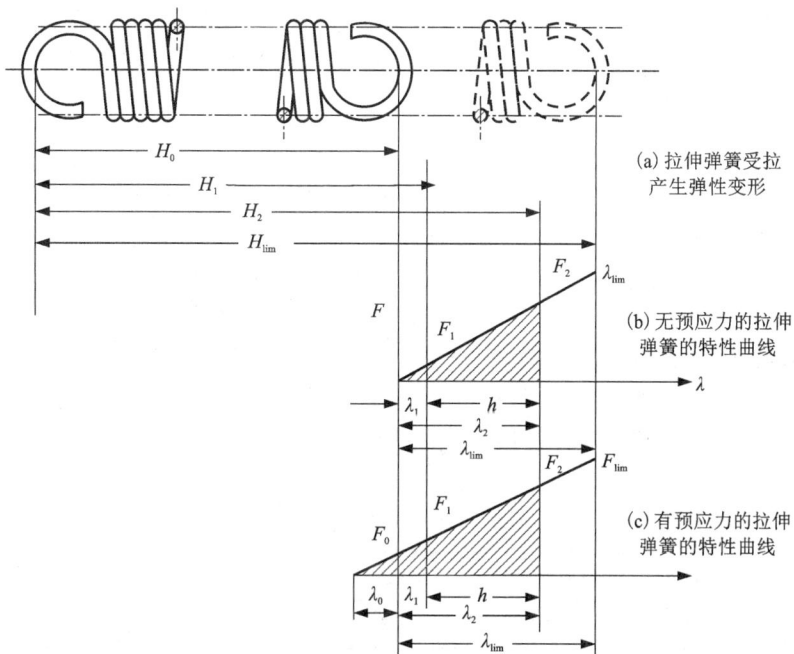

(a) 拉伸弹簧受拉产生弹性变形

(b) 无预应力的拉伸弹簧的特性曲线

(c) 有预应力的拉伸弹簧的特性曲线

图 13-9 圆柱螺旋拉伸弹簧的特性曲线

弹簧的特性曲线应绘在弹簧工作图中，作为检验和试验时的依据之一。此外，在设计弹簧时，利用特性曲线分析受载与变形的关系也较方便。

13.3.3 圆柱螺旋弹簧受载时的应力及变形

圆柱螺旋弹簧受压或受拉时，弹簧丝的受力情况是完全一样的。现就如图 13-10 所示的圆形截面弹簧丝的压缩弹簧承受轴向载荷 F 的情况进行分析。

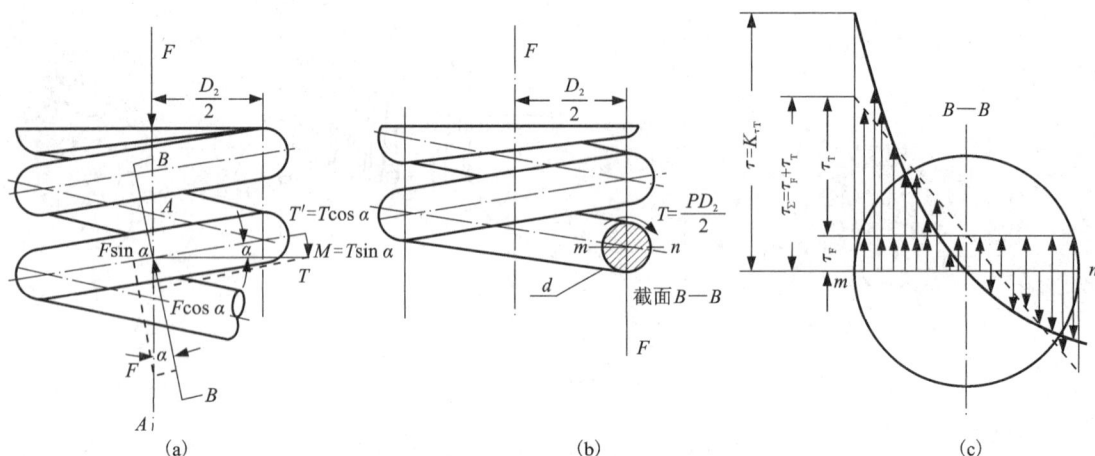

图 13-10　圆柱螺旋压缩弹簧的受力及应力分析

由图 13-10(a)(图中弹簧下部未绘制)可知，由于弹簧丝具有螺旋升角 α，故在通过弹簧轴线的截面上，弹簧丝的截面 A—A 呈椭圆形，该截面上作用有力 F 及扭矩 $T=FD/2$。因而在弹簧丝的法向截面 B—B 上则作用有横向力 $F\cos\alpha$、轴向力 $F\sin\alpha$、弯矩 $M=T\sin\alpha$ 及扭矩 $T'=T\cos\alpha$。

由于弹簧的螺旋升角 α 一般取 $5°\sim9°$，故 $\sin\alpha\approx0$，$\cos\alpha\approx1$[图 13-10(b)]，则截面 B—B 上的应力[图 13-10(c)]可近似地取为

$$\tau_\Sigma=\tau_F+\tau_T=\frac{F}{\pi d^2/4}+\frac{FD/2}{\pi d^3/16}=\frac{4F}{\pi d^2}\left(1+\frac{2D}{d}\right)=\frac{4F}{\pi d^2}(1+2C) \tag{13-5}$$

式中：$C=D/d$ 称为旋绕比(或弹簧指数)。

为了使弹簧本身较为稳定不致颤动和过软，C 值不能太大；但是为了避免卷绕时弹簧丝受到强烈弯曲，C 值又不应太小。C 值的范围为 $4\sim16$，常用值为 $5\sim8$(表 13-6)。

表 13-6　常用旋绕比 C 值

d/mm	$0.2\sim0.4$	$0.45\sim1$	$1.1\sim2.2$	$2.5\sim6$	$7\sim16$	$18\sim42$
$C=D/d$	$7\sim14$	$5\sim12$	$5\sim10$	$4\sim9$	$4\sim8$	$4\sim6$

为了简化计算，通常在式(13-5)中取 $1+2C\approx2C$(因为当 $C=4\sim16$ 时，$2C\gg1$，实质上略去了 τ_F)，由于弹簧丝螺旋升角和曲率的影响，弹簧丝截面中的应力分布将如图 13-10(c)中

的粗实线所示。由图 13-10(c)可知，最大应力产生在弹簧丝截面内侧的 m 点。实践证明，弹簧的破坏也大多由这点开始。为了考虑弹簧丝的螺旋升角和曲率对弹簧丝中应力的影响，现引进一个曲度系数 K，则弹簧丝内侧的最大应力及强度条件可表示为

$$\tau = K\tau_T = K\frac{8CF}{\pi d^2} = K\frac{8F_0 D}{\pi d^3} \leqslant [\tau] \tag{13-6}$$

式中：K 为曲度系数。对于圆截面弹簧丝，K 可按下式计算

$$K \approx \frac{4C-1}{4C-4} + \frac{0.615}{C} \tag{13-7}$$

圆柱螺旋压缩(拉伸)弹簧受载后的轴向变形量 λ 可根据材料力学关于圆柱螺旋弹簧变形量的公式求得，即

$$\lambda = \frac{8FD^3 n}{Gd} = \frac{8FC^3 n}{Gd} \tag{13-8}$$

式中：n 为弹簧的有效圈数；G 为弹簧材料的切变模量。

若以 F_{max} 代替 F，则最大轴向变形量如下：

(1)对于压缩弹簧和无预应力的拉伸弹簧

$$\lambda_{max} = \frac{8F_{max}C^3 n}{Gd} \tag{13-9}$$

(2)对于有预应力的拉伸弹簧

$$\lambda_{max} = \frac{8(F_{max}-F_0)C^3 n}{Gd} \tag{13-10}$$

拉伸弹簧的初拉力(或初应力)大小取决于材料、弹簧丝直径、弹簧旋绕比和加工方法。用不需淬火的弹簧钢丝制成的拉伸弹簧，均有一定的初拉力。如不需要初拉力，各圈间应有间隙。经淬火的弹簧，没有初拉力。推荐初应力 τ_0' 值在图 13-11 的阴影区内选取。

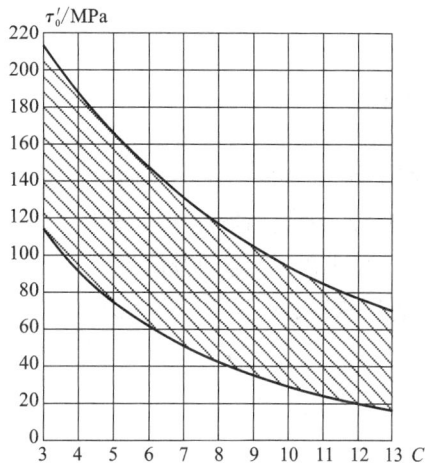

图 13-11　弹簧初应力的选择范围

初拉力按下式计算，即

$$F_0 = \frac{\pi d^3 \tau_0'}{8KD} \tag{13-11}$$

使弹簧产生单位变形所需的载荷称为弹簧刚度，即

$$k_F = \frac{F}{\lambda} = \frac{Gd}{8C^3 n} = \frac{Gd^4}{8D^3 n} \tag{13-12}$$

弹簧刚度是表征弹簧性能的主要参数之一。它表示使弹簧产生单位变形时所需的力，刚度愈大，需要的力愈大，则弹簧的弹力就愈大。但影响弹簧刚度的因素有很多，从式(13-12)可知，k_F 与 C 的三次方成反比，即 C 值对 k_F 的影响很大。所以，合理地选择 C 值就能控制弹簧的弹力。另外，k_F 还和 G、d、n 有关。在调整弹簧刚度 k_F 时，应综合考虑这些因素的影响。

13.3.4 圆柱螺旋压缩(拉伸)弹簧的设计

弹簧的静载荷是指载荷不随时间变化,或者虽有变化但变化平稳且总的重复次数不超过 10^3 次的交变载荷或脉动载荷。在这些情况下,弹簧是按静载强度来设计的。在设计时,通常是根据弹簧的最大载荷、最大变形及结构要求(如安装空间对弹簧尺寸的限制)等来决定弹簧丝直径、弹簧中径、工作圈数、弹簧的螺旋升角和长度的。

具体设计方法和步骤如下:

(1)根据工作情况及具体条件选定材料,并查取其力学性能数据。

(2)选择旋绕比 C,通常可取 C 为 $5\sim8$(极限状态时不小于 4 或超过 16),并按式(13-7)算出曲度系数 K。

(3)根据安装空间初设弹簧中径 D。根据 C 值估取弹簧丝直径 d,并由表 13-2 查取弹簧丝的许用应力。

(4)试算弹簧丝直径 d,由式(13-6)可得

$$d' \geqslant 1.6\sqrt{\frac{F_{max}KC}{[\tau]}} \tag{13-13}$$

必须注意,如弹簧选用表 13-2 中所列的 3 种弹簧钢丝制造时,因钢丝的许用应力取决于其 σ_b,而 σ_b 是随着钢丝的直径 d 变化的(表 13-3),又因式(13-13)中的 $[\tau]$ 是按估取的 d 值所查得的 σ_b 计算得出的。所以此时用式(13-13)试算所得的 d' 值,必须与原来估取的 d 值进行比较,如果两者相等或者很接近,即可按表 13-3 圆整为邻近的标准弹簧钢丝直径 d,并按 $D=Cd$ 求出 D;若两者相差较大,则应参考计算结果重估 d 值,再查 σ_b 从而计算出 $[\tau]$ 并代入式(13-13)进行试算,直至满意后才能计算 D,计算出来的 D 值也要按表(13-3)进行圆整。

(5)根据变形条件求出弹簧工作圈数。由式(13-10)、式(13-9)可知,对于有预应力的拉伸弹簧

$$n=\frac{Gd}{8(F_{max}-F_0)C^3}\lambda_{max}$$

对于压缩弹簧或无预应力的拉伸弹簧

$$n=\frac{Gd}{8F_{max}C^3}\lambda_{max} \tag{13-14}$$

(6)求出弹簧的尺寸 D_2、D_1、H_0 并检查其是否符合安装要求。若不符合,则应改选有关参数(例如 C 值)重新设计。

(7)验算稳定性。对于压缩弹簧,若其长度较大时,则受力后容易失去稳定性[图 13-12(a)],这在工作中是不允许的。为了便于制造及避免失稳现象,建议一般压缩弹簧的长径比 $b=H_0/D$ 按下列情况选取:

①当两端固定时,取 $b<5.3$;②当一端固定,另一端自由转动时,取 $b<3.7$;③当两端自由转动时,取 $b<2.6$。

当 b 大于上述数值时,要进行稳定性验算,并应满足

$$F_C=C_u k_F H_0>F_{max} \tag{13-15}$$

式中:F_C 为稳定时的临界载荷;C_u 为不稳定系数,可从图 13-13 中查得;F_{max} 为弹簧的最大工作载荷。

如 $F_{max} > F_C$，须重新选取参数，改变 b 值，提高 F_C 值，使其大于 F_{max} 值，以保证弹簧的稳定性。若条件受到限制而不能改变参数时，则应加装导杆[图 13-12(b)]或导套[图 13-12(c)]，导杆(导套)与弹簧间的间隙 c 值(直径差)按表 13-7 的规定选取。

(8)进行弹簧的结构设计。如确定拉伸弹簧的钩环类型等，并根据表 13-4 计算出全部有关尺寸。

(9)绘制弹簧工作图。

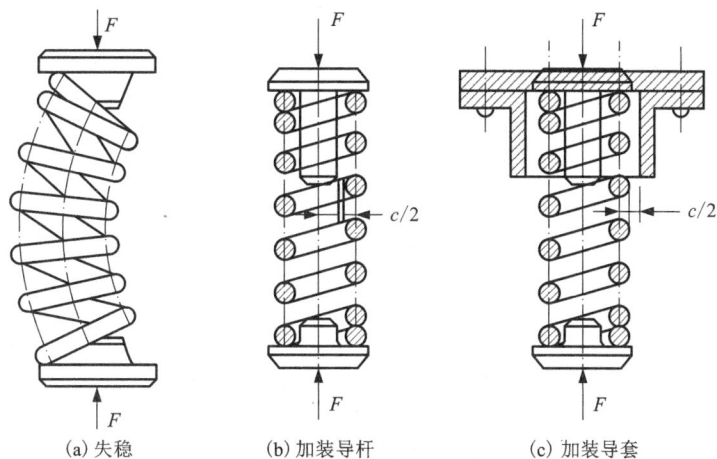

(a) 失稳　　　　　　(b) 加装导杆　　　　　　(c) 加装导套

图 13-12　压缩弹簧失稳及对策

表 13-7　导杆(导套)与弹簧间的间隙

中径 D/mm	≤5	>5~10	>10~18	>18~30	>30~50	>50~80	>80~120	>120~150
间隙 c/mm	0.6	1.0	2.0	3.0	4.0	5.0	6.0	7.0

【例 13-1】　设计一普通圆柱螺旋拉伸弹簧。已知该弹簧在一般载荷条件下工作，并要求中径 $D \approx 18$ mm，外径 $D_2 \leqslant 22$ mm。当拉力 $F_1 = 180$ N 时，弹簧拉伸变形量 $\lambda_1 = 7.5$ mm；拉力 $F_2 = 340$ N 时，弹簧拉伸变形量 $\lambda_2 = 17$ mm。

解：

(1)根据工作条件，选择材料并确定其许用应力。

因弹簧在一般载荷条件下工作，可以按第Ⅲ类弹簧来考虑。现选用 SL 级碳素弹簧钢丝。由 $D_2 - D \leqslant 22 - 18 = 4$ mm，初取弹簧钢丝直径为 3.0 mm。由表 13-3 暂选 $\sigma_b = 1410$ MPa，则根据表 13-2，可知

$$[\tau] = 0.8 \times 0.5 \times \sigma_b = 564 \text{ MPa}$$

(2)根据强度条件计算弹簧钢丝直径。

现选取旋绕比 $C = 6$，则由式(13-7)得

$$K \approx \frac{4C-1}{4C-4} + \frac{0.615}{C} = \frac{4 \times 6 - 1}{4 \times 6 - 4} + \frac{0.615}{6} \approx 1.25$$

根据式(13-13)得

349

$$d' \geqslant 1.6 \sqrt{\frac{F_{\max} KC}{[\tau]}} = 1.6 \times \sqrt{\frac{340 \times 1.25 \times 6}{564}} \approx 3.4 \text{ mm}$$

改取 $d = 3.4$ mm，查得 $\sigma_b = 1370$ MPa。重新计算得：$[\tau] = 548$ MPa，取 $D = 18$ mm，$C = 18/3.2 = 5.625$，计算得 $K = 1.2908$，于是得

$$d' \geqslant 1.6 \times \sqrt{\frac{340 \times 1.2908 \times 5.294}{548}} \approx 3.29 \text{ mm}$$

上值与原估取值相近，取弹簧钢丝标准直径 $d = 3.4$ mm，此时 $D = 18$ mm 为标准值，则

$$D_2 = D + d = 18 + 3.4 = 21.4 \text{ mm} < 22 \text{ mm}$$

所得尺寸与题中的限制条件相符，合适。

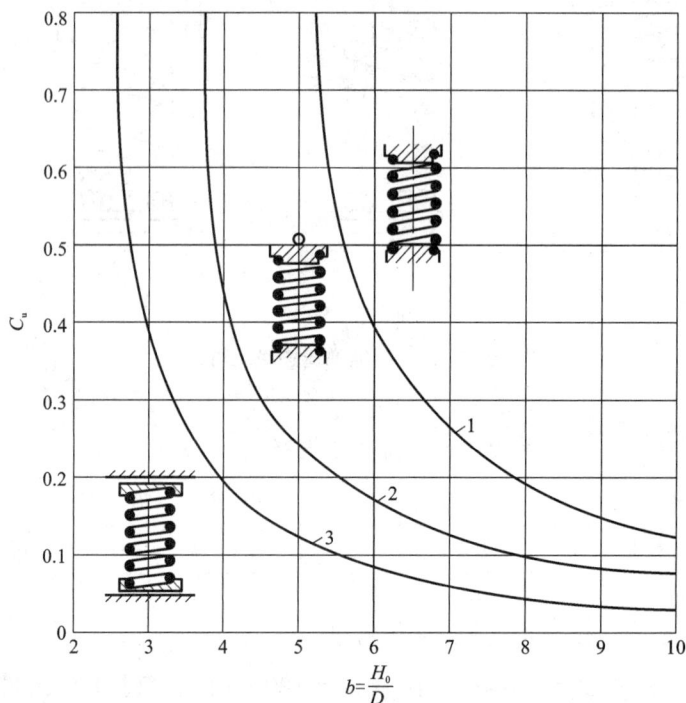

1—两端固定；2—一端固定，一端回转；3—两端回转。

图 13-13　不稳定系数线图

（3）根据刚度条件，计算弹簧圈数 n。

由式（13-12）求得弹簧刚度为

$$k_F = \frac{F}{\lambda} = \frac{F_2 - F}{\lambda_2 - \lambda_1} = \frac{340 - 180}{17 - 7.5} \approx 16.84 \text{ N/mm}$$

由表 13-2 取 $G = 82000$ MPa，则弹簧圈数 n 为

$$n = \frac{Gd^4}{8D^3 k_F} = \frac{82000 \times 3.4^4}{8 \times 18^3 \times 16.84} \approx 13.98$$

取 $n = 14$ 圈。

此时弹簧的刚度为

$$k_F = 13.98 \times \frac{16.84}{14} \approx 16.82 \ \text{N/mm}$$

(4) 验算。

① 弹簧初拉力为

$$F_0 = F_1 - k_F \lambda_1 = 180 - 16.78 \times 7.5 = 54.15 \ \text{N}$$

初应力 τ_0' 按式 (13-6) 得

$$\tau_0' = K \frac{8F_0 D}{\pi d^3} = 1.2908 \times \frac{8 \times 54.15 \times 18}{\pi \times 3.4^3} \approx 81.51 \ \text{MPa}$$

按照图 13-11，当 $C = 5.294$ 时，初应力 τ_0' 的推荐值为 $75 \sim 160$ MPa，故此初应力值合适。

② 极限工作应力 τ_{lim}，取 $\tau_{lim} = 0.56\sigma_b$，则

$$\tau_{lim} = 0.56 \times 1370 = 767.2 \ \text{MPa}$$

③ 极限工作载荷为

$$F_{lim} = \frac{\pi d^3 \tau_{lim}}{8DK} = \frac{3.14 \times 3.4^3 \times 767.2}{8 \times 18 \times 1.2908} \approx 509.39 \ \text{N}$$

(5) 进行结构设计。

选定两端钩环，并计算出全部尺寸 (略)。

13.4　圆柱螺旋扭转弹簧的设计计算

13.4.1　圆柱螺旋扭转弹簧的结构及特性曲线

扭转弹簧常用于压紧、储能或传递扭矩。它的两端带有杆臂或挂钩，以便固着或加载。图 13-14 中 NⅠ型为内臂扭转弹簧，NⅡ型为外臂扭转弹簧，NⅢ型为中心扭转弹簧，NⅣ型为双扭簧。螺旋扭转弹簧在相邻两圈间一般留有微小的间距，以免扭转变形时相互摩擦。

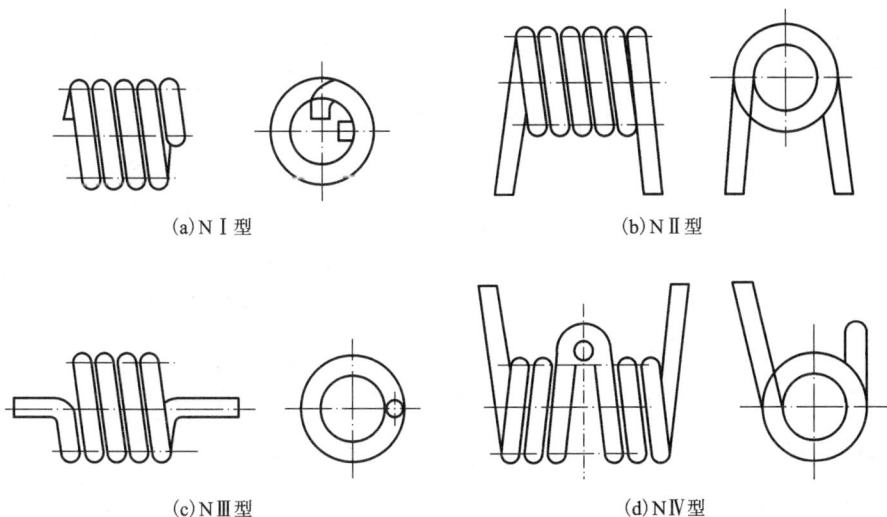

(a) NⅠ型　　(b) NⅡ型　　(c) NⅢ型　　(d) NⅣ型

图 13-14　圆柱螺旋扭转弹簧

扭转弹簧的工作应力也是要在其材料的弹性极限范围内才能正常工作，故载荷 T 与扭转角 φ 间仍为直线关系，其特性曲线如图 13-15 所示。

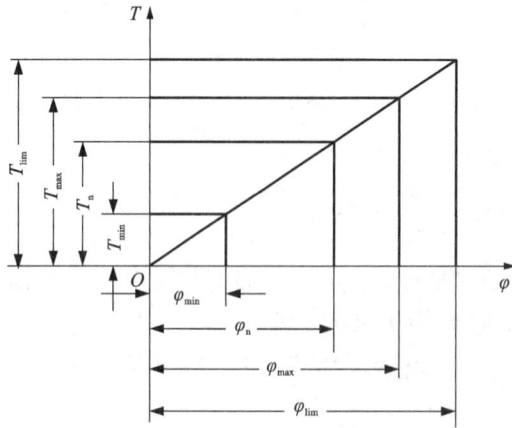

图 13-15　扭转弹簧的特性曲线

图中各符号的意义如下：

T_{lim}——极限工作扭矩，即达到这个载荷时，弹簧丝中的应力已接近其弹性极限；

T_{max}——最大工作扭矩，即对应于弹簧丝中的弯曲应力到达许用值时的最大工作载荷；

T_{min}——最小工作扭矩(安装值)，按弹簧的功用选定，一般取 $T_{\text{min}} = (0.1\sim0.5)T_{\text{max}}$；

φ_{lim}，φ_{max}，φ_{min}——分别对应于上述各载荷的扭转角。扭转弹簧的轴向长度的计算，可仿照表 13-4 中拉伸弹簧自由长度 H_0(单位为 mm)和计算公式进行计算，即

$$H_0 = n(d+\delta_0) + H_h$$

式中：δ_0 为弹簧相邻两圈间的轴向间距，一般取 $\delta_0 = 0.1\sim0.5$ mm；H_h 为挂钩或杆臂沿弹簧轴向的长度，mm。

13.4.2　圆柱螺旋扭转弹簧受载时的应力及变形

图 13-16 为一承受扭矩 T 的圆柱螺旋扭转弹簧。取弹簧丝的任意圆形截面 $B—B$，扭矩 T 对此截面作用的载荷为一引起弯曲应力的力矩 M 及一引起扭转切应力的扭矩 T'，而 $M = T\cos\alpha$，$T' = T\sin\alpha$。因 α 很小，故 T' 的作用可以忽略不计。而 $M \approx T$，即弹簧丝截面上的应力，可以近似地按受弯矩的梁来计算，其最大弯曲应力 σ_{max}(单位为 MPa)及强度条件(以 T_{max} 代 T，单位为 N·mm)为

$$\sigma_{\text{max}} = \frac{K_1 M}{W} \approx \frac{K_1 T_{\text{max}}}{0.1d^3} \leqslant [\sigma_b] \tag{13-16}$$

式中：W 为圆形截面弹簧丝的抗弯截面系数，mm^3。

$$W = \frac{\pi d^3}{32} \approx 0.1d^3 \tag{13-17}$$

式中：d 为弹簧丝直径，mm；K_1 为扭转弹簧的曲度系数(意义与前述拉压弹簧的曲度系数 K 相似)；对圆形截面弹簧丝的扭转弹簧，曲度系数 $K_1 = \dfrac{4C-1}{4C-4}$，常用 C 值为 $4\sim16$；$[\sigma_b]$ 为弹簧

丝的许用弯曲应力，MPa，由表 13-2 选取。

扭转弹簧承载时的变形以其角位移来测定。弹簧受扭转 T 作用后，因扭转变形而产生的扭转角 φ［单位为(°)］可按材料力学中的公式作近似计算，即

$$\varphi \approx \frac{180TDn}{EI} \tag{13-18}$$

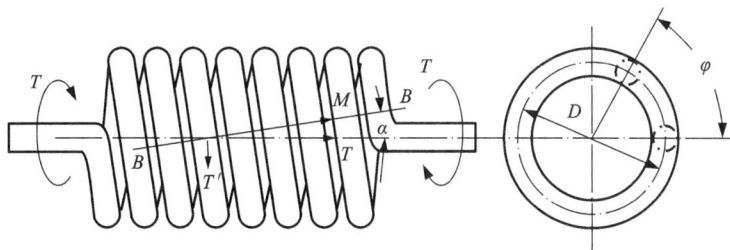

图 13-16　扭转弹簧的载荷分析

扭转弹簧的刚度为

$$k_{\mathrm{T}} = \frac{T}{\varphi} = \frac{EI}{180Dn} \tag{13-19}$$

式中：k_{T} 为扭转弹簧的刚度，N·mm/(°)；I 为弹簧丝截面的轴惯性矩，mm⁴，对于圆形截面，$I = \dfrac{\pi d^4}{64}$；E 为弹簧材料的弹性模量，MPa，见表 13-2；其余各符号的意义和单位同前。

13.4.3　圆柱螺旋扭转弹簧的设计

圆柱螺旋扭转弹簧的设计方法和步骤为：首先选定材料及许用应力，并选择 C 值，计算出 K_1（或暂取 $K_1 = 1$）；对于圆形截面弹簧丝的弹簧，以 $W = \dfrac{\pi d^3}{32} \approx 0.1d^3$ 代入式(13-16)，试算出弹簧丝直径为

$$d' \geqslant \sqrt[3]{\frac{K_1 T_{\max}}{0.1[\sigma_{\mathrm{b}}]}} \tag{13-20}$$

同前，如果弹簧选用碳素弹簧钢丝或 65Mn 弹簧钢丝制造，仍应用前述方法检查与原来估取的 d 值是否接近。如接近，即可将其圆整为标准直径 d，并根据 d 求出弹簧的其他尺寸。然后检查各尺寸是否合适。整理式(13-18)后，可得出计算扭转弹簧圈数的公式为

$$n \approx \frac{EI\varphi}{180TD} \tag{13-21}$$

扭转弹簧的弹簧丝长度可仿照表 13-4 中拉伸弹簧展开长度的计算公式进行计算，即

$$L \approx \pi Dn + L_{\mathrm{h}} \tag{13-22}$$

式中：L_{h} 为制作挂钩或杆臂的弹簧丝长度。

最后绘制弹簧的工作图。

思考题和习题

13-1 找出实际中使用的三个不同的弹簧，说明它们的类型、结构和功用。

13-2 弹簧材料应具备什么性质？为什么弹簧的表面质量特别重要？

13-3 座椅上的弹簧和列车底盘上承载的弹簧，对其要求有什么不同，反映在旋绕比的选择上时又有什么不同？

13-4 增大圆柱螺旋弹簧直径 D 和弹簧丝直径 d，对弹簧的强度和刚度有什么影响？如果弹簧强度不够，增加弹簧圈数行不行？

13-5 试设计一个在静载荷、常温下工作的阀门圆柱螺旋压缩弹簧。已知最大工作载荷 $F_{max}=220$ N，最小工作载荷 $F_{min}=150$ N，工作行程 $h=5$ mm，弹簧外径不大于 16 mm，工作介质为空气，两端为固定支承。

13-6 某牙嵌式离合器用的圆柱螺旋压缩弹簧（图 13-3）的参数如下：$D=36$ mm，$d=3$ mm，$n=5$，弹簧材料为碳素弹簧钢丝（C 级），最大工作载荷 $F_{max}=100$ N，载荷性质为 E 类，试校核此弹簧的强度，并计算其最大变形量 λ_{max}。

13-7 设计一具有预应力的圆柱螺旋拉伸弹簧（图 13-5）。已知弹簧中径 $D \approx 10$ mm，外径 $D_2 < 15$ mm。要求：当弹簧变形量为 6 mm 时，拉力为 160 N；变形量为 15 mm 时，拉力为 320 N。

13-8 仓库中有一圆柱形螺旋拉伸弹簧，测得弹簧外径 $D_2=44$ mm，弹簧钢丝直径 $d=4$ mm，有效圈数 $n=8$ 圈，并验得材料为 Ⅱ 组碳素弹簧钢丝，载荷性质属于 Ⅱ 类，试求此弹簧可承受的最大工作载荷和相应的变形量。

自测题

一、选择题

1. 在一般情况下，圆柱螺旋拉伸和压缩弹簧的刚度与（   ）无关。

A. 簧丝直径   B. 旋绕比   C. 圈数   D. 作用载荷

2. （   ）圆柱螺旋弹簧的刚度将减小。

A. 增大弹簧中径   B. 减小弹簧中径   C. 减少弹簧圈数   D. 增加簧丝直径

3. 在圆柱螺旋弹簧中，弹簧旋绕比是（   ）之比。

A. 弹簧线径 d 与中径 D B. 自由长度 H_0 与弹簧线径 d

C. 弹簧中径 D 与弹簧线径 d D. 弹簧外径 D_2 与弹簧线径 d

4. 用碳素弹簧钢丝作为弹簧材料，其主要优点是（   ）。

A. 强度高   B. 价格便宜   C. 承载能力大   D. 淬透性好

5. 弹簧的工作圈数 n 是按弹簧的（   ）通过计算来确定的。

A. 强度   B. 刚度   C. 稳定性   D. 安装和结构

6.圆柱螺旋弹簧指数 C 是(　　)的比值。

A.弹簧丝直径 d 与中径 D 　　　　　　　　B.中径 D 与弹簧丝直径 d

C.自由长度 H_0 与弹簧丝直径 d 　　　　　　D.弹簧丝直径 d 与自由长度 H_0

7.若弹簧指数 C 选得过小则弹簧(　　)。

A.刚度过小，易颤动 　　　　　　　　　　　B.绕卷困难，且工作时内侧应力大

C.易产生失稳现象 　　　　　　　　　　　　D.尺寸过大，结构不紧凑

8.圆柱螺旋弹簧的弹簧丝直径按弹簧的(　　)要求计算得到。

A.强度 　　　　　　　B.稳定性 　　　　　　　C.刚度 　　　　　　　D.结构尺寸

9.圆柱螺旋拉伸弹簧可按曲梁所受(　　)进行强度计算。

A.拉伸 　　　　　　　B.压缩 　　　　　　　C.弯曲 　　　　　　　D.扭转

10.弹簧材料、弹簧丝直径 d 及有效圈数一定时，弹簧指数 C 越大，则(　　)。

A.弹簧刚度越大 　　　　　　　　　　　　　B.弹簧刚度越小

C.弹簧刚度不变 　　　　　　　　　　　　　D.弹簧弹力越大

二、填空题

1.当两个圆柱螺旋弹簧的中径相同时，弹簧丝直径较大的弹簧刚度比弹簧丝直径较小的_____；当两圆柱螺旋弹簧的弹簧丝直径相同时，弹簧中径较小的弹簧刚度比弹簧中径较大的_____。

2.圆柱螺旋压缩、拉伸弹簧受载后，弹簧丝剖面上受到的主要应力是有_____，而扭簧受载后弹簧丝剖面上受到的主要应力是_____。

3.按照所承受的载荷不同，弹簧可分为拉伸弹簧、压缩弹簧、_____、_____。

4.圆柱螺旋压缩、拉伸弹簧设计时，若增大弹簧指数 C(弹簧材料、弹簧丝直径 d 不变)，则弹簧的刚度_____；若增加弹簧的工作圈数 n，则弹簧的刚度_____。

5.弹簧指数是影响弹簧性能的重要参数，在圆柱拉伸、压缩弹簧的_____与_____设计计算中，一般取 $C=4\sim16$，常用范围为 $5\sim10$。

6.弹簧材料的 Ⅰ 类、Ⅱ 类、Ⅲ 类是按_____来分的，同一材料的 Ⅱ 类弹簧的许用剪切应力值高于_____类弹簧的许用剪切应力值。

7.按照所承受的载荷不同，弹簧可分为_____、_____、_____和_____弹簧四种；而按照形状不同，可分为_____、_____、_____和_____弹簧四种。

8.弹簧指数 C 值越小，_____。C 值过大时，_____。

9.圆柱螺旋压缩弹簧，已知簧丝直径 $d=6$ mm，中径 $D_2=34$ mm，有效圈数 $n=10$ 圈，用 Ⅱ 组碳素弹簧钢丝制造，当载荷 $P=900$ N 时，弹簧变形量等于_____mm。

10.设计圆柱螺旋拉伸、压缩弹簧时，当发现弹簧较软，应改变_____等参数，使弹簧变硬。

三、判断题

1.为使压缩弹簧在压缩后，仍能保持一定的弹性，设计时应考虑在最大工作载荷作用下，各圈之间必须保留一定的间距。(　　)

2.弹簧指数 C 越小，其刚度越大。(　　)

3.圆柱螺旋拉伸弹簧有两种：有初应力的和无初应力的。有初应力的弹簧在拉力达到一定值时,弹簧才开始被拉长。(　　　)

4.圆柱螺旋弹簧受拉力时,其弹簧丝截面上受拉应力。(　　　)

5.圆柱螺旋压缩弹簧,在轴向载荷作用下,弹簧外侧的簧丝截面上受应力最大。(　　　)

6.螺旋弹簧的卷制分冷卷与热卷两种,因此,任何螺旋弹簧都既可冷卷,又可热卷。(　　　)

7.弹簧材料的许用剪应力可根据载荷性质分为3类。(　　　)

参考文献

[1] 银金光, 刘扬. 机械设计[M]. 2 版. 北京：北京交通大学出版社, 2016.

[2] 闻邦椿. 机械设计手册[M]. 6 版. 北京：机械工业出版社, 2017.

[3] 成大先. 机械设计手册[M]. 6 版. 北京：化学工业出版社, 2016.

[4] 濮良贵, 陈国定, 吴立言. 机械设计[M]. 10 版. 北京：高等教育出版社, 2019.

[5] 汪建晓, 王为. 机械设计[M]. 4 版. 武汉：华中科技大学出版社, 2021.

[6] 李育锡, 李洲洋. 机械设计作业集[M]. 5 版. 北京：高等教育出版社, 2020.

[7] 濮良贵, 纪名刚. 机械设计学习指南[M]. 4 版. 北京：高等教育出版社, 2006.

[8] 邱宣怀. 机械设计[M]. 4 版. 北京：高等教育出版社, 1997.

[9] 张锋, 宋宝玉, 王黎钦. 机械设计[M]. 2 版. 北京：高等教育出版社, 2017.

[10] 钟毅芳. 机械设计[M]. 2 版. 武汉：华中理工大学出版社, 2001.

[11] 吴宗泽, 吴鹿鸣. 机械设计[M]. 北京：中国铁道出版社, 2016.

[12] 吴宗泽, 高志. 机械设计[M]. 北京：高等教育出版社, 2009.

[13] 银金光, 江湘颜. 机械设计基础[M]. 北京：冶金工业出版社, 2018.

[14] 张策. 机械原理与机械设计[M]. 3 版. 北京：机械工业出版社, 2018.

[15] 申永胜. 机械原理[M]. 3 版. 北京：清华大学出版社, 2015.

[16] 吴宗泽. 机械零件设计手册[M]. 2 版. 北京：机械工业出版社, 2013.

[17] 吴宗泽, 冼健生, 杨小明, 等. 简明机械零件设计手册[M]. 2 版. 北京：中国电力出版社, 2018.

[18] 成大先. 机械设计图册[M]. 北京：化学工业出版社, 2001.

[19] 张展. 实用齿轮设计计算手册[M]. 北京：机械工业出版社, 2011.

[20] 朱孝录. 齿轮传动设计手册[M]. 2 版. 北京：化学工业出版社, 2010.

[21] 王黎钦, 陈铁鸣. 机械设计[M]. 6 版. 哈尔滨：哈尔滨工业大学出版社, 2015.

[22] 温诗铸, 黄平. 摩擦学原理[M]. 5 版. 北京：清华大学出版社, 2018.

[23] 杨可桢. 机械设计基础[M]. 7 版. 北京：高等教育出版社, 2020.

[24] 齿轮手册编委会. 齿轮制造工艺手册[M]. 2 版. 北京：机械工业出版社, 2017.

[25] 周明衡. 联轴器选用手册[M]. 北京：化学工业出版社, 2001.

[26] 王明强, 刘志强. 现代机械设计方法及其应用[M]. 哈尔滨：哈尔滨工业大学出版社, 2021.

[27] 银金光, 余江鸿. 机械设计课程设计[M]. 北京：冶金工业出版社, 2018.

[28] 郭聚东. 机械设计课程设计[M]. 4 版. 武汉：华中科技大学出版社, 2021.

[29] 全国弹簧标准化技术委员会. 零部件及相关标准汇编：弹簧卷[M]. 北京：中国标准出版社, 2009.

[30] 黄平. 机械设计习题集[M]. 北京：清华大学出版社, 2016.

[31] 李良军. 机械设计[M]. 2 版. 北京：高等教育出版社, 2020.

[32] 王德伦, 马雅丽. 机械设计[M]. 2 版. 北京：机械工业出版社, 2020.

[33] 黄平. 机械设计教程——理论、方法与标准[M]. 2 版. 北京：清华大学出版社, 2023.

[34] 谭庆昌, 贾艳辉, 王顺. 机械设计[M]. 5 版. 北京：高等教育出版社, 2024.

[35] 吴志坚, 于晓红, 钱瑞明. 机械设计[M]. 北京：高等教育出版社, 2003.

[36] 吴昌林. 机械设计[M]. 3 版. 武汉：华中科技大学出版社, 2011.

[37] 彭文生, 李志明, 黄华梁. 机械设计[M]. 2 版. 北京：高等教育出版社, 2008.

图书在版编目（CIP）数据

机械设计／余江鸿，易永胜主编. --长沙：中南
大学出版社，2024.8.
ISBN 978-7-5487-5911-9

Ⅰ. TH122

中国国家版本馆 CIP 数据核字第 2024LE0423 号

机械设计
JIXIE SHEJI

主　编　余江鸿　易永胜
副主编　邹培海　江湘颜　邓英剑
　　　　唐嘉昌　汤迎红　李佳豪
主　审　姚齐水

□出 版 人　林绵优
□责任编辑　谭　平
□责任印制　唐　曦
□出版发行　中南大学出版社
　　　　　　社址：长沙市麓山南路　　　　　邮编：410083
　　　　　　发行科电话：0731-88876770　　传真：0731-88710482
□印　　装　长沙雅鑫印务有限公司

□开　　本　787 mm×1092 mm　1/16　□印张 23.5　□字数 598 千字
□互联网+图书　二维码内容　字数 8 千字　图片 161 张
□版　　次　2024 年 8 月第 1 版　　□印次 2024 年 8 月第 1 次印刷
□书　　号　ISBN 978-7-5487-5911-9
□定　　价　59.00 元